JN303887

廃棄物埋立地
再生技術
ハンドブック

埋立地再生総合技術研究会
（財）日本環境衛生センター 編著

鹿島出版会

発刊にあたって

埋立地再生総合技術研究会代表　樋口壯太郎

はじめに

　わが国は国土が狭く、最終処分場用地の確保が極めて困難なことから、廃棄物の排出抑制に努め、排出された廃棄物は減容化、無害化、安定化したのち残さを埋立処分することを廃棄物処理の基本方針としてきた。このため焼却施設や破砕施設等中間処理施設が普及し、現在、埋立処分される廃棄物の大半は焼却残さや破砕不燃物残さで占められている。一方、焼却炉が普及したのは1970年代であり、それ以前の最終処分場には中間処理を受けずにそのまま埋立処分された廃棄物が存在している。また1970年から1980年代の最終処分場には焼却残さと中間処理を受けない廃棄物が混在している。このためこれら古い最終処分場には中間処理を受けない様々な廃棄物が処分空間の大半を占めており、掘り起こし、再処理、あるいは資源化することにより新たな処分空間を確保することが可能である。一般的に古い最終処分場は生ごみ等有機物含有量の高い廃棄物が埋め立てられているため、ガスによる悪臭、浸出水による水質汚濁等、負のイメージが大きく、これが現在の最終処分場用地確保難の大きな原因の一つとなっている。埋立地の掘り起こし、再処理、資源化等、再生により悪臭や水質汚濁の問題を解決し、負の遺産の解消とともに新たな処分空間を確保することが可能となる。さらに掘り起こし時に遮水工等の不適正な場所の修復を行い、適正化を図り最終処分場の環境リスクを最小にすることが可能となるなど埋立地再生のメリットは大きいと考えられる。このような背景下、各自治体においても再生事業の動きが活発化し再生技術の体系化が求められている。このため今回、埋立地再生総合技術研究会の研究成果をまとめ出版することとなった。

埋立地再生総合技術研究会

　埋立地再生総合技術研究会は、平成12年度に(財)日本環境衛生センターの呼びかけにより準備会を立ち上げ、平成13年度に埋立地再生総合技術研究会(会長：小林康彦専務理事(当時))として正式に発足した。平成15年度には埋立地再生総合技術研究会(第2次)としてメンバーを増加し再出発した。本研究会は既存処分場を対象に多様な埋立廃棄物層の特性、性状に適応した再生技術を検討し、埋立地の再生に係る総合技術システムの確立を目指すことを目的に研究をすすめている。具体的には①埋立地の再生を取り巻く状況把握(既存処分場再生の必要性、再生技術とその適用性、事例研究)、②既存処分場再整備に係る法的課題の整理(掘り起こしごみを再資源化した場合の取り扱い等)、③事前調査手法の確立(埋立履歴調査、埋立廃棄物探査調査、埋立廃棄物層の現状把握調査、埋立廃棄物層性状調査など)、④再生システム技術の確立

(掘り起こし技術、選別技術、保管技術、運搬技術、溶融技術、資源化技術など)、⑤環境保全技術の確立(掘り起こし時のガス、臭気、作業環境等への対策技術等)、⑥費用対効果手法の確立などについて種々検討し、経済的で総合的な再生技術システムを提言することを目標としている。現在、会員企業29社、アドバイザー委員9名、で構成され、計画部会、再生システム部会に分かれ活発な活動を行っている。

本書の構成と活用方法

　本書は過去4年間の活動成果を取りまとめたもので全5章で構成されている。第1章は埋立地再生総合技術に関する総論で埋立地再生の必要性、埋立地再生総合技術システムの概要、経済性評価、今後の課題について記載した。第2章は調査・計画編で事業評価手法と事前調査手法について記載した。事業評価手法は再生事業を実施する場合の経済性、環境影響・安全性、法適合、住民合意等をファクターとした手法について記載した。事前調査手法の検討は事業プロセスと各段階において必要となる調査、検討事項について事例を交えて紹介した。

　第3章は掘り起こし廃棄物の資源化・無害化技術編で前処理、資源化・無害化技術の適用、組み合わせ事例を記した資源化・無害化技術の基本構成を、また掘削時の留意事項を記した掘削技術、埋立物の粒度選別、鉄分の磁選、不燃物・可燃物の風力選別等を紹介した前処理技術および焼却、溶融等資源化・無害化技術を紹介した。第4章は埋立地再生事例としてわが国の自治体における様々な再生事例、十数箇所を紹介した。第5章は会員企業の埋立再生に関連する各種技術を取りまとめた。

　このように本書はこれから埋立地の再生を計画している自治体や産業廃棄物最終処分場経営者、あるいはこれらをサポートするコンサルタントの方々にとって計画、調査、設計の参考資料として活用していただければ幸いである。

　また本書は埋立地再生のみならずこれから新たに最終処分場を建設している方にとっても有益な資料となりうる。というのはこれまで最終処分場は掘り起こしを前提に建設されていない。このため掘り起こし時に最終処分関連施設の機能保全に留意しなければならず、掘り起こし作業を困難なものにしている場合も多々、見受けられる。循環型社会においては埋立物の資源利用が活発化され繰り返し使用する最終処分場の建設が望まれる。このため埋立地再生を前提とした新しい最終処分場造りの参考になると考えられる。

　わが国には埋立が終了した最終処分場がかなりの数、残されており今後、負の遺産として地域に残される可能性がある。埋立地再生はこれらの負の遺産を解消し、埋立地の容量を確保し、地域環境の保全に資することが可能となる。しかし埋立地再生技術はまだ発展途上であり、今後、探査技術、掘削技術、再資源化技術、減溶化技術等より効率的、経済的技術システムが開発されることが望まれる。

　本書を読まれた方からの活発なコメント、ご意見等戴ければ幸いである。

目　次

発刊にあたって　　iii

はじめに
循環型社会と埋立地再生　　1
もはや廃棄物処分場ではない埋立地の再生　　3
最終処分場の再生を考える　　6
埋立地再生における研究の方向性　　8
最終処分場の再生に向けて　　12
埋立地再生事業の推進について　　15
埋立地再生事業への期待　　18
埋立地再生総合技術システムの確立に向けて　　20

第1章　埋立地再生総合技術
第1節　埋立地再生の必要性　　23
第2節　埋立地再生総合技術システムの概要　　26
第3節　埋立地再生技術と経済性評価　　33
第4節　今後の課題　　38

第2章　調査・計画編
第1節　埋立地再生事業評価手法　　43
第2節　事前調査手法の検討　　60

第3章　掘り起こし廃棄物の資源化・無害化技術編
第1節　資源化・無害化技術の基本構成　　91
第2節　掘削技術　　95
第3節　前処理技術　　106
第4節　資源化・無害化技術　　112

第4章　埋立地再生事例（自治体）

第1節　埋立灰・焼却残さ溶融処理の事例（諫早市）　138

第2節　ストーカ炉＋灰溶融炉による減容処理試験　141

第3節　シャフト炉式ガス化溶融炉による埋立地再生事例　152
　　　　（巻町外三ヶ町村衛生組合）

第4節　高温フリーボード型直接溶融炉による溶融処理の事例　157

第5節　流動床式ガス化溶融炉による掘り起こし廃棄物処理事例（高砂市）　163

第6節　流動床式ガス化溶融炉における埋立物と都市ごみとの混焼事例　171
　　　　（中濃地域広域行政事務組合）

第7節　流動床式ガス化溶融処理の事例　176

第8節　キルン式ガス化溶融炉による溶融処理の事例　193
　　　　（国分地区衛生管理組合）

第9節　ジオメルト工法によるダイオキシン類汚染土壌の現地無害化処理　201
　　　　（橋本市）

第10節　豊島での不法投棄ごみ調査事例　209

第11節　埋立地地盤改善事業の事例　212

第12節　既設処分場の再生・延命化の事例（下津町）　216

第13節　移動式選別装置の埋立地再生事業への適用事例　223

第14節　埋立地適性閉鎖事業の事例　228

第15節　喜界町処分場の再生実証実験　234

第5章　各社技術紹介

第1節　調査・計画技術　239
　　物理探査技術の紹介―応用地質㈱　239
　　非破壊物理探査手法の紹介―東和科学㈱　241
　　１ｍ深地温調査の廃棄物最終処分場の各種調査への適用紹介―日本技術開発㈱　244

第2節　資源化・無害化技術　246
　　IHIストーカ式焼却炉＋バーナ式溶融炉の技術紹介―石川島播磨重工業㈱　246
　　ガス化溶融、ストーカ＋焼却残さ溶融掘り起こし廃棄物混焼方式―㈱荏原製作所　248
　　掘り起こし廃棄物対応処理技術の紹介―川崎重工業㈱　252
　　最終処分場再生技術事例―㈱クボタ　254

掘り起こし廃棄物の洗浄浄化・分別システム(SRS)─㈱熊谷組　　258
　　破砕・選別・減容化装置─㈱小松製作所　　260
　　流動床式ガス化溶融炉による都市ごみと掘り起こし廃棄物の混合処理─㈱神鋼環境ソリューション　　264
　　ダイオキシン類の揮発脱離分解技術(商品名：ハイクリーンDX)─JFEエンジニアリング㈱　　266
　　直接溶融型ロータリーキルン─住友重機械工業㈱　　268
　　掘り起こし廃棄物対応処理技術の事業紹介─㈱タクマ　　272
　　可搬式ダイオキシン類無害化装置の開発─㈱竹中土木　　276
　　土壌中の重金属およびダイオキシン類無害化処理─ミヨシ油脂㈱　　278

第3節　全体システム技術　　280
　　一般廃棄物最終処分場の掘り起こし選別事例─鹿島建設㈱　　280
　　不法投棄廃棄物の撤去・処分(和歌山県橋本市)─㈱鴻池組　　284
　　最終処分場再生システム─JFEエンジニアリング㈱　　287
　　直接溶融・資源化システムを活用した埋立地再生─新日本製鐵㈱　　289
　　廃棄物最終処分場再生システム　2way Up Down Plan─大成建設㈱　　293
　　エコバーナー式溶融システム─日立造船㈱　　295
　　日立オンサイトスクリーニングシステム─日立建機㈱　　297
　　流動床式ガス化溶融炉による掘り起こし廃棄物の混合処理─バブコック日立㈱　　299
　　焙焼、低温熱処理による埋立地再生─三菱重工業㈱　　303
　　最終処分場再生化に向けた取組みについて─ユニチカ㈱　　305

第4節　関連技術　　309
　　バイオブスター工法掘削・前処理装置─㈱大林組　　309
　　無人化施工機械土工システム掘削・前処理装置─㈱大林組　　311
　　地下水汚染拡散防止システム(W&W工法)─㈱熊谷組　　313
　　アースカット工法(超薄型止水壁構築工法)─清水建設㈱　　315
　　アスファルト・ベントナイト吹付遮水工法─大成建設㈱　　317
　　地下水循環浄化技術の紹介─東和科学㈱　　319
　　埋立地土壌汚染修復技術について─日立建機㈱　　322
　　処分場の再生における臭気・粉じん対策工法─㈱福田組　　324
　　最終処分場再整備技術─前田建設工業㈱　　326

はじめに

循環型社会と埋立地再生

福岡大学大学院教授 樋口壯太郎

　循環型社会形成推進基本計画では循環型社会を形成するための数値目標として平成22年を計画目標年次とする循環利用率、廃棄物減量化量等をあげ最終処分量として平成2年の埋立処分量約110百万トン(一般廃棄物と産業廃棄物)に対して75％削減し28百万トンとする具体の目標を示し、これを実現化するため国の取り組み、各主体の果たす役割を示している。ちなみに、中間年度の平成12年度の埋立処分量として平成2年度比で50％削減の55百万トンを目標としており、これについては達成された。また、これらの計画実施上、最も困難な問題として最終処分場の確保を挙げている。循環型社会のイメージの中では「～地域の実情に応じて、広域処分場の整備や既存の処分場に埋め立てられた廃棄物をリサイクルし、減量化し、埋立容量を再生させるなど最終処分場の延命化のための取組みが進められます。～」と記載されている。さらに既存の最終処分場の適正化、リニューアル、資源回収は循環型社会における最終処分場のあり方(二次資源の保管庫)を示すものであり、真の負の遺産回避として国としても取り組んでいくことを示している。

　わが国は国土が狭く、最終処分場用地の確保が極めて困難なことから、廃棄物は排出抑制に努め、排出された廃棄物は減容化、無害化、安定化したのち残さを埋立処分することを廃棄物処理の基本方針としてきた。このため焼却施設や破砕施設等中間処理施設が普及し、現在、埋立処分される廃棄物の大半は焼却残さや破砕不燃物残さで占められている。最近、これらをセメント原料として再資源化する動きも活発である。

　一方、焼却炉が普及したのは1970年代であり、それ以前の最終処分場には中間処理を受けずにそのまま埋立処分されている廃棄物が存在している。また1970年から1980年代の最終処分場には焼却残さと中間処理を受けない廃棄物が混在している。このためこれら古い最終処分場には中間処理を受けない様々な廃棄物が処分空間の大半を占めており、掘削、再処理することにより新たな処分空間を確保することが可能である。一般的に古い最終処分場は生ごみ等有機物含有量の高い廃棄物が埋め立てられているため、ガスによる悪臭、浸出水による水質汚濁等、負のイメージが大きく、これが現在の最終処分場用地確保難の大きな原因の一つとなっている。埋立地の掘り起こし、再処理、資源化等、再生により悪臭や水質汚濁の問題を解決し、負の遺産の解消とともに新たな処分空間を確保することが可能となる。さらに掘削時に遮水工等の不適正な場所の修復を行い、適正化を図り最終処分場の環境リスクを最小にすることが可能となるなど埋立地再生のメリットは大きい。

循環型社会においては、3Rの精神に基づき、最終処分量をゼロに近づける努力をすることは当然のことであるが、資源化を進めれば進めるほど、ごみや残さは減少するが、プロセス工学的に残さの質が濃縮され悪化することや、資源化に係るエネルギー、資源化物と需要量のマスバランス、あるいは資源化物がライフサイクルを終えた時の問題などの課題を残している。

　また最終処分量そのものは減少すると考えられるが、ごみ処理完結の受け皿として最終処分場は必要である。

　ごみの源は資源であり、資源利用後の最終の受け皿として「最終処分場」という名称が付けられている。循環型社会においては「最終処分場」から2次資源の「保管施設」として位置づけ、負の遺産化を回避し、資源循環のサイクルに組み込まれることが望まれる。そのためには最終処分場に対する考え方を変えなければならない。

　従来、「最終処分場」は一度満杯に達したら、最終覆土を行って閉鎖し、他の用途に跡地利用されるため、次の処分場として新たに用地を確保しなければならない。すなわち、ワンウエーの施設である。「保管施設」は満杯になったら資源として利用するため掘り出して、搬出し、繰り返し使用することになる。

　これまでの処分場は浸出水管理等のため効率的に廃棄物を埋め立てることを目的に建設され、将来、掘削することを前提として作られていない。このため、最終処分場の再生を行う場合、様々な配慮が必要である。例えば、掘削時に遮水工を破損しないようにすること、焼却残さのように埋立地の中で固結する廃棄物の掘削方法、掘削に伴う埋立層の撹乱による浸出水水質の変動とその浸出水処理対策等々が挙げられる。循環型社会においては、建設される最終処分場は将来、再生や資源化のために掘削し、繰り返し使用することを前提とすべきである。

もはや廃棄物処分場ではない埋立地の再生

九州大学大学院工学研究院環境都市部門
教授　島　岡　隆　行

　埋立地を再生する。この話を聞かされたとき、廃棄物埋立処分の概念は、大きく変わると感じた。自分なりに埋立地の再生とは何かを、今回の執筆を期に考えてみた。埋立地の再生は、住民に嫌悪される厄介者の廃棄物処分場から持続可能な社会を担う重要な社会施設へと変貌させるための好機であると考える。

埋立地の再生
　まず始めに、埋立地の再生とは何かについて考えてみる。動き始めた埋立地の再生事業は、新たな最終処分場の確保が困難な状況にある場合において、一度、埋立処分した廃棄物を掘削して系外に搬出し、新たな埋立空間を再生(延命化)させることを目的としている。緊急を要するときの行為にも受け取れる。また、延命化が目的である以上、掘削廃棄物の多くは、減容化、資源化されなければならない。
　埋立廃棄物を掘削し、系外に持ち出す行為が住民に受け入れられるのであれば、埋立地の再生と言わず、繰り返し埋め立てることを前提とした最終処分場を建設することも考えられる。掘削した廃棄物を選別・中間処理(焼却・溶融)し、資源化、土木資材化できたとしても、前処理の段階で再度埋立処分しなければならない廃棄物や中間処理残さが発生し、埋立地が不要となるには至らないであろう。しかし、埋立地の延命化に大きく寄与することは間違いない。新たな最終処分場用地が確保できないとの理由で、消極的に埋立地の再生を行うのではなく、廃棄物で埋没した埋立地施設の定期的な保守・点検も兼ねた、埋立廃棄物の掘削(除去)が考えられる。このことによって、今まで15年間程度で役割を終え、次々と新規に建設しなければならなかった埋立地を繰り返し利用することが可能となり、供用期間が飛躍的に延びるといえる。

埋立地再生の留意点
　ここで、埋立地再生に際しての技術的な留意点について、気づいた点を述べさせていただく。大きくは、再生のための掘削に伴う事項と掘削後の事項に大別される。
１．掘削時の留意事項
　再生のための掘削、選別、運搬の各工程では、騒音、粉じん、悪臭など、環境への影響を十分に配慮した工事が求められる。掘削廃棄物の資源化のための選別はオンサイトが有利であるのか、系外で行うのが望ましいのかを検討しなければならない。掘削工事に際しては、埋立ガス処理施設、浸出水集排水施設、さらに遮水工など廃棄物に埋没している施設の機能を損なわ

ないようにしなければならない。埋立ガス処理施設(ガス抜き竪渠)などは、更新されることになると思われる。また、この際、諸施設を点検し、必要ならば保守、交換されることが望まれる。

2．埋め戻し時の留意事項

掘削廃棄物のうち、資源化することができなかった廃棄物は、埋め戻されることになる。その廃棄物の性状は埋立地建設当初のものとは異なっているはずである。密度や粒度は大きく変化していると予想される。これらの変化は、締め固め特性を変化させ、底部に敷設されている浸出水集排水施設、貯留構造物へ作用するごみ圧等が変わることを意味している。また、透水性も変化し、設計当初よりも場合によっては大きく、また破砕されて埋め戻されるならば透水性は小さくなってしまうことが予想される。浸出水集排水管の管径、浸出水調整施設容量等の変更を求められることも想定される。埋め戻し廃棄物の物理的な変化だけでなく、空気と触れることによる化学的性状の変化が生じることも考慮しなければならない。いずれにしても、掘削後に埋め戻される廃棄物は、選別・破砕工程からの残さ、焼却・溶融施設からの残さが主となり、目視では判断しにくい性状へと変化し、今まで以上に環境への配慮が求められる性状へと変化するであろう。

埋め戻される廃棄物の物理・化学的な性状とはどのようなものか。その埋立特性や安定化はどのようなものかを早急に明らかにする必要がある。

埋立地再生を前提とした埋立構造と埋立工法

1．設計思想の変更と耐久性

掘削された廃棄物の資源化率(掘削した廃棄物量に占める資源化された廃棄物量)によるが、埋立地が相当の期間、延命され、つまり設計当初の供用期間に比べ飛躍的に長くなることが予想される。ここで考えなければならないことは、遮水工を始めとする諸施設の耐久性である。遮水工などは、先程述べた埋立ガス処理施設と同様に、更新することで対応がとれそうであるが、貯留施設、浸出水処理施設等は簡単ではなさそうである。もちろん、ダムや下水施設の修復工事はなされている訳であり、新たな技術開発により可能ではあると思う。埋立地再生を前提とした埋立地は、恒久的な施設に近く、設計思想そのものを大きく変更しなければならない。

2．掘削のインターバル

どの時点で掘削を行うのかも慎重に検討しなければならない事項である。埋立地再生を前提としていなかった埋立地においては、延命化したい年数に相当する期間に排出される廃棄物容量を掘削すればよいことになる。埋立地再生を前提とした埋立地における掘削インターバルはどのように考えればよいのであろうか。短いインターバルで頻度高く掘削するのであれば、埋立容量は小さくてすむことになる。5年に一度の頻度で、短期間に全量を掘削すると考えれば、供用期間10年間のときに比べて、2分の1程度の処分容量を有する埋立地があればよいことになる。適正な掘削のインターバル、適正な埋立地の規模(容量)が存在するはずである。

一時に全量掘削するか、それとも一部の廃棄物を掘削して系外に搬出するのか、掘削のシナリオによって、考慮しなければならいことは多々ありそうである。

3．掘削のエネルギー

廃棄物は往々にして、下に投げ捨てる。清掃工場では深いごみピットに廃棄物は投入される。山間埋立地では谷底に、または海面埋立地では海水中に廃棄物が投入される。埋立処分された廃棄物の掘削では、このように処分された廃棄物を何らかの方法で、重力に逆らって持ち上げる必要がある。埋立地再生を前提とした埋立地の立地に際しては、十分にこの点を考える必要がある。欧米で見かける丘陵地に設けられた最終処分場のように、敷地面積を広くし、廃棄物をあまり盛り上げない埋立がエネルギー面から考えて有利なのかもしれない。

廃棄物を埋立処分する際は、密実にするためランドフィルコンパクターで破砕しながら締め固められる。締め固めエネルギーを投入しながら埋立地処分している。埋立地を少しで長く使いたいとの思いからである。埋立地再生を前提とした埋立地では、埋立地盤を密実にする必要性はないと考えられる。締め固められたよく燃えた焼却残さからなる廃棄物地盤は硬化しているため掘削するのは、そう容易ではない。埋立地の再生を前提とした埋立地では、埋立工法も大きく変わるものと考える。埋立と掘削の行為を併せたエネルギーを最小とするための埋立工法を、LCAの視点から決めなければならない。

急がれる掘削廃棄物の資源化技術開発

掘削された埋立廃棄物は、資源化されなければならない。これは、掘削の前提条件である。では、どのような掘削廃棄物の資源化技術があるのであろうか。破砕、分級、選別などの資源化の前処理技術も含めて、掘削廃棄物の資源化技術の開発が急がれる。埋立処分された廃棄物性状は経年的に変化するわけで、廃棄物の安定化の程度によって資源化方法も変わってくるであろう。先に触れた掘削のインターバルとも関連して、埋立地での滞留時間が長すぎると鉄は腐食し、鉄スクラップとしての利用可能性は低くなる。廃棄物中の砕石等にも、有機物や重金属が沈着し、洗浄だけでは除去できなくなると考えられる。一方で、埋立後の時間が経過し、廃棄物（特に、焼却残さ）中の塩分が十分に洗い出しを受けていれば、溶融スラグとしての資源化よりもセメント原料化の方が適しているのかも知れない。いすれしても、未だ、資源化技術のメニューはまだ少ないと思われる。

最後に

埋立地を再生するとなれば、廃棄物処分場は、もはや埋立処分でなく、貯留・保管機能を全面に打ち出した廃棄物施設と位置づけられる。また、廃棄物の有効利用、資源化のための緩やかに安定化を行う前処理施設にも見て取れる。今までになかった新たな廃棄物施設であり、埋立地の概念を捨て、立地条件の検討をはじめ、すべての点において再考が求められる。ここではその幾つかを提示したつもりである。私にとっては、面白そうな研究にも繋がりそうな多くの点を見出すことができた。

最終処分場の再生を考える

独立行政法人　国立環境研究所
井 上　雄 三

　埋立構造や埋立廃棄物に対する住民の不安や事業者に対する不信感が次第に大きくなり、周辺住民との合意形成が難しく、新たな最終処分場の立地が非常に困難になってきており、最終処分場の確保に不安を抱いている地方自治体も少なくない。
　最終処分場の再生は、landfill mining と称して鉱山や土木の掘削事業で利用されてきた技術が利用できるが、埋設廃棄物を掘り起こし（攪乱し）、結果的には再び大気に晒し、内部に閉じこめられていた有害物質や悪臭物質を容易に周辺環境に拡散・輸送・移動させる可能性を著しく高める行為である。特に、覆土材料などの土や安定化物、プラスチックや未分解の紙類・木質などの可燃物あるいは金属を分離・処理する工程で粉じん、VOCあるいは悪臭物質等を発生させる可能性がある。これらの粉じんやVOCの中にはダイオキシン類等の微量有害化学物質や有害重金属を含む可能性も高い。以上のように再生事業においては、一連の再生工程における環境影響防止が最も重要な課題となる。個々の技術は既存技術あるいはその改良で十分に対応可能ではあるが、対象最終処分場によって著しく異なっている埋立層内の状況を的確に把握するための診断技術と、適正な環境汚染防止技術の組合せを提示するためのガイドラインが必要となる。
　一方、最終処分場は、次のような理由から循環型社会において基盤施設として非常に重要な役割を持っている。
　循環基本法では循環指標の一つとして最終処分量が選定されている。2010年までに一般廃棄物および産業廃棄物埋立処分量を半分（約37Mt）に削減し、さらに経済財政諮問会議「循環型経済社会に関する専門調査会」において、2050年までに最終処分量を1/10量（約7.3Mt）に削減するという数値目標が掲げられた。埋め立てられる廃棄物量は、経年ごとにみると、一般廃棄物では17Mt(1990)、11Mt(2000)、6Mt(2010)、1Mt(2050)に、産業廃棄物では、89Mt、45Mt、22Mt、4.5Mtとなる。一方、残余埋立容量は2001年4月1日現在で一般廃棄物処分場が157Mm^3、産業廃棄物処分場が176Mm^{3}となっている。埋立密度を1t/m^{3}とすると、2010年までに一般廃棄物処分場で95Mm^3、産業廃棄物処分場で370Mm^3、2050年までにそれぞれ230Mm^3、890Mm^{3}の埋立容量が必要とな

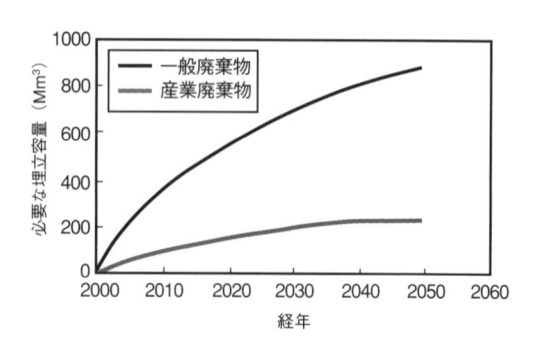

図1　必要な廃棄物埋立容量

る(図1)。一廃・産廃合わせて不足容量が790Mm^{3}が必要となるが、これはこの約50年間で新たに5 ha×10m(0.5Mm^3)の処分場を1,580ヶ所、100ha×10m(10Mm^3)程度の海面処分場を約80ヶ所建設しなければならいことを意味している。

　私たちは、今後50年間にこれだけの埋立処分空間を確保できるであろうか。少なからず心配になる。そこで処分場確保の一つの選択肢として最終処分場の再生は非常に有望な技術となる。

埋立地再生における研究の方向性

財団法人　日本環境衛生センター
理事長　小林康彦

はじめに

　循環型社会を指向する廃棄物の処理・リサイクルの制度が次々と整備され、また、ダイオキシン類対策の進捗もあり、廃棄物への対応は大変貌をとげつつある。こうした新たな潮流を起こした状況に最終処分場の逼迫があり、そのために埋立処分量の大幅な削減が諸施策の基本に据えられている。

　「循環型社会形成推進基本計画」（平成15年3月）では、廃棄物の発生抑制、再使用、再生利用、さらにエネルギー回収を伴う中間処理に力を入れ、埋立量を平成22年度において、平成12年度の概ね半分にするとの目標が掲げられている。なかなかに意欲的な目標といえようが、量が半分になっても最終処分場の意義と役割が低下するわけではない。

　循環型社会を形成していくうえで、最終処分場を整備し適切に運営していくことが、必須条件といってよい。安心できる最終処分場という基盤があって、安定したリサイクル・処理が可能になると言える。

　新規の施設整備の困難性が増すとともに、既存の最終処分場の再生活用が注目を集め、先駆的な試みも行われるようになってきたが、さらに発展させるためには、系統的に調査研究を進め、それらの成果を総合的に整理し、広く総合技術として提示していくことが必要であり、有効であると思われる。

最終処分場をめぐる状況

　現在の基準を遵守し、関係者の理解と協力のもとに、生活環境影響評価をはじめ所定の手続きを踏んで最終処分場を計画・整備し運営していくことは大変難儀な事業になっている。

　数次の規制強化にともない、特に産業廃棄物最終処分場の新規施設数が激減し、回復の兆しは認められない。このため、現時点でも処分場の余裕がないことに加えて、将来へ向かっての危機感を高めている。

　最終処分場を整備するため、今日まで、1970（昭和45）年の廃棄物処理法での都道府県の広域処理および市町村のあわせ産廃の規定に加え、1981（昭和56）年の新法による広域臨海環境整備センター、1991（平成3）年に規定された廃棄物処理センターおよび環境事業団による対応や、施設整備促進のための制度など、種々の方策が講じられてきたが、明るい見通しを得るに至っていない。その最大の課題は住民の理解と協力が得にくいリスクの高い事業となっていることにある。

最終処分場の経緯

廃棄物の埋立について、1970(昭和45)年制定の廃棄物処理法で処分の基準が設けられた。次に、6価クロム事件を契機としての1976(昭和51)年の改正で、最終処分場を廃棄物処理施設として追加し、構造の基準、届出などの規制が1977(昭和52)年から始まった。その後、数次の法律改正、基準改正、許可制度の厳密な運用などが規制強化の方向で行われ、さらに、1999(平成11)年制定のダイオキシン類対策特別措置法でばいじん・焼却灰に係る基準が設定され、さらに2004(平成16)年、廃棄物が地下にある土地の形質変更に関する規定が追加され、今日に至っている。

最終処分場への基準は何回か改定されたが、1997(平成9)年までは、改正時点以降の計画への適用にとどまり、既存施設への遡及適用は見送られていた。そのため、現時点での知見・基準からすると適正化対策を必要としている施設や埋立跡地が存在する。一般廃棄物最終処分場1901施設のうち538施設が不適正な処分場との発表が1998(平成10)年3月当時の厚生省から発表されている。

最終処分場の課題

最終処分場についてはいくつかの課題がある。

① 最終処分場の立地について従前以上に困難な課題となっており、新規の計画が極めて少なくなっている。新規の施設整備をどう進めるかという課題。
② 既設の最終処分場をいかに大切に使っていくか。現在ある最終処分場の延命化という課題。(現在の技術を適用すればさらに減容化・安定化の余地があり、新たな最終処分空間を生み出す可能性がある。)
③ 過去の最終処分場のなかには、環境保全の観点から問題を残しているものがある。それらに対し、どう対応していくかという課題。
④ 最終処分場の制度が導入される以前に行われていた廃棄物の埋立地。土壌汚染とも関連させての課題。
⑤ 処分場の跡地利用に関する課題。

などである。

③④の既設処分場の課題の内容は次のように整理されている。
 (a) 不適正処分場における地下水環境影響への対応
 (b) 廃止条件を満たさず長期遊休状態にある閉鎖処分場の活用可能な土地への修復
 (c) 汚染土壌の浄化

最終処分場の意義と役割

現在においても、整理が十分でないのは、最終処分場の役割・機能の概念整理である。廃棄物処理法においては、安定型、管理型、しゃ断型の3種類が規定され、埋立終了後「閉鎖―廃止―土地」のルートが想定されている。

しゃ断型に関していえば、通常の土地に戻ることは想像できない。ここは保管という機能で管理を継続すると整理するのが適切であろう。

一番の課題は、管理型へ搬入する廃棄物の性状と環境との関係、時間の経過にともなう変化と管理の程度、それらに耐えうる構造と管理水準ということになろう。さらに、最終処分場の機能から受け入れる廃棄物を選定するという視点が重要になると思われる。

こうした観点に立っての技術的水準の向上は大切なポイントであり、新たな技術開発も期待されている。あわせて、社会的基盤施設としての存在を社会的に確立するための方策も強化する必要がある。

埋立地再生事業の意義

新規の立地に併せて、過去の埋立地、および、既設の最終処分場を将来に向って活用する可能性が着目されている。これらの場所、施設のうちには、現時点での知見・基準からすると、

① 遮水構造および浸出水の処理設備を有さず公共の水域あるいは地下水を汚染するおそれがあるなど、現在の基準を充たさない最終処分場が存在する。
② 一般廃棄物の最終処分場の埋立物は主体が焼却灰、不燃物であり、ダイオキシン類対策の観点でも課題を残している施設がある。

一方、中間処理に溶融など、高度な技術が採用されるようになり、すでに埋め立てられている廃棄物を対象にして資源化、安定化、減量化を図ることが可能になっている。

こうした2つの要素を組み合わせて既設処分場・埋立地の再生が検討に値する時代を迎えている。

埋立処分場再生事業の目的と課題

再生事業の目的は次のように整理できよう。

① 環境保全上の機能回復
② 活用可能な土地への修復
③ 汚染土壌の浄化
④ 新たに埋立容量の確保

廃棄物処理法以前の埋立については何らの規制もなかったこともあり、記録はほとんど残っていない。当時の担当者の記憶もあいまいで、埋立地を地図に落とす作業も進んでいない。1960年代までは、ごみは自然に帰りやすい性状であり、問題になるのは工場などで発生した有害性を有する残物とする見方もある。こうした観点から、廃棄物処理法以前の埋立は、廃棄物問題というより土壌汚染ととらえてのアプローチが適切とも思われる。

したがって、再生事業の対象は廃棄物処理法以降の処分場を中心に検討するのが妥当といえよう。

今後の検討課題として、次の事項があげられている。

① 事前調査の手法開発と実施

② 埋立物の掘り起こし技術、選別技術、保管・運搬技術、環境保全技術と対策
③ 掘り起こし埋立物の処理技術：資源化技術、安定化・減量化技術
④ 最終処分場としての再整備技術と土地利用計画の提案
⑤ 費用対効果および対応主体
⑥ 再生事業についての法律上の整備
⑦ 再生事業への理解と普及

これらは相互に関連する事柄も多く、廃棄物処理・リサイクルシステムの一環として位置づけていくことが重要である。そのため、部分、部分の調査・研究を深めるとともに、「埋立地再生総合技術」として、まとめていくことが必要、有効である。

【参考文献】
1) 埋立地再生総合技術研究会：「埋立地再生総合技術に係る研究　平成14年度報告書」、(財)日本環境衛生センター
2) 埋立地再生総合技術研究会 (準備会)：「埋立地再生総合技術に係わる検討(研究)報告書　平成13年3月」、(財)日本環境衛生センター
3) 小林康彦：「埋立地再生を取りまく環境」、生活と環境、Vol.48、No.3、2003、(財)日本環境衛生センター
4) 小林康彦：「処分場の課題と処分場再生事業」、生活と環境、Vol.46、No.11、2001、(財)日本環境衛生センター
5) 小林康彦：「最終処分場に関する提言」、廃棄物学会誌、Vol.11、No.4、pp.301、2000
6) 「一般廃棄物最終処分場の適正化に向けて」、1998(平成10)年6月、(財)日本環境衛生センター

最終処分場の再生に向けて

財団法人　廃棄物研究財団
研究企画・振興担当部　部長　杉山　吉男
副部長　長谷部孝広
東京研究所　主任研究員　亀谷　達哉

処分場に求めるものは

　我が国の一般廃棄物の排出量は、平成12年度において約5,200万トンである。このごみは資源として回収したり、焼却処理で減量化されて後には残さとして約1,050万トンが最終処分場で埋立処分されている。最終処分場は廃棄物処理体系の中で重要な役割を果たしている。しかし、最終処分場については、処分場に対する嫌悪感や不適正処分による周辺環境の汚染等の理由により周辺住民の理解を得ることが非常に難しく、最終処分場の建設や確保が大変困難な状況である。また、従来から問題になっている不適正な処分場の問題も大きな社会問題であるのでこれらの問題解決も望まれる。

　最終処分場の機能は何かという疑問に立ち返えると、廃棄物最終処分場性能指針では、「生活環境の保全上支障の生じない方法で、廃棄物を適切に貯留し、かつ生物的、物理的、化学的に安定な状態にすることができる埋立地及び関連付帯施設」と記述されている。したがって、生活環境の保全上支障の生じない方法で安定化ができるものの貯留であり、さらに安定化したものをリサイクルすることにより、循環型社会形成のための循環施設と解釈することもできる。循環型社会形成のうえで処分場が最終ではなく循環の一部となる必要性は重要である。

処分場の適正化対策

　平成10年3月に、当時の厚生省は、市町村が設置する一般廃棄物最終処分場1,901施設のうち、538施設が構造上不適切と報道発表した。昭和52年3月以前に設置された処分場や埋立面積1,000m^{2}以下のいわゆるミニ処分場を含めると措置を講ずるべきと考える施設はさらに増加する。自治体にとっては、地元住民の反対や財政難等により、現行の構造基準を遵守した最終処分場の整備は困難であるため、現在も不適正処分場を埋立供用している箇所は少なくない。施設周辺環境保全を考慮すると早急に周辺環境影響調査の実施と施設の適正化対策が望まれる。

　汚染修復といった観点で考えた場合、廃棄物の不法投棄による環境汚染サイトの調査、修復、拡散防止技術等について、環境省の補助を受けて当財団が事務局となり調査研究(不法投棄等による環境リスク低減化に関する研究)を実施した事例を紹介すると、汚染サイトの現地調査、リスク評価、汚染修復(拡散防止)、事後調査までの各手法について汚染復旧システムとして図1のようにまとめている。

　現在、不適正処分場を抱える自治体は、当該処分場の適正化と代替処分場の確保について頭

を痛めているところが多く、現在の政策では処分場の適正化は図れても適正処分場の確保は難しい。したがって、不適正処分場を適正化して、これを延命化することに向けた技術開発は一石二鳥の技術となり、早急な開発が望まれる。

留意する点

再生に向けた方向とするにあたり、留意すべき点を下記に示す。

不適正処分場の適正化対策

①遮水工を有しない処分場

遮水工を有しない処分場に対し、埋立地を再生する場合、掘削する際に埋立地のInsuteの環境を乱すことにより周辺環境への影響が懸念される。したがって、場内に可燃物や焼却残さ等が埋め立てられている場合は、事業前に十分な周辺環境保全対策が必要となる。

②浸出水処理施設を有しない処分場

埋立地周辺に十分な遮水性能を有しているが、浸出水処理設備を有していない

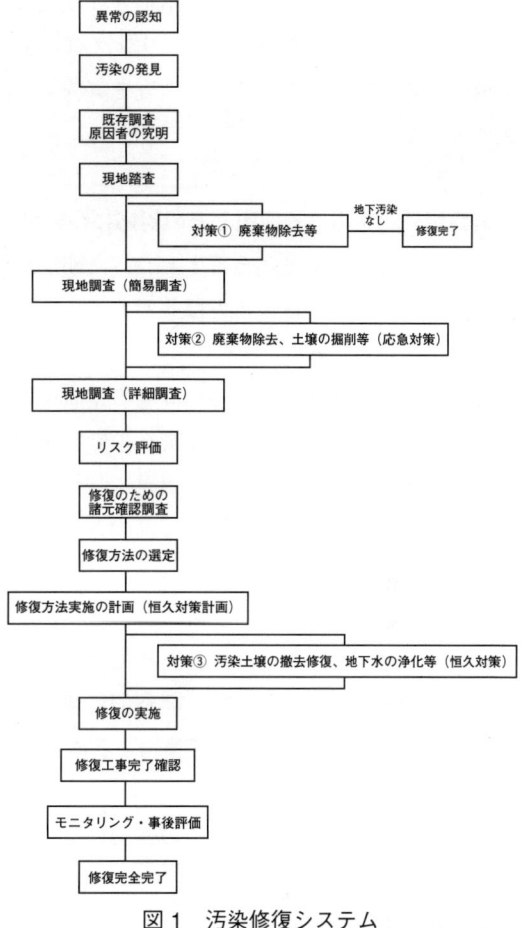

図1 汚染修復システム

処分場に対し埋立地を再生する場合、保有水集水及び場外での水処理機能を確保し掘削作業を行う必要がある。ただし、保有水集水設備を整備する際には、既存の遮水能力の確保を考慮する必要がある。また、事業実施範囲周辺の地下水観測井にて、周辺地下水水質のモニタリングを実施する必要がある。

施設機能の確保

埋立地には遮水機能、保有水集水機能、発生ガス対策等、周辺環境保全のために各種設備が整備されていることから、既存資料（最終処分場施工時の竣工図等）を用いて各設備の位置を三次元的に確認したうえで既存の機能に損傷がない様に事業を実施する必要がある。万一、各種設備に損傷を与え、既存の施設機能に不備が生じた場合、速やかに補修を行い、周辺環境への影響を最小限に留める必要がある。

埋立物の状況

事業を効率的・安全に事業を推進するためには埋立地に埋め立てられた廃棄物の状況を十分に把握する必要がある。

中間処理すべき廃棄物の減容化が十分に実施されずに埋め立てられた施設などは、埋立履歴

の把握、また、埋立管理記録が不十分な施設に対し事業を実施する場合については、埋立地に対し、高密度電気探査や密なボーリング調査を実施することで埋立地Insuteの状況を把握する必要がある。なお、ボーリング調査を実施する際には既存設備の機能に損傷が無いよう十分留意する必要がある。

最終処分場をめぐる問題とその対応について

　不適正処分場の適正化と再生といった観点で留意点を記述した。基本的に廃棄物処理施設における問題点に対する考え方は共通と考えるが、下記に最終処分場をめぐる問題点の解決に向けた対応を記述し纏めとする。

　周辺住民の理解を得て最終処分場の建設を進めていくためには、①施設構造が周辺環境と調和した施設であること②周辺環境への影響を最小にしながら、埋立廃棄物を安定化させること③埋立廃棄物が安定化するまで適正に貯留(保管)できる施設であること④管理が経済的、社会的に適切であること⑤埋立処分で創設される空間を早期に有効に活用できることなどの対応が必要である。

　このためには次のような事項に取り組んでいくことが必要である。

①適正な管理を進めるための組織と人の確保、育成

　　埋立管理を適正、効率的、経済的に運転管理していくためには、管理組織を整備して個人レベルではなく組織の判断で業務を進める。また、技術者の確保、育成も必要

②受入廃棄物の性状の管理

　　受入廃棄物の管理は遮水工の安全性、浸出水の性状の変化、廃棄物の分解安定化と跡地利用等に影響する。

③構造物等の適切な管理

　　処分場は堰堤、遮水工、汚水集排水工等からなる遮水型構造で貯留、地下浸透防止を行っているので、これらの構造物の管理が年数、環境対策、住民対策等からも重要である。

④埋立終了後の跡地の管理と早期利用

　　埋立終了後の跡地を適正に管理して周辺住民や環境に影響を与えない。また、跡地の空間については段階的に利用していく。

　これらの問題点・課題を解決し、再生に向けた確実な一歩を踏みすために、埋立地再生技術の開発にあたっては、多くの技術者の協力と経験に基づく助言が必要である。

埋立地再生事業の推進について

社団法人　全国都市清掃会議
技術部　部長　栗原　英隆

　廃棄物行政を推進する自治体において、施設整備に係る業務において多くの時間と労力を注がざるを得ない状況は、ますます厳しいものになってきている。これは、循環型社会形成推進基本法が制定され、これまでの1Rから政策を転換させ優先順位をつけて3R（REDUCE、REUSE、RECYCLE）および適正処理という枠組みが構成されたことにより、従来の焼却施設等の中間処理施設から資源回収型であるリサイクルプラザ等の環境にやさしい施設が望ましいと考えられてきている。しかしながら、資源化施設といえども廃棄物処理施設を設置する自治体が、施設整備にどれほどの最新技術の導入を図っても、住民、ことさら施設周辺の住民にとっては、迷惑施設であるという意識からは、解放されないのが一般の常識となっている。いわゆるNIMBYといわれるものである。

　特に、最終処分場の立地は、ダイオキシン類問題で非常に難しい状況に置かれた焼却施設より、反対の声に対抗していかねばならぬ場合が多いと聞いている。最終処分場が建設され、運用を始めればそこに投棄された廃棄物は、負の遺産として次世代までにも残るとの住民意識があることから、その規模により法による環境影響評価、都道府県等による条例によるもの、さらには廃棄物処理法による生活環境影響調査により、関係者への説明等を行い、住民同意を得ることまでは求められなくとも住民との合意形成が不可欠となっている。

再生事業推進にあたって

　当会議は、14年度に環境省が平成15年度において最終処分場の信頼性の向上・容量の確保から埋立処分地の再生について予算要求し、これを獲得できたことから一般廃棄物に係る新基準策定調査について請負業務の実施をした。その調査の中で「最終処分場再生利用技術指針案検討委員会」を設置し、福岡大学の樋口教授には委員長を、九州大学の島岡教授には副委員長への就任をいただき、委員6名で環境省の担当官の同席をお願いして審議に臨んだ。

　委員会では環境省から基本的な考え方が次のように示された。

　国が進めるルネッサンス事業によるものであることから、再生の対象となる処分場は、昭和52年「一般廃棄物の最終処分場及び産業廃棄物の最終処分場に係る技術上の基準を定める命令」に適合した埋立中および埋立終了のもので、廃止したものを含まない。また、再生事業として国庫補助対象となるためには、再生施設は少なくとも7年以上の稼動が求められることにはなる。

　廃棄物処理施設の国庫補助に関して、どのような施設に補助をしていくべきか整理した結果、

最終処分場に埋め立てられているものは廃棄物であるから、従来のごみ処理施設の枠組みで対応が可能ではないかと考えている。

補助メニューに加えるのはいいが、再生するために掘削しなければならないため、最終処分場からのガスの発生や崩落の危険に対処できる作業面での留意事項を示していかなければならない。

補助対象とすべき施設にはどのようなものが必要なのか。当初は、焼却や溶融に補助を入れていけばよいとの考えもあったが、再生するにあたって選別や篩い分けといった作業がでてくるために、そのようなものに対しての補助を考えていく必要があり、その辺の整理も必要であると考えている。

さらに、施設に対してどの程度の性能を要求すべきかについても考える必要があり、単純に減容化するだけでいいのか。また、減容化率まで含めた方がいいのか。これらの点について委員会として検討することとなった。

また、事業の経済性の検討では、埋立ごみ種別、中間処理ケース別に再生利用事業費の試算を行った。

上記の考え方に沿い審議を進め、「最終処分場再生利用技術指針(案)」を取りまとめて報告書としたところである。

この再生利用技術指針(案)は環境省から「最終処分場再生利用技術指針」として通知されることになるので、その内容については詳細に触れないことにするが、概ね次のような事項を含むものである。

① 総則
② 適用の範囲
③ 用語の定義
④ 最終処分場再生利用の形態
⑤ 最終処分場再生利用を進めるうえでの手順
⑥ 最終処分場再生利用事業計画
⑦ 最終処分場再生利用にあたっての事前調査
⑧ 廃棄物の掘削作業と環境保全措置
⑨ 掘削廃棄物の選別作業と環境保全
⑩ 廃棄物運搬時環境保全措置
⑪ 廃棄物の再埋立処分と環境保全

終わりに

当会議では、これまでに廃棄物処理に関わる多くの国家予算要望を関係省庁へ行ってきているが、平成14年度には最終処分場整備をより一層に推進するために、国庫補助率の引き上げを図る等の4項目に及ぶ「廃棄物処分場の整備促進に関する緊急要望」を行った。

全国市区町村が抱える最終処分場整備のためには、広い用地の確保をはじめとしてさまざま

な地域特性への配慮が重要で、こうした新規立地の困難性を考えるとこの状況は極めて厳しいものとして受け止めざるを得ないとの立場からの要望であった。

こうしたことから、処分地の再生への方策に対して国の財政的な裏付けができたことは、地方の財政事情の厳しい環境下で、全国市区町村では当該事業を推進する上で時期を得た施策が実施されたものと受け止めていると思われる。

しかしながら、ここにきて地方分権推進の流れの中で、「三位一体」論が盛り上がり国庫補助金の廃止を目指す動きが高まり、廃棄物処理施設整備についてもその枠組みに組み込まれる機運となってきている。とはいえ、地球環境保全を維持しながら社会経済成長を図りながら、我々が期待する生活水準を維持するうえでは廃棄物処理をないがしろにできないことは明白であり、その施設整備は不可欠のものであるので、引き続きその施設整備を進め社会基盤構築に遅れをとることはできないものであると考え、この分野の関係者の一人として声を上げていきたい。

埋立地再生事業への期待

社団法人 日本環境衛生施設工業会
技術委員会委員長　三　野　禎　男

　平成9年12月1日から施行された改正廃棄物処理法施行令および施行規則による廃棄物焼却に伴うダイオキシン類排出規制強化（既存施設は平成14年12月1日を期限）に対応すべく、全国の各自治体は廃棄物焼却処理施設等の改造、更新および新設工事を推進してきた。

　特に平成12年度にはその発注量は処理能力ベースで日量約1万2,000トンに達し、過去最大規模であった。また、当工業会会員であるごみ処理施設メーカー各社は厳しい規制値をクリアーするために、ガス化溶融炉に代表される新技術開発に果敢に取り組み、各自治体の要請に応えてきた。この結果、従来わが国におけるダイオキシンの最大排出源とも言われてきた廃棄物処理施設からのダイオキシン排出量は飛躍的に低減された。と同時に、焼却施設における燃焼制御技術や排ガス処理技術等の高度化が進み、ガス化溶融技術の実用化を含めこの分野に大きな技術革新をもたらしたと言えよう。

　一方で、循環型社会形成推進基本法が制定され、各種リサイクル法が整備されてきたことにより、廃棄物のリサイクル技術も破砕、選別技術の高度化とともに多様化が図られ、多くのリサイクル施設が建設されてきた。こうしてリサイクル率が大きく向上するとともに廃棄物の最終処分量も減少傾向を示すことになった。とはいえ、現状ではどうしても固化処理飛灰やリサイクル不適物等は最終処分が必要であり、埋立スペースの確保は各自治体にとって依然として重要な懸念事項である。

　しかしながら我が国においては、急峻な山岳地帯が多い特殊な地勢条件等から新たな処分場を建設することは極めて困難になってきている。また既設の処分場においてもこれまで種々の廃棄物が埋め立てられてきている中で、現在の基準に照らせば不適正と判断されるものが多くあると言われており、地下水汚染等周辺環境への影響が懸念される。

　こうした中で、これまでに培ってきた溶融技術やリサイクル技術を最大限活用し、既設の埋立地の延命や再生に取り組むことは誠に時宜を得たものと言えよう。すなわち埋立地再生においては、掘り起こした廃棄物を効率よく処理し、減容、無害化、資源化することが求められる。埋立廃棄物は高灰分、低カロリーで、かつ旧焼却施設から埋め立てられた焼却残さ等にはダイオキシン類や重金属類等の有害物質を含んでいる場合が多々あり、この処理には溶融技術が適しているとする考えには異論はない。

　しかし、埋立廃棄物は溶融に多くのエネルギーを要することから、専用の施設でそのまま全量溶融処理することは経済的負担が大きいことが難点であると言われており、これを克服する手段として、処理対象物を前処理工程にて溶融不適物を選別することや従来の廃棄物処理施設

を活用しつつ一般ごみとの混合処理する方法が有効であると報告されている。

　これらの基本技術は上述のようにダイオキシン削減に対応するために開発、実用化されてきたものであるが、すでに埋立廃棄物そのものを対象とした実証試験が実施されており、一部では実機に適用されてきている。

　環境省も平成15年10月に閣議決定した廃棄物処理施設整備計画の中で、一般廃棄物最終処分場の残余年数を平成14年度の水準（14年分）に維持するための事業として「ごみのリサイクルや減量化を推進した上でなお残る廃棄物について、生活環境の保全上支障が生じないように適切に処分するため、既埋立物の減容化等により一般廃棄物の最終処分場の整備を推進する」とし、すでに平成15年度廃棄物関係予算でも、埋立処分地の焼却灰等の埋立物を掘り起こして減容化等を行う施設の整備が補助対象となった。さらに、昨年内示された平成16年度の予算案では「廃掃法規制前に整備され、現行の基準に適合していない埋立処分地を適正なものに再生させる、不適正埋立処分地再生事業の実施」を行う埋立地再生事業が補助の対象となっている。

　今後、本事業が、最終処分場の残余年数が逼迫している自治体での問題解決に貢献することが期待される。また、本事業を推進するため調査研究、啓発等に尽力されている関係各位に敬意を表するとともに、今後必要な技術基準等の整備に際して当工業会会員は全面的に協力させていただく予定である。

　こうした新たなニーズの掘り起こしによって、ダイオキシン対策、リサイクル法対応に引き続き、廃棄物処理市場に新しい事業がスタートすることを当工業会としても大いに期待するものである。

埋立地再生総合技術システムの確立に向けて

日本廃棄物コンサルタント協会
技術部会　部会長　林　　秀樹
副部会長　古田秀雄

はじめに

　平成15年3月に策定された「循環型社会推進基本計画」においては、循環型社会における最終処分場整備のイメージとして、広域処分場の整備とともに既存処分場に埋め立てられた廃棄物をリサイクルし、減量化し、埋立容量を再生させるなどの最終処分場延命化の取り組みが進められることを挙げている。また、数値目標として、一般廃棄物と産業廃棄物の総量としての最終処分量を、平成22年度において約2,800万トン（平成12年度から概ね半減）とされている。

　このような背景下、今後の循環型社会における最終処分場のあり方がとわれているが、循環型社会においても最終処分場は廃棄物処理の最終段階として必ず必要な施設といえる。しかしながら、新規最終処分場の確保は、住民との合意形成が非常に困難な状況にあるのが現状である。

　一方、既存最終処分場については、旧厚生省から平成10年3月に公表された不適正な一般廃棄物最終処分場538施設に対して、適正閉鎖事業としての国庫補助が、平成12年度から16年度の期間において行われている。また、平成15年度からは適正な既存一般廃棄物最終処分場を対象として、新たに廃棄物を掘り起こして減容化を行う埋立地再生事業の補助事業が始まり、さらに、平成16年度からは不適正な既存一般廃棄物最終処分場を対象とした埋立地再生事業の補助事業も始まる予定である。

　以上からも既存最終処分場における埋立地再生総合技術システムの確立については、非常に期待が大きいといえる。そこで、廃棄物コンサルタントの立場から、既存処分場の現状と法規制、埋立地再生総合技術システムの確立等について述べる。

既存処分場の現状と法規制

　環境省の最新統計によれば、平成13年度末現在の全国の最終処分場施設数は、一般廃棄物最終処分場は2,059施設、産業廃棄物最終処分場は、管理型最終処分場が1,025施設、安定型最終処分場が1,661施設、遮断型最終処分場が41施設となっている。以下、このうち一般廃棄物最終処分場について記述するが、2,059施設の中には法規制以前の処分場が相当数含まれており、それ以外にもすでに埋立が完了した法規制以前の処分場も別途相当数存在している。

　最終処分場に係る廃棄物処理法に基づく規制の適用の概要としては、昭和52年の共同命令施行から、「処分基準」とともに「遮水工や浸出水処理施設の設置」等が義務づけられた。また、平成10年の基準省令（6月16日公布、17日施行）から強化された構造基準、維持管理基準、新設

された廃止基準が適用されるが、処分場として稼働している既存処分場についても、平成11年6月17日より構造基準は原則として適用されないが、維持管理基準と廃止基準は原則としてすべて適用することとなっている。さらに、最終処分場と土壌環境基準の関係を整理すれば、廃止後の最終処分場については、引き続き一般環境から区別されているものについては、土壌環境基準は適用されないが、掘削等により一般環境から区別する機能を損なう利用が行われる場合には、土壌環境基準が適用されることとなっている[1]。また、平成16年4月の廃棄物処理法の一部改正において、廃止後は、掘削等の土地の変更について廃棄物処理法で規制され、届出義務が課されるとともに、最終処分場跡地は、生活環境の保全上の支障が生ずるおそれがあるものとして、指定区域として指定される予定である。

前述した遮水工や浸出水処理設備を設置していない不適正一般廃棄物最終処分場538施設の中には、すでに適正閉鎖または延命化事業を実施済みあるいは実施中のものもあるが、いまだ対策に着手できていない施設も多くあり、環境保全の観点からも早急な対応が求められている。すなわち、早急な対応が求められている施設に対し、当該施設の状況に合わせた対応方策について、すでに適正化対策の調査・対策の実態を踏まえた上で、より効果的で自治体が実施しやすい適正化対策が必要であるとされている。

また、平成15年度から始まった適正な一般廃棄物最終処分場における埋立地再生事業の補助事業とともに、平成16年度からは不適正な既存一般廃棄物最終処分場を対象とした埋立地再生事業の補助事業も始まる予定である。これは、法規制前に整備されて、遮水工や浸出水処理設備を設置していない処分場に対して、整備を行って基準省令に適合させ、さらに必要に応じて埋立物を減容化して、処分場の延命化を図るための整備事業とされている。

以上から、まだまだ多くの不適正処分場が残されており、不適正処分場の適正化対策も含めた埋立地再生のための整備事業がいよいよ現実的なものとなってきたといえるが、今後はそのためのより実務的な法整備等が必要になってくると考えられる。

埋立地再生総合技術システムの確立

本研究会では、埋立地再生総合技術システムを確立することを目的に、以下のような事項について、種々検討するとされている[2]。

①埋立地の再生を取り巻く状況把握
②既存処分場再整備に係る法的課題の整理
③事前調査手法の確立(埋立履歴調査、埋立廃棄物探査調査、埋立廃棄物層の現状把握、埋立廃棄物層性状調査など)
④再生システム技術の確立(掘り起こし技術、選別技術、保管技術、運搬技術、溶融技術、資源化技術など)
⑤環境保全技術の確立(掘り起こし時のガス、臭気、作業環境等への対策技術等)
⑥費用対効果手法の確立等

上記の事項の中で、コンサルタントとしては、できればシステム全体に係わっていくとともに、各段階でより積極的に係わっていきたいと考えている。以下、ここでは、現時点において気がついた点等について記述する。

①については、既存処分場における埋立地再生の必要性、動機づけおよび中間処理施設等の関連も含めた当該自治体における廃棄物処理システム全体からみたその必要性等についても明らかにする必要があると考えられる。

②については、多少前述したが、実際に再整備する場合には、法規制以前の処分場や閉鎖後の処分場に対する再整備の法的根拠、不適正処分場との関連、廃止後の土壌環境基準との関連等についても、整理する必要があると考えられる。

③については、これまでほとんど調査事例がないが、既存資料が不足していること、既存処分場からくる制約条件等から、困難な面もあると考えられるが、地盤調査技術等を応用して、できるだけ簡易で経済的な調査手法の確立が望まれる。

④については、個々の技術としては、ある程度確立されてはいるものの、埋立地を対象とした知見は少なく、個々の再生技術として確立させるとともに、それらを再生システムとしてどのように組み合わせるかも重要と考えられる。また、どちらかといえば、従来の最終処分場技術でない中間処理、収集運搬等の技術も多く含まれているため、これらを統合して全体の再生システムとする必要があると考えられる。

⑤については、埋立廃棄物や埋立方法によってかなり相違があると考えられるが、埋立廃棄物、埋立方法、気象条件ごとの実験データを収集して埋立廃棄物等に応じた環境保全技術の確立と掘り起こし時のガス、臭気等に対する安全対策の確立が望まれる。

⑥については、当該自治体にとって最も関心が高い事項の1つと考えられるが、埋立地再生の整備事業が進むように基本条件等を明らかにしたうえで、個別に各種の検討が可能なような手法の開発等が望まれる。

おわりに

以上、廃棄物コンサルタントの立場から、既存処分場の現状と法規制、埋立地再生総合技術システムの確立に対する意見等について述べたが、これからの循環型社会における最終処分場のあり方を考えるうえでも、この埋立地再生事業の役割は非常に大きいといえる。

したがって、本研究において埋立地再生総合技術システムを確立していただき、コンサルタントとしても、埋立地再生事業の実施を通して、埋立地再生総合技術システム全体に係わるとともに、既存最終処分場の適正化、延命化、有効利用を進めるべく、関連団体と協働しながら鋭意努力していきたいと考えている。

【参考文献】

1) 藤倉:「土壌環境の保全と埋立処分」、廃棄物学会誌、Vol.10、No.2(1999)、p.24-31
2) 樋口、藤吉:「平成14年度廃棄物処理等科学研究報告書 埋立地再生技術総合システムの開発」、(2003)、p.1

第1章　埋立地再生総合技術

第1節　埋立地再生の必要性

1．はじめに

　最近、新規の最終処分場の設置は、ますます困難な状況となっている。この原因として最終処分場の安全性、特に、遮水工からの浸出水漏水による地下水汚染疑惑等による不安などが考えられる。これについては平成10年6月の最終処分場の構造基準、維持管理基準の強化等、基準省令に従い、新たに建設される最終処分場により徐々にではあるが信頼回復がなされ、地域に受け入れられる最終処分場への努力がなされている。一方、すでに建設されて埋立終了した処分場や埋立中の処分場については、処分場の廃止まで長期の時間を要し、負の遺産となることが懸念されることから、これらの安定化促進やリニューアルが求められている。

　このような背景から、一部の市町村では、すでに事態が深刻化しているところもあり、既設の処分場の延命化や埋立完了した用地の再生利用が望まれている。従来、最終処分場の延命化のために、中間処理施設が普及してきた歴史があるが、既設処分場の中には、中間処理を受けずに埋立処分されたものも多く、前述した最終処分場を巡る社会的背景から、これらの埋立物を再処理、資源化して埋立処分空間を確保することにより、上記問題を解決することができる。これが、埋立地再生の基本概念である。国においても埋立地再生事業として既設の最終処分場を掘り起こし再処理することにより、最終処分場の延命化を図ることを予定している。

2．最終処分場の現状と埋立地再生の必要性

　図1-1-1に一般廃棄物の排出量と処理処分状況を示した。図1-1-1の一般廃棄物処理状況の推移からわかるように、直接埋立の比率は1975年には46.3％、1985年には26.4％、1995年には11.5％と減少している。一方、直接焼却の比率は1975年52.2％、1985年70.6％、1995年76.3％と増加しており、埋立物が焼却残さと不燃物主体へ変移していることがわかる。このことは、ごみ発生量の増大に伴い廃棄物の減容化や安定化のために焼却等の中間処理を徹底させてきたためであり、埋立物の質が無機化していることを意味する。現在、埋立中のわが国の一般廃棄物処分場は約2,000箇所存在している。また埋立が終了し、廃止を待っている最終処分場を合わせると相当数の最終処分場が存在することとなる。これらの中には、1970年代に建設され中間処理を受けないごみを埋立処分したものもかなりあると推察される。これらの最終処分場には20～50％の可燃物が埋め立てられており、有機物のガス化、液化を考慮しても処分容量の大半を占めているといわれている。また、当時の不燃ごみは破砕等中間処理を受けずにそのまま処分されたものが多く、この不燃ごみも処分容量の多くを占めていると考えられる。反面、

近年(1990年代以降)の不燃物は破砕、選別後の残さが中心であり、高密度に埋め立てられていると考えられる。

次に、図1-1-2にわが国の一般廃棄物最終処分場の残容量・残余年数を示した。

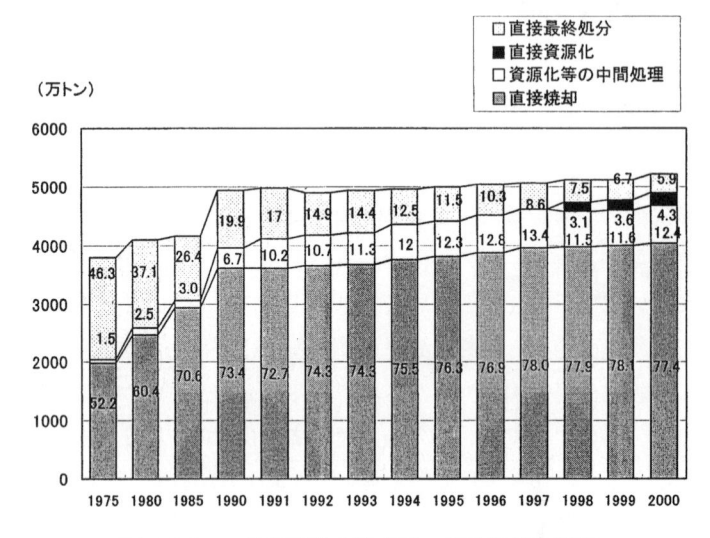

図1-1-1　一般廃棄物の排出量、処理処分の推移

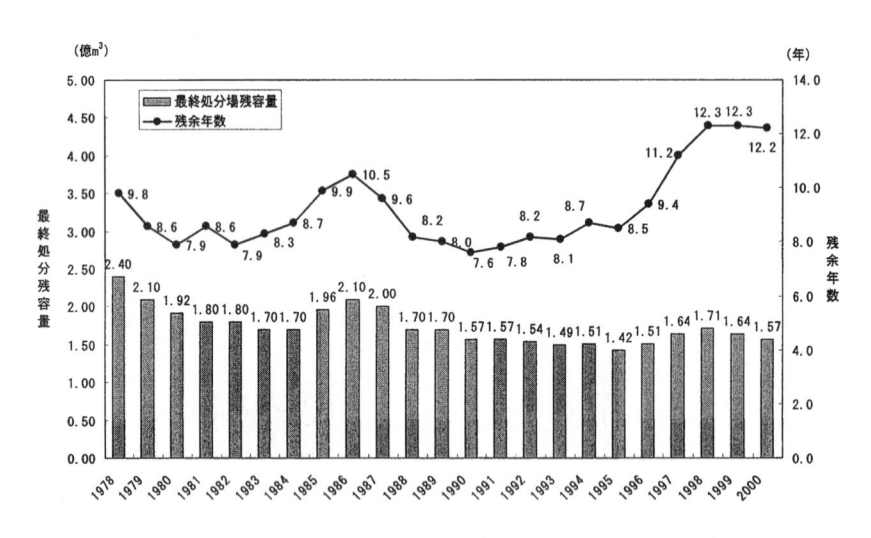

図1-1-2　一般廃棄物最終処分場残容量・残余年数

2000年(平成12年)における最終処分残容量は1.57億m^3、残余年数は12.2年となっている。平成15年3月に発表された循環型社会形成推進基本計画によれば、最終処分量削減目標として計画目標年次を2010年(平成22年)、中間目標年次を2000年(平成12年)におき、1990年(平成2年)を100%とした場合、中間目標年で50%減、計画目標年で75%減を目標としている。図1-1-2から1990年(平成2年)の最終処分残容量は1.57億m^3、残余年数7.8年となっており、中間目標

年においてもかなりの最終処分量の削減効果が伺える。計画目標年における目標達成がされたとしても、新規処分場確保難の状況は続くと予想されるので、既存処分場の再生による処分容量の確保は今後ますます重要となる。

第2節　埋立地再生総合技術システムの概要

1．はじめに

　最終処分場の再生については、処分場は廃棄物の最終処分地であり、それ以上移動させることはなく、最終処分場は原則として形状変更しないものとされてきていたため、事例が非常に少ない。廃棄物の移動事例は災害対策時か、跡地利用時などに限られていたため、再生のための技術として開発され、システム化・体系化されたものは皆無に等しい状況にある。

　しかも、埋立地はその地域におけるごみ処理の歴史の集積地であり、どのようなごみ処理体系の歴史を経て来たかによって、その埋立物の内容、埋立地の構造などが千変万化であり、一様な技術で対応できるものではない。大まかに分類しても、全量埋立をしているもの、焼却残さ主体のもの、不燃ごみ主体のもの、粗大ごみを含むもの、地域のごみ捨て場であり何でも住民が直接投棄していたものなど、当然有害性のものが埋め立てられている事例もあり、安易に掘り起こすことは非常に大きな環境リスクや作業リスクを伴う可能性がある。このような埋立地の状況を的確に調査し、再生の可能性を判断するとともに、埋立地の健全性を確保しながら経済的で安全な再生計画を立案するためには、多様な調査技術や資源化処理技術、掘削技術や埋立地の適正化対策技術に精通する必要性がある。このため、これら埋立地再生のための総合技術を体系的に整理し、確立することが緊急の課題となっている。

2．対象とする処分場および検討範囲

　環境省は2003年度（平成15年度）から、埋立地の焼却残さ等の埋立物を掘り起こして減容化等を行う施設の設備に対して、補助を実施することになった。この場合、対象となる処分場は、適正な処分場 ― 昭和52年の構造基準・維持管理基準施行後の施設（表1-2-1参照）で、基準どおり届出がされ、適正に運営・管理がされている施設であること ― に限定されている。すなわち、不適正処分場やそれを適正化する処分場は対象にしないとされており、また適正な処分場の場合でも埋立地の改修や構造強化（例えば遮水工）は考えられていない。

　しかし、実際に現存する処分場（閉鎖したものまで含める）は、構造基準に適合しない施設のほうが多い。また、環境省の補助事業では処分場の延命化だけが目的とされているが、施設の設置者や地元住民の立場では過去に生じた負の遺産の整理、安全対策といった要望も当然生じると考えられる。さらに、新規立地の場合の施設基準との矛盾も旧施設の適正化・再生の動機付けになると考えられる。こういった背景から、環境省は2004年度（平成16年度）から補助対象を拡大して、遮水工や浸出水処理施設が設けられていない最終処分場を現行の基準に適合した施設に再生させ、適正処分場として活用する事業「不適正な埋立処分地の再生事業」を創設することとなった。

　そこで本書では、検討の対象施設として、構造基準適用以前の既設の全施設とした。また、

研究内容は、単なる埋立地の延命化のためのかさ上げ工法や圧密沈下促進工法は研究対象とせず、埋立物を掘り起こし、これを前処理や中間処理して資源化・無害化・減量化を行うとともに、埋立地の適正化や延命化を図るための再整備までに係わる調査、計画、掘り起こし、前処理、中間処分および埋立地の再整備を対象にしている。

表 1-2-1　最終処分場に係る規制の適用状況

設置時期		～昭46.9.23	昭46.9.24 (廃掃法施行) ～昭52.3.14	昭52.3.15 (共同命令施行) ～平9.11.30	平9.12.1(政令改正による規模要件の撤廃)～	
						平成10年7月通知(注2)
運用中・閉鎖	埋立面積 1,000m² 以上	規制なし (注1)	処分基準	処分基準 共同命令		
	埋立面積 1,000m² 未満					
廃止		土壌環境基準の適用			土壌環境基準の適用外の通知(注2)	

（注1）ただし、平成11年6月17日より、処分基準が適用される。
（注2）ただし、土壌環境基準の適用に対する旧環境庁の考えによると、最終処分場の廃止規定が改正共同命令で制定されたことを受けて、平成10年7月16日付け環水土第151号、旧環境庁水質保全局土壌農薬課長通知で、土壌環境基準の最終処分場跡地への適用を次のように整理している。

> 廃止後の最終処分場跡地であって、引き続き一般環境から区別されているものについては、土壌環境基準を適用しないものとしている。逆に廃止後の最終処分場等の跡地について、掘削等による遮水工の破損や埋め立てされた廃棄物の攪乱等により一般環境から区別する機能を損なうような利用が行われる場合には、当該跡地に係る土壌に土壌環境基準が適用されるものとなる。
> ただし、平成16年3月の改正により、廃止後の処分場は指定区域とされ、跡地利用で埋立地の改質を伴う場合は届け出ることが必要になった。

3．埋立地再生のメリット

図1-2-1に埋立地再生総合技術システムの全体イメージ図を示す。また、同図には各段階ごとの技術開発テーマをも示した。この事業のメリットは次のようなところにある。
① 過去の未処理の廃棄物が処理できること(有害なものは無害化できること)。
② ケースによってはその廃棄物が起こしていた環境汚染の対策が打てること。
③ その処理に現在稼働している廃棄物処理施設を利用することにより施設整備費や処理経費が安くできること。
④ 掘り起こした跡地を再整備することにより、新たな最終処分場を造れること。

4．総合技術システム確立の必要性

既設処分場は、前述のとおり構造基準や維持管理基準が建設時期によって異なっている。また、埋立廃棄物の種類は多種多様であり、既設埋立地を再生する場合には単に以下に述べる要素技術を単独で、もしくは組み合わせて実施するだけではなく、従来にも増して周辺地域の生活環境保全に配慮するなど総合的な取り組みが重要である。すなわち埋立地の立地条件、埋立

履歴、埋立地の特性や性状および環境保全や安全性等に対応した最適な総合技術システムとして事業計画を策定し、再生事業を実施する必要がある。

埋立地再生技術は①事前調査、②実施計画策定、③実施、④再供用(埋立)の各事業段階からなり、それぞれの段階について以下に概説する。

(1) 事前調査段階

埋立地再生に必要な事前調査としては、まず既存資料を用いた再生の可能性検討がある。この調査から、再生の必要性および可能性があると判断された場合には、基礎調査(構想計画)・基本調査(基本計画設計)を実施し、事業の経済性や事業内容の確度を高めていくことになる。最終的には詳細調査(実施設計)へと進む。このように、再生事業では途中で事業を中止する可能性もあるので、初期の段階では調査を何段階かに分けて実施することが重要である。

事前調査項目としては、①埋立物の性状把握、②浸出水処理のための水質把握、③地下水流動および汚染拡散シミュレーションのための調査、④発生ガス対策設備のための調査、⑤施設健全性の評価のための調査、⑥立地条件評価のための調査などがあげられる。

なお、適正に管理されている処分場の再生では、既設施設の状況把握や掘り起こしに伴う施設への損傷防止に関する調査が、また遮水工等のない既設処分場の再生の場合には、地質条件、埋立物の範囲とその量の推計、浸出水の拡散状況の確認等が重要な事前調査項目になる。また、主として埋立物の性状把握や埋立量を推計するための調査方法として、最終処分場で実績がある具体的なものを以下に示す。

①埋立履歴調査：埋立記録等既存文献調査
②物理探査：浅層反射法、2次元比抵抗探査法、高密度電気探査法、空中電磁探査法、電磁探査法、レーダー探査法、地中レーダー探査法
③ボーリング調査
④テストピット調査

(2) 実施計画策定段階

この段階は、事前調査結果に基づいて再生事業を実施するかどうかを最終的に判断することであり、そのために事業実施に際しての基礎データの整理や埋立地再生計画を立案する。具体的な検討事項としては、法的規制のチェック、財源計画、埋立物の掘り起こしから再処理に係わる再生技術の選定、環境保全対策の立案、埋立地再整備計画の立案および住民合意形成を図るなどのほかに、費用対効果分析等も行い埋立地再生のための実施計画を策定する。

(3) 実施段階

1) 掘り起こし工程

既設埋立地の掘り起こしは、一般的にはバックホウが用いられる。この方法では、GL−5m程度まで掘り起こしが可能である。それ以上の深さまで掘り起こす必要がある場合には、バックホウを下ろして段階的に掘り起こす方法あるいはテレスコピック式やスライドアーム式等の基礎掘削機械を使用する。

しかしながら、埋立廃棄物の種類によっては、バックホウによる掘り起こしが困難なケー

再生事業イメージフロー	技術開発テーマ
事前調査段階	①埋立履歴調査 ②埋立廃棄物探査 ③埋立廃棄物層（安定化）現状把握 ④埋立廃棄物性状把握
計画策定段階	①埋立地再生計画 ②費用対効果分析
実施段階 掘り起こし工程	①掘り起こし技術 ②覆蓋技術 ③環境保全 　（作業環境、周辺環境）のための計測・対策技術
前処理工程	①乾燥技術 ②選別技術 ③保管技術 ④覆蓋技術 ⑤環境保全 　（作業環境、周辺環境）のための計測・対策技術
運搬工程	①梱包技術 ②車両構造
中間処理工程	①資源化技術 ②無害化技術 　（ダイオキシン類等による汚染土壌の浄化を含む） ③減容化技術
埋立地整備工程	①法基準に適合した埋立地への修復 ②既存埋立地の活用可能な土地への修復

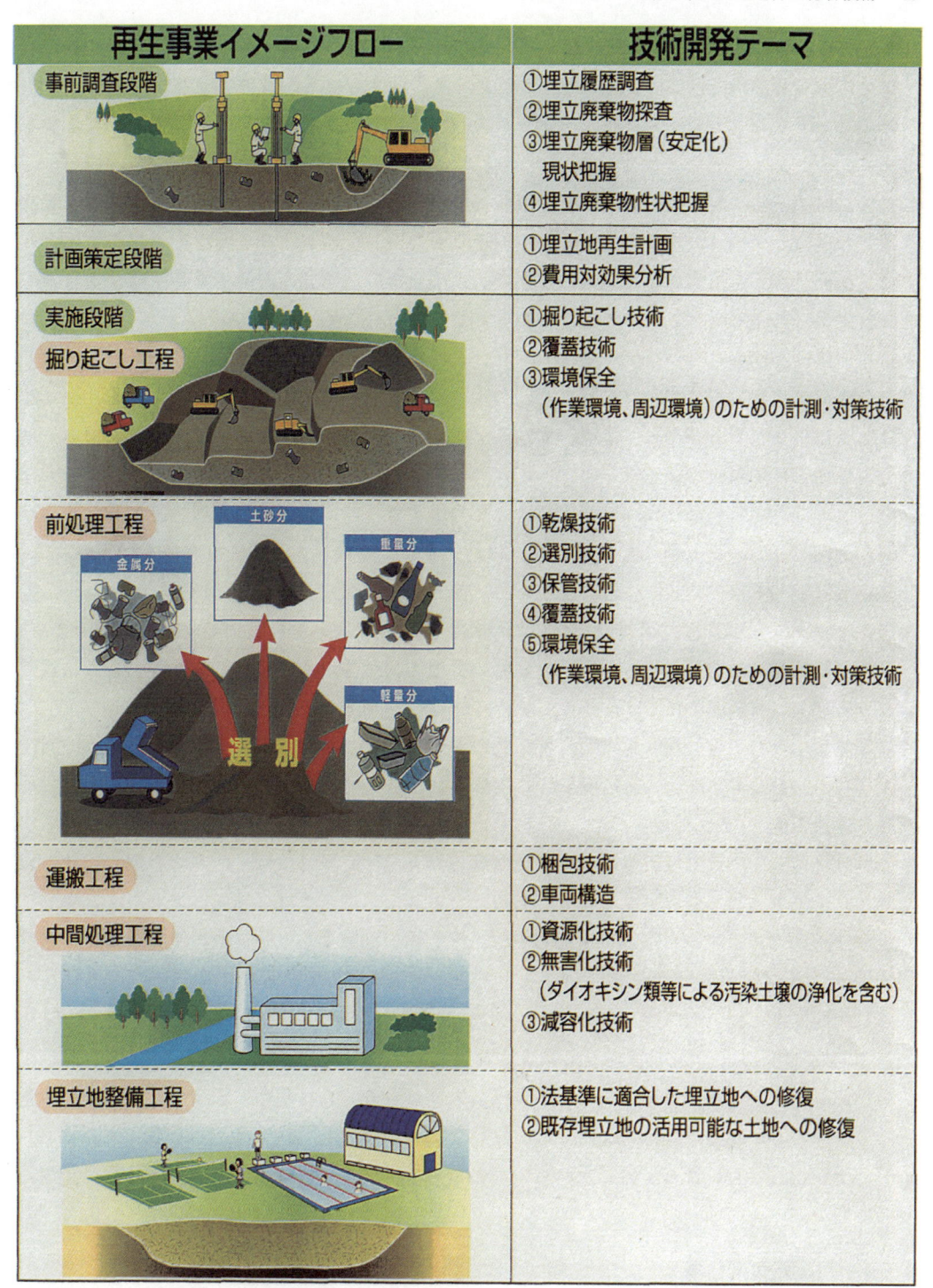

図 1-2-1　埋立地再生総合技術システムの全体イメージ

スがある。特に、焼却残さの埋立地では未反応石灰の固結によりセメント化し、N値20～30、単体体積質量2.0 t/m³以上と軟岩相当の硬さがある場合もある。このようなケースでは、ジャイアントブレーカーやスクリューオーガー等で破砕しながら掘り起こし作業を行う必要がある。

また、法面部に焼却残さが埋め立てられている場合には、前述したセメント化により焼却残さと覆土がブロック状に固まっているおそれがある。そのような場所を掘り起こす場合には、法面遮水工を損傷させる危険性が高い。このため、法面部の掘削作業時には、安息勾配で自立するように埋立物を残すことにより保護するなど留意が必要である。

2）前処理工程

ここでは、掘り起こした廃棄物の選別および破砕を前処理工程としている。なお、掘り起こし時にスケルトンバケット（例えば200メッシュ以上の簡易ふるい）を用いた粗大物の分離も前処理工程に含む。

前処理は、掘り起こし現場で行う場合と処分場敷地内等に専用の前処理施設を設けるケースに大別できる。掘り起こし現場では、移動式もしくは自走式選別装置が多く利用される。選別装置としては、乾式法と湿式法がある。乾式法は回転式スクリーン（トロンメル）、振動スクリーンならびに風力選別がそれぞれ単独で、あるいは組み合わせて使用される。また、選別工程では、磁力選別装置を用いて鉄分の分離工程が併用される事例もある。なお、粗大ごみの選別の前処理としては、衝撃式破砕機やせん断式破砕機等が用いられる。

留意事項としては、掘り起こした廃棄物の湿潤状態によっては、天日乾燥や石灰等の固化剤を利用した改質が選別の前処理として必要になる。

3）運搬工程

処分場敷地内や溶融施設等に専門の前処理施設を設けた場合には、埋立物を掘り起こし現場から前処理施設まで運搬する必要がある。この運搬には、クローラーダンプやダンプトラックを用いて運搬する。留意事項としては、埋立物の飛散・落下防止や、埋立地外に運搬車両が出ていく場合には汚染・飛散対策としてタイヤ洗浄が必要である。

4）中間処理工程

中間処理方法は、有害物質を含む覆土の再生技術（乾式および湿式）、可燃ごみの焼却技術、可燃および不燃ごみを対象にした溶融技術に大別できる。これらの処理技術については、多くのシステムが実施あるいは研究開発されている。

以下に、近年特に盛んに研究されている、再生技術および溶融技術の研究開発状況について概要を述べる。

・再生技術

掘り起こした廃棄物や選別後、埋め戻す廃棄物中の有機物量やダイオキシン類含有量が高い場合、掘り起こし時にオンサイトで有機物分解や無害化処理を行うことにより最終処分場の早期安定化を促し、さらに無害化物を覆土材として活用することができる。具体事例としては洗浄、分級、化学的酸化、加熱還元によるダイオキシン類等の脱塩素化などが

ある。また、最近、焼却残さのセメント原料化による資源化が行われているが、セメント資源化の阻害要因となる塩分除去のため、オンサイトで掘り起こし廃棄物を洗浄脱塩し、洗浄灰をセメント原料とする方法もある。

・溶融技術

掘り起こし廃棄物は一般的に高灰分、低カロリーでかつダイオキシン類や重金属などの有害物を含む。これを減容化、無害化し、さらに資源化するには溶融処理はきわめて有効な技術である。しかし、埋立物は溶融負荷が高いことから溶融に必要なエネルギー消費が多くなり、そのまま専用の施設で全量溶融することは経済的な負担が大きくなりすぎる。したがって、より現実的なシステムとするためには、溶融対象量を最小化することや溶融処理のためのエネルギー源として一般ごみを活用することが有効である。

溶融処理対象量の最小化については、土砂等を前処理工程で選別し、無害であることが確認されればそのまま、無害化処理が必要であれば前項で述べたような処理を行った後、覆土材等として埋め戻すことで溶融処理量を減らすことが考えられる。一方、収集一般ごみのエネルギーの活用については、一般ごみの焼却溶融処理施設にて一般ごみと掘り起こし廃棄物を混合処理する方法が考えられる。この場合、一般ごみの処理に伴い発生する熱を利用することで溶融にかかるエネルギーを削減することができる。しかも掘り起こし廃棄物専用の溶融処理施設を建設する場合に比べ、施設建設費や人件費を含めた処理コストの大幅な低減が図れる。

5）埋立地整備工程

埋立物を掘り起こした後の既設埋立地は、必要に応じて改修・改造・拡張等が行われる。この場合、基準省令に準拠した技術基準での再整備が必要となる。

また、埋立地の再整備は、埋立物の掘り起こし作業と並行して行われる場合もあり、埋立地の再生と再整備のための建設工事が輻輳した状態で進められる場合には、施工を安全に進めるための施工計画が課題となる。

6）環境保全・作業環境対策

埋立物の掘り起こし、選別、再処理の各プロセスにおいて、廃棄物の飛散による作業員や周辺環境への影響を未然に防ぐため、それぞれのプロセスにおける粉じん等環境調査を行い、掘り起こし時における散水の必要性や悪臭対策等について検討する必要がある。埋立物の種類や埋立地の管理方法によっては、掘り起こし時に宙水や内部保有水が流出することも考えられる。このため、これら排水対策についても考慮する必要がある。特に、掘り起こし作業や選別作業に伴う粉じん、軽量廃棄物の飛散、騒音・振動、発生ガス、浸出水等にかかる環境保全対策が重要である。

また過去の焼却灰、飛灰中には、高濃度のダイオキシン類が含有されている場合があることが想定される。したがって、これらの焼却灰、飛灰等が掘り起こしや前処理作業時に粉じんとなって飛散し、作業員や周辺環境に影響を及ぼさないよう配慮することが必要となる。

(4) 再供用(埋立)段階

前述のとおり再整備する埋立地は、掘り起こし作業と並行して建設工事が進められ、完成したところから埋立が再開されることになる。すなわち、3つの異なった工事が同時並行して進められるので、特に安全対策が重要な課題となる。なお、この再埋立作業の対象廃棄物は、焼却や溶融処理不適な粗大ごみ、石・がれき、金属くず等、中間処理施設からの残さ物および収集ごみとなる。また、基準省令に準拠した埋立管理が必要である。

第3節　埋立地再生技術と経済性評価

1．はじめに

　埋立地の再生事業を計画するにあたっては、まず対象となる埋立地の既存資料や現地調査等により事業の成立可能性を検討する必要がある。この調査で埋立地の立地条件、埋立構造、埋立物の種類およびその量、安定化状況、維持管理方法等の現状を把握するが、特に埋立物の種類と量を正確に把握することが事業全体の計画を大きく左右する。そのため、既存の地形図や地質図、埋立記録等を調査するとともに、試掘やボーリングと物理探査手法等を駆使して処分場の全体像を推定する。この調査結果として得られた、処理すべき廃棄物の全体概要や周辺環境の状況などに基づき、最適な再生技術の組み合わせによる経済的な処理システムを構築することが重要である。

　本検討では、埋立物を掘り起こし、前処理後、一般廃棄物処理施設にて収集可燃ごみ等と合わせて、掘り起こし廃棄物の混合溶融処理を行うケースとそれぞれ単独で処理するケースについて処理費用を算出し、経済性の比較評価を実施した。

2．埋立地再生のケーススタディ
（1）掘り起こし・選別フローおよび混合溶融処理フロー

　今回検討した掘り起こし・選別フローおよび混合溶融処理フローを図1-3-1、図1-3-2に示す。

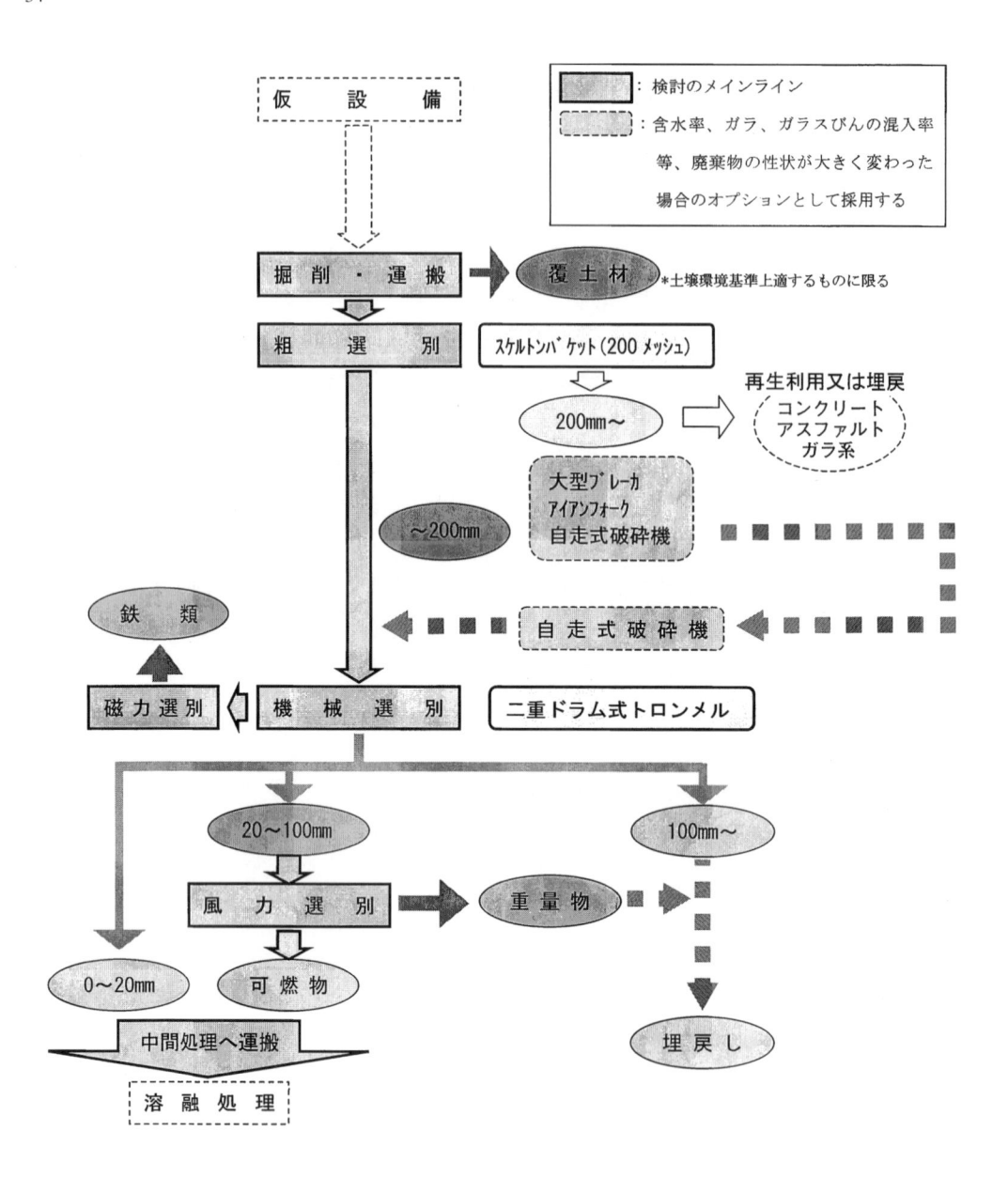

図 1-3-1　掘り起こし・選別フロー

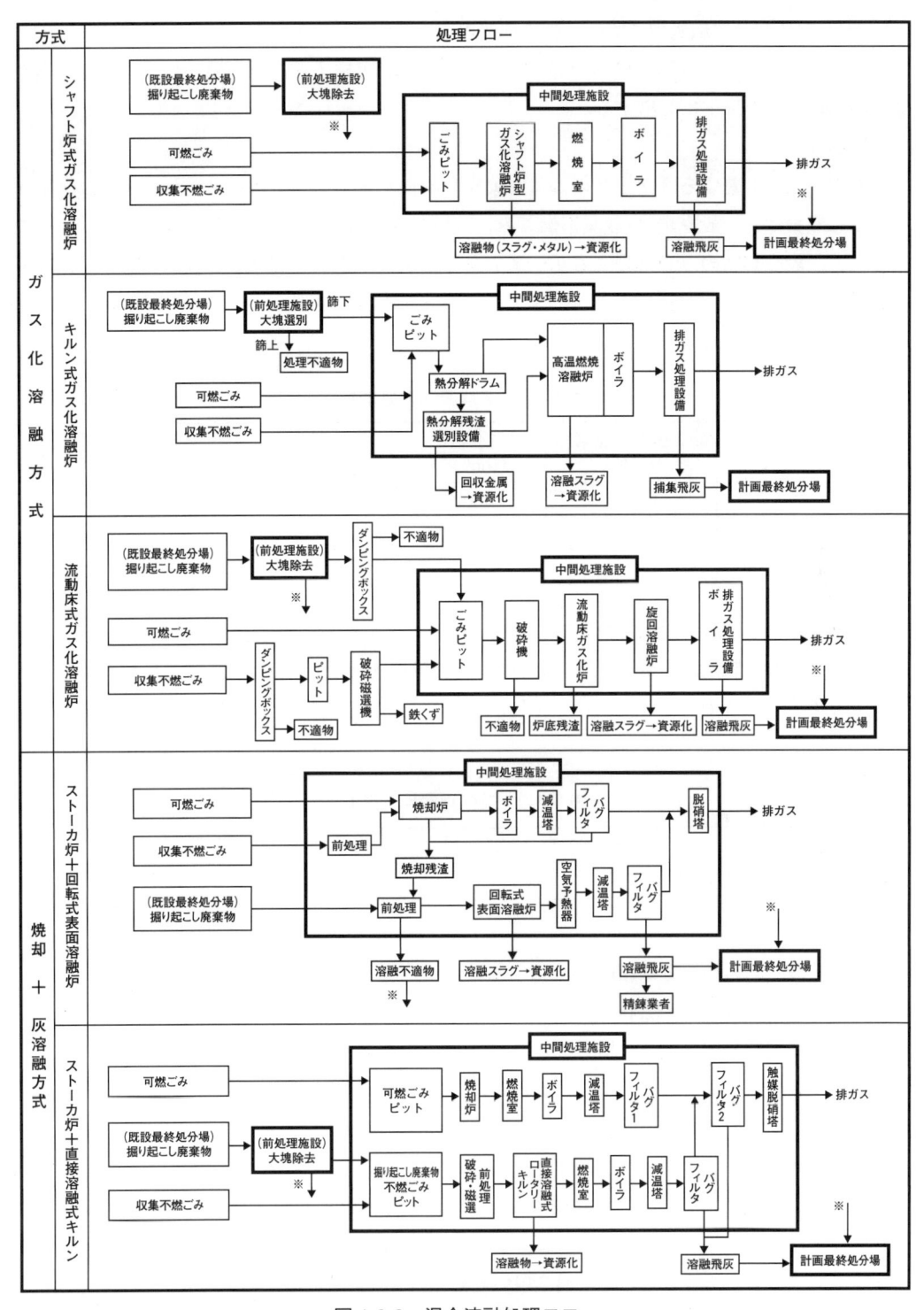

図 1-3-2　混合溶融処理フロー

（2）掘り起こし～溶融処理までの一貫処理費用

埋立地再生に要する費用規模を把握し、経済性評価を実施するため、掘り起こし～溶融処理までの処理費用を以下に算出する。

1）処理対象

処理費用を計算する3ケースの処理対象廃棄物量を表1-3-1に示す。ケース1は、掘り起こし廃棄物を一般廃棄物（収集不燃ごみ、可燃ごみ）と混合処理するケースである。ケース2は、一般廃棄物のみを処理するケースである。ケース3は、掘り起こし廃棄物専用処理を行うケースである。ケース1とケース2との差分を、混合処理を行う場合の掘り起こし廃棄物処理費用と考える。

表1-3-1　各廃棄物の処理量

	掘り起こし廃棄物 (ton/年)	収集不燃ごみ (ton/年)	可燃ごみ (ton/年)	処理量合計 (ton/年)
ケース1	13,333	14,000	60,000	87,333
ケース2	――	14,000	60,000	74,000
ケース3	13,333	――	――	13,333

2）掘り起こし・選別費用について

掘り起こし、粗選別、機械選別を行う場合（機械選別方式）、また掘り起こしおよび粗選別による簡易な前処理（粗選別方式）で済む場合の、それぞれにおける費用を表1-3-2に示す。

表1-3-2　前処理費用（円/t）

処理期間	15年間で掘り起こす場合	8年間で掘り起こす場合
機械選別方式	10,000	6,500
粗選別方式	3,700	3,100

- 埋立物の嵩比重は1.0 t/m^3（地山基準）とした。
- 埋立物全量は200,000 t（200,000 m^3（地山基準））とした。
- 15年間で掘り起こす場合の処理能力は67 t(m^3)/日とする。
- 8年間で掘り起こす場合の処理能力は123 t(m^3)/日とする。
- いずれの方式についても中間処理（溶融処理）施設までの運搬費用を含む。

3）溶融処理および焼却・溶融処理費用について

掘り起こし廃棄物を溶融処理施設にて混合処理する場合の費用、および専用処理設備にて処理する場合の費用を表1-3-3に示す。なお、混合処理する場合は、(1)項の図1-3-2に示す各方式による処理費用の平均値を用いている。

表 1-3-3　混合処理と専用処理との建設費および維持管理費の比較

		（ケース1）−（ケース2） 混 合 処 理	ケース3 専用処理
年間処理量	t/年	13,333	13,333
建設費	億円	23	35
15年分維持管理費	億円	16	65
建設費＋維持管理費	億円	39	92
建設費単価	円/ごみt	11,500	17,500
維持管理費単価	円/ごみt	8,020	28,715
建設費単価＋維持管理費単価	円/ごみt	19,520	46,215

注）建設費に対して補助金を考慮せず、また、建設費単価の算出にあたっては、金利を考慮せず、15年間での単純償却を前提として算出した。

4）掘り起こし・選別を含めた処理費用について

　混合処理または専用処理を行う場合について、掘り起こしから粗選別による前処理および機械選別による前処理を組合わせた処理費用合計を表1−3−4に示す。

表 1-3-4　掘り起こし・選別を含む処理費用合計（円/t）

中間処理方式 選別方式	混合処理	専用処理
機械選別方式	29,520	56,215
粗選別方式	23,220	49,915

　表1−3−4に示すように、前処理を機械選別とする場合および粗選別とする場合のいずれに対しても、掘り起こし廃棄物を混合処理する場合には、専用処理に比べ、ほぼ半分の費用で処理可能となる。また、前処理設備を粗選別までとすれば、約6,300円/tの処理費用低減が見込まれる。

　ただし、上記検討では、溶融処理設備の処理能力に合わせて掘り起こし〜選別設備の能力を設定し、15年間で掘り起こしを完了する計画としたものである。掘り起こし〜選別設備を各施工機械の作業能力からみた計画とすれば、8年間で掘り起こし廃棄物全量を処理できることになるが、溶融処理設備での処理量増加に伴い、溶融処理設備の能力を増大する必要があり、処理費用の多くを占める溶融処理費用が増加するとともに、8年目以降は、溶融処理設備の設備能力が過剰となる。

第4節　今後の課題

1．はじめに

　埋立地再生事業はいくつかのメリットがあるが、片や、多くの問題や解決すべき課題もある。以下に、再生計画を立案するために、再生事業の課題とされている調査技術や処理技術について、各段階ごとに述べる。

2．各事業段階における課題

（1）構想段階

　この段階では、埋立地再生の可能性を机上検討し、再生の可能性と必要性を比較検討して、次の事前調査段階に進むための判断をすることになる。判断基準は、再生をしようとする動機付けの根拠を整理して判定することになるが、それぞれの地域における埋立地の確保の困難性や必要性によって、投資可能額も大きく変動し、考慮すべき地元感情なども異なるため一律の判断基準によって可否を判断することは適切でない。したがって、現在から将来にわたって、どのようなごみ処理体制を必要としているのか、総合的・長期的見通しの上に立って、埋立地の必要性がどのように位置付けられるのか、適格な判断が求められる。また、届出を必要としなかった時代の処分場は、構造や埋立物などの記録が乏しく、法的位置付けも明確でないものが多い。このため、少ない資料からどのような検討が可能か、特に地域の経済活動の特徴や過去のごみ処理の歴史から、埋立地がどのように使われてきたか、埋立物にどのようなものが含まれているか推察し、そのような埋立地の再生が本当に可能か、どうしても必要なのか、その考え方を整理することが課題となる。

（2）事前調査段階

　前述のように、非常に乏しい資料を補うものが事前調査であるが、古い施設は、埋立物の範囲も、旧地形も、埋立物の内容・量もほとんどデータがないものが多い。しかも、埋め立てられた時期によって、平面的にも深さ方向にも異なるものが埋め立てられている可能性があり、これらの立体的分布状況や性状を少ない費用で的確に把握できる手法を確立する必要がある。

　施設が基準等に適合した構造機能を有している場合、掘り起こしに先だってあるいは再生後の再使用の前にその機能のチェックと耐用性を評価する必要がある。その方法として下記の項目が考えられるが、そのチェック方法等は今後の課題である。

①遮水工
・地下水への漏水と拡散の有無、汚染レベル
・処分場からの浸出水の漏水の有無
・遮水工の機能の健全性

②浸出水処理機能

・浸出水量と内部貯留への対応
③貯留施設
　　・RC堤や土留堤などの劣化・変形

（3）実施計画策定段階

　最終的に再生事業を実施するかどうかの決断をしなければならない段階であり、再生事業を工事として発注するためには施設の実施設計、発注仕様書の作成、事業費の積算などをしなければならない。

　このため、再生のための法的課題の整理、財源計画の立案、再生技術の選択、環境保全対策の立案、住民同意形成を図り、最終的な費用対効果分析を行って、事業実施の判断をするため、事業内容を明確にした実施計画書を作成することが必要であり、実施計画立案手法の確立が課題とされている。

　さらに、再生作業の実施設計や再生施設整備の発注仕様書の作成、再生事業費の積算が必要であるが、そのためには、以下に示す各再生作業ごとに必要な技術と再生事業の特殊性や作業の安全性を考慮した技術の選択方法と積算方法の確立が必要である。

1）掘り起こし技術

　掘り起こし技術そのものは、土木技術として種々の重機・技術があり、新たな掘削機械の開発はほとんど必要ないと考えられるが、既設埋立地の掘り起こしには、掘り起こし対象物の特異性から、埋立物の大きさ、固さなどが変化に富み、埋立物がブロック化したり、コンクリート化したりして作業性が悪化するなどの問題が伴うほか、種々の作業安全上の課題が内在している。特に問題となるのは、硫化水素や酸欠ガスの発生、メタンなどの可燃性ガスの発生、ダイオキシン類の存在などがあり、事前チェックシステムやモニタリング、対策処理技術、施工方法など、計画立案の基礎となる調査技術、掘削技術などを整理して各技術の適応性を明らかにしておく必要がある。また、掘り起こし期間をどのように設定するかも重要な事項である。資源化処理施設の能力との関係で、掘り起こし廃棄物の一時保管が問題となる場合もあるため、その計画も重要である。

2）前処理技術

　埋立物の選別は、埋立地ごとにその埋立物が異なり、一様の技術では対応できない。また、資源化処理のための中間処理施設の能力、処理方式にも整合させる必要があり、いろいろな組合せでのケース事例を比較検討する必要がある。よって、埋立物の種類と資源化処理施設の特性からどのような前処理技術が必要か、整理して明らかにしておく必要がある。また同時に新しい方式を開発する必要もある。

　また、選別、破砕工程では、粉じんや悪臭などの環境対策が最重要課題となる。一般的には、選別のためには対象物を乾燥させる方法がとられるが、焼却残さなどの場合は、ダイオキシン類対策のため粉じん発生を防止する必要があり、湿潤状態での選別が望ましいことになる。計画に当たっては、このような要求に対応できる技術を整理しておくことが必要である。

(4) 実施段階
 1) 掘り起こし工程
　掘り起こし中の廃棄物の飛散・流出、あるいはガス発生や悪臭発生等による周辺環境影響の軽減や防止をいかに図るかが、重要な課題となる。特に、過去の性能の悪い焼却炉で燃やされた後の焼却灰や飛灰が埋め立てられている場合は、ダイオキシン類の暴露防止が必要である。

　その際、テントや屋根を掛けて作業をする必要があるかどうかで事業コストは大きく異なることになり、ひいては事業経済性評価に大きな差が発生することになりかねないため慎重な検討が必要である。主な検討事項を以下に示す。
 ①環境保全に配慮した掘り起こし方法および前処理方法の選択
　　掘り起こしでは粉じん対策において、散水、塀、テント、屋根付き等の方法があり、これらの内から選択する際の基準が必要である。同様に、濁水、地下水対策においても、対策選定において一定の基準を必要としている。
　　また、前処理の一つである選別では乾式、あるいは湿式のいずれを採用するのか、選択する必要がある。
 ②作業の安全性の確保
　　埋立地の掘り起こし作業や運搬作業には、予期せぬ危険が存在している。そのリスクを予知し事前に対策を打つ必要があるが、まだその方法が充分検討されていない。主なリスクとして次のようなものがあり、事前予防手法の確立が求められる。
 ・発生ガスの危険性
　　可燃性ガス(メタン)および有害性ガス(H_2S)の発生、内部滞留状況を確認する方法の確立が必要である。
 ・処分場内有害物質の存在
　　ダイオキシン類、重金属、その他の有害物質の濃度を簡易的に確認する方法を確立することが課題である。ダイオキシン類においては簡易法(単一異性体法、イムノアッセイ法)がすでにあるが、この簡易法を用いた場合の調査分析のあり方を確立する必要がある。
 ・埋立物の崩壊対策
　　埋立物掘り起こし時の崩壊性のチェック方法および安全な掘り起こし方法や手順を示す必要がある。
 2) 中間処理段階
　掘り起こし廃棄物の中間処理施設を整備する時、その規模をどのように算定するか、経済性のある規模の設定をどのように行うかが課題である。

　既設設備を活用する場合においては、まず埋設物の組成等の調査を行い、既設中間処理施設との適合性を検討する必要がある。試験的な実証作業とそこから得られた結果にもとづき、適切な改造が必要と考えられるが、その技術的な検討は今後の課題である。

また、収集一般ごみとの混合処理では、処理対象とする廃棄物は埋立地ごとによって著しく異なる。多くの埋立地は可燃物、不燃物、焼却残さ、粗大ごみ、土砂などが混合した状態にあり、収集ごみとは非常に異なった組成を示す。このため、混合率の調査や前処理を必要とするものが多い。これらの技術の適応性を明らかにするとともに、経済的な処理方法の確立が必要である。

　埋立物は多くの場合覆土が混ざっており、そのまま溶融するのは不経済である。現地で選別分離された細粒砂分は、再び覆土として利用することも可能である。しかしながら埋立物に焼却灰や飛灰等が含まれる場合には、ダイオキシン類等に汚染されている可能性があり、何らかの無害化が必要である。それに対しては、キルンタイプの焼却炉で熱処理によりオンサイトで無害化する技術や、水分の多い埋立地では湿式の選別分級処理があるが、これらを適用する場合、無害化処理の効果を迅速に測る方法が求められる。

(5) 埋立地整備段階

　埋立地を再生し、延命化する場合、地域住民に受け入れられる施設とするためには、新基準と整合させるための埋立地の適正化対策技術や構造強化手法などについて整理し、各技術の適応性を明らかにしておく必要があり、また、跡地利用の促進など地域整備との融合化のための技術開発が大きな課題となる。特に不適正処分場の再生には、新基準省令の構造基準に適合させることが求められており、既設処分場の適正化対策技術は必要不可欠な技術である。

　以上のように、埋立地の再生事業を立案計画するためには、調査技術の適応性から、掘り起こし―前処理―中間処理―埋立地の構造強化など、各作業段階での適用技術の効果など不明な点も多く、的確に技術選択ができる資料も、また、計画立案するための考え方や手法も未確立な状況にあり、可能性のある技術のリストアップと、その有効性を早急に実証確認することが強く望まれている。

【引用文献】
1) 厚生省水道環境部環境整備課、「一般廃棄物の排出および処理処分状況について」(2002)
2) 樋口壯太郎：「最終処分場の今日的課題と対策」、工業技術会、pp2-10 (1992)

第2章　調査・計画編

第1節　埋立地再生事業評価手法

1．埋立地再生の必要性と条件

　埋立地を再生しようとする動機の出発点は、大きく分けて二つ考えられる。ひとつは新たな処分場の確保が難しく、民間処分場も不足しているか長期的な不安があり、自己処分場の確保の必要性が高く既設処分場の延命化を図りたい場合であり、もうひとつは既設処分場の環境保全リスクを解消したい場合である。当然、その両方を同時に解消したい場合も考えられる。

　既設埋立地を再生するに当たっては、その可能性を検討して、再生の有効性を評価し、再生を実施するか、断念して他の方法を検討するかの判断をしなければならない。さらに再生を実施するとした場合は、掘削から中間処理及び埋立地構造の適正化・耐久性向上まで総合的な技術・手法選択をする必要がある。

　埋立地再生事業の評価は、再生事業の実施可能性の判断から、再生事業手法・技術選択までを含めて検討し、埋立地再生事業計画立案を策定することを目的としている。このためには、事業の各段階において次のような調査や評価を行い、再生の必要性と条件を十分に検討整理する必要がある。

　①　埋立地の再生ニーズや目的の明確化
　②　埋立地の特性および立地条件の整理
　③　再生事業と現行法令等との関係
　④　再生事業実施のための財源と事業主体

（1）埋立地の再生ニーズや目的の明確化

　埋立地を再生するかどうかの判断は、それぞれの事業主体が置かれている立場により、その判断基準は大きく異なる。

　例えば、経済的判断にしても、新設処分場の事業費や民間処分場への委託費よりも経済的に優位であれば、どの事業体でも検討してみる価値があるということになるが、処分場用地の確保が難しい地域で、民間施設も将来的に困難な状況にある事業体では、経済性は少々犠牲にしても埋立地を再生することに十分な意義がある場合も考えられる。現在、民間処分場への処分委託費は、地域差はあるが2～4万円/m³とされているのに対して、実際の処分場新設においてクローズドシステムを採用している事例では、4～10万円/m³もかかっている。

　このように、経済性の判断基準ひとつをとっても一様ではない。一方、環境保全と延命化を考慮する場合は、埋立地の無害化を図って長期的リスクをなくしたい場合と、不適正処分場などのように浸出水の地下水汚染を防止する必要がある場合が考えられる。後者の場合は、延命

化の前に適正化を図って、地下水の汚染拡散対策を優先させなければならない。
　埋立地再生の目的、メリットとして、以下のようなことがあげられる。
① 埋立容量の確保と資源の再利用
　・掘り起こしによる埋立容量の増大：埋立物を掘り起こし、中間処理することにより、埋立容量の確保が可能となる。
　・埋立物のなかの資源化可能物を回収：埋立物を回収して、埋立容量を増加させるとともに、未利用で放棄されていた資源を再生して、循環資源として活用を図ることが可能となる。
② 環境保全の強化
　・掘り起こしによる埋立地のしゃ水工の再生：しゃ水工の不十分な埋立地内の埋立物を一時的に別の埋立地に移動し、その間に処分場を最適化してから再度埋立を行うことにより、環境保全対策を行う。
　・重金属類の処理・処分：埋立地内のダイオキシン類および重金属類を掘り起こし固定化処理を行い、埋立処分することにより、周辺への環境保全対策を行う。
　・汚染物の除去：埋立地内の埋立物を全面的に掘り起こし移動、処理、処分を行うことにより、周辺環境の保全を図る。
③ 埋立物の安定化促進
　・好気性分解を促進：従来の嫌気的な埋立地内に空気を送り込むことにより好気性分解を促進する。また、掘り起こし時の嫌気性ガスの発生を防止することも期待できる。
　・バイオレメディエーションの活用：埋立地内の分解を促進するために微生物の活性を利用することにより、早期の安定化が図れる。

（2）埋立地の特性および立地条件
　埋立地の特性および立地条件調査では、埋立地周辺の自然的・社会的条件の整理、中間処理施設の状況と活用性、処分場施設の構造とその健全性の確認、廃棄物の性状・有害性等を調査し、その結果に基き、再生事業の可能性と適用技術の選択評価を行うことが求められる。
　主なものとして、次の6項目について調査し、これらを総合的に検討して事業可能性の判断を行うことが有効と考えられる。
　　① 周辺の立地条件
　　② 施設健全性・遮水性
　　③ 住民意識・合意形成可能性（住民の理解）
　　④ 埋立物の有害性と将来リスク
　　⑤ 埋立物の社会有用性
　　⑥ 作業安全性と周辺環境保全性
　各項目のポイントは、
　① 周辺の立地条件
　　　施設周辺や搬入・搬出路周辺の自然的・社会的条件を確認して、再生事業によって影響

を受ける対象の状況を把握することが必要である。特に不適正処分場などを延命化させる場合は、地形・地質・地下水状況などの調査が必要となる。

② 施設健全性・遮水性

施設に配備されている遮水機能・貯留機能・浸出水処理機能等の健全性を調査確認するとともに、延命化による施設の耐久性の確保及び再生作業による施設の破損対策などを検討する。

③ 住民意識・合意形成可能性（住民の理解）

当然、既設処分場を延命化するなり、再生しようとする場合には、地元の理解を得ることも大切となる。

④ 埋立物の有害性と将来リスク

ダイオキシン類や重金属などの長期的リスクの存在の有無を調査確認し、無害化を図るべきか安全に再生作業が行えるかを検討する。

⑤ 埋立物の社会有用性

埋立物の中間処理方法の選択肢として、当該地域における再生品の市場状況を確認するとともに、現有中間処理施設の活用性等を検討するため埋立物の資源性・可燃性の有無を確認し、循環型社会形成への効果を評価し、これによって前処理から中間処理方法までの全体フローを設定する。

⑥ 作業安全性と周辺環境保全性

埋立地での事故としてしばしば報告される可燃性ガスや硫化水素などの有害ガス、酸欠等の事故発生の可能性を調査し、その対策手法を検討するものである。また、焼却残さ埋立地ではダイオキシン類の粉じん飛散も検討しなくてはならない。

そのほかに、掘り起こすことで浸出水の悪化が生じる場合もあるため、汚水対策も考慮する必要がある。また、発生ガスによる悪臭や粉じんによる周辺環境への影響も検討する必要がある。

以上のような各内容について、事業検討の初期に判断するためには、まず既存資料による埋立地履歴調査により、埋立地の特性や周辺の立地条件を把握して可能性を予察するとともに、次のステップの本格的な調査に継ぐことが重要となる。このように、ステップアップしながら調査をすすめ、事業実施の可否を決定する必要がある。

(3) 再生事業と現行法令等の関係

1) 適用法令等 [1] [2]

再生事業を実施するにあたり、対象となる最終処分場の設置時期や構造仕様によって次のように分類する。

① 法適用以前の最終処分場（昭和46年以前）
② 維持管理基準(旧基準)のみ適用の最終処分場（昭和46年以後昭和52年以前）
③ 共同命令(「旧令」)が適用される最終処分場（昭和52年以降）
④ 平成9年の法令改正以前のミニ最終処分場（平成9年12月以前）

⑤ 平成10年改正命令基準が適用される最終処分場(平成10年以降)
(平成12年より、環境省に改組されたため、「共同命令」は「省令基準」と改称された。)

再生事業を検討する場合の法手続上は、大きく分けて昭和52年の旧構造令適用以後の最終処分場と法規制以前の最終処分場及び未届けのミニ処分場に分かれる。

以下に各再生事業の概要を示す。

（a）適正処分地の再生(ごみ処理施設の補助メニューを活用)

昭和52年の共同命令以後の適正管理されている埋立処分地施設で、埋立終了または埋立中の施設の焼却灰等の埋立物を掘り起こして減容化を行う施設に対して補助を行う。

（b）不適正埋立処分地施設の再生事業（埋立地処分地施設基幹改良工事）

法規制以前に整備され、遮水工や水処理施設を有しない埋立処分地施設に必要な設備を整備し、現行の基準(平成10年基準省令)に適合させるとともに、必要に応じて埋立物を減容化して容量増加を図り、最終処分場として引き続き利用する事業を補助対象とする。

2）省令基準の抜粋 [3]

適用基準となる改正省令基準（一般廃棄物の最終処分場及び産業廃棄物の最終処分場に係る技術上の基準を定める命令(環境省令)）の主要項目は次のとおりである。

```
1．囲い（第1号）
2．立札（第2号）
3．地滑り防止工、沈下防止工（第3号）
4．擁壁等（第4号）
5．構造耐力（第4号イ）
6．腐食防止（第4号ロ）
7．水質汚染防止措置（第5号柱書き）
8．表面遮水工（第5号イ）
9．遮水層（第5号イ（1））
10．基礎地盤（第5号イ（2））
11．遮水層の不織布等による被覆（第5号イ（3））
12．鉛直遮水工等（第5号ロ）
13．地下水集排水設備（第5号ハ）
14．保有水等集排水設備（第5号ニ）
15．調整池（第5号ホ）
16．浸出液処理設備（第5号ヘ）
17．開渠（第6号）
```

この中で、表面遮水工の二重化や、遮水層と鉛直遮水工の具体的基準の設定、埋立地内部貯留をしないための調整池の設置、遮水シートの保護等などの主要な改正が行われている。特に不適正処分場の埋立地再生に当たっては、これらの改正点に留意しながら検討することが必要である。不適正処分場の適正化対策技術については、第3章を参考にされたい。

3）法的課題

　埋立地の再生については、法的には明確な制度化がなされていない。埋立地は現行では最終処分場と言われているように、廃棄物の最終処分地であり、これから先に廃棄物を移動させることは想定されていなかったと言える。特に現行のマニュフェスト制度においては、民間の処分場（自社処分場を除く）の場合、マニュフェストの発行ができないため、埋立物を場外に搬出する再生はできない状態にある。

　このため民間処分場では、場内での埋立替えによって粗大物の破砕や高密度埋立をしたり、覆土を回収して容量を減少させることが実施された事例が報告されている。しかし、中間処理施設へ搬出された事例報告はない。民間処分場で埋立物を移動できるのは、災害や環境保全上支障が生じて緊急避難的に移動が必要な場合のみに限られている。

　一方、自治体の一般廃棄物最終処分場を再生する場合にも
① 掘り起こし作業と運搬作業には業の許可が必要か？
② 工事として掘り起こし作業をした場合は産業廃棄物（建設廃材）となるのか？
③ 再生事業の変更届は必要か？
④ 再生事業を行う場合、環境アセスメントは必要か？
⑤ 再生施設の内、埋立地内で実施する選別施設は廃棄物処理施設の設置届が必要か？
　都市計画決定の必要性は？
などの質問がよくされる。このように再生事業を実施しようとした場合に、法解釈が難しくいろいろと検討しなければならない課題がある。

　これらの回答については、①と②は市町村が実施する場合はあくまで一般廃棄物として扱われ、業の許可は不要だが、③、④、⑤については、それぞれの最終処分場の法的位置付け、構造、環境状況、再生手法などによって取扱いが異なり、また、県によって取扱いが多少異なる部分もあるため、最終的には、県等の関係窓口とよく協議して判断する必要がある。

　いずれにしても、再生手続きは明確に制度化されていないため、事業を進めながら解決していくことが必要である。以下、明確化された制度が必要であると考えられる点を示す。
① マニュフェストの排出者責任と再生の関係を整理し、マニュフェストのエンドレス化を防止する
② 埋立地施設が健全な構造であることを判断する基準（特に遮水工・浸出水処理・貯留構造の老朽化・耐久性の判定が必要）
③ 埋立地再生・適正化時の埋立物場内移動・仮置時の基準
④ 作業安全性および周辺環境保全に関する事前影響評価方法および制度の確立
⑤ 再生事業の工事に関する資格制度の検討
⑥ 再生のための前処理・資源化処理施設の埋立地内設置に関する手続きの明確化、都市施設となるかの扱いの明確化（都市計画決定との関係）
⑦ 再生事業に関し、環境修復の推進を図るための助成制度（負の遺産の処理）の設定

　再生事業については、環境省で「最終処分場再生利用作業技術指針」が検討されているの

で、今後、必要な調査などや手続き内容などが明らかになるものと思われる。
（4）再生事業実施のための財源と事業主体[1]
　自治体の一般廃棄物最終処分場を再生する場合、再生事業主体としては主に次の3主体が考えられる。
　　① 市町村および一部事務組合
　　② 県
　　③ PFI事業体および第三セクター
　また、国の補助制度としては、
　　① 市町村対象の新・増設事業補助制度
　　② 県の処理センター対象事業補助制度
　　③ 法規制以後の施設を対象とする埋立物の再生資源化処理施設への補助制度
　　④ 法規制以前の施設を対象とする不適正処分場の再生事業補助制度（2004年度予定）
　　⑤ PFI事業補助制度
などの補助制度があり、それぞれの事業内容によって、適切に選択して活用する必要がある。それぞれの制度の適用性は以下のとおりである。
　1）①および②の補助制度
　・既設処分場の隣接地に新処分場を建設し、不適正処分場の埋立物を移設するような場合が該当する。
　2）③の補助制度
　・法規制以後の適正管理された処分場で、埋立物の一部を掘削資源化して延命化だけを行う場合で、埋立物の再生利用のための焼却や溶融施設等の中間処理施設で補助要綱に適合する施設の整備事業を対象とし、掘削工事や前処理選別工事、施設の補修・改良工事は含まない。
　3）④の補助制度
　・法規制以前および未規制対象となっていた1,000m^2未満の処分場を適正化して、延命化する場合が該当し、補助内容は「法規制以前に整備され、遮水工や浸出水処理施設を有しない埋立地施設に必要な設備を整備し、現行の基準（平成10年基準省令）に適合させるとともに、必要に応じて、埋立物を減容化して、容量増加を図り、最終処分場として引き続き利用する事業を補助対象とする」とされている。
　4）⑤の補助制度
　・⑤の制度は、①～④の事業をPFI事業の中に取り込んで行う場合に適用される制度である。

2．再生事業評価プロセスと考え方
（1）再生事業計画プロセス
　現状の廃棄物処理法や省令基準は廃棄物を埋立し、最終処分することを想定したものであり、埋立地再生事業では汚染ポテンシャルの高い廃棄物を掘削し、資源化・無害化・安定化処理す

ることを想定している。再生事業では掘削作業時に大きな環境リスクが伴うことを認識しなければならない。このため、埋立物に起因して再生事業を途中で中止せざるを得ない事態が発生することも予想されるため、事業リスク回避のためにはプロセスの早い段階で事業可能性について的確な判断が求められる。

的確な評価や判断を行うためには、図2-1-1の実施プロセスに示すように、再生ニーズの明確化や法令等の適合性、埋立地の特性評価等といったプロセスの段階に応じた課題について評価し、各段階毎に上位評価や関連課題との相互確認や最終判断を見通した総合的な評価が行われる必要がある。

(2) 段階的事業の進め方

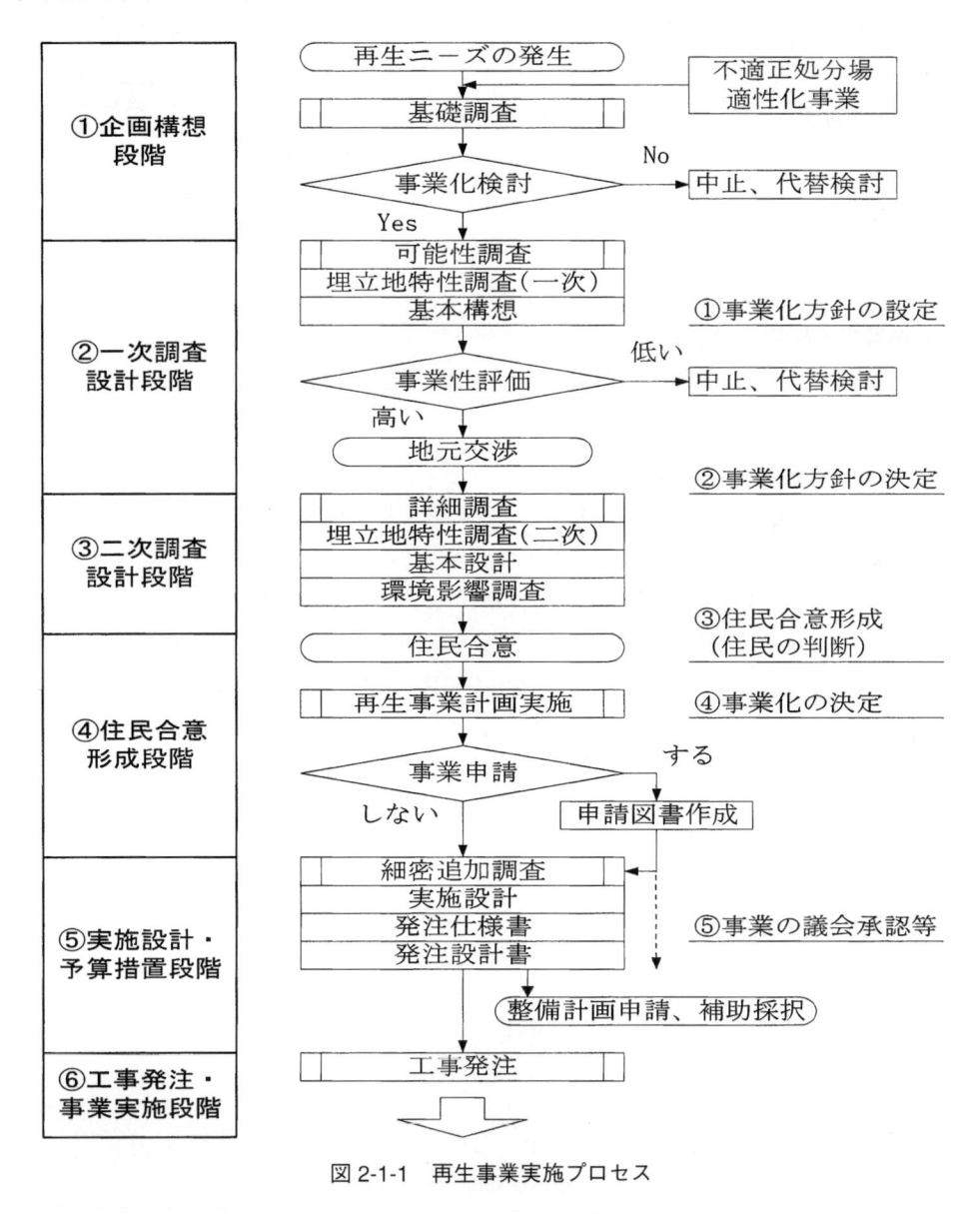

図2-1-1 再生事業実施プロセス

再生事業では多くの課題が未解決であるため、解決の見通しを立てながら進めることが必要となる。

このため、
① 企画構想計画―基礎調査
② 第一次調査設計―可能性調査（一次特性調査）
③ 第二次調査設計（基本設計）―詳細調査（二次特性調査）
④ 実施設計―細密追加調査

の各段階に応じた調査や実証試験の結果を踏まえて、その都度事業可能性の判断を行い、事業評価の精度を上げながら、段階的に進めることが一般的である。図2-1-2に再生事業評価の基本フローを示す。

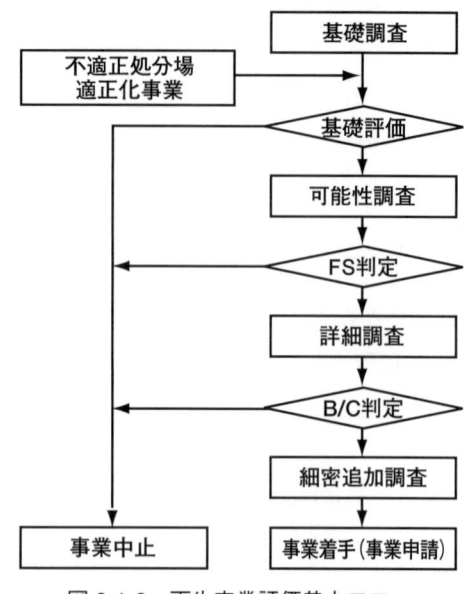

図2-1-2　再生事業評価基本フロー

以下に、各段階における評価の考え方を示す。

（3）企画構想・基礎調査段階での評価

埋立地の再生事業のニーズが生じた場合、企画構想が問われるのは、本事業に特有な次のような不確実な要因によると考えられる。
① 処分場設置経緯が不明な場合がある。
② 一般に種類の異なる廃棄物が混在しており、埋立物の特定が困難である。
③ 埋立物の特定困難に起因する事業リスクが大きい。
④ 事業効果は大きいが、新規・在来技術の適用性について未経験である。
⑤ 掘り起こし等の環境リスクが大きく、投資額が大きくなる可能性がある。

企画段階では再生のニーズとこうした不確実な要因について資料調査等を考慮して、事業中止も視野に入れながら、対象となる埋立地について基本方針を設定する必要がある。

このため、基礎調査は、再生事業を施行しようとする最終処分場について、再生事業の可能性調査を実施することが妥当であるかを判断するために、対象となる処分場の基礎条件調査や環境保全調査を実施して、環境影響が認められない場合には、既設処分場の状況や廃棄物管理の状況、住民意識、財政そして再生事業についての法的要求事項を調査して、机上調査段階での埋立地再生事業の評価を行うことになる。図2-1-3に再生事業基礎調査フローを示す。

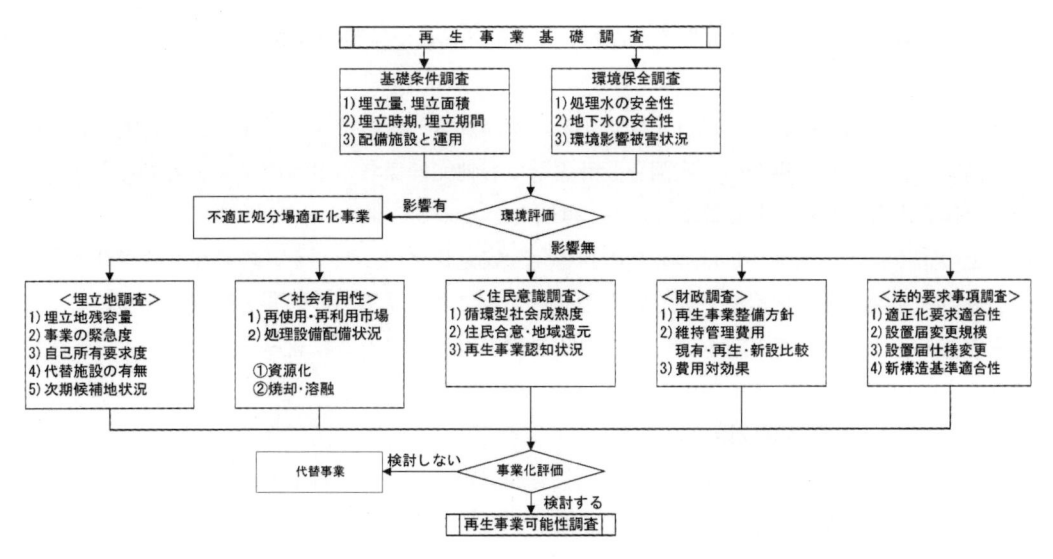

図 2-1-3　再生事業基礎調査フロー

（4）一次調査設計・可能性調査段階での評価

　企画段階で決定した方針を具体化するための概略計画策定段階にあたる。ここでは、現地での実態実測調査により、再生事業の可能性調査を行って事業の可否を判断した後に、再生事業の概略スケジュールを策定し、事業化の方針を決定することになる。

　このため、基礎調査で再生するための条件を満たしていると判断された事項についても、確認のため実態調査を行うことになる。不適正処分場の再生事業の場合は、適正化可能性確認のための地質など立地条件調査や法的取扱い調査が主体となり、構造基準適合処分場では、既存施設機能健全性実測調査が主体となる。また、両者共通事項としては、作業安全性や環境保全性、再生手法と費用対効果の検討調査が必要事項となる。これらの調査結果から、再生事業を行ううえで支障となる要件を抽出して、概略の対策案を検討する。こうした検討を基に、再生事業の概算事業費を算定し、事業の可能性についての判断を行う。

　多くの場合は、この段階から地元の感触を確認するため、下交渉に入るケースが多い。

（5）二次調査設計・詳細調査段階での評価

　一次調査設計段階で決定した概略計画を実現するために、法令等の規制事項や埋立地の特性、埋立物の有価性、再生工事作業時の安全性についての各種詳細調査を実施して、不適正特性を適正化するための対策を立案したり、再生資源化手法を具体化させる。こうした検討を基に、再生事業の全体事業費を算出し、可能性調査時に検討した費用対効果の条件を満足する再生事業の基本計画・基本設計を行い、基本的方針を決定する。

（6）住民合意形成段階での評価

　住民合意を形成するためには、
　　① 行政が適切な情報を伝達して、住民の要望や考え方を的確に把握する。
　　② また、そうした要望や考え方をどのように計画に反映するか。

③ さらに、こうしたやり取りのなかで、住民の信頼を確保できるか。
といった課題がある。

　合意形成の時期には、基本設計が確定する二次調査設計段階ばかりでなく、事業実施の可能性が高いと判断された場合の一次調査設計段階でも地元関係者の事前の了解をえて行うことが事業全体を円滑に進める上で望ましいことは明らかである。

　以上のように、再生事業には埋立物の無害化・安定化といったプラスの過程も含まれているが、既設埋立地の継続使用や、埋立物の掘り起こしによる環境への影響を無視できないことにも配慮して、住民の合意（住民の判断）を得る過程が実施プロセスに組み込まれていることが望まれる。

（7）実施設計・予算措置段階での評価

　計画を実行する最終段階であり、埋立地特有の課題についての対策を具体化する方策が明記されなければならない。また、この段階においても埋立物の特定が困難な状況にあることも予想されるが、こうした未確定要素についても具体的な対応方法が練られていなければならない。

　予算措置はこうした方策も考慮して行われなければならない。

（8）工事受注・事業実施段階での評価

　工事着工前に、工事施工方法や埋立物処置方法、環境モニタリング方法、工事監理方法等についての工事施工基本方針を作成し、工事中はこの基本方針を確認しながら工事を進める。その際、当初計画と異なる事象が発生した場合は、その都度関係者で協議して、現地に適した工事施工基本方針に変更しながら事業を進める。

　一方、再生事業での工事発注には次のような相反する課題があるため、工事発注に際しては、予想される課題について事前の検討を行い、必要とあれば事業当初は単価契約方式で事業を開始し、処理・処分の有効性や施工実績を確認した後に請負工事に変更していく等の現地に即した方法を導入することを検討する必要がある。

　また、契約内容の変更等が予想されることから、再生事業では第三者による工事監理を導入して透明性を確保することが望まれる。

表 2-1-1　埋立地再生事業実施段階での課題

発注側の課題	業者側の課題
事業は複数年に継続する	技術革新を促す
オンサイト処理施設は仮設備で対応可能か	設備投資の回収方法は
埋立物の処理・処分情報が特定業者に集積する	工事業者を特定すべきか
一様でない埋立物を完全に把握できない	有効な事前調査のレベルとは
埋立物は一様でなく処理リスクが大きい	請負工事が可能か
不適正処分場の適正化業務もある	適正化後の業者責任範囲は

3．埋立地再生事業評価の判断フロー

　埋立地を再生するか、そのまま閉鎖・廃止するかの判断は、再生の必要性の強さにより異なり、経済性の判断基準も、再生の方法・技術の選択も事業主体の判断によって大きく異なるものと考えられる。このため、再生の判断上重要なことは、はじめに必要性の程度の位置付けを明確にすることにあり、それによって後段の判断基準は異なることになる。後段では、経済性・施設の健全性・安全な再生手段の選択が重要となり、最終判断は地元合意形成の可能性によることが考えられる。前項の事業プロセスと調査関係のフローに判断フローを加えた調査判断フローを図2-1-4(1)、(2)に提案する。

　処分場を再生する事業では、遮水工等のない既設処分場を適正な管理型に改造しながら再生する場合と、適正な管理型処分場を再生する場合で調査内容及び判断フローが少し異なる。

　前者の場合は、地質条件、埋立物の範囲、浸出水の拡散状況などの確認が重要となるが、後者の場合は、地質や測量などは既存資料があるので、既存施設の老朽状況や掘り起こしに伴う施設への損傷防止に関する調査と判断が重要となる。

　提案した判断フローでは、まず既存資料と簡単な現地調査による基礎調査を行い、その結果から、どのような適正化再生対策が可能か大略の構想を立案して、再生の可能性を判断している。これで十分可能性があると判断されたら、次の基本計画・基本設計に進み、事業の経済性や事業規模の確度を高めて、再度事業を進める調査判断フローとしている。

　さらに、基本設計段階での再生事業の実施の最終判断のための評価判断について、一つの案を示す。ここで示す6項目の評価事項は図2-1-4(1)、(2)の調査判断フローの方針決定の最終段階に位置するものであり、図2-1-5に示すフローの手順は必ずしもこの通り固定されたものではなく、それぞれの埋立地の特性に合せてその判断や手順は異なるものと考えられる。

54

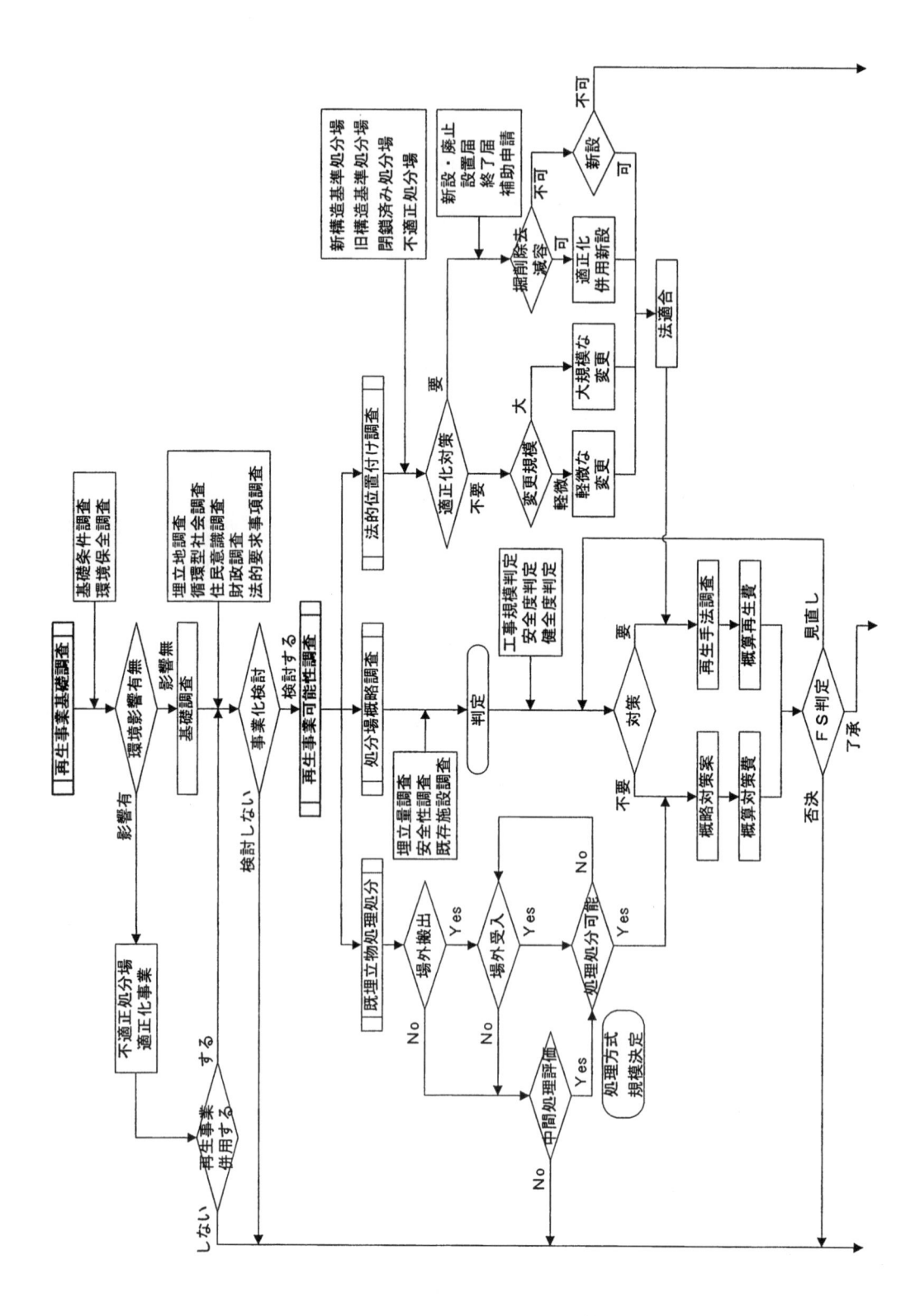

第 2 章　調査・計画編　55

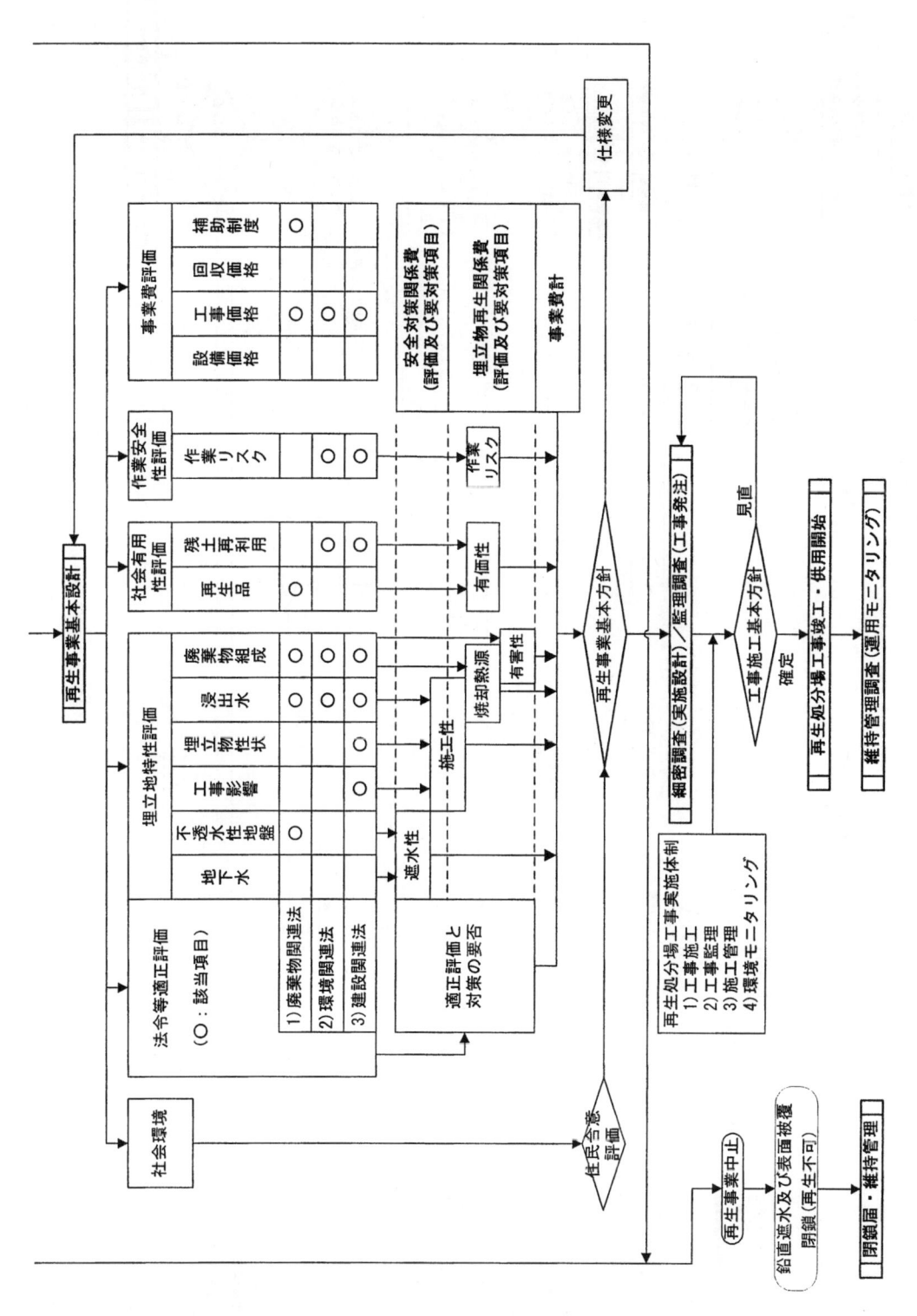

図 2-1-4　最終処分場再生事業評価と調査判断フロー

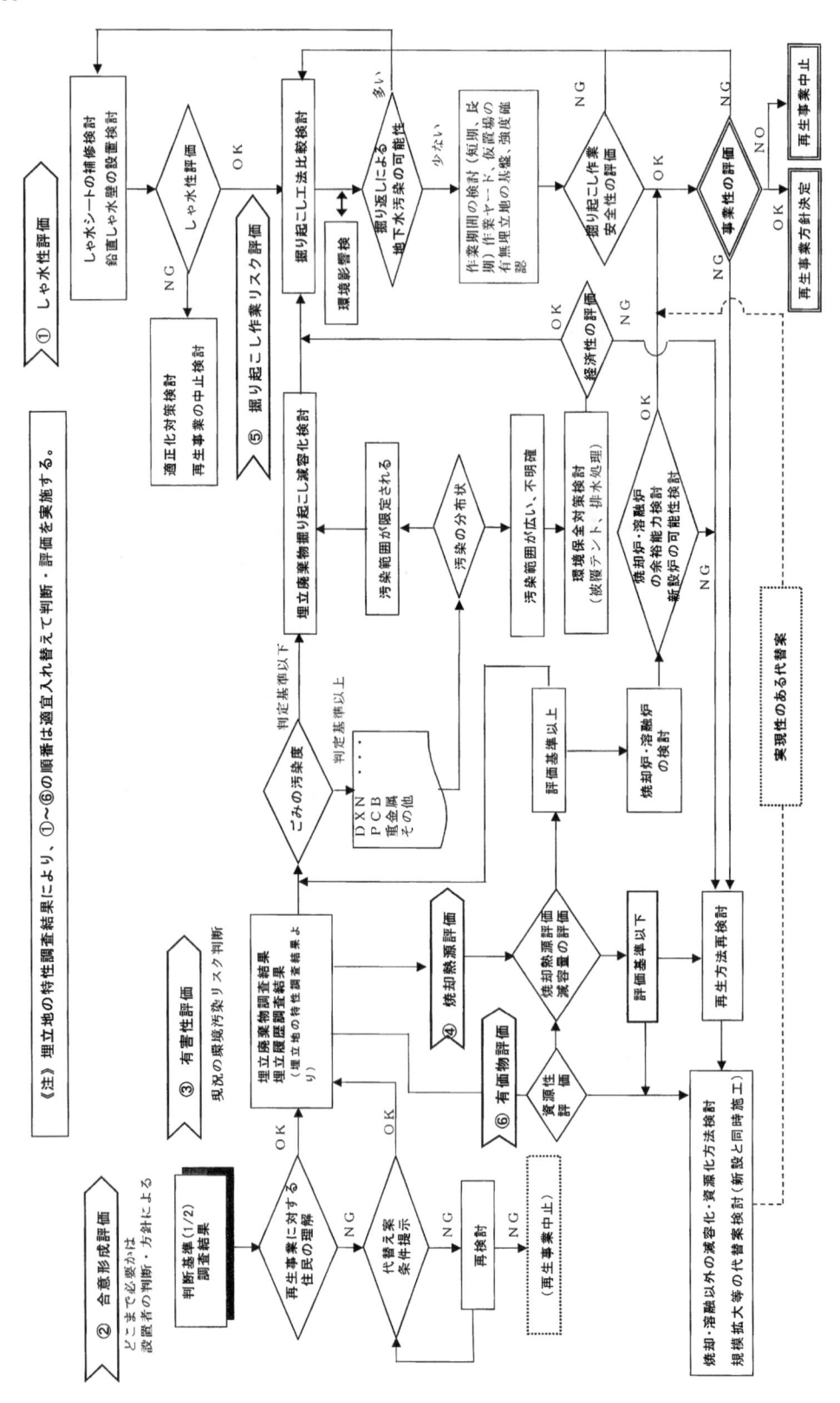

図 2-1-5　埋立地再生の判断基準

4．埋立地再生事業計画の関係主体と判断チェックリスト

（1）事業評価の関係主体

　図2-1-1の再生事業実施プロセスのフローに示す工事発注に至るまでの各段階で、計画されている埋立地再生事業を継続して実施するか否かについて、各プロセス毎に、それぞれ関係する主体(主となる関係者)が判断することになる。

　再生事業に係る関係主体は次のように考えられる。

　　A：埋立地再生事業に係わる事業主体の担当者とその長
　　B：基本設計等を行うコンサルタント担当者及びその長
　　C：環境影響を受け、税金を支払う(処理費用を負担する)地元住民
　　D：予算を含め事業の承認を行う議会
　　E：事業の届出を受ける県の担当課

（2）関係主体による判断チェックリスト

　再生プロセスごとの判断・決定すべきタイミングは次のとおりである。

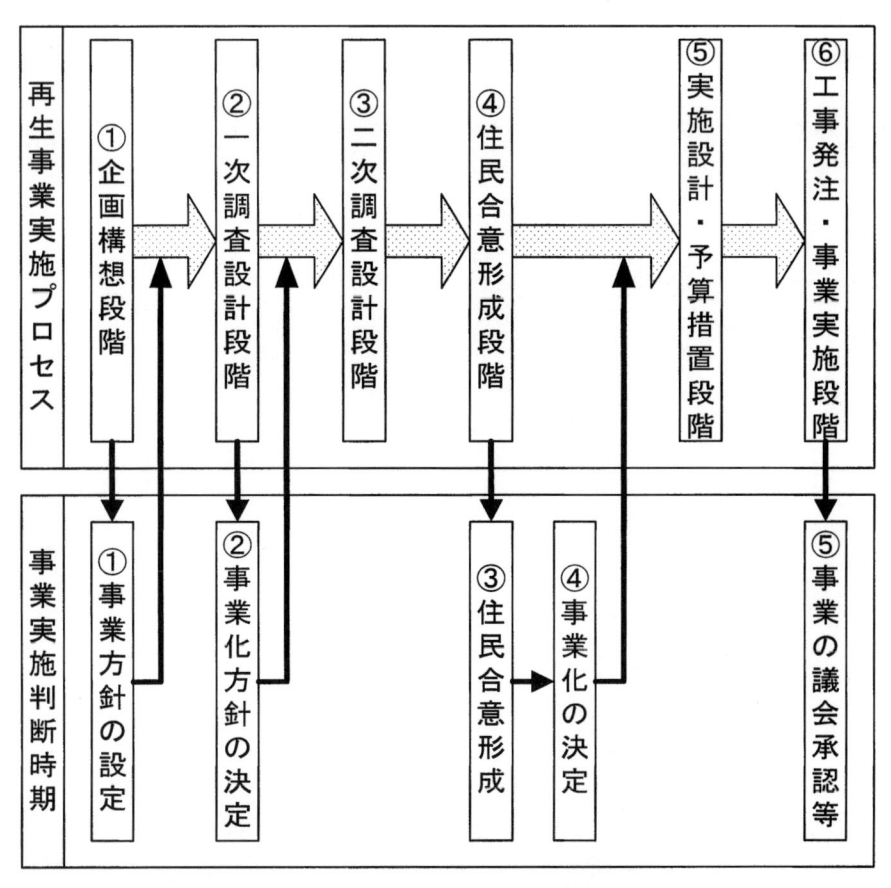

再生事業実施プロセス	①企画構想段階	②一次調査設計段階	③二次調査設計段階	④住民合意形成段階	⑤実施設計・予算措置段階	⑥工事発注・事業実施段階
事業実施判断時期	①事業方針の設定	②事業化方針の決定		③住民合意形成	④事業化の決定	⑤事業の議会承認等

図2-1-6　プロセスごとの確定事項

この埋立地再生実施プロセスと再生事業に係る関係主体としての立場から、埋立地再生事業の実施に対する各段階別の判断内容についてのチェックリストは次のように示される。

　チェック項目を縦に示し、横の判断時期は図2-1-6の①～⑤の区分（①事業方針の決定、②事業化方針の決定、③住民合意形成、④事業化の決定、⑤事業の議会承認等）に従って設定し、関係主体を

　　Ａ：事業主体、Ｂ：コンサルタント、Ｃ：地元住民、Ｄ：議会、Ｅ：県

で表示し、

　　各プロセスの段階で大きく関係する事項については★の星印
　　各プロセスの段階で多少関係する事項については☆の星印

で示した。

　この関係表で示されるように、多岐にわたる評価項目に対し、多くの関係者が色々な立場で関係し、判断を固めながら進めなければならないことが分かる。また、必要となる関係資料や判断基準も多種多様になることが示されている。このように埋立地再生事業では、潜在するリスクもあって、複雑な判断が要求される事業であり、適切な調査と計画立案の上に進められることが望まれる。

表 2-1-2 事業継続・実施のチェックリスト

	チェック項目	①	②	③	④	⑤	判断資料等	判断基準等
事業評価	検討・計画している事業が必要か？	☆A	★A	☆C	★A	☆D	当該地域・自治体のごみ処理計画	・代替案の有無と比較
	適切な再生技術はあるか？	★A	★A		☆A		※木研究会の報告書	・効果的な技術の選択
	事業を位置づける根拠法は？	☆A E	★A B		★A	★D E	※新たな法整備が	・法適合判断
経済性	国・行政サイドの支援事業は？	☆A E	★A		★A	☆D E	※施策としての具体化が望まれる	・支援策の条件
	必要な用地は確保できるか？	☆A	★A B	☆C	★A	☆D	基礎調査、基本構想	・予定地の取得の可否
	事業費は？資金調達は可能か？	★A E	☆A B		☆A	★D		・支援事業への適合 ・支援状況と起債の可否
	処理費用は？費用対効果は？	☆A	★A B	☆C	★A	☆D E	事業計画書 (LSC)	・LSCでの代替案との比較
	地域住民の費用負担は？	★A		☆C		☆D	当該地域・自治体の予算資料	・予定地地域・自治体全体の支への影響
	予算措置は？				☆A	☆D	当該事業の議会資料	・事業の総合的判断
環境影響	生活環境への影響は？		★A B	☆C		☆E	生活環境影響調査書	・環境基準他
	自然環境への影響は？		★A B	☆C		★E	環境アセス評価書	・環境基準他
安全性	作業環境の問題は？		★A B		☆A	★E	施工計画書	・安衛法他
法適合性	関係する法令に抵触することはないか？	☆A	★A B	☆C		E	林地開発許可申請書 開発許可申請書	・森林法の要件 ・都市計画法の要件
住民合意	環境上の悪影響がないと思えるか？	★A		☆C			生活環境影響調査書 環境アセス評価書	・住民の関心、感覚、理解度
	既存の環境保全協定書の更新は可能か？	★A		☆C	☆A		既存の環境保全協定書	・地元住民の当該事業に対する理解度
土地利用	地元還元施設は？	☆A	★A B	☆C		★D	事業計画書	・地元住民の欲求の程度
	土地利用は適正か？（事業期間中）	☆A	★A B	★C	☆A	★D	土地利用計画書	・地の項目の総合判断
	跡地利用計画は？					☆D E	事業計画書	・当該地域・自治体の長期計画との整合
事業期間	予定した事業期間は適正か？	★A	☆A B	★C	☆A	☆D	事業計画書	・当該地域・自治体の長期総合計画 ・ごみ処理計画との整合

注）A：事業主体　B：コンサルタント　C：地元住民　D：議会　E：県　※★：各プロセスで大きく関係する事項　☆：各プロセスで多少関係する事項　※それぞれのプロセスにおける判断で、再生事業が満足されない内容である場合は、事業を内容変更（代替案の選択）または事業を中止することになる。

第2節　事前調査手法の検討

1．事前調査の考え方

前節に示した事業プロセスと各段階において必要となる調査、検討事項及び作業内容との関係を図2-2-1の再生事業プロセスと調査関係フローに示す。当フローに示す内容を検討するためには、多種多様な調査技術及び設計技術が要求されることになる。

これらを、どのように適確に進めたら良いか、基本的な考え方を以下に示す。

（1）段階的調査手法

再生事業は掘削対象が人工的に埋め立てた廃棄物であり、埋立時期や埋立物が一様でないことから、埋立物掘削に伴う環境リスクは大きくなる可能性が高い。こうした予想外の事態になった場合は、事業を中止する可能性もあるため、一つ一つの課題について段階的に調査しながら、事業の可否を判断するなど事業リスクを低減しながら進めることが求められる。

段階的調査手法としては、埋立地の規模や社会的背景によって第1節に示した基本フローの段階フェーズをより細分化したり、逆に複数のフェーズを統合しながら実施する手法がある。表2-2-1に基礎調査段階をより細分化した手法例を示す。

表2-2-1　段階的調査手法例

		目　的	調査内容
フェーズ1	基礎調査 （適否調査）	再生事業の可否と補助事業の適否を判断する	対象となる最終処分場の法的位置付けや要求事項を確認する
フェーズ2	基礎調査 （環境保全）	現状の最終処分場の環境保全状態を把握する	処分場周辺の地下水質等を調査して環境影響の発生状況を確認する
フェーズ3	基礎調査 （適用性調査）	最終処分場再生利用事業あるいは不適正処分場の再生事業への適用性を判断する	埋立地調査、循環型社会調査、住民意識調査、財政調査、法的要求事項調査
フェーズ4	可能性調査 （基本構想）	基本構想を策定し、事業性を評価する	処分場概略調査、法的位置付け調査 既埋立物の処理処分検討
フェーズ5	詳細調査 （基本設計）	再生事業を実施するための事業基本方針の策定	法令等適正評価、埋立地特性評価、社会有用性評価、作業安全性評価、事業評価
フェーズ6	細密追加調査 （実施設計）	再生事業を発注するための書類図書の作成	発注仕様書、発注設計書、整備計画書等作成
フェーズ7	監理調査 （工事監理モニタリング）	工事施工基本方針の策定や見直しを行いながら再生事業を完成する	周辺環境モニタリング、工事監理
フェーズ8	維持管理調査 （運用モニタリング）	再生処分場の運用管理方針を策定する	周辺環境モニタリング

第2章 調査・計画編

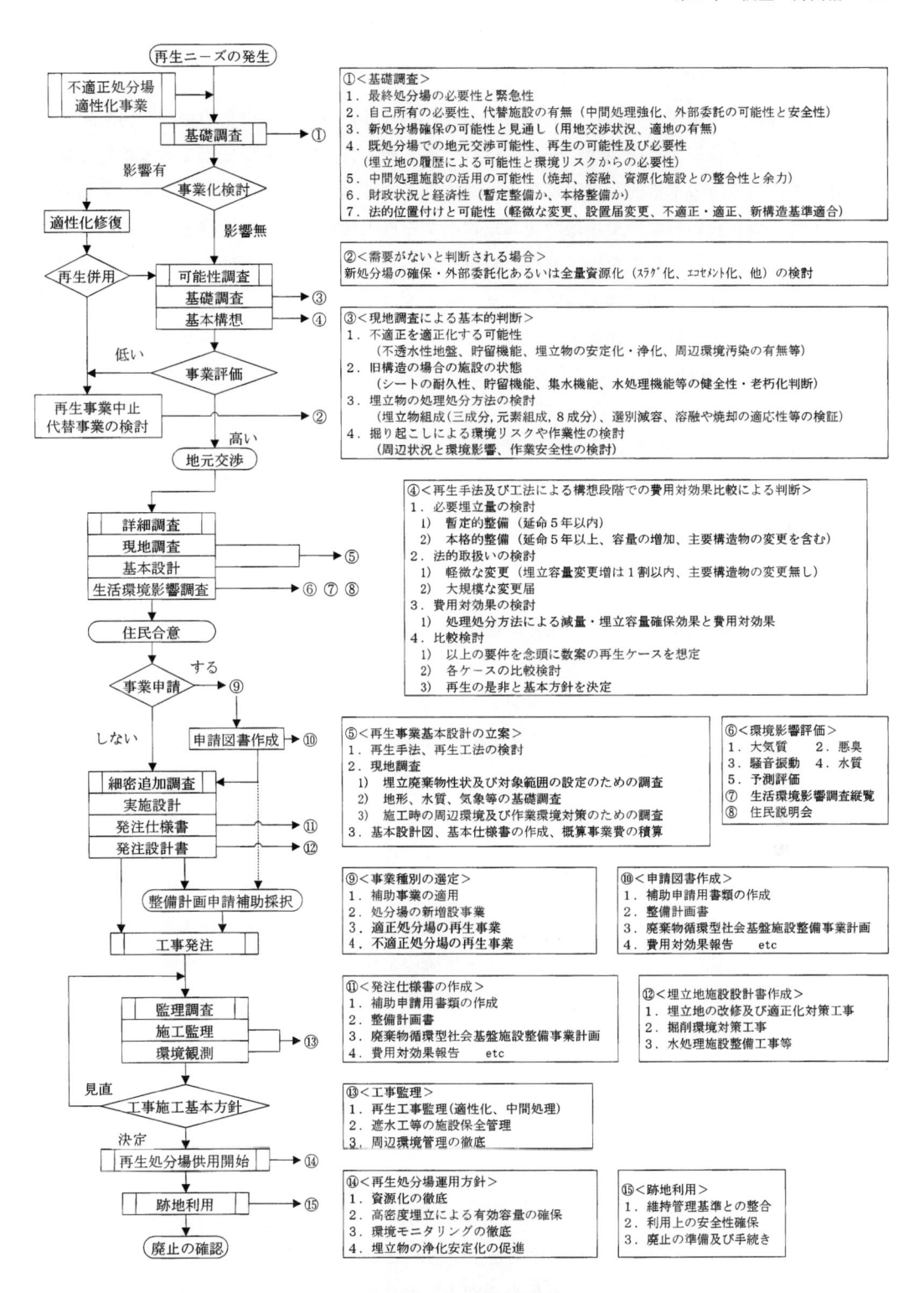

図 2-2-1 再生事業プロセスと調査関係フロー

フロー（左側）:

再生ニーズの発生 → 不適正処分場適性化事業 → 基礎調査 → ① → 事業化検討
- 影響有 → 適性化修復 → 再生併用
- 影響無 → 可能性調査 → 基礎調査 → ③ / 基本構想 → ④ → 事業評価
  - 低い → 再生事業中止・代替事業の検討
  - 高い → ② → 地元交渉 → 詳細調査／現地調査／基本設計 → ⑤ / 生活環境影響調査 → ⑥⑦⑧ → 住民合意 → 事業申請
    - する → ⑨ → 申請図書作成 → ⑩
    - しない → 細密追加調査 → 実施設計／発注仕様書 → ⑪ / 発注設計書 → ⑫ → 整備計画申請補助採択 → 工事発注 → 監理調査／施工監理／環境観測 → ⑬ → 工事施工基本方針
      - 見直 → （戻る）
      - 決定 → 再生処分場供用開始 → ⑭ → 跡地利用 → ⑮ → 廃止の確認

① <基礎調査>
1. 最終処分場の必要性と緊急性
2. 自己所有の必要性、代替施設の有無（中間処理強化、外部委託の可能性と安全性）
3. 新処分場確保の可能性と見通し（用地交渉状況、適地の有無）
4. 既処分場での地元交渉可能性、再生の可能性及び必要性
   （埋立地の履歴による可能性と環境リスクからの必要性）
5. 中間処理施設の活用の可能性（焼却、溶融、資源化施設との整合性と余力）
6. 財政状況と経済性（暫定整備か、本格整備か）
7. 法的位置付けと可能性（軽微な変更、設置届変更、不適正・適正、新構造基準適合）

② <需要がないと判断される場合>
新処分場の確保・外部委託化あるいは全量資源化（スラグ化、エコセメント化、他）の検討

③ <現地調査による基本的判断>
1. 不適正を適正化する可能性
   （不透水性地盤、貯留機能、埋立物の安定化・浄化、周辺環境汚染の有無等）
2. 旧構造の場合の施設の状態
   （シートの耐久性、貯留機能、集水機能、水処理機能等の健全性・老朽化判断）
3. 埋立物の処理処分方法の検討
   （埋立物組成（三成分,元素組成、8成分）、選別減容、溶融や焼却の適応性等の検証）
4. 掘り起こしによる環境リスクや作業性の検討
   （周辺状況と環境影響、作業安全性の検討）

④ <再生手法及び工法による構想段階での費用対効果比較による判断>
1. 必要埋立量の検討
   1) 暫定的整備（延命5年以内）
   2) 本格的整備（延命5年以上、容量の増加、主要構造物の変更を含む）
2. 法的取扱いの検討
   1) 軽微な変更（埋立容量変更増は1割以内、主要構造物の変更無し）
   2) 大規模な変更届
3. 費用対効果の検討
   1) 処理処分方法による減量・埋立容量確保効果と費用対効果
4. 比較検討
   1) 以上の要件を念頭に数案の再生ケースを想定
   2) 各ケースの比較検討
   3) 再生の是非と基本方針を決定

⑤ <再生事業基本設計の立案>
1. 再生手法、再生工法の検討
2. 現地調査
   1) 埋立廃棄物性状及び対象範囲の設定のための調査
   2) 地形、水質、気象等の基礎調査
   3) 施工時の周辺環境及び作業環境対策のための調査
3. 基本設計図、基本仕様書の作成、概算事業費の積算

⑥ <環境影響評価>
1. 大気質　2. 悪臭
3. 騒音振動　4. 水質
5. 予測評価

⑦ 生活環境影響調査縦覧

⑧ 住民説明会

⑨ <事業種別の選定>
1. 補助事業の適用
2. 処分場の新増設事業
3. 適正処分場の再生事業
4. 不適正処分場の再生事業

⑩ <申請図書作成>
1. 補助申請用書類の作成
2. 整備計画書
3. 廃棄物循環型社会基盤施設整備事業計画
4. 費用対効果報告　etc

⑪ <発注仕様書の作成>
1. 補助申請用書類の作成
2. 整備計画書
3. 廃棄物循環型社会基盤施設整備事業計画
4. 費用対効果報告　etc

⑫ <埋立地施設設計書作成>
1. 埋立地の改修及び適正化対策工事
2. 掘削環境対策工事
3. 水処理施設整備工事等

⑬ <工事監理>
1. 再生工事監理（適性化、中間処理）
2. 遮水工等の施設保全管理
3. 周辺環境管理の徹底

⑭ <再生処分場運用方針>
1. 資源化の徹底
2. 高密度埋立による有効容量の確保
3. 環境モニタリングの徹底
4. 埋立物の浄化安定化の促進

⑮ <跡地利用>
1. 維持管理基準との整合
2. 利用上の安全性確保
3. 廃止の準備及び手続き

図 2-2-1　再生事業プロセスと調査関係フロー

（2）調査の精度
　1）基礎調査（企画構想：フェーズ1～3）
　　基礎調査は、再生事業を施行しようとする最終処分場について、事業の動機や再生事業行為が法律や基準に違反しないか、安全に遂行できるか、費用対効果は妥当であるか等を机上検討して、次段階の本格的な再生事業の可能性調査を実施することが妥当であるかを判断するために、既存資料の整理や現地踏査した状況から再生最終処分場の予察を概略的に行うことを目的としている。このため、施設の規模や既存資料の充実度などによっては、表2-2-1の例に示すように、基礎調査段階をフェーズ1～フェーズ3のように細分化して、実施する場合もある。この段階の調査としては、一般的には、後述する埋立地履歴調査や環境モニタリングデータの解析から入ることが多いと考えられる。
　2）可能性調査（基本構想：フェーズ4）
　　可能性調査は、企画構想段階で既存資料により確認された事項も含め、現地調査を実施して、その内容を確認するとともに、必要に応じて関係機関との事前協議により法的関係の確認等を行うことになる。図2-2-1のフロー図では、③、④が該当する。この段階では、不適正処分場の再生事業の場合は、地質条件の確認、特に不透水性地層の有無が現位置での適正化の判断を決定することになる。また、周辺環境の汚染の有無も重要となる。一方、構造基準適合処分場の再生利用では、施設の健全性や耐久性の判断が重要となり、劣化状況の調査が判断を決定付けることになる。さらに、埋立物の組成調査や発生ガス調査、埋立物の有害性調査などからの掘削作業方法や選別,中間処理方法の選択とかなり精度の高い事業構想比較を行い、費用対効果の判断をすることが必要である。
　3）詳細調査（基本設計：フェーズ5）
　　本調査は、再生事業の基本設計を行うために必要となる地質や測量などの詳細調査とともに法令等の規制事項や埋立地の特性、埋立物の有価性、再生工事作業時の安全性についての各種評価等を実施して、施設の適正化や工事の具体的方法、掘削から選別までの具体的作業計画、埋立物の焼却減容化等の処理施設の基本設計および発注仕様書を作成して、見積徴収による概算事業費の算定や積算により、再生事業の全体事業費を算出し、正確な費用対効果を算定するとともに、補助事業の場合は整備計画書申請のための設計書を作成する。これにより、事業予算の総額がほぼ決定するとともに、事業実施が確定することになる。
　4）細密追加調査（実施設計：フェーズ6）
　　本調査は事業を発注するための実施設計図書や最終発注仕様書の作成や、工事監理や環境モニタリング等の工事施工方針を策定するために、さらに細密な追加調査が必要な場合に実施される。これにより、工事発注のための最終的な設計価格が決定されることになる。
　5）監理調査（工事監理モニタリング：フェーズ7）
　　本調査は工事中に周辺環境保全や作業安全監理のために実施する。
　　モニタリング結果によっては、掘削や選別方法の変更、あるいは、最悪の場合は再生事業の中断や中止もありうるので、非常に重要なモニタリングであるとともに、早期の適確な判

断が求められる。

6）維持管理調査（再生処分場の運用モニタリング：フェーズ8）

本調査は、再生処分場として完成後の再利用上のモニタリングを行う場合と、再生利用しながら再埋立を行う場合が考えられる。いずれにしても、最終処分場として現行の維持管理基準を遵守しながら既存構造物の変化なども併せて監視していくことが必要となる。

（3）調査計画事例

表2-2-2に不適正処分場の適正化再生事業における段階的調査計画の事例を示す。

この事例では、企画構想段階では表には示されていないが、既存資料を主体に進めながらも不足する資料データについては、現地踏査や簡易調査手法を使い、最小限の必要事項を補いながら計画し、事業の実現性の目途が立った段階で、可能性調査を実施している。

このように、早い段階では極力調査費用をかけないで進め、再生の可能性の見通しがついた段階で本格的調査を始めるように計画することが大切である。そのためには、企画段階では後述する埋立地履歴調査から始めることが望ましい。

本格調査では、掘削作業の安全性確認や資源化処理技術の選択、不適正処分場では適正化対策技術の選択など、環境保全や経済性など再生事業の成否を決定付ける判断をしなければならない。重要な調査が多種多様に実施されるため、項目の抜け落ちがないように、また、無駄がないように調査内容および手法・手順の相互関係を十分に整理して実施することが重要である。参考として図2-2-2に調査対象別調査内容の一覧を示す。適切に調査を進めるためには再生事業の全体を理解して調査計画を立案できる経験豊富な専門家（コンサルタント等）に依頼することも必要である。

表 2-2-2　調査計画事例 [7]

段階	項目	調査手法	目的・概要
可能性調査（基本構想）	地形	・既存地形図（1/2500～1/10000） ・現地踏査	・調査ポイント設定 ・対策工法の可能性、配置の検討
	地質	・既存地質図、近隣ボーリングデータ、対象地ボーリング調査（1～3ヵ所）	・全体的地層構造の把握、不透水層の確認、工法の適合性の確認
	保有水 浸出水 地下水	・既存データの整理 ・保有水、浸出水、地下水のサンプリング、分析	・埋立物の安定化状況 ・地下水汚染の有無 ・浸出水処理の方法選択 ・対策手法の選択、緊急性の判断
	施設状況	・既存資料の整理 ・点検、確認、抜き取り検査	・貯留施設・遮水工の耐久性 ・水処理施設老朽状況
	発生ガス	・既存データの整理 ・ボーリング孔での確認、簡易分析	・埋立物の安定化状況 ・発生ガス対策の必要性 ・工事中の問題の検討
	埋立物	・既存データの整理 ・現地踏査、ボーリングコア・テストピットによる確認、電気探査、電磁探査	・埋立物量の推定 ・掘り起こし・減量化の方法の検討
詳細調査（基本設計）	地形	・地形、用地測量（1/500～1/1000）	・基本設計の基図とする
	地質、土壌	・ボーリング調査（5～10ヵ所/ha、規模、条件によって異なる） ・高密度電気探査、物理探査	・地層構造、不透水層の分布 ・土木工事のための土質条件の確認 ・水理構造、不透水層、湧水の確認、地下水量の推定 ・浸出水の地下拡散状況
	保有水、浸出水、地下水、公共水域水質	・排水基準項目および地下水監視項目等のサンプリング、分析 ・環境基準値等の分析	・降雨時、晴天時、季節変動の把握 ・掘削時の水質変動予測と対策の検討 ・原水・水質処理目標水質設定
	発生ガス、地温	・発生状況、地温分布のメッシュ計測	・掘削時の事前対策方法の検討
	埋立物	・組成分析 ・三成分分析・元素分析 ・有害物含有状況	・場外処分、選別、減量化の検討 ・環境リスクと対策の検討資料
細密調査（実施設計）	地形	・細部測量（1/200）	・構造物設計
	地質・土質	・詳細ボーリング調査 ・物理探査等 ・土質試験	・構造物詳細設計
	その他	・不溶化配合試験 ・タンクリーチングテスト ・埋立物の処理実証テスト（焼却・溶融・選別・破砕）	・構造物等の配合仕様決定 ・処理条件の設定

第2章 調査・計画編

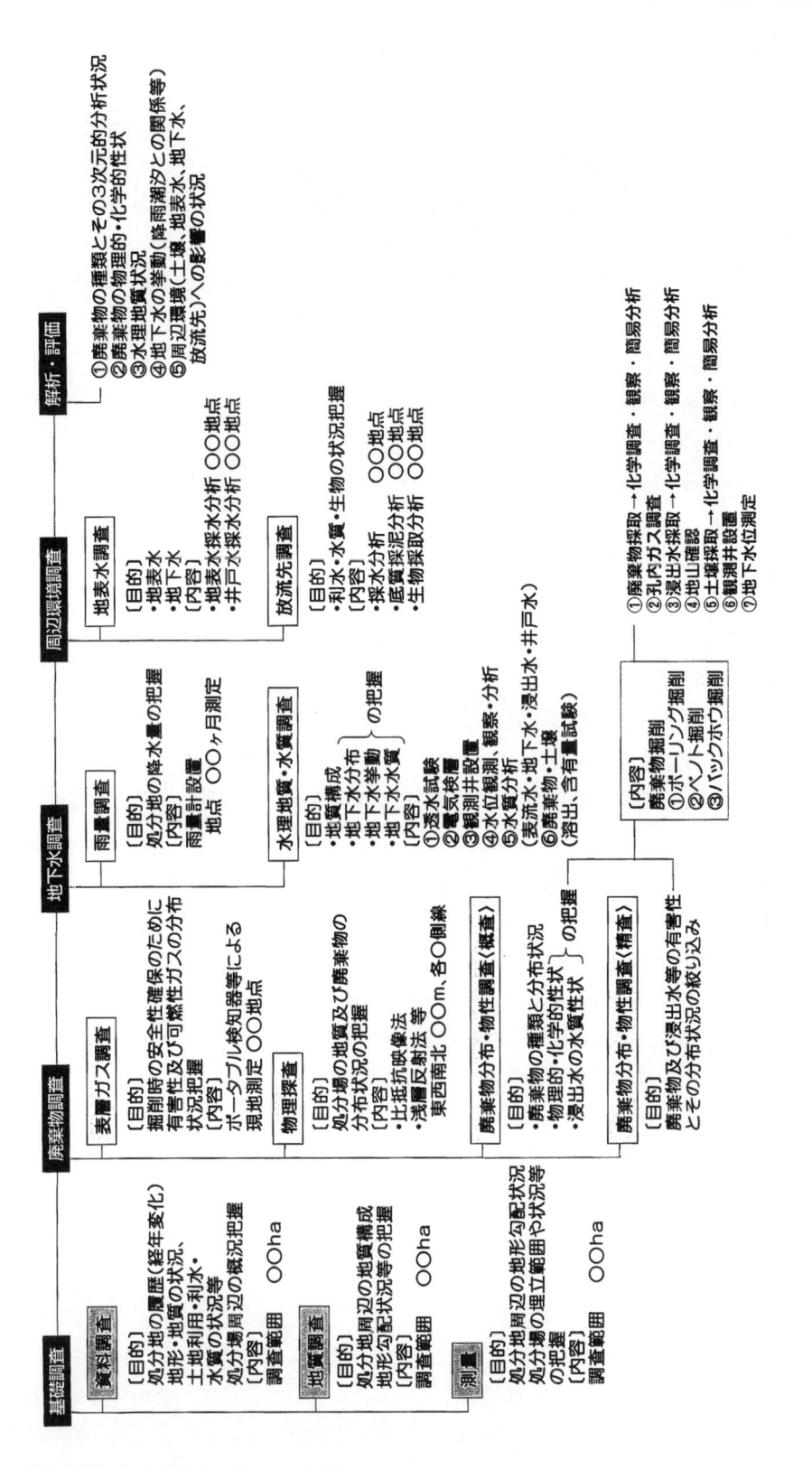

```
基礎調査 ─ 廃棄物調査 ─ 地下水調査 ─ 周辺環境調査 ─ 解析・評価
```

解析・評価
①廃棄物の種類とその3次元的分析状況
②廃棄物の物理的状況
③水理地質状況
④地下水の挙動(降雨潮汐との関係等)
⑤周辺環境(土壌,地表水,地下水,放流先)への影響の状況

周辺環境調査

地表水調査
[目的]
・地表水
・地下水
[内容]
・地表水採水分析 ○○地点
・井戸水採水分析 ○○地点

放流先調査
[目的]
・利水・水質・生物の状況把握
[内容]
・採水分析   ○○地点
・底質採泥分析   ○○地点
・生物採取分析   ○○地点

地下水調査

雨量調査
[目的]
処分地の降水量の把握
[内容]
雨量計設置
地点 ○○ヶ月測定

水理地質・水質調査
[目的]
・地質構成
・地下水分布
・地下水挙動   の把握
・地下水水質
[内容]
①透水試験
②電気検層
③浅層反射法
④水位観測,観察・分析
⑤水質分析
(表流水・地下水・浸出水・井戸水)
⑥廃棄物・土壌
(溶出,含有量試験)

廃棄物調査

表層ガス調査
[目的]
掘削時の安全性確保のために有害性及び可燃性ガスの状況把握
[内容]
ポータブル検知器等による現地測定 ○○地点

物理探査
[目的]
処分場の地質及び廃棄物の分布状況の把握
[内容]
・比抵抗映像法
・浅層反射法
東西南北 ○○m,各○側線

廃棄物分布・物性調査〈概査〉
[目的]
廃棄物の種類と分布状況
物理的・化学的性状 の把握
浸出水の水質状況

廃棄物分布・物性調査〈精査〉
[目的]
廃棄物及び浸出水状況等の有害性とその分布状況の絞り込み

[内容]
廃棄物掘削
①ボーリング掘削
②ベント掘削
③バックホウ掘削

①廃棄物採取 → 化学調査・観察・簡易分析
②孔内ガス調査
③浸出水採取 → 化学調査・簡易分析
④地山確認
⑤土壌採取 → 化学調査・観察・簡易分析
⑥観測井設置
⑦地下水位測定

基礎調査

資料調査
[目的]
処分地の履歴(経年変化)
地形・地質の状況
土地利用・利水・
水質の状況等
処分場周辺の概況把握
[内容]
調査範囲   ○○ha

地質調査
[目的]
処分地周辺の地質構成
地形勾配状況等の把握
[内容]
調査範囲   ○○ha

測量
[目的]
処分地周辺の地形勾配状況
処分場の埋立範囲や状況等
の把握
[内容]
調査範囲   ○○ha

図2-2-2 調査対象と調査内容(6)

2. 埋立地履歴調査 [6]

(1) 調査概要

　埋立地の再生を考える場合、企画構想の段階で、既存資料やヒヤリング、現地調査により、処分場の状況をできる限り明らかにすることは、再生の可能性の判断や必要な調査項目およびその調査手法(サンプリング方法、分析法等)、法的位置付けと再生手続きの手順を検討するうえで非常に重要であり、欠かすことのできない調査である。

　基礎調査としての埋立地履歴調査内容としては、大きく分けて以下の事項が必要と考えられる。

　　① 施設の法的位置付け
　　② 埋立地施設の構造
　　③ ごみ処理の歴史と処理内容
　　④ 埋立物の量と内容
　　⑤ 埋立方法
　　⑥ 周辺土地利用および環境等関係法令
　　⑦ 現地踏査による立地条件調査

　以下、各調査内容の詳細と調査方法について述べる。

(2) 施設の法的位置付け

　再生事業における国の補助制度では、最終処分場を構造基準適合処分場の再生利用事業対象処分場と不適正処分場の再生事業対象処分場に分けて考えている。

　構造基準適合処分場の再生利用事業では、昭和52年の構造令施行後の施設で、基準通り届出がされ、適正に管理運営がされている施設であることを条件としており、施設の改修や改造は考えていない。しかし、実際に現存する処分場(閉鎖したものを含める)は、新・旧構造令に適合しない施設の方が多い。このような法規制以前(昭和52年以前の構造令適用以前の施設および1,000m^{2}未満の届出不要施設)の施設を不適正処分場として再生事業の対象とし、過去の負の遺産の整理を国は本格的に進めようとしている。

　不適正処分場の再生、適正化はかなりの要望、必要性があるものと考えられる。これら不適正処分場とされるものは、設置届出の有無、処分場台帳への登録の有無、廃止・閉鎖届の有無の確認が必要となる。届出も登録もないものは、少なくとも登録させることが必要になる。また、廃止されたものは再生事業の補助対象として復活させられないので、撤去や再生には別途の扱いが必要となる。

　このように、再生する場合の手続き関係を明確にするためには、設置に関して、供用開始の時期、届出等の有無など法的関係を整理する必要がある。

(3) 埋立地施設の構造

　基準適合処分場の再生利用事業では、施設の改修、改造は補助対象としないとされ、掘り起こしも遮水工などに影響を与えない範囲としている。しかし、このような場合にも、当然処分場の構造や既埋立量(埋立厚さ)を明らかにしておく必要がある。また、改造に国の補助は得

られないにしても、再生するとなれば、事業主体の責任として、埋立地の延命化に施設が耐用できるかチェックしておくことが必要であり、施設構造に不安がある場合は、構造強化などの改修を考慮すべきである。

　一方、不適正処分場の場合は、埋立範囲や現有施設構造、立地条件としての地質・地形なども含めて、総合的に検討した上で適正化が可能かの判断が必要となり、適正化ができなければ、全面撤去の上、移設や新設する方法の可能性を検討することになる。

　このように、現在の法的位置付けによって、検討すべき内容は少し異なるが、再生するためには施設構造を明らかにすることが必要である。

(4) ごみ処理の歴史と処理内容

　当該処分場が利用されていた時期のごみ収集から処分までのフローを明らかにして、どのようなものが処分されているか、その埋立物の内容を検討しておくことが必要である。

　特にごみの収集区分、直接搬入ごみの扱い、中間処理の具体的方法など、その中間処理施設の処理性能まで明らかにすることで、埋立物の性状の大略は把握可能である。また中間処理量から、埋立処分量までおおよその推定が可能となる。

(5) 埋立物の量と内容

　埋立物の量と内容物の実態は、掘り起こし、再生処理をする上で、できるだけ正確な情報が必要である。古い施設は記録が不確かな事例が多いので、前項の歴史的経緯も含め、担当者のヒヤリングなど、より多くの情報を集めて考察することが必要である。

(6) 埋立方法

　これは、担当者にヒヤリングして確認することが原則である。埋立実態は計画と異なる場合が多いので、十分注意して検討しておく必要がある。特に不適正処分場の場合は、思いがけない範囲までごみが埋め立てられていることがあるので、十分確認が必要である。

(7) 周辺土地利用及び環境等関係法令

　埋立地再生事業では、ごみの掘削運搬を伴うため、これによる周辺環境への発生ガスや粉じん飛散及び浸出水の悪化などに対する環境保全を計画する必要がある。このためには周辺の社会的・自然的環境及び関係法令等を把握しておく必要がある。

　以上の調査内容を整理すると、表2-2-3の埋立地履歴調査一覧表に示すとおりとなる。

(8) 現地踏査による立地条件調査

　再生事業での現地踏査は、企画段階の初期に実施する。目的は対象となる埋立地の状況を目視により確認し、処分場の法的な適合性や不適正を適正化する可能性、掘り起こしによる環境リスクの発生の可能性等についての判断材料を得ることである。

　このため、収集した資料と現状の埋立物や埋立物の管理状況、埋立地周辺の地形的改変状況、周辺地質分布、埋立地並びに周辺の土地利用の変化、埋立地周囲での水系等を相互に確認しなければならない。また、確認した埋立物や遮水設備、貯留設備が既往の資料とで相違が生じた場合には、目視できる場合には範囲を調査して特定したり、原因等について検討できる情報を収集する。不適正処分場の適正化のように、地質条件がより詳細に必要な場合には、既存資料

表 2-2-3　埋立地履歴調査一覧表

対象項目 \ 内容	調査目的	調査方法	調査対象資料
1. 施設の法的位置付け	施設の法的位置付けを明らかにして、再生に必要な法的手続きおよび国庫補助事業との関係を明らかにする。	施設年代、供用期間、設置届の有無、処分場台帳への登録、現在の施設構造から法的位置付け、構造令等への適合性を明らかにする。	・清掃の歴史 ・施設設置届 ・一般廃棄物実態調査票 ・施設台帳 ・施設構造（ヒヤリング含む）
2. 埋立地施設の構造	掘削範囲、掘削可能量、掘削方法を検討するとともに、施設の耐用可能性を検討する。また必要に応じて、適正化等の改修改造方法の検討資料とする。	施設の設置届およびヒヤリング、現地踏査（目視観察）、地形・地質資料の収集等により検討する。	・施設設置届 ・周辺地質データ ・測量図、航空写真 ・モニタリングデータ
3. ごみ処理の歴史と処理内容	ごみ処理の変遷と中間処理内容によって、埋立対象物状況を推定して、再生の可能性と再生のために必要な調査事項などを明らかにする。	ごみ処理内容の歴史と処理施設の能力・フローを把握し、埋立される可能性のあるものの性状やその内容を把握する。	・清掃の歴史 ・既存中間処理施設の設計計画書・パンフレット ・一般廃棄物実態調査表
4. 埋立物の量と内容	再生しなければならない埋立物の量とごみ質を明らかにして、再生技術の適応性検討のための資料とする。	構造図と埋立高の実測による算定と実態調査表などの埋立量記録から算定する。埋立記録は種類別の重量で記録されていることが多いため、埋立方法なども考慮しながら容量換算することが必要である。将来的には現地調査より確認することが必要。	・構造図と埋立高の実測 ・一般廃棄物実態調査表 ・既存ごみ質データ等 ・ごみの体積換算係数データ等
5. 埋立方法	覆土量がどの程度あるか、ごみと土の混在状況、埋立範囲、埋立物の種類ごとの分布などを把握して再生の基礎資料とする。	埋立方法などを担当者からヒヤリングすることと、現地視察により確認する。	・埋立記録、航空写真
6. 周辺土地利用および環境等関係法令	掘削運搬等再生事業による周辺環境への影響を検討するための基礎資料とする。	土地利用関係法令及び環境関係法令を関係機関ヒヤリングや既存資料から整理するとともに、現地踏査により確認する。	・既存資料、関係法令集 ・モニタリング結果等

の収集とともに、地質の地表踏査やボーリング調査を実施することもある。
　一方、再生事業では粉じん等の発生により埋立地周辺の家屋等へ影響が懸念されることから、対象地周辺の地形状況や家屋の配置状況を確認のためにできるだけ詳細な地形図（1/2,500〜1/10,000）を用いた踏査を行う。さらに、埋立範囲や施設の残容量の確認など必要に応じて、実測測量を行う。

3．埋立物・地下水等調査

　本調査は、可能性調査段階に実施され、現地調査により掘削選別作業時にどのような障害が発生するか、また、埋立物性状を確認して選別・再生利用技術について具体的に方針を検討するための基礎データを得る目的で実施する。

（1）表層ガス調査

　掘削時の発生ガスによる作業安全性の確認や、臭気による周辺環境への影響を確認するために実施される。調査は埋立地表層に約1mのボーリング孔をメッシュ状に配置して、孔内のガス性状、地温などを計測して、埋立地内のガス発生状況、埋立物の安定化状況、未分解有機物の分布状況などを把握する。

（2）埋立物分布と物性調査

　調査は、ボーリングやテストピットにより、実際に埋立物を採取し、埋立物の三成分、元素分析、組成分析、有害物分析などを実施して、埋立物の掘削選別・中間処理方法等の検討のための基礎データを把握する。また、不適正処分場の場合は、埋立物の分布を把握するため、後述する物理探査手法による分布探査がよく利用される。

（3）水理地質・地下水調査

　不適正処分場を適正化再生する場合は、特に、地質構成と地下水理の関係を解析することが重要であり、後述するボーリング調査や電気探査を組み合わせた手法がよく用いられる。

（4）周辺環境調査

　掘削・選別作業時に発生するであろう発生ガスや汚水、粉じんなどによる周辺環境への影響を検討するため、大気環境や放流先の水質等の環境条件を事前調査して対策方法等を検討するための資料を入手する。

4．地表踏査・測量

　再生事業での地表踏査は、対象となる埋立地の状況を目視により確認し、処分場の法的な適合性や不適正を適正化する可能性、掘り起こしによる環境リスクの発生の可能性等についての判断材料を得ることが目的である。
　百聞は一見にしかずというとおり、自分の眼で現地を確認し、収集した資料と現状の埋立物や埋立物からのガスや臭気の発生状況、埋立地周辺の改変状況や湧水、周辺地質の状況、周辺の土地利用の変化、埋立地周囲での水系やその汚染状況などを確認しなければならない。また、確認した状況が既往の資料と相違が生じた場合には、原因等について検討できる情報を収集す

るための調査を立案しなければならない。

また、現況地形図は調査や適性化対策、掘り起こし計画立案のための全ての基本となる情報であり、埋立前の原地形とともに、地形図の入手、測量による確認調査が必要となる。

5．物理探査
（1）物理探査手法の概要

適正に管理されている処分場を再生する場合は、主に埋立物性状から、掘削作業の安全性や再生中間処理技術を判断するための調査と、施設の健全性評価のための調査が必要となる。一方、不適正処分場の適正化再生事業を調査をする場合は、埋立物の分布や浸出水による地下水汚染の状況など、埋立地全体の立体的埋立物状況の把握をしながら、埋立物性状の調査を併行して進める必要がある。

不適正処分場の場合、いきなりボーリング調査などを実施しても適確な情報が得られないため、現在は物理探査手法などによる埋立地全体の概略調査手法が初期調査手法として多く用いられている。物理探査結果を踏まえて、埋立物の分布等の確定調査や詳細調査は、ボーリング調査やテストピット調査を実施することになる。以下に物理探査手法の概要と調査上の留意点等を述べる。

1）物理探査の位置づけ

ボーリングやテストピットによる調査では、埋立物内の撹拌により汚染水、ガス等の発生や流動の変化、底部の地山を掘削する場合には汚染水の浸透等によって、汚染領域が拡大する恐れがある。しかし、物理探査手法による非破壊調査は、こうした周辺環境への汚染の拡大の恐れがなく、調査地点や調査箇所に制約を受けないことが特長である。

2）物理探査に期待されること

物理探査により地盤中の大局的な構造の把握や、埋立地の境界部や金属物の分布状況などの位置を特定し、物理探査によって得られた相対的なデータに対して、具体的な水位や水質等をモニタリングして経時的変化や浸出水の拡散状況等を把握することにより、処分場の安定化状況や対策の必要性の判断するための的確な情報が得られることが期待される。

3）物理探査の種類

物理探査法は、地盤をひとつのフィルターと考え、与えられた入力に対する応答としての現象、あるいは自然に発生している現象を測定し、これを解析することによって地盤の物理的性質や化学的性質に関する情報を得る方法である。

土木技術の世界では、主に、弾性波などの地震動や、音波、電磁波、電気抵抗などを利用した探査が行われている。

主な探査手法のイメージと探査方法の種類を図2-2-3、表2-2-4に示す。また探査手法と地盤等の条件との適合性を表2-2-5に示す。

4）物理探査法の留意事項

物理探査法によって得られた結果は、当然のことながら特定の物理的性質、例えば弾性波

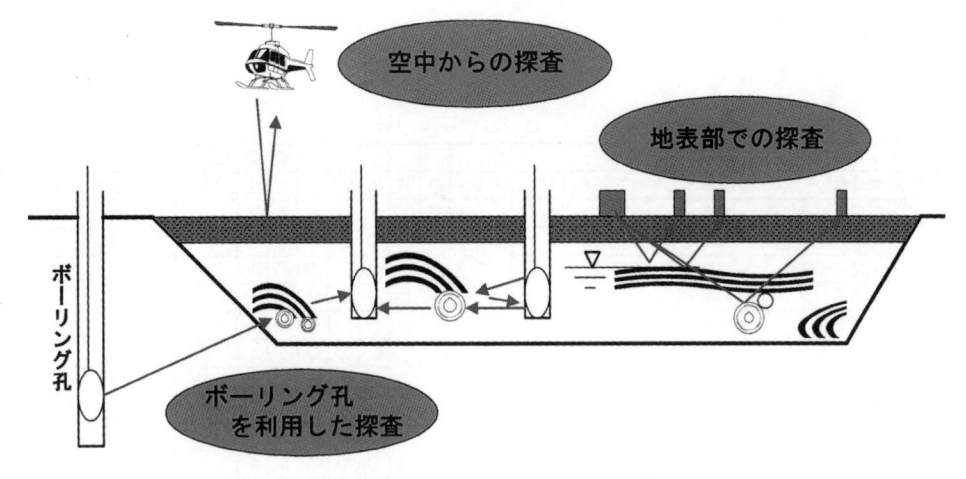

図 2-2-3　物理探査のイメージ[8]

表 2-2-4　物理探査手法の種類

探査の形態	主な探査手法	
空中からの探査	・リモートセンシング ・空中放射能探査	・空中磁気探査 ・空中電磁探査
地表部での探査	・弾性波探査屈折法 ・2次元比抵抗探査 ・地下レーダー探査	・電磁法探査 ・磁気探査 ・常時微動
	・弾性波探査反射法（浅層反射法） ・重力探査（マイクログラヴィティ法）	
ボーリング孔を 利用した探査	・PS検層 ・電気検層 ・温度検層	・ジオトモグラフィ法 ・ボアホールテレビ

速度などの分布を示すものであるから、地震探査によってえられた地盤構造は速度層構造であって、他の方法によって得られた情報から求めた地盤構造、例えば比抵抗層構造とは必ずしも一致しない。したがって、そのデータを無制限に設計などに適用することは誤りのもとであり、各方法の基礎原理を理解し、他の地質的あるいは土質工学的情報とあわせて解釈を行う必要がある。物理探査法を利用しようとするものは、その方法の適用性と限界をよく理解し、各種の情報を総合して結果の考察を行う必要がある。

(2) 各種の物理探査手法

1) 浅層反射法の概要

　反射法探査は、弾性波を用いて地下構造を推定する手法の一つで、従来から石油探鉱等の資源探査の分野で発達してきた技術である。浅層反射法探査は、この技術を土木分野等の地盤調査に適用したものであり、比較的浅層(数mから100m程度)の構造を対象とした探査である。

表 2-2-5　探査手法と地盤条件の適用性

凡例　◎精度、コストとも最も適切である
　　　○精度は高いが、過剰調査である
　　　△精度は低下するが適用できる
　　　－本質的に、この探査手法には関係しない

それぞれの探査手法が関係する物理量は、探査結果として得られるものである。しかし、探査手法によっては、それらの物理量が異なる境界を求めることに主眼があるものもある。これらの探査手法には、(境界)と記したものが相当する。

関係する物理量 / 探査対象とする度	地表及び空中からの手法															ボーリング孔を使用する手法											坑内					海上		
	屈折法地震探査	反射法地震探査	地表面反射映像	音波探査(境界)	弾性波速度トモグラフィ	垂直・水平電気探査	二次元電気探査	電磁探査	重力探査	地中レーダ	放射能(γ線)強度	微動探査	表面波探査	卓越周期	熱赤外線探査	地温探査	弾性波速度VP・VS	音響トモグラフィ(境界)	弾性波速度トモグラフィ	電気比抵抗トモグラフィ	電磁波速度	速度検層	電気比抵抗検層	地下水検層	温度検層	密度検層	キャリパー検層	孔径距離	孔壁映像	音響トモグラフィ(境界)	切羽前方探査	地山探査	表面音波反射強度	サイドスキャンソナー
地表面または、地下数m以内	◎					△				◎	◎		◎		◎	△																		
地下数十m程度まで	◎	◎	◎	△		◎	◎	△	△	△	△		△			△	○																○	△
地下200m程度まで	○	◎	◎	△		△	◎	◎	◎			△	△			△															◎	△	○	△
地下200～500m程度	△	◎	△	△			△	◎	◎							△															△	△	△	△
概略的に把握する程度	◎	◎	△	○		◎	○	◎	◎	○	△	△	△	○	○	△															○	△	○	△
ある程度詳しければよい	△	○	△	○		△	◎	△	△	◎	△	△	△	△	△		○	○	○	○	○	○	○	○	○	○	○				△	△	△	△
出来るだけ詳細に把握したい			△	△			△			○							◎	◎	◎	◎	◎	◎	◎	◎	◎	◎	◎	◎	◎	◎				
地形は平坦ないし、一様傾斜で起伏は少ない	△	◎	△	◎		△	◎	△	△	◎	△	△	△	△	△		△	△	-	-	-	-	-	-	-	-	-	-	-	-				
ゆるやかな起伏状がある程度	△	○	△	△		△	○	△	△	△	△	△	△	△	△		△	△	-	-	-	-	-	-	-	-	-	-	-	-				
急傾斜や傾斜の急激な変化が見られ、かなり複雑	△	△	-	△		△	◎	-	-	-	-	-	-	-	-		△	△	-	-	-	-	-	-	-	-	-	-	-	-				
ほとんど平行あるいは一様で層厚の極端な変化ではない	△	◎	△	◎			○	△	△	○			△				◎	◎	○	○	○	○	○	○	○	○	-	-	-	-				
層厚の変化はあるものの、極端に複雑ではない	△	○	△	△		△	◎	△	△	△			△				○	○	◎	◎	◎	◎	◎	◎	◎	◎	-	-	-	-				
層厚の変化や不連続性があり、かなり複雑である			△	△			△			○							○	○	◎	◎	◎	◎	◎	◎	◎	◎	-	-	-	-				
地質分布や構造線などの情報を把握したい	◎	◎	△	◎		◎	◎	◎	△	◎	△	△	△	△	△		◎	◎	◎	◎	◎	◎					◎		◎		◎	◎		
建設に直接関係するカ学的物性が直接影響するなどの値を求めたい	△	△		△		△	△	△		△			◎				◎	○		◎														
活断層など近接影響する断層の位置や規模などを知りたい	△	◎	△	◎		△	○	△		△	◎		△				△	△	△	△					△				◎				△	△
地下水文状況などの検討に資する目的		○													△	◎				△			◎	◎	△									
空洞や埋設物などの地下の事象、あるいは岩石の変質などに関する情報を把握したい	△	△	△	△		△	△	◎	△	◎					△		△	△	△	△	○								○		△	△	△	△

適用深度は、基本的にボーリング深度による

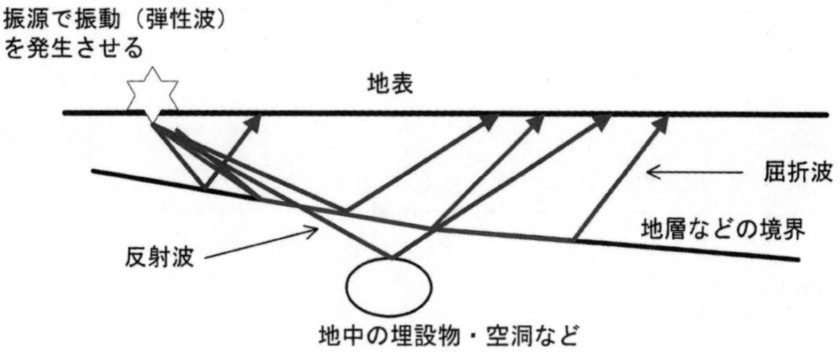

図 2-2-4　弾性波探査反射法

注1）屈折波：地中の弾性波速度や密度の異なる境界面を伝わってくる弾性波動。
　　　屈折波を測定解析する方法は弾性波探査屈折法と呼ばれ、地中の様子を大局的な弾性波速度の分布（層構造）として求めることができる。
注2）反射波：弾性波速度や密度の異なる境界で反射して地表に戻ってくる弾性波動。地質の変化状況などの構造の変化を把握するのに適している。

2）2次元比抵抗探査の概要

　2次元探査は、地盤中に電気を流してこの電流と地盤の状況などによって変化する電位差を測定し比抵抗を求める。地盤の比抵抗は、土の種類、締め固めの違い、含水の違いなどにより大きく変化するので、比抵抗の分布を把握することによって、地盤の状況を推定することができる。表2-2-6に地盤物性と比抵抗の相対的な関係を示す。また、2次元比抵抗探査の測定概念図を図2-2-5に、その探査結果の例を図2-2-6に示す。
　地下水の有無で比抵抗は大きく異なるので地下水分布の把握等に適した手法といえる。

表 2-2-6　地盤物性と比抵抗の関係

（粘土） ——— （シルト） ——— （砂） ——— （砂礫）
小 ——————— 電気比抵抗 ——————— 大
小 ——————— 粒　　度 ——————— 大
大 ——————— 飽　和　度 ——————— 小
大 ——————体積含水率(孔隙率×飽和度)—————— 小
小 ——————— 地層水比抵抗 ——————— 大

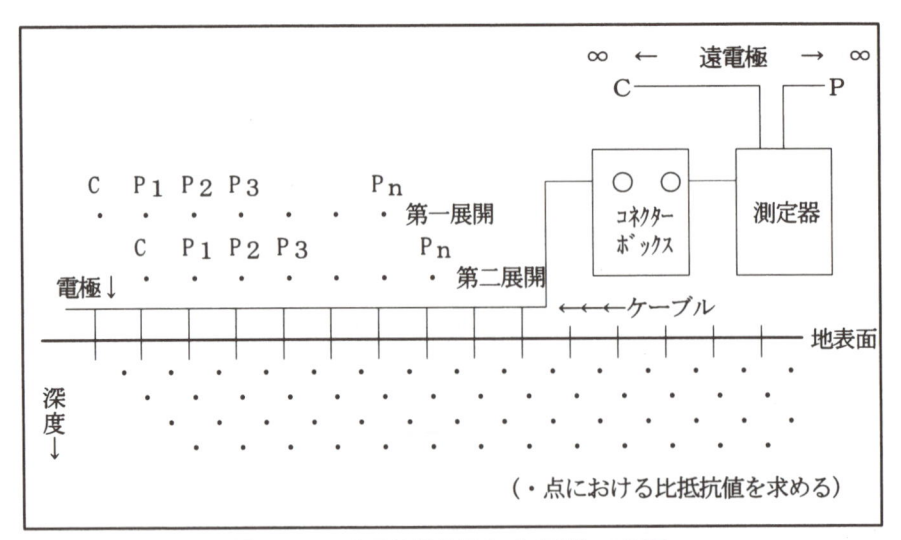

図2-2-5 2次元比抵抗探査（2極法）の概要

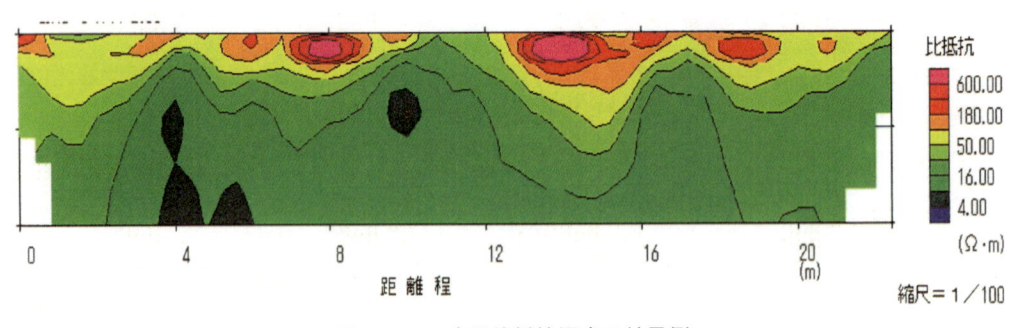

図2-2-6 2次元比抵抗探査の結果例

3）簡易な2次元比抵抗探査の概要

　最近では、地下数mまでを対象として、より効率的に測線下の2次元比抵抗の分布を測定しようとする方法が開発されている。

　この方法で用いるこの電極は、地表面に電極を打設あるいは埋設せずに地下に電流を流し地盤の電位を測定することができるものであるため、図2-2-7に示すように、電極を牽引しながら、連続的に電気探査を行うことができ、高速でかつ広範な探査が可能となる。

　探査可能な深度は電極の間隔（最大電極間隔）等で決まり、6m程度までを対象としている。

図 2-2-7　2次元比抵抗探査

4）直流比抵抗法の概要

直流比抵抗法は大地に直接電流を流し、それにより生ずる電位差から地下構造を推定するものである。地層の比抵抗は、構成鉱物の種類、乾湿の状態、温度等によって支配されるので、地下の比抵抗分布から地下構造（~80m）を推定することができる。

直流比抵抗法は、大きく垂直探査法、水平探査法および高密度電気探査法に分けることができる。一般的に、垂直探査法は、地下の成層構造の垂直方向の状態、水平探査法は、地下の垂直構造の水平方向の状態を調べるのに適している。高密度電気探査法は、原理的には、垂直探査法と水平探査法を組み合わせた方法で、高密度に測定した見掛比抵抗を二次元解析することにより地下の比抵抗構造を断面表示する方法である。図 2-2-8 に不適正処分場の探査例を示す。埋立物の分布および浸出水の拡散状況がよくとらえられている。

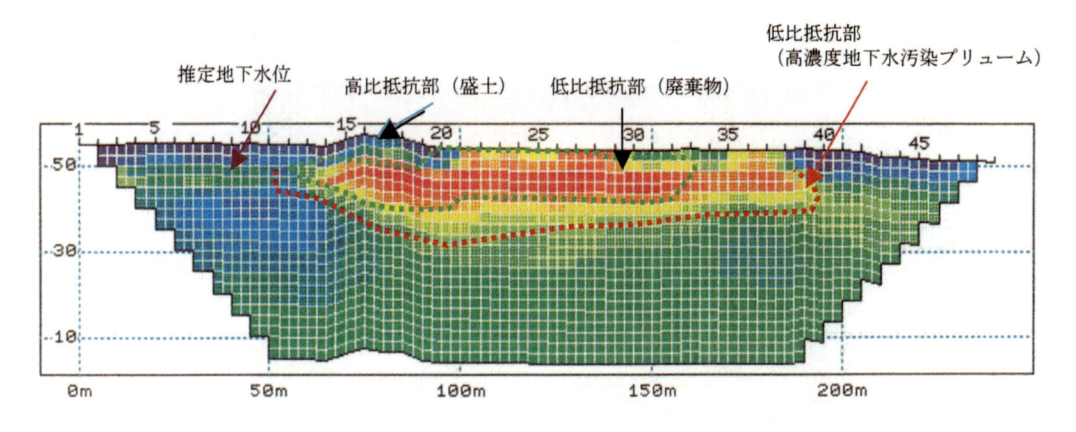

図 2-2-8　高密度電気探査調査結果の一例[9]

5）空中電磁探査法の概要

ヘリコプター等を用いて地表上空数十mに配置した電磁コイル（送信コイル）に交流電流を通しコイルの周辺に交流磁場（1次磁場）を発生させる。この交流磁場が地盤中を通過する時に、地盤中には渦電流が誘起されこれが別の交流磁場（2次磁場）を発生させる。2次磁場の

強さは地盤の比抵抗と負の相関があるため、1次磁場に対する2次磁場の割合を受信コイルで測定することにより、磁場が透入した深度までの地盤の平均的な比抵抗が測定できる。

空中電磁法は大地に非接触なので、地形の影響を受けることなく均質なデータを得ることができる。その上、連続的に高密度(10サンプリング/秒)で測定できるために、比抵抗異常の探知に加え比抵抗マッピングや比抵抗サウンディング(物件確認)も比較的広域を迅速に低コストで概査できるという特徴を有する。

山間部や郊外などで電線や人家の少ないところに適用することが原則である。また、廃棄物や浸出水の電気伝導率が周辺の値と適度な差がないと検出が難しい。有機性や焼却灰等の廃棄物層の比抵抗を2～5Ω/m以下とすれば、探査深度は、GL-50～100mまでである。空中探査の概念図を図2-2-9に示す。

調査の位置精度は、深さ方向で約10％前後、水平方向で約5m前後の誤差である。

6) 簡易な電磁探査手法

ごく浅層(地下10m程度まで)を対象に、いくつか電磁波を利用した探査方法がある。図2-2-10は簡便な電磁探査技術であり、電磁誘導現象を利用した探査技術で、送信コイルから地下に電磁場を浸透させ、電磁誘導現象により地中に発生した二次的な電磁場を測定し、地下の比抵抗構造を把握する方法である。

そのほかに多周波数電磁探査レーダー(Envi Scan R法)がある。電磁波の周波数を変えることで探査方向の精度を良くして、より立体的探査を可能にするとともに、有機物が分解する時に誘電率が変化することにより反射波が微妙に変化することをとらえる方式である。この方式は電気的絶縁性が高く、電気抵抗ではとらえにくいVOCや油汚染を調査するのに適用している。

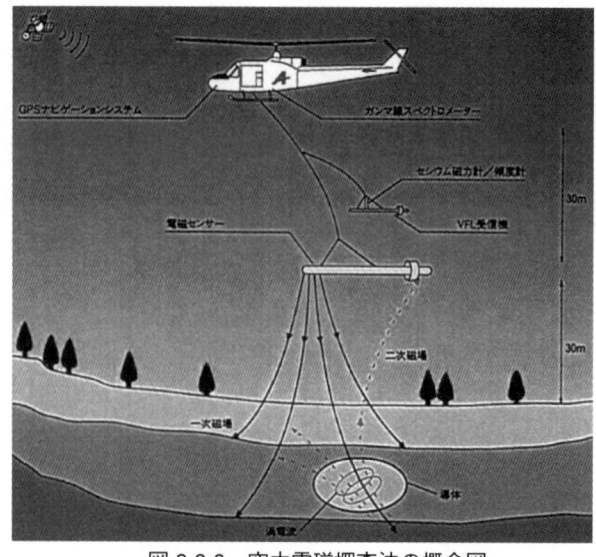

図2-2-9　空中電磁探査法の概念図

諸　　　元　(EM31)
構　　　成：送・受信コイル一体構造
コイル間隔：3.66m
駆動周波数：9.8KHz
重　　　量：12.4kg
電　　　源：12V
計　測　点：計測装置中央
探査深度：0～6m程度

図 2-2-10　簡便な電磁探査技術

　図 2-2-11 は地下レーダーと呼ばれる手法で、やはり異常比抵抗部からの電磁反射波を受信して、その解析結果から、廃棄物の有無を判断する場合などに利用されている。
　地中レーダ探査は、送信アンテナ部から地中に発射した電磁波が地中で反射して受信アンテナで捉えられるまでの伝播時間を計測して、地盤構造や埋設物の位置や形状を画像化する探査法で、画像処理した断面に現れるパターンから埋設物や地下構造を推定する。
　測定は、アンテナ一体型の測定器を牽引しながら行う。測定は、地下の画像をブラウン管で確認しながら行い、画像は各グループ毎にまとめてビデオプリンタで再生する。また、

図 2-2-11　地中レーダ

ボーリングバー、ハンドボーリングを併用して廃棄物の確認をしながら、分布を探査することが行なわれている。探査深度は5m程度である。

5．表層ガス調査
（1）調査手順
　埋立物の調査は、まず、埋立地内の埋立物層の掘削に先立って作業の安全性確認を主目的とした表層ガス調査を行い、必要によって、埋立物層と自然地盤（地山層）との境界を明らかにするための物理探査を行う。そして、埋立物の採取目的に応じて選定したボーリング、ベノト、バックホウ等の掘削方法により、埋立地内の埋立物層を掘削し、試料を採取して分析する一方で、埋立地内に観測井を設置して保有水質や発生ガスのモニタリングを行うことが望ましい。
（2）表層ガス調査
　表層ガス調査は、埋立地内でボーリング等の掘削作業を行うことで、地中部からの有毒ガスや爆発性のガスが発生する可能性を事前に確認するための調査である。調査方法は表2-2-7および図2-2-12に示すように掘削地点ごとに、地表下約0.8mまでボーリングバーによって

削孔し、孔内のガス濃度をガス検知管およびポータブルガス検知器を用いて現地で測定する。

表 2-2-7 表層ガス測定項目 [11]

項　　目	測定方法
アンモニア（NH_3）	検知管
酸素（O_2）、メタン（CH_4）、硫化水素（H_2S）	ポータブルガス検知器

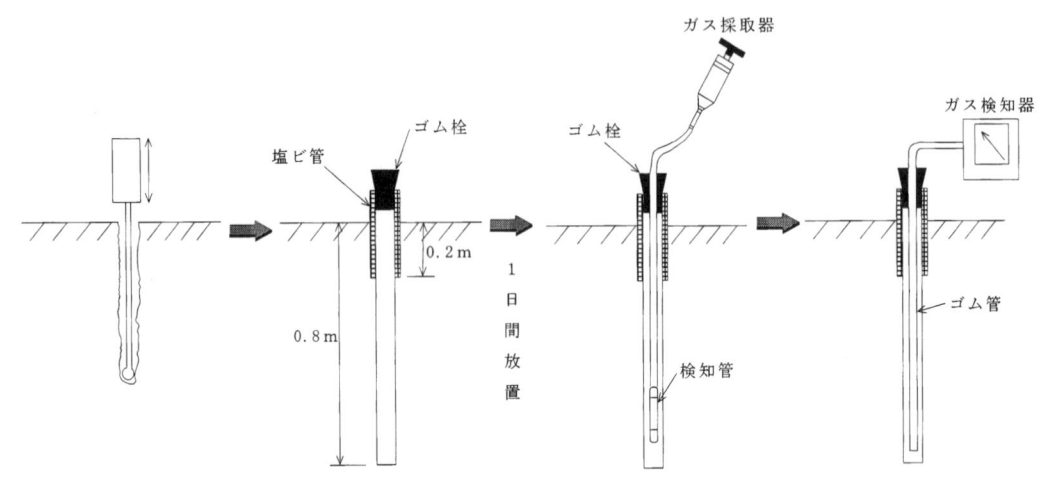

図 2-2-12 ボーリングバーによる削孔状況図

6. ボーリング調査のあり方

(1) ボーリング調査の位置付け

埋立地の地盤調査の流れを図2-2-13に示す。適切なボーリング調査を実施することで掘り起こしに際して有用な情報を得ることができる。

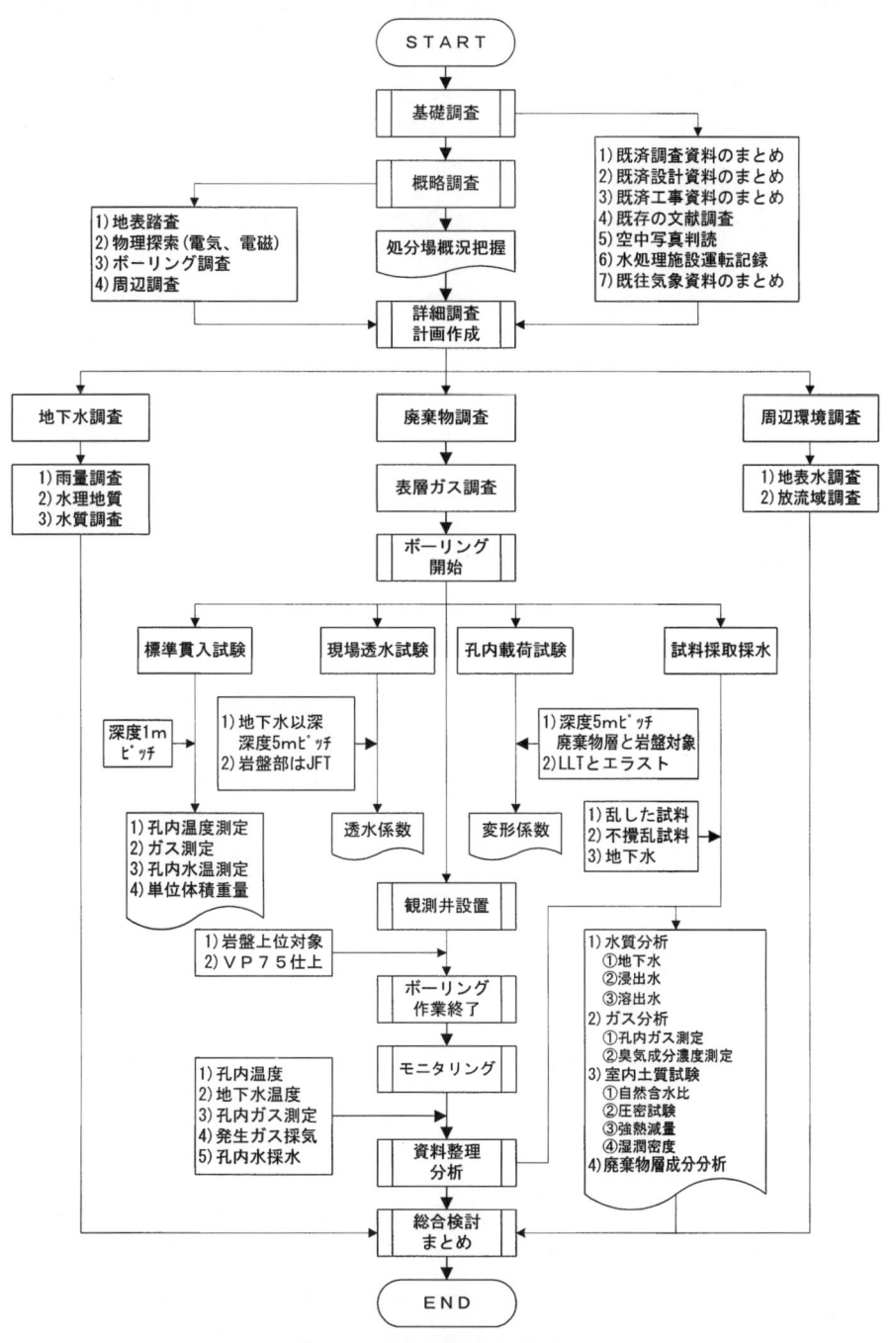

図 2-2-13　調査全体のフロー

（2）ボーリング概略調査

ボーリング概略調査の位置付けは、ボーリングによって得られたサンプルを検討して、埋立物を代表する物性値を判断するとともに、前記の物理探査を補完して、処分場全域での埋立物の状況を確認する役割を果たす。概略調査段階で効果的なボーリング調査結果を得るためには、机上で埋立地履歴を確認して、処分場の埋立物を代表すると想定される場所でサンプリングすることが必要となる。

（3）ボーリング詳細調査

ボーリング詳細調査は、埋立地内の埋立物の種類と分布状況を把握し、その埋立物の物理的・化学的性状および埋立物層からの浸出水の水質等について明らかにするために行う。また、埋立地の詳細な調査を行うためには、概略調査で得られた情報を基に、効果的な調査計画を立案して調査位置を決定する。

基本的には、ボーリング調査は前段の机上調査および現地の地表踏査が終了し、現地の現況が把握できた段階で行うことが経済的であり合理的で望ましい。埋立物調査では、廃棄物中の土砂や間隙流体あるいは埋立物の化学分析を行うために廃棄物の採取が必要である。そのためのボーリングやサンプリングは、埋立物の状態や化学的性質の変化を最小限にするよう十分に配慮して実施する。

1）ボーリング調査地点の選定

埋立物の調査地点は埋立物の内容、種別を把握しやすく、かつ地下水を確認しやすいことを考慮して決定する。

2）ボーリング調査深度の決定

詳細調査では、後の再生工事の際に基本となる埋立物の状況および基盤とのコンタクトの状況も把握する必要がある。よって、ボーリング掘削深度は、事前の資料や物理探査による基盤面をうのみにすることなく、基盤面より約1～2m程度の余裕を見た深度が妥当な深さであると考える。また、後のモニタリングを考慮し、浸出水水位から適度な深さ（5m程度）を確保することが望ましい。

（4）掘削方法について

ボーリング調査は埋立物全体の状況を把握するために行うものである。このため、1mごとに標準貫入試験を行いながら孔内試験が実施できる孔径（ϕ86mm）でコアを採取する。

また、ボーリング掘削中の採水・孔内水位測定・ガス濃度および孔内温度は、最初に地下水を確認した時点および毎朝作業直前に測定し記録する。

（5）試料採取・保管・整理方法

以上のように採取したコア試料は、ビニールチューブ内に保管した状況でシールを行いコア箱に整理する。ビニールチューブの外から観察可能な範囲で資料を観察し、柱状図等を作成する。

各種分析に資するために、ボーリングコアや孔内水、孔内発生ガスを採取する。採取した試料と分析内容は表2-2-8のとおりである。

表 2-2-8　採取試料と分析内容

採取対象	採取場所	分析内容	備　考
廃棄物	コア	物理試験、組成分析、溶出試験	乱した試料
	GSサンプラー	物理試験、強熱減量、圧密試験	乱さない試料
水	岩盤中	水質分析	地下水注)
モニタリング	孔内水	水質分析	廃棄物層内
	浸出水	水質分析	下水流入前
	発生ガス	ガス分析	孔内発生

注）採取可能な場合

（6）ボーリング調査試験

1）標準貫入試験

標準貫入試験は、地盤の相対密度や硬軟を把握するため、原則として深度1mピッチに実施する。また、標準貫入試験時に得られた試料にて単位体積重量を測定する。さらに、標準貫入試験実施前にはガス検知器によるガス測定、孔内温度測定、孔内水温度測定を行う。

2）現場透水試験（JGS 1314、JGS 1321）

地盤中の透水性を把握するために、ボーリング孔を利用した現場透水試験を実施する。実施は地下水位以深とし、5mに1回実施することとするが、廃棄物層内はケーシング法（JGS 1314）、岩盤層内はJFT（湧水圧による岩盤の透水試験：JGS 1321）に準じて行う。

3）孔内試験

地盤の変形係数を把握するために、廃棄物層で1回、岩盤中で1回孔内水平載荷試験を実施する。なお、廃棄物層内では低圧式（LLT）、岩盤層内では高圧式（エラスト）にて実施する。

4）現地での簡易水質測定

所定の保存処理をして室内に搬入した試料については、上記の試験を行うが、必要に応じて、現地で浸出水を採取して、表2-2-9に示す項目について簡易水質測定を行う。

表 2-2-9　現地簡易水質分析項目

項　目	分析、測定方法
水温	棒状温度計
pH	ポータブルpH計
電気伝導率	ポータブルEC計
油膜	目視

5）その他原位置試験

その他ボーリング孔を利用して測定する原位置試験は次のとおりである。

① 放射能(RI)検層：RI検層を行い埋立地内の密度を測定する。
② 電気検層　　　：ボーリング孔内に測定器を降ろし、比抵抗分布を測定して地中内から埋立地の構造を把握する。

7．テストピット調査のあり方
（1）テストピットによる調査

　既設処分場等の廃棄物が埋め立てられている地点では、ボーリング掘削で埋立物の採取や埋立ガス試料の採取等を行うことが多い。ボーリング調査では埋立物組成や三成分(可燃分、水分、灰分)分析用の埋立物試料をコアとして採取するが、既設の処分場にはボーリングのコア径より大きな埋立物が埋め立てられている場合が多くあり、このような場合ではボーリング掘削の進行に従って、埋立物が押し下げられ、正確な試料が採取できない。バックホウ等でテストピットを掘削する方法では、埋め立てられている廃棄物をそのまま採取でき、埋立物の埋立状態を直接観察できるため、どのような廃棄物が埋め立てられているかを直接把握することができる。また、掘削したテストピットを用いて埋立状態での埋立物密度の測定、掘削作業時に発生する粉じんやガスの測定もできる。

　テストピットを用いた調査のフローを図2-2-14に示したが、テストピットで以下のような調査を行うことができる。

① 前処理装置選定、無害化処理・資源化処理技術等事前検討のための試料採取
② 埋立深さの調査
③ 埋立廃棄物組成、かさ密度、水分、熱灼減量の分析調査
④ 埋立廃棄物の安定化度調査
⑤ 埋立密度の調査
⑥ 埋立廃棄物層掘削作業時に発生する悪臭、発生ガスの調査
⑦ 埋立廃棄物層掘削作業時の粉じん発生状況調査
⑧ 埋立廃棄物層掘削作業時の騒音・振動調査
⑨ 埋立廃棄物層掘削作業時に発生する汚水調査
⑩ 埋立廃棄物中の有害物質の分析調査
⑪ 埋立廃棄物下部地山の分析調査

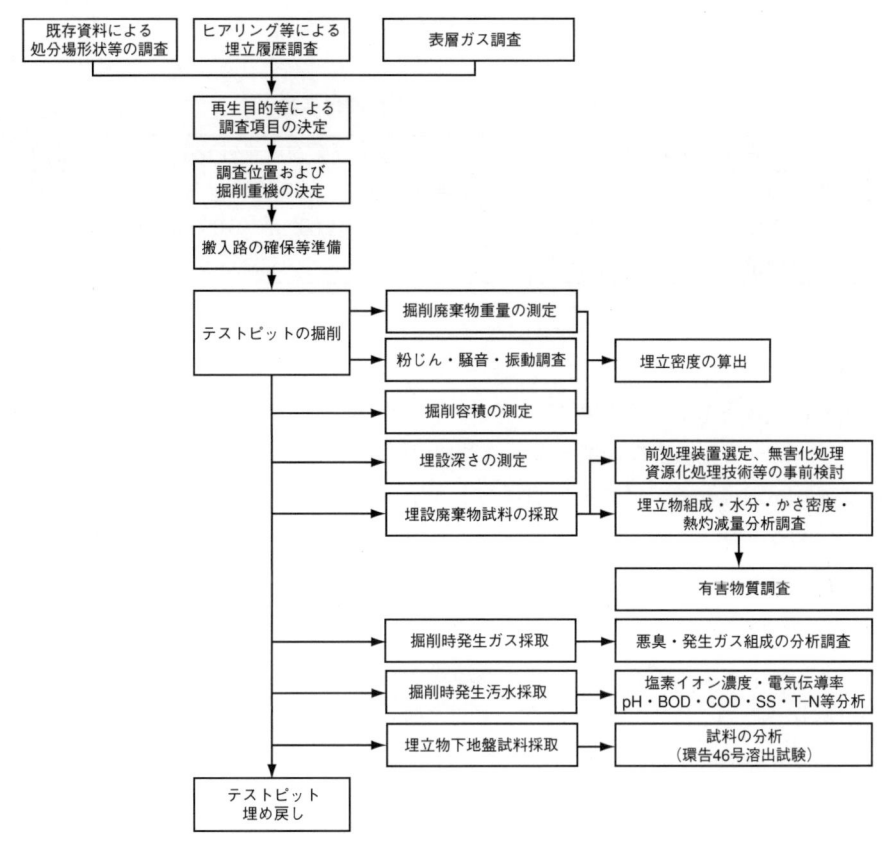

図 2-2-14 テストピット調査のフロー

（2）テストピットの掘削

1）調査点数とテストピットの大きさ

　テストピットによる調査地点の位置と数およびピットの大きさは、再生事業の対象とする処分場の構造や廃棄物の埋立区画、埋立深さ、埋立面積等の埋立履歴調査や地表踏査、表層ガス調査等の結果を勘案し、またボーリング調査等の他の調査地点との関連に十分配慮し、調査内容にあわせた効率的な配置を行う。

　調査地点の選定には埋立物の不均質性を考慮し、区画埋立が行われている場合には各区域ごとに調査地点を配置する。地点数が多いほど埋立地の状況をより正確に反映できると考えられるが、実際には埋め立てられている廃棄物の不均質性を十分に反映させるために必要な点数を決めるのは難しく、調査する処分場の特性に合わせ、規模、形状等を勘案して決定することが望ましい。

　テストピットの調査地点数は表2-2-10に示した埋立ガスの調査地点数を参考にすることができる。また、テストピットの大きさは掘削用重機の型式に合わせた大きさとなる。既設の処分場では破砕せずに大型の粗大ごみをそのまま埋め立てている場合もあり、埋め立て

られている廃棄物の性状により掘削用の重機を選定する。

表 2-2-10　埋立ガスの採取地点数 [12]

一般廃棄物最終処分場	産業廃棄物最終処分場	摘要
埋立面積　3,000m² 未満	埋立面積　1,000m² 未満	1ヵ所以上
埋立面積　3,000m²～10,000m²	埋立面積　1,000m²～5,000m²	2ヵ所以上
埋立面積　10,000m² 以上	埋立面積　5,000m² 以上	4ヵ所以上

2）掘削機械

　一般的にテストピットの掘削にはバックホウが用いられる。表2-2-11にバックホウの型式とバケットの幅および掘削できる深さを示した。

　掘削深さがバックホウの最大掘削深さより深くなる場合には、段下げを行い、バックホウの作業位置を下げ、所定の深さまで埋立物を掘削する。いろいろな廃棄物を埋め立てている処分場では垂直に掘削しても掘削断面が安定している場合が多く、このような処分場では図2-2-15のようなテレスコピッククラムシェルを用いることで、段下げせずに深さ9m程度のテストピットを掘削できる。なお、焼却残さ主体の処分場では、焼却残さが固化している場合があり、このような場合にはブレーカー等の先端アタッチメントをバックホウに付け、固化している焼却灰を破砕しながらテストピットを掘削する。

　遮水シートが敷設されている処分場では遮水シートの深さが図面と異なっている場合があるため、テストピットを掘削する場合には、遮水シートを損傷しないよう十分注意し掘削する。

　一般的に埋立物を掘削した法面は垂直勾配でも安定しているが、降雨等で覆土および埋立物層が湿潤状態の時には不安定となる場合があるため重機の安定性や掘削法面の安定性に注意する。

表 2-2-11　バックホウの型式と仕様 [3]

バックホウ規格			バケット幅 (m)	最大掘削深さ (m)	最大垂直掘削深さ (m)
標準バケット容量 (m³)	機関出力 kW (PS)	機械重量 (t)			
0.28 (0.25)	41 (56)	7.0	0.8	4.1	3.5
0.45 (0.4)	60 (82)	11.8	1.0	5.0	4.5
0.5 (0.45)	64 (87)	12.1	1.0	5.5	4.9
0.8 (0.7)	104 (141)	19.8	1.2	6.6	6.0
1.0 (0.9)	116 (158)	22.1	1.3	6.9	6.0
1.4 (1.2)	164 (223)	30.7	1.4	7.4	6.5

注）標準バケット容量の（　）内は旧基準
　　バックホウ規格は「建設機械等損料算定表　平成14年度版」、バケット幅等はメーカー仕様

図 2-2-15　テレスコピッククラムシェルによるテストピットの掘削

(3) テストピットによる調査内容

1) 埋立密度の調査

　一般的に埋め立てられている廃棄物を掘り起こすとその容積は約1.2～2倍に増加する。この容積の増加量は埋立物の組成の違いによって異なる。したがって、掘り起こした埋立物の容積から埋め立てられた状態での埋立物容積を推定することはできない。そこで埋め立てられている状態での密度を測定する必要がある。

　テストピットによる埋立密度の測定では、テストピットを掘削した際に掘り起こした埋立物の重量W_t(t)とテストピットの容積V_0(m^3)を測定して、埋立密度を求める。

　表層に覆土がある場合は覆土部と埋立物部に分けて埋立密度を調査する。また、埋立密度は埋立物層の深度により異なる場合が多く、2～3m毎を目安として深さごとの密度を調査する。

　掘り起こした埋立物の重量は、埋立物をフレコンバック等に詰め、ロードセルで測定するか、近くに清掃センター等のトラックスケールがある場合にはダンプトラックに掘り起こした埋立物を積み込み、トラックスケールで埋立物重量W_t(t)を計測する。

　テストピットの掘削面にはいろいろな形状の廃プラスチック、木くず、金属類等が現れており、

図 2-2-16　レーザ式容積測定装置の説明図

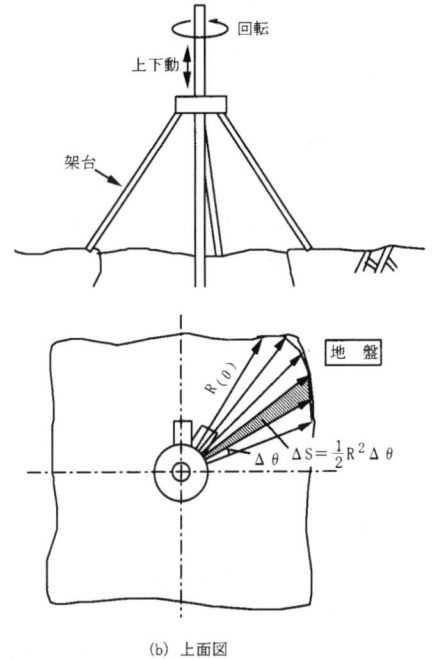

正確な容積を測定することが難しい。ここではテストピットの容積測定用として考案したレーザ容積測定装置を用いる。

レーザ容積測定装置は図2-2-16に示すように上下動可能な回転軸の下端にレーザ変位計を取り付けた装置で構成されている。このレーザ変位計でテストピットの側面までの距離を測定し、テストピットの断面積を求め、この断面積測定を一定深さごとに繰り返すことでテストピットの容積を求める装置である。

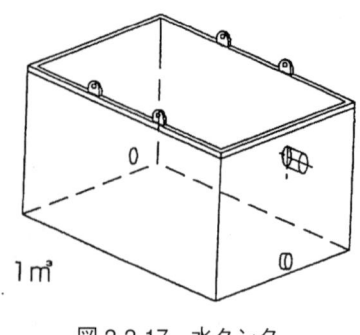

図2-2-17　水タンク

2）掘り起こし後の埋立物密度の調査

掘り起こした後の埋立物の容積は図2-2-17のような1m^3もしくは1.5m^3の水タンクを利用し、この中に埋立物を入れ、埋立物重量と容積を測定し、掘り起こし後の見かけ密度を求める。

3）埋立深さの調査

既設処分場の再生を計画する場合、埋立物の埋立深さと掘り起こして処理する埋立物の量を事前に把握しておく必要がある。

遮水シートが敷設されている処分場では、テストピットは遮水シートを破損しない深さとしなければならず、掘削作業で掘り起こす深さはこのテストピットの深さと遮水シートの図面上の深さを勘案し、埋立深さを決めることとなる。

遮水シートを敷設していない処分場では埋立物下の地山が現れるまで掘削し、地山上までを埋立物の埋立深さとする。埋立物下の地山に埋立物層からの汚染が広がっている可能性があるため、汚染の拡散状況を調査し、地山の汚染部も含めて施工計画時の掘り起こし深さとする。

4）埋立物の調査

埋立物の安定化度を把握するとともに、掘り起こした埋立物の処理・処分条件を把握するために埋立物の調査を行う。

覆土がある場合には、覆土を採取し、「土壌汚染対策法施行規則」（平成14年12月26日環境省令第29号）第五条に定められた土壌溶出量および土壌含有量の調査を行い、土壌として汚染されていないことを確認する。

埋立物の調査の深度は埋立密度の調査と同様に2～3mごとを目安とし、テストピットの掘削深さおよび埋立物の埋立状況を考慮し、事前に埋立物試料の採取深度を決める。

　　a．埋立物組成の調査

可燃ごみの場合は通常6成分分析が廃棄物の組成分析として行われるが、埋立物の場合、ガラスや金属類なども区分する必要がある。したがって、表2-2-12および表2-2-13に示すような8成分組成分析が望ましい。また、必要に応じ各組成ごとの湿潤重量および乾燥重量を求め、乾燥重量ベースだけでなく湿潤重量ベースの組成割合を求める。

表 2-2-12　埋立物の組成分析方法一覧表 [1]

試験名称	内　　容		適用方法（基準）
組成分析 （8組成）	廃棄物の種類 の組成分析	表 2-2-13	厚生省告示（昭和52年11月4日環整第95号）「一般廃棄物処理事業に対する指導に伴う留意事項について」
組成分析 （3成分）			同上の別紙2に掲げる方法：ごみ質の分析方法 [1]
			同上の別紙4に掲げる方法：一般廃棄物処理施設精密機能検査要領 [1]

表 2-2-13　埋立物の組成分析法（8組成・3成分）[14]

8組成	可燃物	①紙、布類
		②合成樹脂、ゴム、皮革類
		③木、竹、藁類
		④厨芥類（腐食しやすい有機物）
	不燃物	⑤金属類
		⑥ガラス類
		⑦コンクリート（玉石）、アスファルト類
		⑧雑物類（目開き約5mmの篩を通過したもの）
3成分		水　分 灰　分 可燃分

b．三成分の調査

　埋立物の水分、熱灼減量を分析し、埋立廃棄物中の水分、可燃分、灰分の割合を把握する。

　熱灼減量は粉砕後、乾燥した埋立物試料（5～6g）を電気炉で800℃で2時間強熱し、放冷後、秤量して燃焼後重量を求め、埋立物組成別および埋立物全体の熱灼減量を求める。

c．有害物質の調査

　掘り起こした埋立物を選別し、得られた土砂類の利用・処理・処分を計画するための検討条件を取得するために有害物の調査を行う。

　有害物質の調査は埋立物組成調査で仕分けした雑物類について、「土壌汚染対策法施行規則」（平成14年12月26日環境省令第29号）第五条に定められた土壌溶出量・含有量の調査および「ダイオキシン類対策特別措置法（平成11年法律第105号）」に基づいてダイオキシン類の分析調査を行う。

5）掘削時発生ガスの調査

　埋立物層を掘削すると埋立物中に溜まっていたメタンガス、硫化水素ガスやアンモニアガス等のガスが放出したり、埋立物中の有機物の分解が促進され新たに爆発性や悪臭の元となるガスが発生する恐れがある。したがって、埋め立てられている廃棄物を掘削する場合は、

事前に発生するガスの状況を把握し、必要があれば対策を検討し、周辺住民からの悪臭に対する苦情や掘削作業中に火災等の事故が起きないよう配慮する。

ガス濃度の調査項目は、埋立物の組成や安定化の程度で発生ガスの組成が異なるため、予備調査等を行い、その結果を元に決定する。

6）掘削時の発生汚水の調査

テストピットの掘削時に浸出水がしみ出て来た場合は、しみ出る状況を観察するとともに、深さを計測し、この浸出水を採取して水質を調査する。浸出水の水質調査では電気伝導率、塩素イオン濃度、pH、BOD、COD、SS、T-N等を分析調査する。

浸出水量が多い場合には施工に際し、事前に浸出水の水位を下げる等の計画が必要となる。

7）掘削作業時の粉じん・騒音・振動の調査

テストピットの掘削作業時に発生する粉じん、ガス状物質および微細粒子のダイオキシン類濃度は「廃棄物焼却施設内作業におけるダイオキシン類ばく露防止対策要綱」（平成13年4月25日基発第401号）を基づき測定する。

掘削時の重機による騒音および振動の測定は国および地方自治体により定められている「騒音規制法」および「振動規制法」に準じて測定する。

8．その他調査

（1）雨量調査

埋立地への水の供給源となる降水の状況を把握するため、処分場内に雨量計を設置し、降水量を測定する。

（2）観測井設置・調査

ボーリング孔は原則としてモニタリング孔として利用するため、掘進作業終了後は観測井戸仕上げとする。

1）観測井戸での測定項目
① 孔内および地下水温度測定
② 孔内ガス測定
③ 孔内発生ガス採気
④ 孔内水採水

上記のモニタリングを実施する。

2）観測井戸の仕様
① 塩ビ管VPϕ75（外径ϕ90mm）以上
② ストレーナ区間：廃棄物層内

また、観測井戸の表面は、降雨による雨水が浸透しないようにコンクリートで覆う。一方、処分場の地下水量に直接関与する降水量の測定も行う。図2-2-18に観測井の参考図を示す。

（3）水理地質・水質調査

モニタリング内容は、孔内温度、地下水温度、孔内ガス測定の３つの測定と、浸出水、孔内水採水および孔内発生ガス採気の３つの採取である。

孔内ガス測定については、ガス検知器を用いる。孔内水の採水は小口径ポンプ（モニタリング専用ポンプ）を用いる。孔内発生ガスの採気は、手動の吸引機を用いて、テドラーバックに採取する。

ボーリング孔内水と浸出水の水質分析については、「排水基準を定める総理府令」に示される項目について水質試験を行う。また、採水と同時に、現地で水位、水温、電気伝導率（EC）、酸化還元電位（Eh）、pHを測定する。

モニタリング期間は、観測井戸設置から再生工事期間とするが、異常値が確認された場合は継続観測することとする。

（4）周辺環境調査

埋立地の埋立物による周辺環境に及ぼす影響を把握するため、地表水調査や放流水調査を行う。

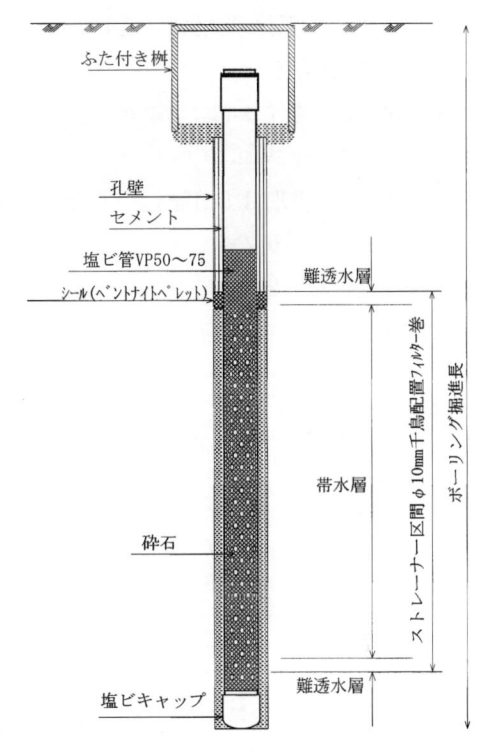

図 2-2-18　観測井概要図 [10]

1）地表水調査

地表水調査は、埋立地浸出水による地表水および井戸水の水質への影響を把握するために行う。

2）放流水調査

処分場周辺の公共水域での水質汚濁への影響を把握するため、下流域での水質調査を行う。

9．処分場調査の留意事項

処分場を調査する場合に配慮すべき事項は次のとおりである。

（1）遮水設備の破損防止

既設埋立地内部に調査孔等を設置する場合、遮水工を破損しないように留意する必要がある。

（2）既存情報の取扱い

① 処分場の図面に頼って、遮水工の直上まで掘削する計画は危険である。
② 図面は実際の形と異なる場合があるため、既存情報をうのみにすべきでない。
③ 法面や小段等の埋立形状の変化に気がつきにくい。
④ 基底部深度より浅く、余裕を持って掘り止めにするのが望ましい。

⑤　埋立地の周縁の掘削では地下埋設物に注意する。
（3）埋立物の採取
　　①　化学分析をする際はコアがビニール包装のまま収納できるコアパックが一般的に使用されている。
　　②　サンプル採取は大口径（φ116mm以上）ボーリングが望ましい。
　　③　金属物、プラスチック類、ビニール、コンクリート塊などが混在する埋立地では、サンプラー先端のビットが空回りする場合が多く、プラネットサンプラー（埋立物を押さえつけながら、ビットの回転によってコア状に切り取る）とする。

【参考文献】
1）廃棄物処理施設整備研究会監修：「廃棄物処理施設整備実務必携　平成14年度」、（社）全国都市清掃会議
2）「一般廃棄物の最終処分場及び産業廃棄物の最終処分場に係る技術上の基準を定める命令の一部改正について」、平成10年7月16日、環水企第300号・生衛発第1148号
3）「一般廃棄物の最終処分場及び産業廃棄物の最終処分場に係る技術上の基準を定める命令の運用に伴う留意事項について」、平成10年7月16日、環水企第301号・衛環発第63号
4）「一般廃棄物行政主管課長会議説明資料」、平成16年2月、環境省大臣官房廃棄物・リサイクル対策部
5）「不適正最終処分場の改善方策に関する技術資料（財）廃棄物研究財団について」、平成10年11月27日、衛環発第95号
6）埋立地再生総合技術研究会：「埋立地再生総合技術に係る研究　平成14年度報告書」、（財）日本環境衛生センター
7）「不適正処分場の再生・閉鎖における構造物の改修法　平成13年12月」、NPO最終処分場技術システム研究協会
8）「地下探査技術の処分場調査への適用性調査検討報告書　平成15年」、（独）国立環境研究所
9）「不法投棄等における環境リスク低減化に関する研究　平成12～14年度」、（財）廃棄物研究財団
10）「廃棄物最終処分場整備の計画・設計要領」、平成13年10月、（社）全国都市清掃会議
11）「廃棄物最終処分場廃止基準の調査評価方法」、平成14年3月、廃棄物学会・廃棄物埋立処理処分研究部会
12）「廃棄物処理施設技術管理者講習会テキスト（最終処分場管理過程）」、（財）日本環境衛生センター
13）「土壌・地下水汚染に係る調査対策指針及び運用基準」、公害研究対策センター
14）「現地調査実施要領書（案）　平成13年2月」、（財）産業廃棄物処理事業振興財団
15）「廃棄物最終処分場安定化監視マニュアル　平成元年11月」、環境省水質保全局企画課海洋汚染・廃棄物対策室
16）「物理探査適用の手引き」、平成12年、物理探査学会
17）「LANDFILL RECLAMATION」、EPA530-F-97-001, JULY, 1997
18）「LANDFILL RECLAMATION BY EXCAVATION, SCREENING AND SEPARATION」、The Henderson, Paddon Group Engineers and Scientists

第3章　掘り起こし廃棄物の資源化・無害化技術編

第1節　資源化・無害化技術の基本構成

　埋立中あるいは埋立終了後に埋立物を掘り起こして処理する場合、次のような工程を必要とする。

掘削・堀り起こし　→　選別等の前処理　→　資源化・無害化処理

　資源化・無害化のどの技術を適用するかで前処理の方法、あるいは掘削・掘り起こしの方法も異なってくる。
　参考にいくつかの組み合わせ例を以下に示す。

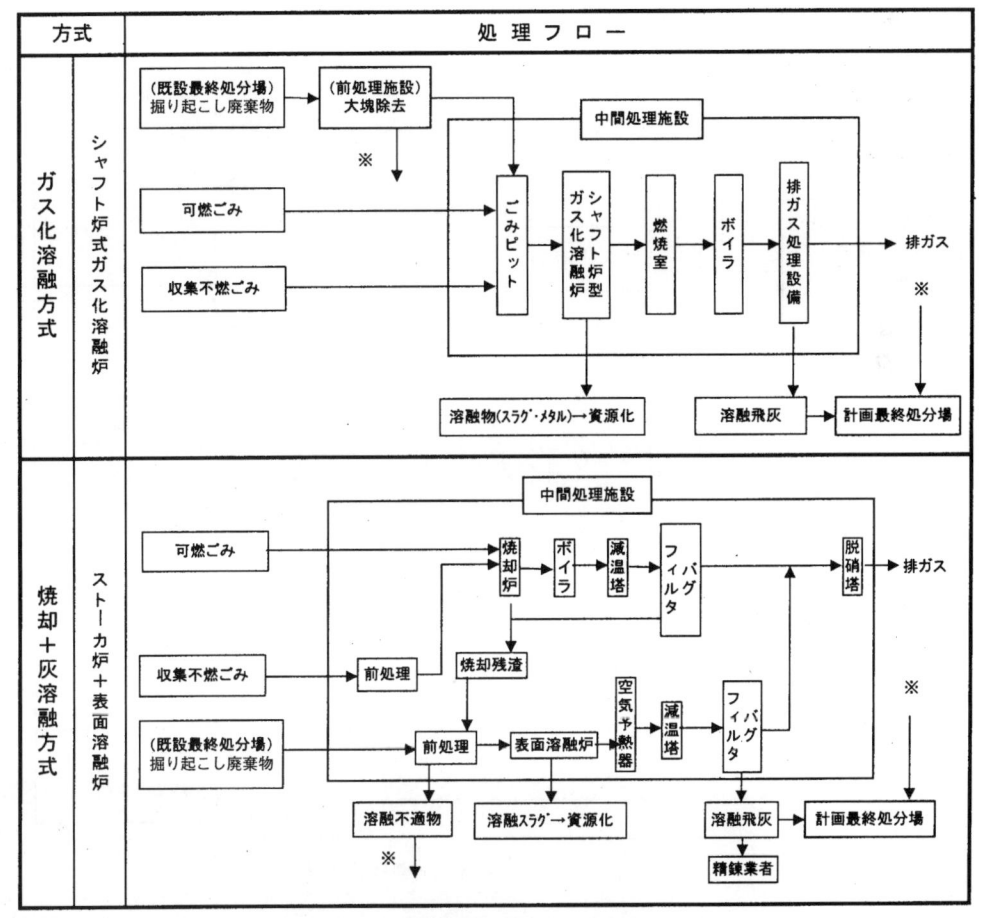

図 3-1-1　各種資源化無害化処理フロー

ここでは、埋立地の再生に必要な技術をこの3工程に分けて紹介する。なかでも、2003年度から補助対象となった埋立物の再生資源化処理施設について紹介する。

資源化・無害化処理の種類について図3-1-2に体系的に示す。分類では、RDF・炭化技術、コンポスト技術、油化技術を紹介しているが、実際の混合埋立物にこれらの技術を適用するのはかなり難しい、埋立物が焼却残さのみ、プラスチック類のみというように分別埋立がされていれば可能性もあるが、どの技術の場合も前選別で必要な純度まで選別することは難しく、処理効率が低下したり、資源化物の品質低下につながる可能性が高く、あまり実用的ではない。唯一、焼却残さのみの埋立地では前処理後セメント原料化の可能性がある。

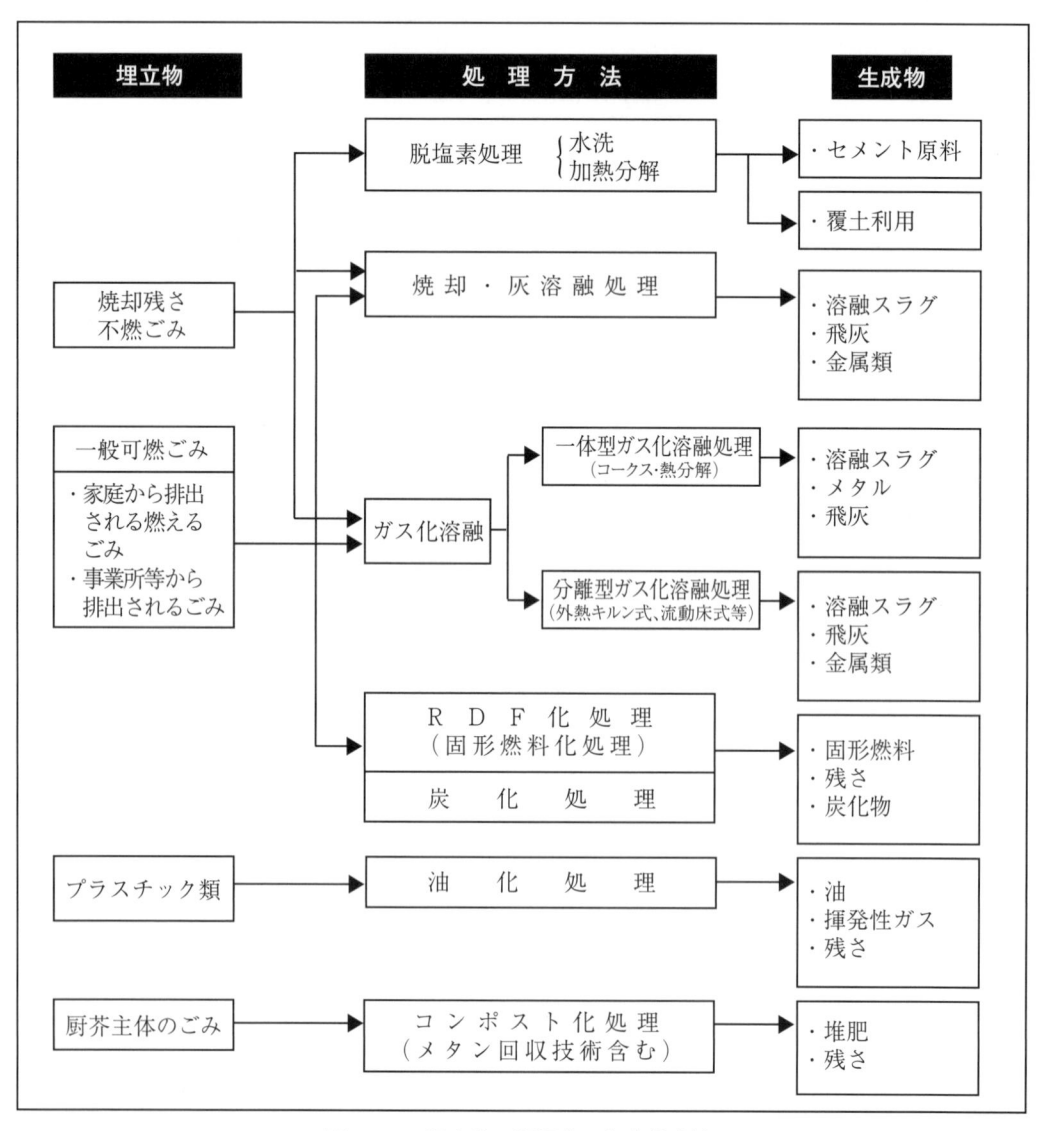

図 3-1-2　埋立物の資源化・無害化方法

自治体で施設整備する場合は、溶融施設が主体になると考えられ、国の補助制度も溶融スラグ化して資源化することを主に想定していると考えられる。

実際に処分する埋立物の性状を見ると、混合埋立地の場合、表3-1-1および図3-1-3、図3-1-4に示すように軽量分(可燃物主体)20～50％、土砂分(焼却残さ含む)が30～60％といった組成になっており、このままでは通常の焼却炉では対応が難しい。

焼却＋灰溶融の施設では、可燃物と不燃物(焼却残さ、不燃物残さ等)の選別が必要であり、特に不燃物(焼却残さ、不燃物残さ等)中に含まれる可燃性物の量を制限しないと灰溶融炉のガス処理が難しくなる。

このように不燃物と可燃物が半々のような混合廃棄物に対応可能な溶融炉は、ガス化溶融炉か豊島の廃棄物溶融で検討された表面溶融炉やロータリーキルン式溶融炉、コークスベッド式溶融炉などが適用できる。

自治体の一般廃棄物の中間処理体制との整合を考えた場合は、広域灰溶融炉の整備時に表面溶融炉などを採用してその規模に埋立物処分量を見込んで、埋立物の可燃物、不燃物を選別して対応するか、新焼却施設整備時にガス化溶融炉を導入して埋立物を通常の可燃物と一緒に処分する方法が有効である。

処理能力については、増強するか、余裕分だけで処理するかは、埋立物量と処理年数、埋立物の低位発熱量なども関係するので慎重に検討が必要である。

ガス化溶融炉については、シャフト炉方式をはじめとして、キルン方式、流動床炉方式、ガス改質方式とも実機が稼動を始め、その実力が次第に明らかになりつつある。ガス化溶融炉の場合は、一部のコークスなどの外部熱源が投入されるものを除くと、自己熱溶融が可能かどうかがポイントとなる。

表 3-1-1　一般廃棄物最終処分場掘り起こし廃棄物の選別試験結果[1]

サンプリング場所	選別ごみ重量(kg)	含水率(％)	土砂分(重量％)	重量分(重量％)	軽量分(重量％)	備考
A市	2,516	28.5	47.4	12.5	40.1	
B市	504	25.8	37.7	13.5	48.8	灰プラスチック類が多い
C市	1,135	14.3	55.5	21.4	23.1	土砂分が多い
D市	1,680	7.1	37.4	51.4	11.2	缶、ビンが多い
E市	916	19.1	36.4	35.7	27.9	覆土中に石類が多い

機械選別割合（湿潤重量比）

土砂分（37.7%）　重量分（13.5%）　軽量分（48.8%）

[土砂分の円グラフ]
- 厨芥類 0%
- 紙・布類 1%
- 木・竹・わら類 1%
- プラスチック・ゴム・皮革類 8%
- 金属類 2%
- ガラス類 4%
- せともの・石類 21%
- 土砂 63%

[重量分の円グラフ]
- 厨芥類 0%
- 紙・布類 1%
- 木・竹・わら類 1%
- プラスチック・ゴム・皮革類 6%
- 金属類 27%
- ガラス類 1%
- せともの・石類 21%
- 土砂 13%

[軽量分の円グラフ]
- 紙・布類 13%
- 厨芥類 0%
- 木・竹・わら類 4%
- プラスチック・ゴム・皮革類 40%
- 金属類 7%
- ガラス類 1%
- せともの・石類 8%
- 土砂 27%

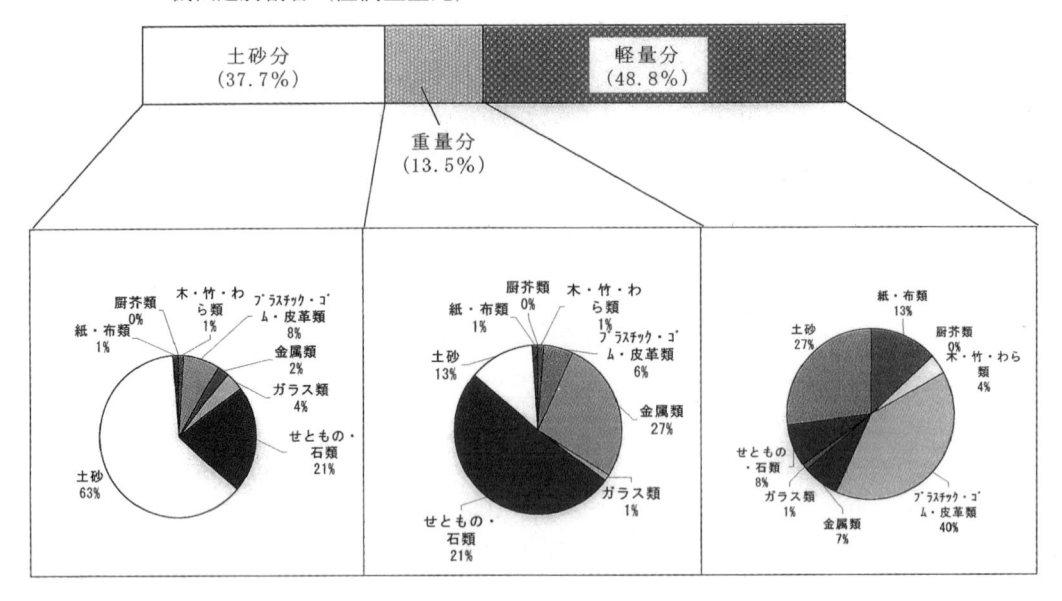

選別後のごみ組成（乾燥重量比）

図 3-1-3　B市処分場掘り起こし廃棄物選別試験結果[1]

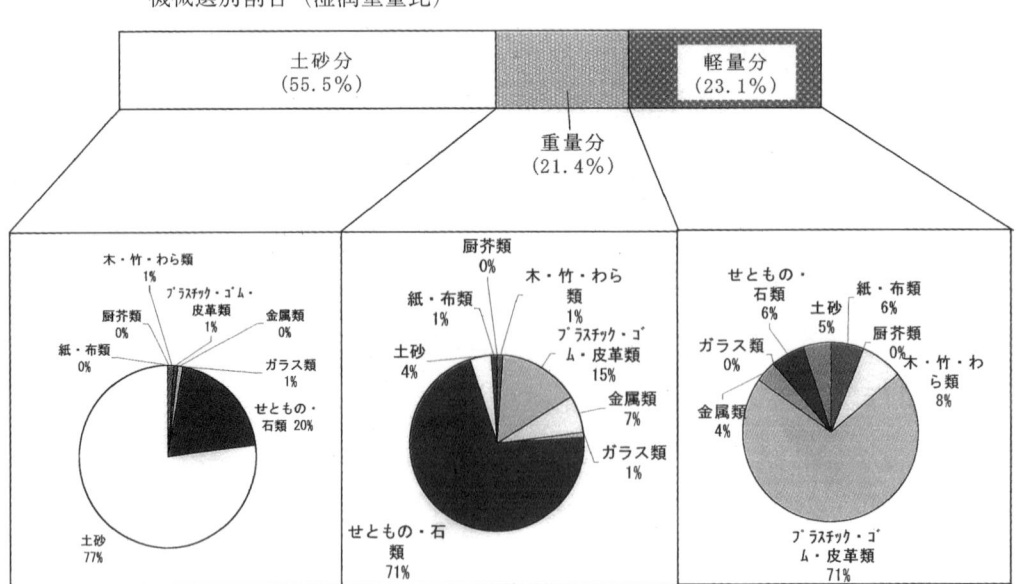

機械選別割合（湿潤重量比）

土砂分（55.5%）　重量分（21.4%）　軽量分（23.1%）

[土砂分の円グラフ]
- 木・竹・わら類 1%
- プラスチック・ゴム・皮革類 1%
- 厨芥類 0%
- 金属類 0%
- 紙・布類 0%
- ガラス類 1%
- せともの・石類 20%
- 土砂 77%

[重量分の円グラフ]
- 厨芥類 0%
- 紙・布類 1%
- 木・竹・わら類 1%
- プラスチック・ゴム・皮革類 15%
- 土砂 4%
- 金属類 7%
- ガラス類 1%
- せともの・石類 71%

[軽量分の円グラフ]
- せともの・石類 6%
- 土砂 5%
- 紙・布類 6%
- 厨芥類 0%
- 木・竹・わら類 8%
- ガラス類 0%
- 金属類 4%
- プラスチック・ゴム・皮革類 71%

選別後のごみ組成（乾燥重量比）

図 3-1-4　C市処分場掘り起こし廃棄物選別試験結果[1]

第2節　掘削技術

1．掘削機械

　掘削作業に通常用いられるのは、油圧ショベル系掘削機である。特にバックホウは通常のバケットによる掘削以外にアタッチメントとして油圧ブレーカーや篩い用のバケット、マグネット、油圧ジャッキ、クラッシャ、鉄筋カッターなど多種のものがある。一台のマシンで掘削―篩い選別―粗破砕―磁力選別も可能であり、粗大ごみ、不燃ごみの埋立物の掘削・粗選別には非常に汎用性が高い。(図3-2-1、図3-2-2参照)

　埋立物の種類によっては通常のバケット掘削が不可能なケースが見受けられる。特に焼却残さ主体の埋立地では未反応石灰の固結によりセメント化し、N値20～30、単位体積質量2.0 t/m^{3}以上を呈する場合があり、軟岩相当の硬さである。この場合、大型ブレーカー、スクリューオーガ等で破砕する必要が生じる。(図3-2-3、3-2-4参照)

図3-2-1　バックホウと大型ブレーカ 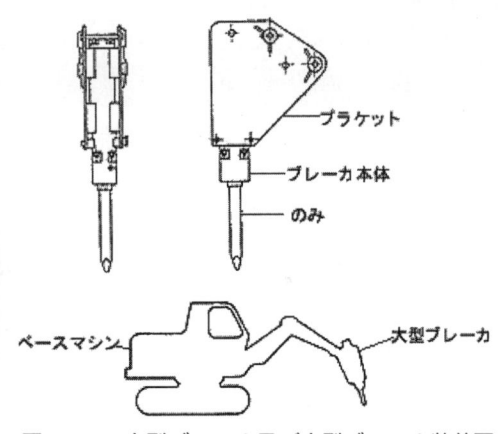　　図3-2-2　大型ブレーカ及び大型ブレーカ装着図

図3-2-3　大型ブレーカによる掘削 　　図3-2-4　スクリューオーガによる掘削

2．法面部の掘削と遮水工の保護について

　法面部に焼却残さが埋められている場合、前述したセメント化により焼却残さと覆土がブロック状に固まっている場合がある。この場合、周辺部を掘削することによりブロック部の自重により落下し、その際の摩擦により法面遮水工を剥離、損壊させる危険性がある。このため法面部については安息勾配で自立するよう切り盛り土工により保護する必要がある。（図3-2-5、図3-2-6参照）

　また不適正処分場の場合は、掘削の前に周辺鉛直遮水工が必要であり、その技術については「4．埋立地適正化対策技術」を参照のこと。

図3-2-5　崩落対策状況（中央部）　　　　図3-2-6　固結部の事例

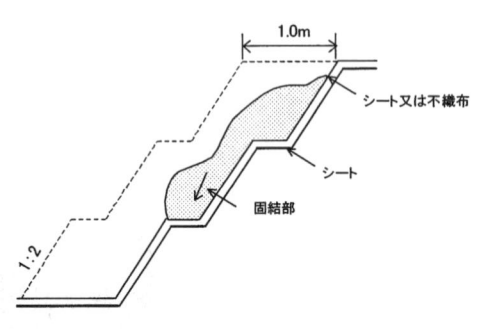

3．掘削作業と安全対策

　埋立地の掘削作業における安全対策面での最大の留意点は、発生ガス対策と廃棄物層の崩壊安定性である。

　発生ガスはどの埋立地でもほとんど生じるので特に注意が必要である。発生ガスは引火爆発性（メタン）と有毒性（硫化水素）が主であるが、酸欠になることも多い。この対策として先行削孔による発生ガス検知と事前処理による掘り起こしの手順と作業安全対策の装備等の計画事例を表3-2-1、3-2-2に示す。

　さらに、こうしたガス発生の原因である嫌気性の状態にある廃棄物を好気性状態に作り変える手段としてバイオプスター工法がある。バイオプスター工法は、パルス状の高圧の空気（酸素）を一定の間隔で地中に送り込み、地中の好気性微生物を活性化させることで、地盤を自然浄化させる技術であり、すでにドイツやオーストリアなどで多くの実績をあげている。（図3-2-7参照）

　また、掘削に伴う廃棄物層の崩壊を防止するため、一回の掘削高を低く設定して、段切カットで行う必要がある。図3-2-8に掘り起こしの手順概念図を示す。

　そのほかに、埋立地の掘り起こしについては、焼却残さ中に含まれるダイオキシン類と発生ガスに含まれる悪臭対策にも留意しておく必要がある。ダイオキシン類については、過去に埋め立てられている焼却残さには3 ng-TEQ/gを超える場合も予測される。したがってこうした

焼却残さが埋め立てられている埋立地では、作業時のダイオキシン類被爆に細心の注意を払う必要がある。埋立物の場合は焼却施設の飛灰のように飛散しないと考えられるが、破砕・乾燥などをすると粉じんが生じるため、ダイオキシン類対策を全く考慮しなくてよいことにはならない。事前に発生ガスと同様にダイオキシン類の調査を埋立物、粉じん中などについて実施し、対策を検討したうえで、作業に着手することが必要である。

粉じん対策は発生したものを散水やミスト噴霧によって抑えるよりも、事前に散水して対象物を湿らせて作業することが非常に効果が高いことが、花嶋らの研究実験によって明らかになっている。ダイオキシン類を高濃度に含む焼却残さを掘り起こす場合や発生ガスの臭気が激しいような場合には、図3-2-9に示すように掘削現場を移動式の被覆屋根で覆って作業するなどの対応も必要と考えられる。

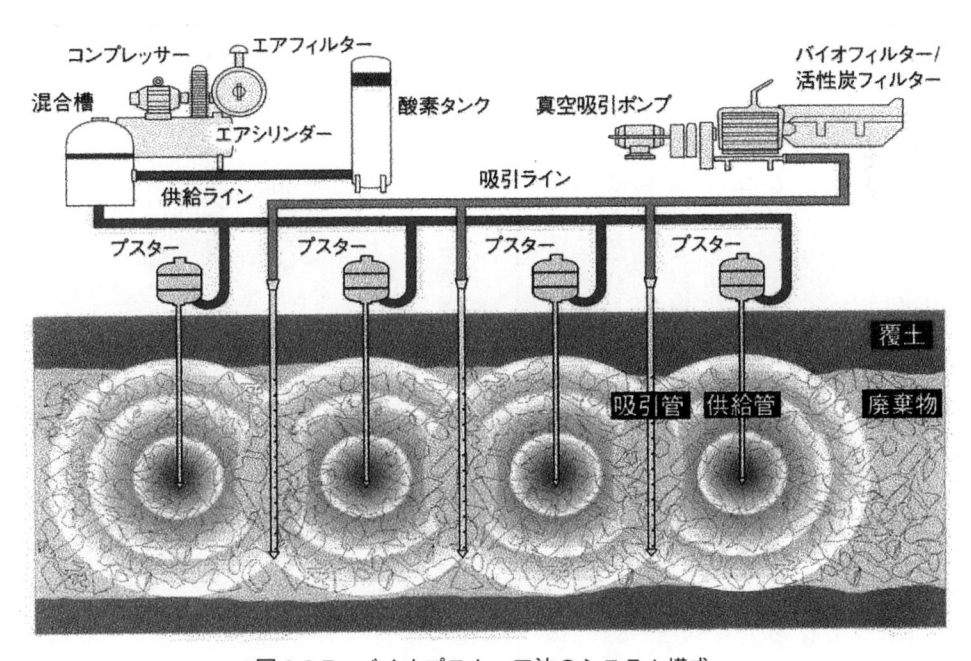

図3-2-7　バイオブスター工法のシステム構成

表 3-2-1　先行削孔掘り起こし案

	作業過程	状　況	主用機材	安全対策 作業者装備（救護レベル）		作業環境レベル
1	先行削孔	アンカードリルを使用し1掘削分の深さ(2.5m)につき ガス抜管を0.5mピッチで挿入する。	先行削孔機（アンカードリル）(参考商品名：アロードリル RPD-30C-B 2重管仕様)ガス抜管(有孔塩ビ管 φ50mm)	作業監督者（救護者）先行削孔機オペレーター先行削孔機ガイド作業者	1 2 2	1
2	掘り起こし前ガス濃度確認	先行削孔にガス検知器を挿入し孔内よりガスが多量に発生せず、掘り起こし可能な状態であるか事前に把握する。	ガス測定器（複合ガス検知器）(参考商品名：GX-111型)	作業監督者（救護者）掘削層内ガス濃度低下確認者	1 2	2
3	掘り起こし	掘削機械（バックホウ0.7m³）を使い1掘削分の深さの掘り起こしを行なう。掘り起こした廃棄物は場内運搬機（キャリアダンプ）10t級にて選別・分級場に移動させる。	掘削機械（バックホウ0.7m³）場内運搬機（キャリアダンプ）10t級	作業監督者（救護者）掘削機械オペレーター場内運搬機オペレーター	1 2 2	1
4	選別・分級	選別・分級機（トロンメル）を使用し、廃棄物を3形状に分級した後、風力および手選別により分別作業を行なう。最終形状は可燃物、不燃物、鉄片となる。	積込機（バックホウ0.7m³）分級・分級機（トロンメル）250m³/日(参考商品：MK-725LL)手選別ライン	移動廃棄物積込機オペレーター分別・分級機管理者廃棄物A、B、C積込機オペレーター廃棄物A、B、C手運別者	3 3 4 4	2
5	移動・処分	選別・分級した廃棄物の可燃物は焼却を行った後管理型処分場に埋め立てる。不燃物については安定型処分場に移動し、鉄片はリサイクル施設に搬送することとする。	搬出車（4tダンプ）	搬出運搬者	5	2

表 3-2-2　掘り起こしを行う上で考慮すべき作業者の装備レベルと作業者の環境レベルの設定

作業者装備レベル
装備レベル1……・ポータブルガス検知警報機 　　　　　　　　　酸素、可燃性ガス、一酸化炭素、硫化水素判定 　　　　　　　　　（参考商品名：ポケッタブルマルチガスモニター） 　　　　　　　・空気呼吸機 　　　　　　　　　8リットルボンベ、使用時間約20～30分 　　　　　　　　　（参考商品名：バイタス空気呼吸器）
装備レベル2……・ポータブルガス検知警報機 　　　　　　　　　酸素、可燃性ガス、一酸化炭素、硫化水素判定 　　　　　　　　　（参考商品名：ポケッタブルマルチガスモニター） 　　　　　　　・避難用空気呼吸機 　　　　　　　　　2リットルボンベ、使用時間約5～10分 　　　　　　　　　（参考商品名：バイタス空気呼吸器）
装備レベル3……・ポータブルガス検知警報機 　　　　　　　　　酸素、可燃性ガス、一酸化炭素、硫化水素判定 　　　　　　　　　（参考商品名：ポケッタブルマルチガスモニター）
装備レベル4……・携帯ガス検知警報機 　　　　　　　　　硫化水素のみ判定 　　　　　　　　　（参考商品名：ミニH2Sレスポンダー）
装備レベル5……・通常作業

作業者環境レベル
環境レベル1……・設置型硫化水素警報機(ブザー、回転灯) 4ポイント 　　　　　　　　　（参考商品名：マルチガス検知警報機RM570A/580） 　　　　　　　・送風機2台
環境レベル2……・通常作業

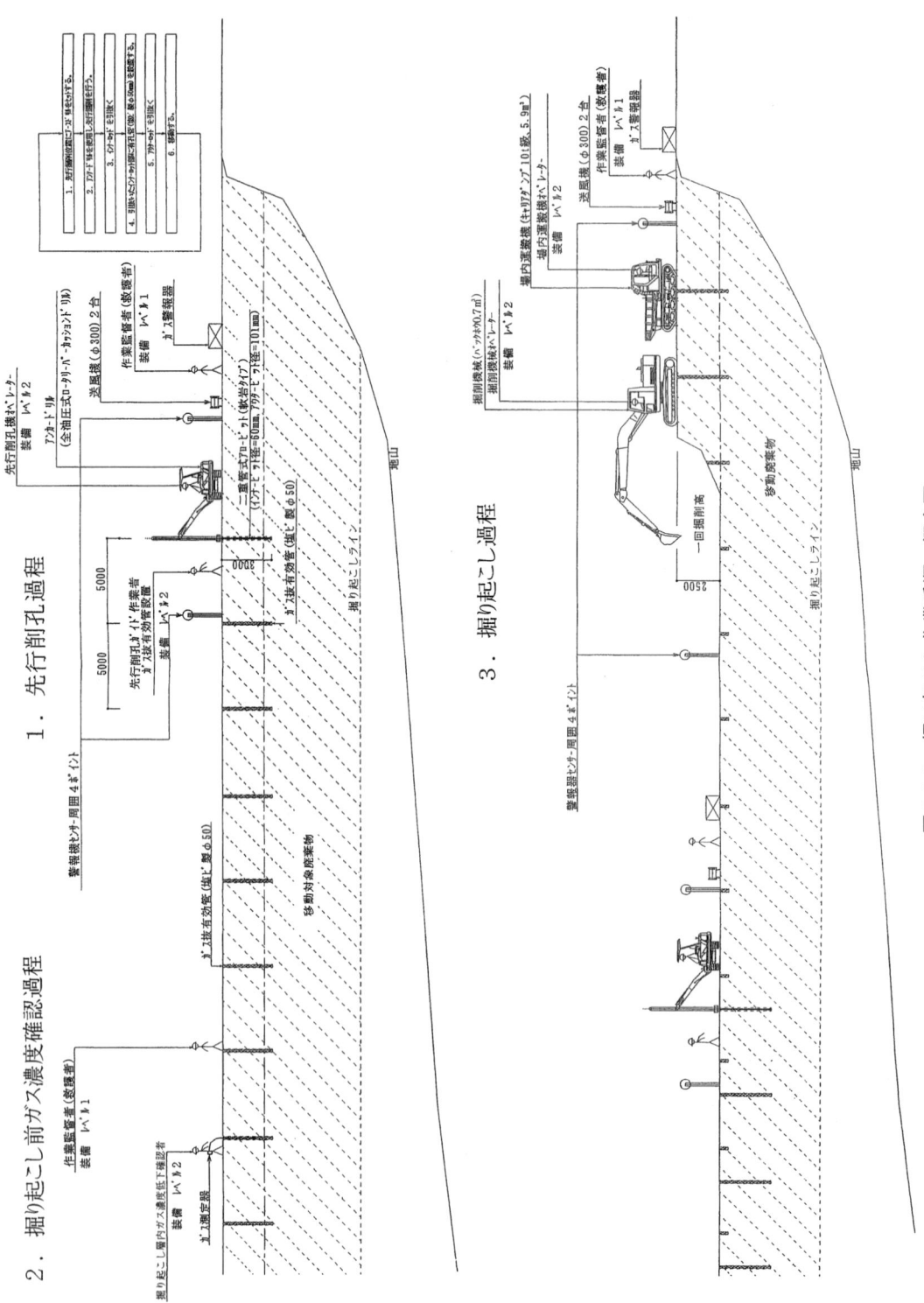

図 3-2-8 掘り起こし作業手順 概念図

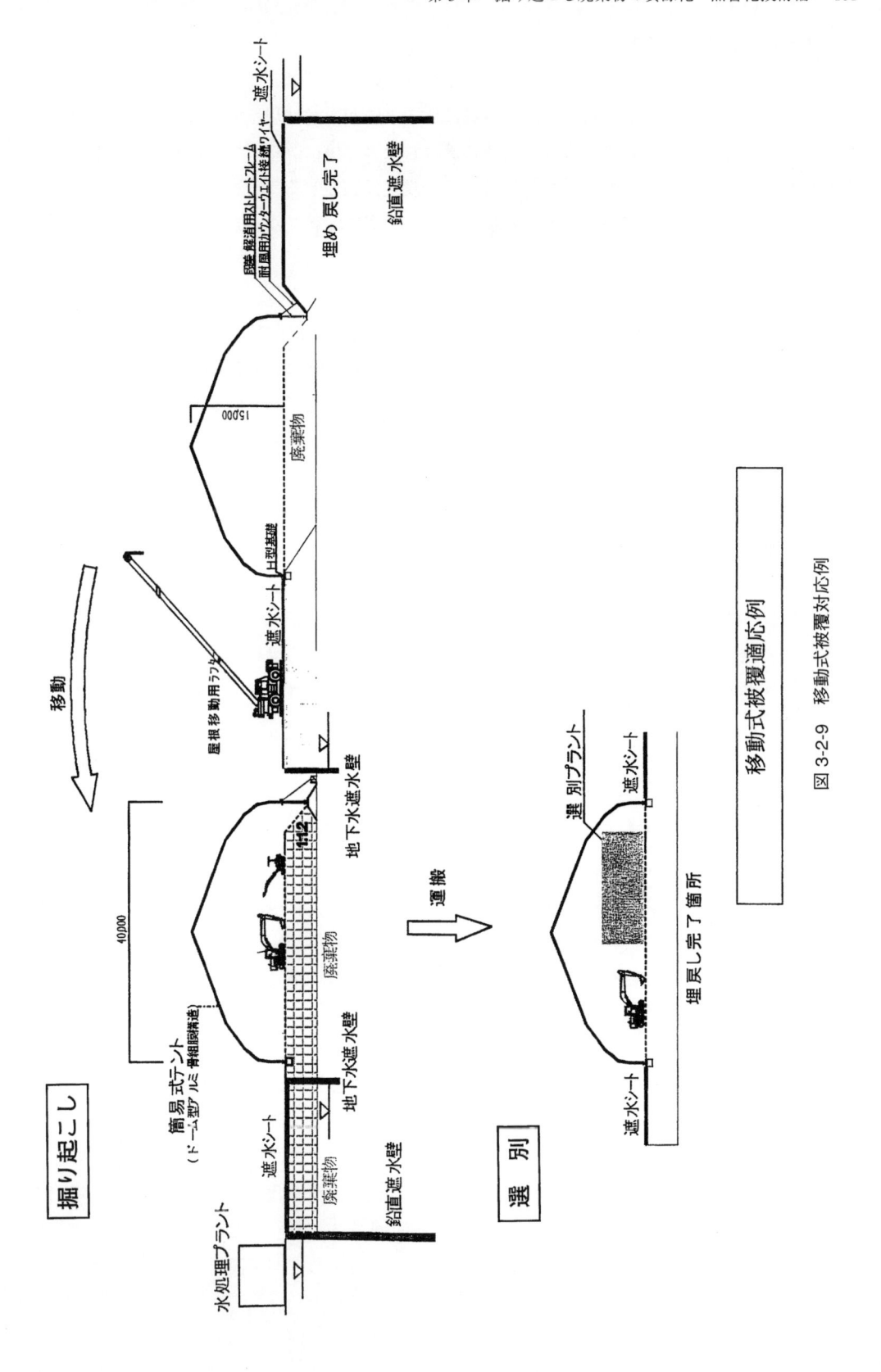

第 3 章 掘り起こし廃棄物の資源化・無害化技術編　101

図 3-2-9　移動式被覆対応例

4．埋立地適正化対策技術

埋立地を再生する場合、法規制以前の不適正処分場については、まず適正化対策を行うことが必要になる。この場合、埋立地下部の地層に不透水層があれば現位置で鉛直遮水工により囲んで浸出水の拡散を防止して、新構造基準に適合した処分場に改造して延命化したり、さらに埋立物を撤去して下部に遮水シートを敷設して新設処分場とすることも可能である。また、不透水層がない場合には、隣接地に新処分場を新設して選別減容しながら移設することが考えられる。

後者の場合も移設する際に浸出水が悪化するおそれがある場合は、事前に既設処分場を鉛直遮水工で囲っておくか、事前にエアレーションなどで浄化しておくことが望ましい。

鉛直遮水工と天然地層の不透水層だけで適正再生化する場合は、新構造基準に適合させるため、しっかりとした不透水層があることを確認することが必要である。また、浸出水集水管など追加整備が難しい構造物についても極力その目的が達成されるよう工夫した配置が必要となる。

NPO最終処分場技術システム研究協会の「不適正処分場の再生・閉鎖における構造物の改修法」研究報告に示される対策工法の分類を図3-2-10に、鉛直遮水工法一覧を表3-2-3、3-2-4に示す。

この中に示される鉛直遮水工法には、埋立地上流側に用いる止水工法も含まれている。鉛直遮水工法の選択の考え方としては、下流側で浸出水を受けとめる場合は構造基準以上の遮水工とし、上流側の地下水の流入を防止する場合は止水工として、構造基準よりも条件を緩和できるとしている。

また全体のシステムとして、埋立地内外の水位差を十分考慮するなど地下水の流れを制御する考え方で用いるべきで、鉛直遮水工内に池のように貯水すべきではないとしている。

さらに材質の選択では、浸出水の水質に対する耐食性に注意が必要としている。鉛直遮水工としては、鋼矢板工法が広く普及しているが、耐食性と遮水性の確保に課題があり、最近はソイルセメント固化壁工法やシート壁工法がよく使われている。代表的工法としてはSMW工法、TDR工法、鉛直シート工法などがあげられる。

埋立地を再生する場合、不適正処分場の場合は、当然現行の構造基準に適合させる必要がある。遮水工と浸出水処理施設については、構造基準に合致させることが可能であるが、浸出水集排水管とガス抜き管については、不十分となる場合があるので十分検討が必要である。天然遮水層については、比較的多くの地域で不透水層の存在が認められているので、慎重に調査をすればかなり高い確率で発見できると考えられる。

次に、隣接に新設処分場を造って短期間に移設する場合はそのまま移設することで問題ないと考えるが、長期にわたって埋立物を徐々に搬出して溶融スラグ化するような場合は、浸出水の拡散防止のため鉛直遮水工によって囲い込み、適正化を先に行うことが望ましい。上流側で地下水の流入が制御できる場合は、掘削範囲に被覆屋根等を設置して浸出水の発生を防ぐことも考えられる。

さらに状況によっては、鉛直遮水工で浸出水の拡散防止をしたうえで、埋立物を移動させ、シート遮水工を設置して、新しい処分場に再生する方法も考えられる。さらに被覆屋根が2003年度から事業費が低減されることを条件に補助対象となったことから、埋立物の掘り起こし作業も含めて被覆屋根付処分場として、再生する方法も今後普及するのではないかと考えられる。

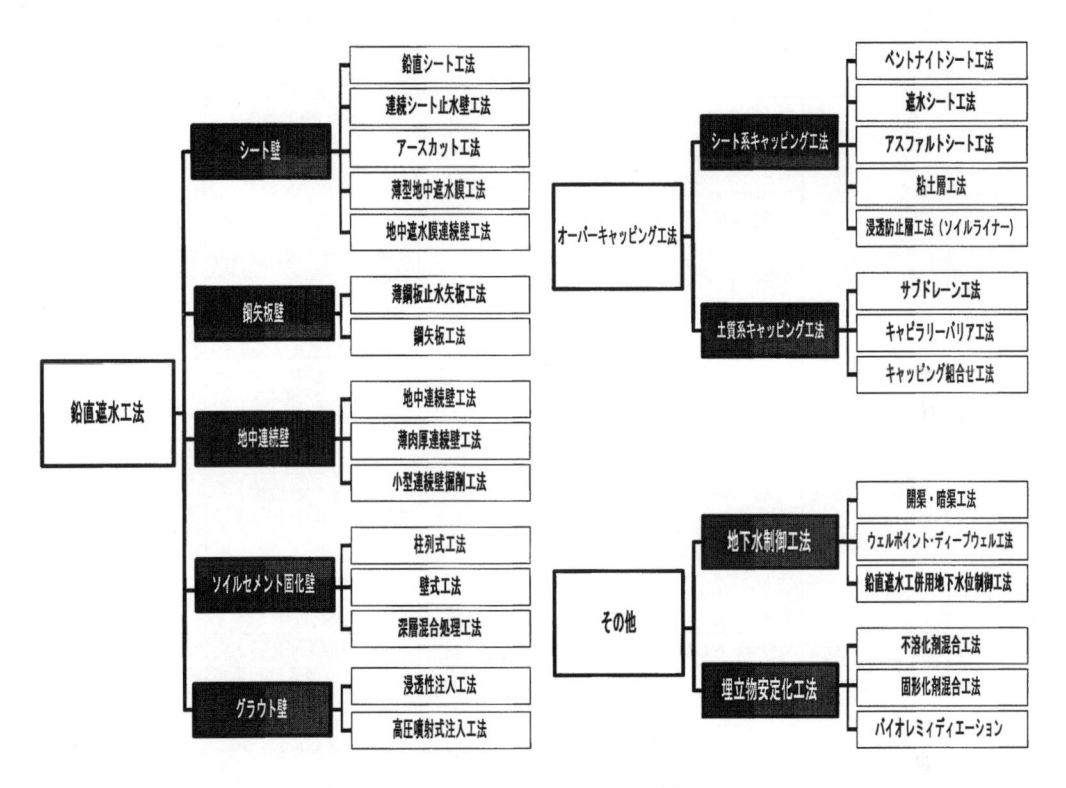

```
鉛直遮水工法
├─ シート壁
│   ├─ 鉛直シート工法
│   ├─ 連続シート止水壁工法
│   ├─ アースカット工法
│   ├─ 薄型地中遮水膜工法
│   └─ 地中遮水膜連続壁工法
├─ 鋼矢板壁
│   ├─ 薄鋼板止水矢板工法
│   └─ 鋼矢板工法
├─ 地中連続壁
│   ├─ 地中連続壁工法
│   ├─ 薄肉厚連続壁工法
│   └─ 小型連続壁掘削工法
├─ ソイルセメント固化壁
│   ├─ 柱列式工法
│   ├─ 壁式工法
│   └─ 深層混合処理工法
└─ グラウト壁
    ├─ 浸透性注入工法
    └─ 高圧噴射式注入工法

オーバーキャッピング工法
├─ シート系キャッピング工法
│   ├─ ベントナイトシート工法
│   ├─ 遮水シート工法
│   ├─ アスファルトシート工法
│   ├─ 粘土層工法
│   └─ 浸透防止層（ソイルライナー）
└─ 土質系キャッピング工法
    ├─ サブドレーン工法
    ├─ キャピラリーバリア工法
    └─ キャッピング組合せ工法

その他
├─ 地下水制御工法
│   ├─ 開渠・暗渠工法
│   ├─ ウェルポイント・ディープウェル工法
│   └─ 鉛直遮水工併用地下水位制御工法
└─ 埋立物安定化工法
    ├─ 不溶化剤混合工法
    ├─ 固形化剤混合工法
    └─ バイオレミディエーション
```

図 3-2-10　対策工法の分類[2]

表 3-2-3　鉛直遮水工法一覧 (1)[2]

工法一般名称	該当工法名称(商品名)	工法の概要	遮水性	適用地盤	材料(耐久性等)
シート工法	①鉛直シート工法（ジオロック工法）	・直接打設方法 高密度ポリエチレンシートを圧入式施工機とウォータージェットを用いて直接打設する。・置き換え後打設方法 補助工法を用いて不透水の泥水壁を造成した後に高密度ポリエチレンシートを打設する。	継手部の止水性が確保されれば遮水効果が高い。透水層が30m程度までの深さであれば、土質に適する施工法を選択適用可能。封じ込めを可能とするためには、不透水層まで施工する必要がある。	直接打設法は、$N≦5～10$の緩い地盤。置き換え後打設法は$N>5～10$の固い地盤。クローラークレーンを用いて打設するため、比較的平坦な場所に適用される。	・高密度ポリエチレンシートの基本特性と耐久性に係わる特性・継手部はシール材の基本特性と耐久性による。・ソイルセメントの基本特性による。
シート工法	②連続シート止水壁工法（TCW工法）	泥水で溝壁を安定させながら地中に溝を掘削し、その溝の中に軟質塩化ビニールシートを連続して敷設し、その後掘削土で埋め戻して止水壁を構築する。		砂礫・粘性土層に適応。地形等の条件に制限あり。	高弾性軟質塩化ビニールシートの特性による。
シート工法	③アースカット工法	ワイヤーソーを用いて壁厚が25mmの溝を掘削し、遮水シートを挿入し止水壁を構築する。		砂礫、粘性土層、軟岩層に適応。狭い場所でも施工可能。	塩化ビニールシート（ポリエチレン等）も可能。ポリエステル繊維補強。(t=1mm)
シート工法	④薄型地中遮水膜工法（TTW工法）	孔壁を安定液で保持しながら壁厚10cm、継手部直径40cmの柱を1mピッチに掘削する。その後止水シートを挿入し泥水固化させる。		砂質・粘性土層に適応。砂礫地盤はやや難しい。	防水シート（高密度ポリエチレン、合成ゴム）及び泥水固化材の特性による。
シート工法	⑤地中遮水膜連続壁工法	チェンソー掘削機で地盤に幅150mmの薄い溝を掘り、これにゴムアスファルト系の止水シートを設置し、最後にモルタルを充填して止水性の高い止水壁を築造する方法。		砂礫・粘性土層に適応。地形等の条件に制限あり。	ゴムアスファルト系止水シート＋ソイルモルタルの特性による。
鋼矢板工法	①薄鋼板止水矢板工法（シートウォール工法）	地盤中に有効幅1mの薄鋼板による連続壁を造成し、遮水する工法である。打ち込み後に継手部に不透水性グラウト材を注入し、完全な遮水壁体を構築する。	継手部、根入部に適切にグラウトされれば、遮水効果が高い。遮水を可能とするためには、不透水層まで施工する必要がある。	遮水を可能とするためには、不透水層まで施工する必要がある。クローラークレーンを用いて打設するため、比較的平坦な場所に適用される。また、ウォータージェットを用いるので用水が必要である。N値30程度まで打設可能。	厚さ2.7mmから4.5mmの不透水性連続壁である。材質が薄鋼板であるため、腐食についての配慮が必要である。
鋼矢板工法	(パラウォーターシート工法)	箱形継ぎ手と底版を設けた幅広薄型鋼板をアースオーガーで先行掘削しながら打設する。先端部はグラウトで根固をし、継手部は特殊なグラウト材を充填して遮水処理を施し、遮水壁を構築する。		地盤の土質や打設機により条件は異なるが、概ねN値50以下（砂礫土）まで可能。打設可能長は25m程度まで。	薄型鋼板については、腐食速度と耐用年数からシートに必要な板厚を決定する。充填するグラウト材の耐久性は、通常のコンクリートと同程度と考えられる。
鋼矢板工法	②鋼矢板工法（汎用工法）	鋼矢板をバイブロハンマー等により打設する。継手部に水膨潤性の止水材を塗付することにより止水処理を施し、遮水壁を構築する。	継手部、根入部の止水性確保が課題。止水材なしでは、一般的に、10^{-5}オーダー相当の遮水性とされている。遮水を可能とするためには、不透水層まで施工する必要がある。	打設工法や使用する鋼矢板により異なるが、薄型鋼板を使用したシート壁工法に比べ広範囲の土質に適用可能である。実用的打設可能長は20m程度まで。一般的にN値30程度まで打設可能。玉石混じりあるいは転石のある層では工法が制限される。	継手部に塗付する水膨潤性止水材の耐久性については、促進試験による室内試験程度にとどまっているのが現状である。廃棄物の浸出液等による腐食の検討が必要。特殊土層では塗装による防食対策が必要。

第3章　掘り起こし廃棄物の資源化・無害化技術編

表 3-2-4　鉛直遮水工法一覧（2）[(2)]

工法一般名称	該当工法名称（商品名）	工法の概要	遮水性	適用地盤	材料（耐久性等）
地中連続壁工法	・コンクリート壁 ＜工法例＞ OWS工法 SSS工法 FEW工法 TBW工法 TBW-SRC工法 KCC工法 エルゼ工法 TUD工法 TOSS-D工法 OCW工法 HI-DW工法 MDW工法 ZBW工法 MCC-DW工法 GEO-S工法 KSW工法 THEWS工法 DIA-WIN工法 PDW工法	・地中に安定液を用いて壁状の溝を掘削し、掘削した溝内にコンクリートを打設してコンクリート壁を築造する。コンクリート系の固化体と鉄筋の心材が多く用いられ、止水性が良く剛性の高い壁体が得られ耐震性も高い。大深度、大壁厚、大耐力に対応でき、また、土質の適応範囲も広い。 ・施工壁厚200〜1000mm ・コンクリート強度 180〜320N/cm^2	透水係数10^{-7}cm/s〜10^{-9}cm/sの壁を作ることが可能。継手部や打継部の十分な施工管理が必要。遮水性の確認が必要。	・大型の重機を使用することや、安定液プラントなどの設置ヤードが必要であり、急峻で狭隘な場所での施工には適さないが、薄型止水壁では、5m×5m×5mの施工空間でも施工可能な工法もある。 ・施工深度50〜150m ・適用土質は粘性土層、砂層及び小さな玉石の砂礫層である。大きな玉石は先行処理が必要。また、岩盤及び硬質地盤に適応する工法もある。	・材料は鉄筋コンクリートおよびプレキャスト鉄筋コンクリートが主流で、強度的耐久性はよい。
ソイルセメント固化壁工法	・柱列式 （SMW工法） （RMW工法） （TMW工法） ・壁式 （TRD工法） （PTR工法） （掘削土再利用連壁工法） ・深層混合処理工法 （DJM工法） （CDM工法）	オーガー等で削孔し、セメントモルタルと現地盤とを混合して等厚の連続した固化壁を築造。 ・施工壁厚450〜850mm ・ソイルセメント強度 50〜150N/cm^2	透水係数10^{-7}cm/s程度の壁を作ることが可能。継手部やオーバーラップの十分な施工管理が必要。遮水性の確認が必要。	緩い砂層から軟岩までに適用可能。深度60mまで可能。	セメント系なので耐久性がよい。
グラウト工法	浸透性注入工法（グラウト噴射工法） ①二重管ストレーナー工法 ・単相式 ・複相式 ②ダブルパッカ工法	ボーリング機械で地盤を掘削し、地盤中に薬液（水ガラス系主体＋助剤）を浸透注入させて、地盤の透水係数を減少させたり、地盤の強化を図る地盤改良工法。	透水係数を10^{-4}〜1×10^{-6}cm/s程度まで改良することが可能。土質に適応した注入材（粘性土には懸濁型、砂質土には溶液型）の選定と、注入目的別の注入方法（方式）の選定が重要となる。適正な手法による注入効果の確認が必要。	粘性土から砂質土、礫質土まであらゆる地盤が対象となる。	注入固結土の長期安定性は、注入材および土の化学的性質によるばかりでなく、施工の程度によっても左右される。長期安定を目的とする場合、そのケースごとの検討が重要となる。また、周辺の地下水環境や土壌・生態環境への配慮も必要。
	高圧噴射式注入工法（エアーグラウト噴射工法／水・エアーグラウト噴射工法） ①1流体工法（CCP工法） ②2流体工法（JSG工法） ③3流体工法（X-jet工法） クロスジェット	超高圧噴流エネルギーによる地盤切削と撹拌混合効果を利用。地盤と注入材の強制撹拌、圧縮空気を伴った注入材で地盤切削と同時に強制撹拌、空気を伴った超高圧水で地盤を切削後、その人為的空間に注入材を充填する3タイプに分類される。	透水係数10^{-7}cm/s程度に改良することが可能。継手部やオーバーラップ部及び土留め壁との接続部など、十分な施工管理が必要。遮水性の確認が必要。	注入方式により得意とする地盤に差異はあるが、基本的には岩盤を除くあらゆる土質に対応可能。ただし、腐植土、硬質砂礫土、粘着力が50kN/m^{2}を超える粘性土に対しては、事前に慎重な検討を要する。	基本的にはセメント系を使用するため、耐久性に対しては問題ない。薬液系（1流体工法）では周辺の地下水環境や土壌・生態系環境への配慮も必要。

第3節　前処理技術

多様な廃棄物が埋められている埋立地の再生延命化に当たっては、埋め立てられている廃棄物の種類・性状および焼却、溶融等の中間処理技術に応じた前処理を行う必要がある。最終処分場再生のブロックフローと前処理技術の位置付けは、以下のとおりである。

最終処分場再生システムフロー

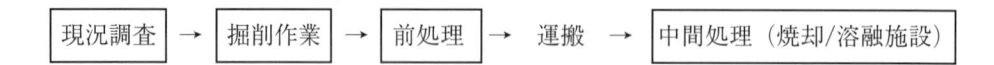

現況調査 → 掘削作業 → 前処理 → 運搬 → 中間処理（焼却/溶融施設）

前処理の目的は後段の処理を容易にするための技術と位置付けられ、埋立物の粒度選別（分級）、鉄分の選別、不燃物・可燃物の比重差による選別がある。また、粗大ごみ等の破砕技術がある。

掘削 → 分級装置　　　　　　　　　　　　　　　　　　　　　　　　　→選別装置
　　　　　乾式：機　　械：振動式ふるい（スクリーン）、回転式ふるい（トロンメル）、　磁選機
　　　　　　　　建設機械：自走式振動スクリーン、被けん引式トロンメル　　　風力選別機
　　　　　湿式：磨砕処理洗浄機

1．分級装置
（1）乾式分級技術

最終処分場で使用される分級装置は、自走式もしくは被けん引式の建設機械が使用されることが多い。分級機構としては、乾式ではスクリーン方式やトロンメル方式が使用される。

埋め立てられた被選別物の特性から湿潤状態でスクリーンにて分級を行うことが重要である。一般的な分級装置として、図3-3-1に示す一段または2段の篩をセットし、移動可能とした自走式振動スクリーンがある。

しかし、本来比較的乾いた粒状のものをスクリーン上で振動させ、一定の目開きの間を通過するものと落下するものを分離するこの形式の分級装置では湿潤状態の種々多様な埋立物を精度よく分級するのは困難である。

一方、トロンメル方式は筒内に投入された被選別物が回転・落下運動によって強制混合され、粒度の異なる物質の上下位置が入れ替わる機能を有することにより湿潤かつ比較的軽量な廃棄物の分級に適している。さらに湿潤状態の土砂が混入する場合には振動効果によるスクリーン上への脱水・堆積により篩目が詰まる現象が頻発するが、篩目が異なる2段の回転式スクリーンを同軸にセットした二筒式トロンメルの場合には内側の粗い篩目によるクッション効果によ

り、細かい師目の負荷が減少し効率のよい分級が可能になる。二筒式トロンメルの代表例を図3-2-2に示す。

図3-3-1　自走式振動スクリーン　　　　図3-3-2　被けん引式トロンメル

　なお、トロンメル方式は概ね20cm程度の掘り起こし廃棄物を投入することが可能であるが、一部の処分場においては、自転車・マット等の粗大物がそのまま埋め立てられている可能性を無視できない。そのため、分級作業の安定的実施のためスクリーン等の分級装置へ投する前にスケルトンバケット等による粗い分級作業を行う必要がある。

　上記の関係を所要の分級特性と検討した比較表を表3-3-1に示す

表3-3-1　スクリーン(ふるい)の分級特性

		使 わ れ 方		評 価 特 性			
		土砂等の分離	ゴミの分離	上下層の混合	湿潤物の堆積・付着	湿潤細粒分の分離	湿潤状態での処理量
ふるい装置の構造	振動式ふるい	○	×	×	×	×	△
	回転式ふるい(一筒式)	○	△	◎	△	△	○
	回転式ふるい(二筒式)	○	△	◎	○	○	◎

（2）湿式分級技術

　掘り起こし廃棄物を洗浄・分級することにより、有害物を取り除き安定化させる技術である。対象物の性状にもよるが、汚染の大きい細粒径のものは水に移行し、水処理系で重金属類を不溶化したスラッジとして回収され再度埋立処分するが、大半を占める粒径の大きな部分は無害化され、覆土材、路盤材、埋め戻し材として再利用できる。湿式分級の構成フローを図3-3-3に示す。

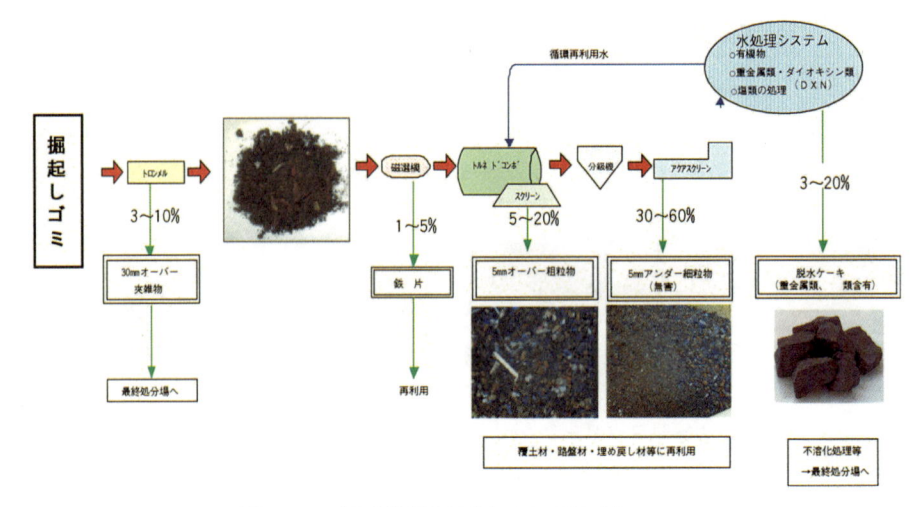

図 3-3-3　湿式分級装置（磨砕処理洗浄）フロー

2．鉄分選別技術

　掘り起こし廃棄物から鉄を選別する技術としては、永久磁石あるいは電磁石を利用した磁選があり、プーリ式、ドラム式、吊り下げ式の形式がある。プーリ式はコンベヤヘッドのプーリ部に磁石を組み込んだ形式で、コンベヤ上を搬送する搬送物から磁性物と非磁性物を分ける。ドラム式はコンベヤ等から連続的に落下する搬送物を回転するドラム型の磁石で磁性物と非磁性物を分ける。また、吊り下げ式は搬送物を搬送しているコンベヤ上部に吊り下げ設置する磁石により、搬送物から磁性物を選別する。

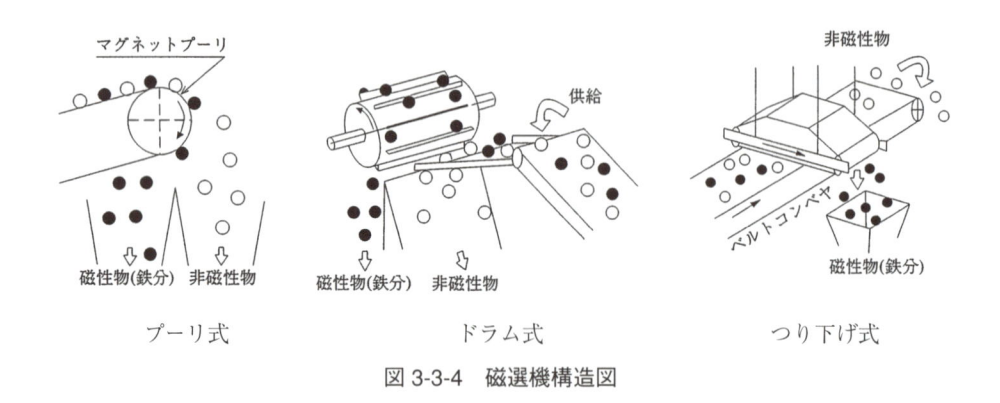

図 3-3-4　磁選機構造図

3．比重差選別技術

　掘り起こし廃棄物の選別を行うには分級と併せて比重差による選別を行う必要がある。ここで比重差による選別では掘り起こし廃棄物中の土砂・がれき等の比較的比重の重いものと、紙・プラスチック等の比較的軽いものを分離することを意味し、その目的としては可燃系の廃棄物と不燃系の廃棄物を分離することにある。

掘り起こし廃棄物の比重差による選別を行う上での注意点は湿潤状態で分離を行わなければならないことにある。水分を多く含んだ紙・布等は比重が増大し、見かけ上は重量物と同程度の比重になるため、選別が困難となる場合もある。また、水分により機器等への付着力が増大し非常に分離し難い特性を有している。したがって、比重差による選別を極力効率よく実施するためには

① 比重差による選別の前処理として分級を行い、対象物の粒度を揃える。
② 被選別物の搬送量のバラツキを押さえ、極力安定した選別状態を維持する。

比重差による選別方法として水を用いる湿式選別と空気を用いる乾式選別の二方式があるが、ここでは処分場内での稼動という条件に鑑み乾式選別について述べる。乾式選別の代表として風力選別が知られており現場用には簡易型風力選別装置をセットしたスクリーンがある。その一例として被けん引式トロンメルに装着した例を図3-3-5に示す。

図 3-3-5　簡易風力選別機付き被けん引式トロンメル

ここで、処分場の再生工事現場で使用可能な風力選別機付きスクリーン（ふるい）の選定に関する一覧表を、表3-3-2に示す。

表3-3-2　風力選別機付きスクリーン（ふるい）の比較表

		使われ方		評価特性			
		乾燥土砂中の軽量異物	ゴミ中の軽量異物	原料の均一性	量の安定性	分離精度	湿潤状態での処理量
選別装置の構造	振動式ふるい＋風選	○	×	×	×	×	△
	回転式ふるい（一筒式）＋風選	○	△	◎	△	△	○
	回転式ふるい（二筒式）＋風選	○	○	◎	○	○	◎

4．破砕技術

本来処分場の埋立物に関しては投入前に破砕し減容化を図ることが必要であるが、種々の事

情により粗大ごみをそのまま投入している例も見受けられ、特に埋立年度が古い場合には破砕し減容化が必要なものもあることが予想される。

掘り起こし廃棄物に共通な問題として、土砂の含有量が大きくかつ含水比が高いこと、および被破砕物の異物混入量が多いことが挙げられる。一般に脆性の廃棄物は衝撃式破砕機を用い、延性の廃棄物に対しては剪断式破砕機を用いるが、両者の破砕のメカニズムが異なることによりその特性を活かした廃棄物を投入する必要がある。また、一方土砂分はその大半を占めるシリカ分により機械の摩耗を早めることにも留意すべきである。

そこで、掘削後にスケルトンバケット等で初期分別した後の破砕を必要とする粗大ごみに関しては、重機により下記の塊分類に別けてそれぞれの破砕機に投入することが望ましい。

① コンクリート塊・がれき類等 ⇒ 衝撃式破砕機
② 立ち木・畳・タイヤ・布等　⇒ 剪断式破砕機

これらの破砕機を使用する際には、土砂による破砕刃等の摩耗を軽減するために天日等による乾燥も併用し、土砂分を振るって減少させることが望ましい。図3-3-6に自走式衝撃破砕機を、図3-3-7に自走式剪断破砕機の例を、また図3-3-8に破砕・選別システム例を示す。

図 3-3-6　自走式衝撃破砕機

図 3-3-7　自走式剪断破砕機

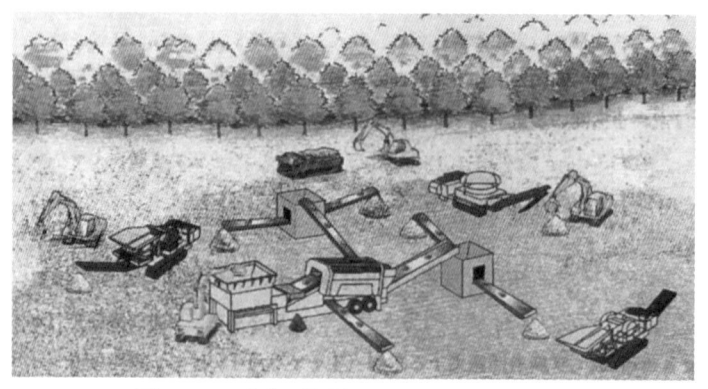

図 3-3-8　破砕・選別システムのフリート例

埋立地再生事例として、行なわれている施設のシステムフロー例を表3-3-3に示す。

表 3-3-3 埋立地再生事例

施設名	埋立物	掘削	前処理	処理工程 資源化/無害化	使用用途
諫早市	埋立灰	天日干し 150mmスケルトンバケット	→+150 →-150	→70mmトロンメル →+70 →ビニール破砕機 →破砕施設へ 　　　　　　　　→-70 →風力選別機 →磁選機 →溶融施設へ 　　　　　　　　　　　　　　　　→+30 鉄 　　　　　　　　　　　　　　　　→-30 篩30mm	資源化 スラグ (表面溶融炉)
巻町外三ヶ町村衛生組合	ストーカ焼却残さブラストサイクロン粗大破砕残さ不燃ごみ		→+200 →-200	篩上からコンクリート塊等除去 焼却残さ主体 →溶融施設へ	スラグ (シャフト炉)
高砂市	可燃ごみ	バックホウ (0.39m3)	→+100 (62〜72%) →-100 (38〜27%)	スクリーン →溶融施設へ 　　　　　→埋め戻し	スラグ (流動ガス化炉)
喜界町	粗大ごみ 可燃物 不燃物	油圧フォークバケット 粗選別 →大物：金属・木屑 　　　　→その他		→場外再利用 →天日乾燥 　　↑ →風量併用振動選別機 →土砂 (25%) 　　　　　　　　　　　→重量分 (56%)：石・コンクリートがら →覆土利用 土15mm　　　　　　　　→軽量分 (19%)：プラ・紙・布類 →破砕後埋め戻し材 　　　　　　　　　　　　　　　　　　　　　　　→圧縮梱包後埋立 (60%に減容)	
A町	不燃物 粗大残さ 焼却残さ	スケルトンバケット 粗選別 →焼却残さ 　　　　→その他		→別途処理 →振動篩 (50mm) →+50 →磁選機 →破砕機 →圧縮梱包 →焼却 　　　　　　　→-50　　　土砂埋め戻し	
B町	焼却残さ 粗大ごみ		トロンメル (30mm) →+30 →-30	→埋め戻し →磁選機 →摩砕洗浄 →スクリーン →+5 　　　　　　3〜10%　　　　→-5 　　　　　　　　　　　　脱水ケーキ	埋め戻し材
C町	焼却残さ 粗大ごみ		二筒式トロンメル →-20 　　　　　　　　　→20〜100 　　　　　　　　　→+100	→風力選別機 →重 　　　　　　　→軽 →風力選別機 →重 →インパクトクラッシャ →砂/覆土利用 　　　　　　→軽 →プラ破砕機 →プラ圧縮減容後埋め戻し 　　　　　　→重 →ジョークラッシャ →砕石/道路利用 不溶化処理後埋め戻し	埋め戻し材

第3章 掘り起こし廃棄物の資源化・無害化技術編

第4節　資源化・無害化技術

1．熱処理技術

（1）焼却技術

1）ストーカ炉

ごみをストーカの上で反転を繰返しながら時間をかけて焼却する。フィーダによって供給されたごみは、乾燥→部分燃焼、揮発分の気化→主燃焼→固定炭素分のおき燃焼を経て焼却残さとして排出される。揮発分と粉状のチャーは空塔部で2次空気によってガス燃焼する。

焼却後の残さ（主灰および飛灰）は湿式または乾式で一度冷却された後、電気または燃料で溶融するケースが増えている。

従来から使用されていたストーカ炉も最近大きく改良されつつある。その改良の狙い、方向性について以下に紹介する。

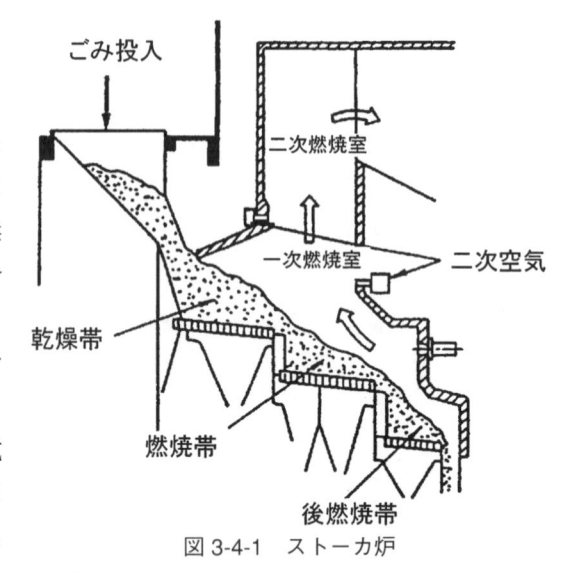

図 3-4-1　ストーカ炉

- ・燃焼性の改善　　　燃焼空気比の低下　2.0から1.4ないし1.3へ
  　　　　　　　　　高温空気の吹き込みによる燃焼ムラの解消
  　　　　　　　　　燃焼ガスと空気の混合攪拌性の向上
  　　　　　　　　　酸素富化燃焼、燃焼性の向上と結果として焼却灰のクリーン化
- ・ごみ供給の定量性・制御性の向上
- ・ストーカの冷却　　　水冷式、空冷式
- ・炉壁耐火材の耐用度向上　ボイラ放射伝熱面のタイルカバー
- ・焼却灰の焼成による資源化処理
- ・運転制御システムの高度化

2）その他

ストーカ炉以外に焼却処理技術としては流動床炉とキルン炉があるが、都市ごみ焼却炉としてはストーカ炉がもっとも多く普及している。図3-4-2に流動床炉、図3-4-3にキルン炉の構造図を示す。

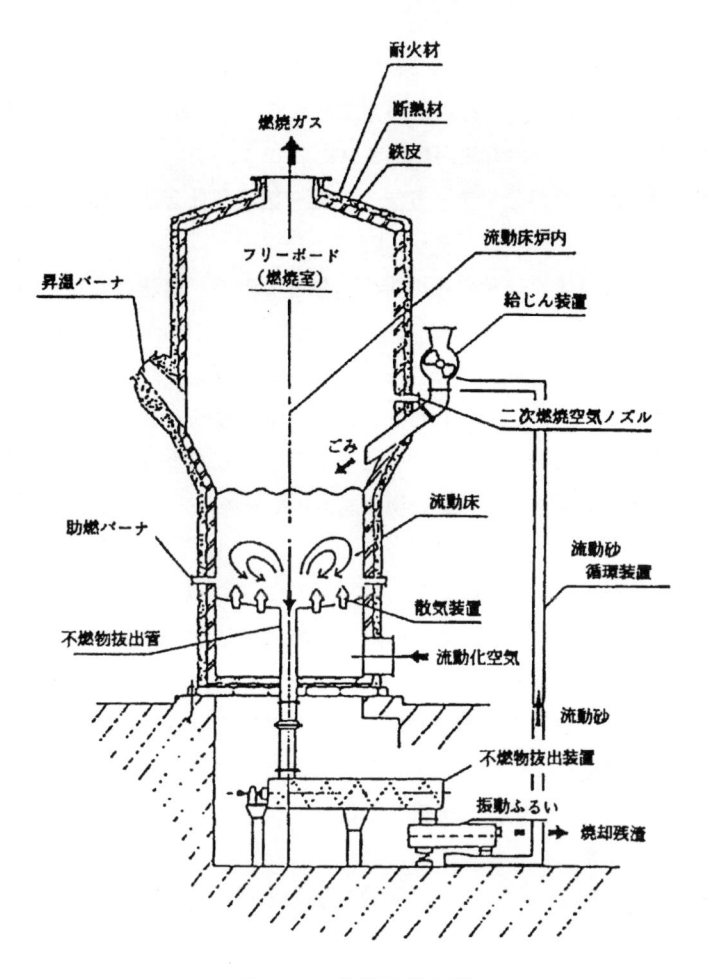

図 3-4-2　流動床炉の例

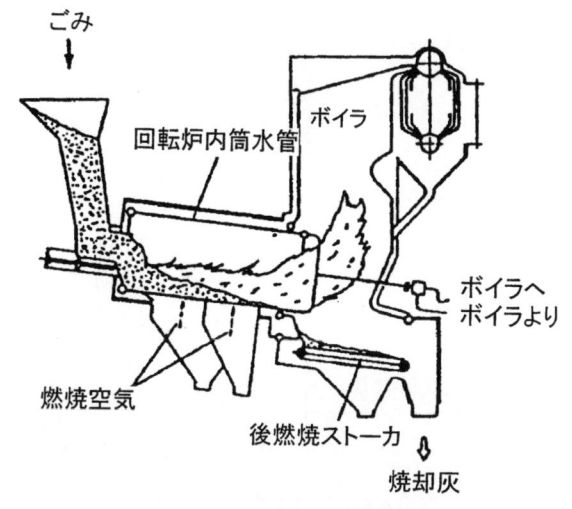

図 3-4-3　キルン炉の例

（2）焼却残さ溶融技術

これまで埋立処理されていたばいじん（以下飛灰）が、平成4年の廃棄物処理法の改正で、特別管理一般廃棄物として指定され、その処理方法として、①溶融、②酸抽出、③セメント固化、④薬剤処理および⑤焼結の5つの方法が規定された。

この中で溶融処理は、最終処分場をとりまく状況や循環型社会基盤形成という立場で注目される技術となってきた。

溶融処理では、溶融段階またはその後の排ガス処理段階で、処理対象物等が高温処理されるため、焼却灰や飛灰中に含まれるダイオキシン類の分解・除去に効果があると言われる。また、平成9年1月に策定された「ごみ処理に係るダイオキシン類発生防止等ガイドライン（新ガイドライン）」（厚生省）においても、ダイオキシン類の削減方策の1つとして、溶融固化等の高度処理があげられるなど、重金属類の固定化とあわせ、こうした有害物質の無害化の効果が期待されている。この技術は掘り起こし廃棄物の無害化や資源化にも応用できる。

1）溶融の原理

溶融処理とは、燃料や電気を熱源として、一般ごみ、焼却残さおよび下水道汚泥等を1,200℃〜1,500℃に加熱することにより赤熱した溶岩状となったものを冷却し、ガラス質のスラグにすることである。溶融して生成されスラグは、溶融前の状態に比べて焼却残さ換算で容量比で1/2〜1/3、一般ごみ換算で1/20〜1/30に減容される。また、灰中に含まれるシリカ分（SiO_2）が網目構造となり重金属を包み込む構造で固定されるため、金属等の溶出の起きにくい硬質で経時的にも安定した構造となる。

2）溶融処理技術の種類

わが国の溶融技術は開発当初から約30年程経過しており、溶鉱炉・電気炉メーカーおよび焼却炉メーカーが中心となり、様々な溶融技術の開発が行われてきた。

それらは一般的に熱源の選択の違いにより分類され、焼却残さを対象とする溶融炉については主に9種類、ごみの直接溶融炉については6〜7種類が開発されている。

溶融方法の種類を図3-4-4に示す。

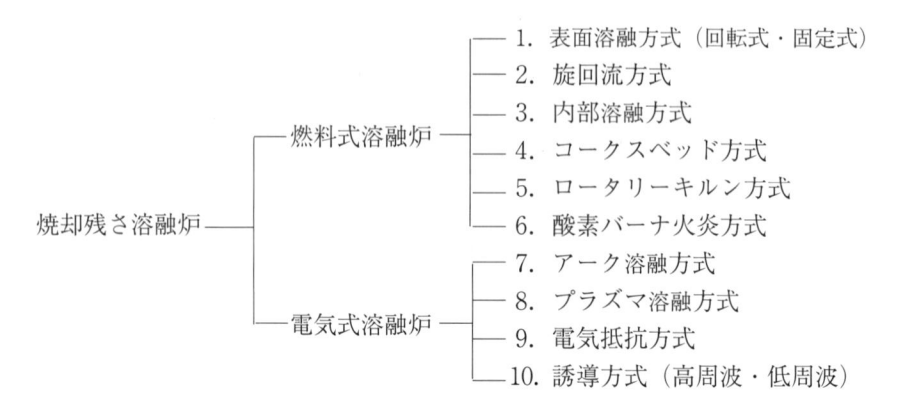

```
                              ┌─ 1. 表面溶融方式（回転式・固定式）
                              ├─ 2. 旋回流方式
                              ├─ 3. 内部溶融方式
                  ┌─ 燃料式溶融炉 ─┼─ 4. コークスベッド方式
                  │           ├─ 5. ロータリーキルン方式
                  │           └─ 6. 酸素バーナ火炎方式
  焼却残さ溶融炉 ─┤
                  │           ┌─ 7. アーク溶融方式
                  │           ├─ 8. プラズマ溶融方式
                  └─ 電気式溶融炉 ─┼─ 9. 電気抵抗方式
                              └─ 10. 誘導方式（高周波・低周波）
```

図 3.4.4　溶融処理方式の分類

焼却残さ溶融炉のうち、一般的に、電気式溶融炉は燃料式溶融炉に比べて高温溶融となるため、焼却残さに鉄分等が混入している場合でも溶融メタルとして排出され、スラグからの分離回収が可能となる。このため鉄分含有率の許容範囲が比較的大きいとされる。

一方、燃料式溶融炉は、電気式に比べて設備が簡単で運転も比較的容易であり、溶融対象物の処理範囲が広いが、燃料の燃焼等により排ガス量が多く、溶融温度が低い傾向にあるため、炉底の耐火物への鉄類の付着や、溶融スラグの性状が不安定になることがある。

a．燃料式溶融炉

燃料式溶融炉とは、溶融に用いる熱源に灯油、重油、コークス、都市ガスなどの化石燃料を直接使う方式である。この方式は、焼却残さの溶融に必要な熱量を燃料を燃焼させて得るほか、焼却残さ中に含まれる可燃物の燃焼を補助熱源とすることで、溶融熱源を得ることに特徴がある。また、後述する電気式溶融炉の排ガス発生量が、原則として被溶融物由来のものであるのに対して、燃料式溶融炉は熱源に用いる化石燃料の燃焼に伴う排ガスが発生するため、必然的に排ガス処理施設の規模が同規模の電気式溶融炉の施設に比べて大きくなる。反面、排ガス通路や排ガス処理施設に余裕があることから、含水率や未燃分が高い等の理由で電気式溶融炉での溶融に向かない焼却残さの溶融も可能である。

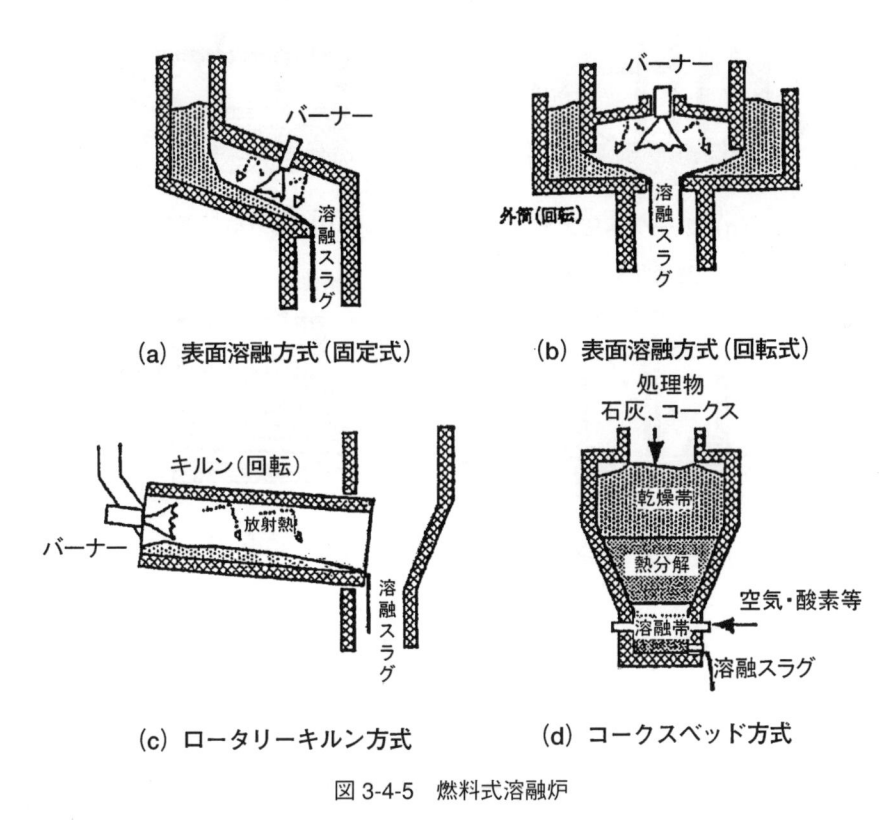

図 3-4-5　燃料式溶融炉

b．電気式溶融炉

　電気式溶融炉とは、アーク放電、プラズマ、焼却残さの持つ電気抵抗、および低周波や高周波を用いた誘電加熱等の熱源により、焼却残さを加熱して溶融する方法である。

　このため、ごみ処理施設に併設している発電施設から電力の供給を受けることが可能な場合は、燃料費の削減が期待できることや、溶融炉から発生する排ガス量が原則として廃棄物由来のものだけのため、同規模の燃料式溶融炉に比べると小規模の排ガス処理施設で対応できることが特徴として挙げられる。

　反面、熱灼減量(未燃分)の高い焼却残さやプラスチック等の予定外の可燃物が溶融炉内に入ってしまった場合、それらが急激に燃焼することで炉内ガス圧力の急激な変動が起きるため、溶融炉に投入する焼却残さの質には注意を必要とする。

　一方、この方式ではスラグとメタルの分離排出が可能なタイプの溶融炉が多く、このタイプの炉で、焼却残さにある程度の金属の混入があっても溶融炉内で分離することが可能なため、金属の混入の少ない高品質のスラグを得ることができる。

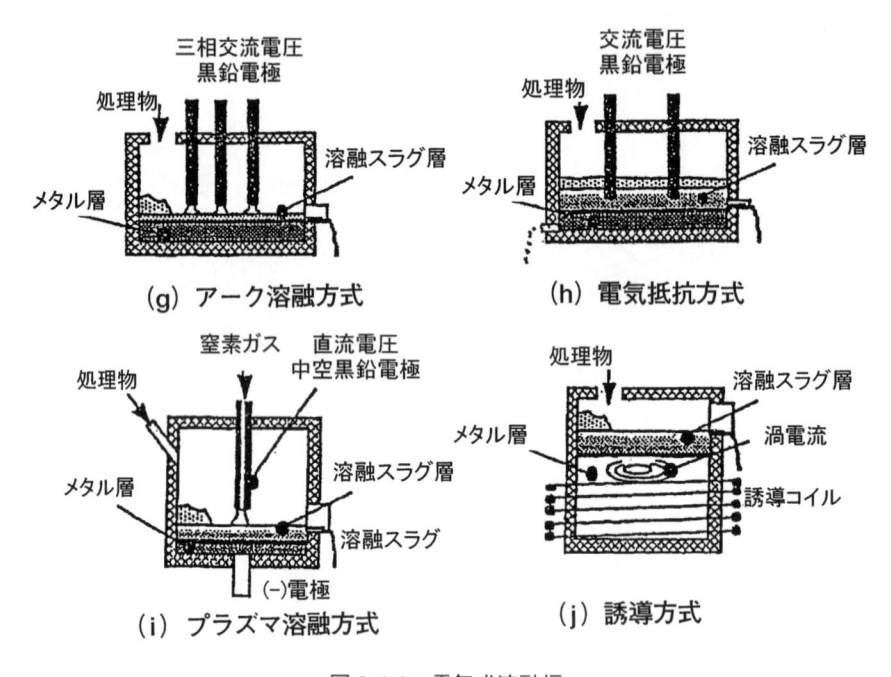

図 3-4-6　電気式溶融炉

（3）ガス化溶融技術

ガス化溶融炉で現在開発されているものには以下の種類がある。

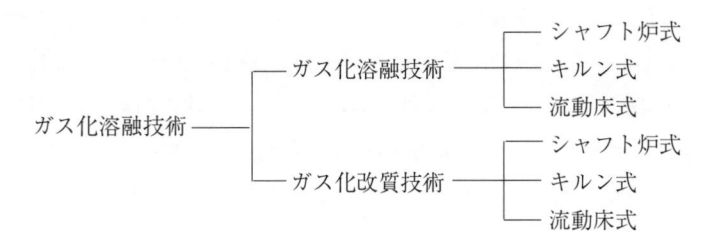

```
                                    ┌─ シャフト炉式
                  ┌─ ガス化溶融技術 ─┼─ キルン式
                  │                 └─ 流動床式
ガス化溶融技術 ───┤
                  │                 ┌─ シャフト炉式
                  └─ ガス化改質技術 ─┼─ キルン式
                                    └─ 流動床式
```

1）シャフト炉式ガス化溶融炉

炉の上部からごみとコークス、石灰石を装入する。炉内は上部から乾燥・予熱帯、熱分解帯、燃焼・溶融帯に区分される。乾燥予熱帯ではごみが加熱され水分が蒸発する。熱分解帯では有機物のガス化が起こり、発生ガスは炉上部から排出され、別置きの燃焼室で完全燃焼される。ガス化した後の残さはコークスとともに燃焼溶融帯へ下降し、羽口から供給される空気（一部酸素富化したものを使う）により高温で燃焼し、完全に溶融される。投入された石灰石の効果によって溶融物の塩基度が高めになり溶融温度は1,500℃と高くなるが溶融物の粘度は低くなり出滓しやすくなる。スラグは水で急冷することにより砂状のスラグと粒状のメタル鉄になる。鉄は磁選機で分離回収できる。

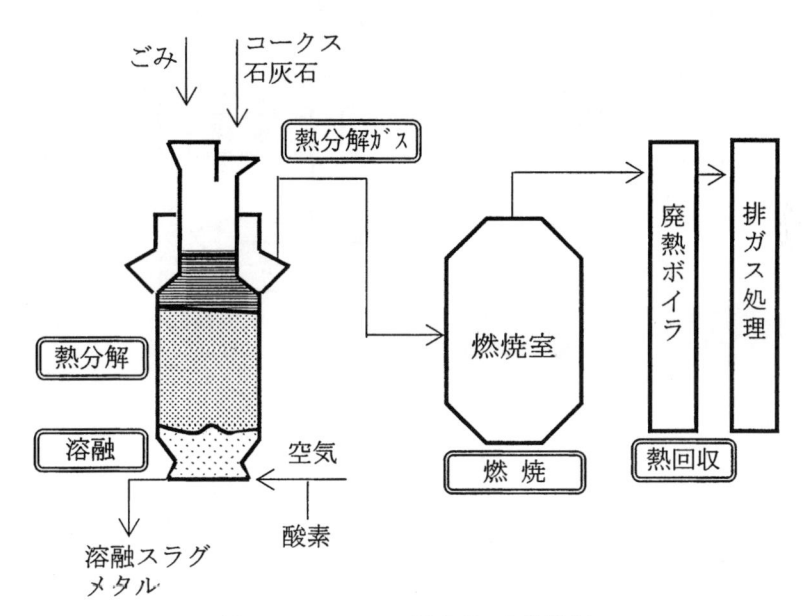

図 3-4-7　シャフト炉式ガス化溶融炉

2）キルン式ガス化溶融炉

　ごみは破砕された後、熱分解ドラムに投入され間接的に外部から加熱され450℃程度の比較的低温で熱分解される。熱分解が終了するとドラムの下部からチャー、不燃物、灰分が混ざった残さが出てくる。この中の不燃物とチャーおよび灰分は篩で分けられる。細かい成分（チャーと灰分）は溶融炉に入れて高温で燃焼溶融する。不燃物の内鉄アルミ等は資源化する。旋回溶融炉ではこのチャーと灰分と熱分解ガスが燃料となり低空気比高温燃焼が可能となる。約1,400℃の高温で燃焼しダイオキシン類の生成を押さえると同時に熱回収率も高める。灰分等の残さは溶融されスラグとなり急冷されて砂状の水砕スラグとして回収される。このグループは熱分解ドラムの加熱源をどのように確保するかでメーカごとにかなり異なったフローになっている。また、溶融炉も旋回溶融炉ではなく表面溶融炉を組み合わせたものもある。

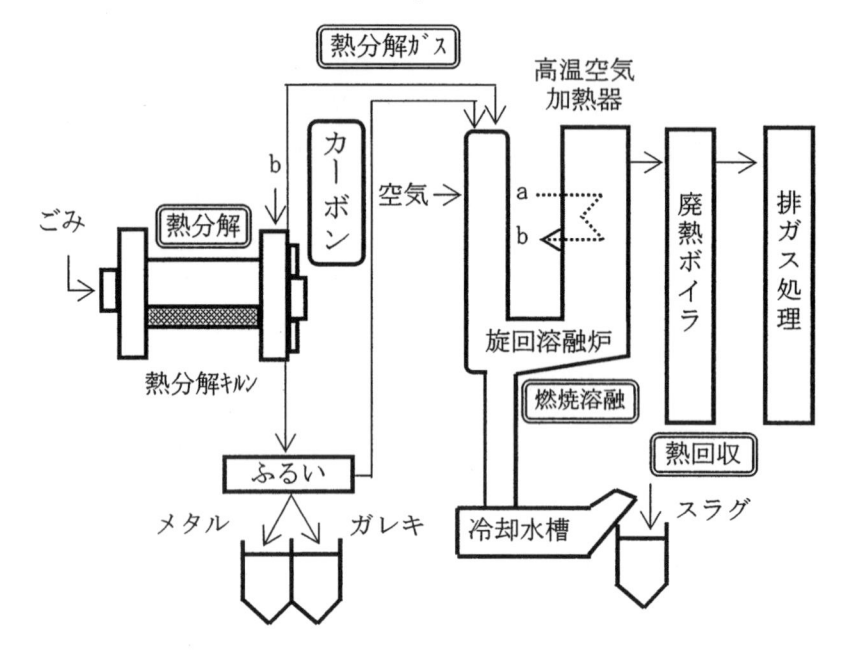

図3-4-8　キルン式ガス化溶融炉

3）流動床式ガス化溶融炉

　流動床炉において流動空気を絞り部分燃焼ガス化を行い発生した熱分解ガスとチャー等を後段の旋回溶融炉で低空気比高温燃焼することにより灰分を溶融しスラグとして回収するものである。流動床炉は流動砂の温度を550から600℃と比較的低温に維持しガス化反応を緩慢にし、これによりガス化の変動を抑えている。溶融炉はキルン式同様旋回溶融炉を組み合わせたものが多い。この溶融炉で低空気比高温燃焼を行うことによりダイオキシン類の生成を抑え、灰分を高温で溶融しスラグとして回収する。

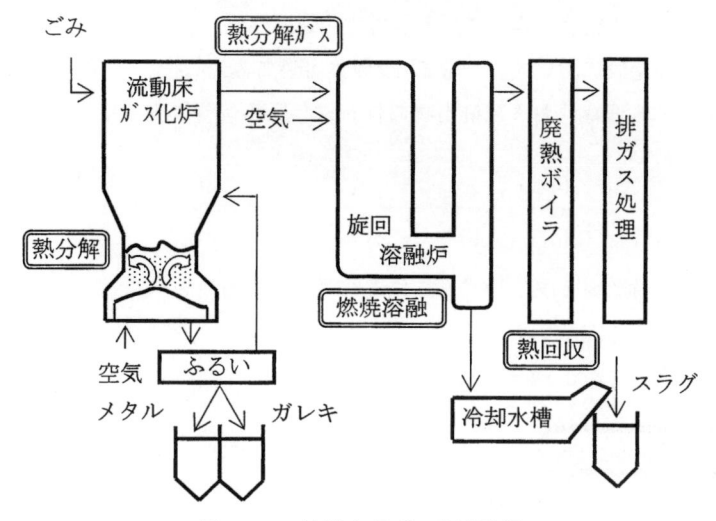

図 3-4-9　流動床式ガス化溶融炉

4）ガス化改質炉

　廃棄物はガス化される前にプレス機で約5倍から10倍圧縮されブロック状に成形される。この成形ごみが熱分解用の脱ガスチャンネルに順次押し込まれ間接加熱により熱分解を受ける。熱分解ガスは上部の改質炉の方へ運ばれ、チャーは下部の溶融ゾーンへ落下していく。改質ガスは急冷された後洗浄され一酸化炭素と水素という安定な化学物質として回収される。これらの回収物は化学原料ともなるがガスエンジンの燃料にもなり電気等の形でエネルギー回収もできる。

　ガス改質の目的は熱分解ガスを利用するに当たってタールの生成とそれによるトラブルを避けるために行うもので、タールなど熱分解ガス中の高分子成分を再度高温(1,200℃)で加熱分解し安定なガスに変えるものである。

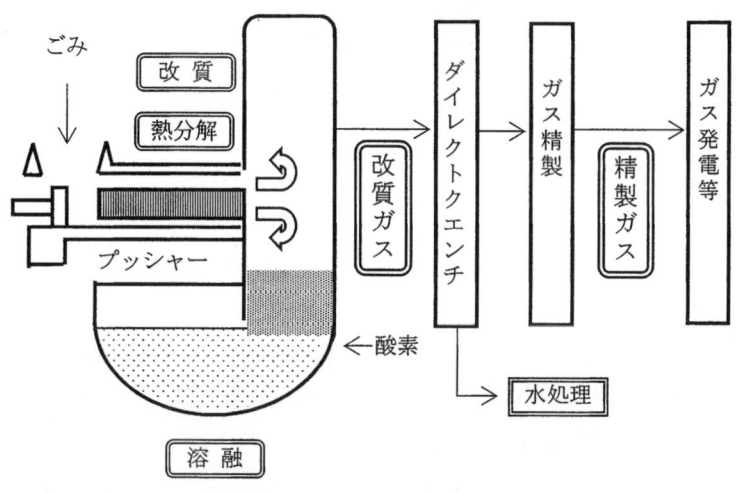

図 3-4-10　ガス化改質炉

5）シャフト炉式ガス化溶融処理による無害化・資源化例

一般廃棄物処理施設において、一般ごみ(収集可燃ごみ)に加えて、掘り起こし廃棄物を溶融処理する場合の処理特性および排出物の性状に与える影響調査を行った例を以下に紹介する。

　a．概要
　　a）調査施設
　　　・施 設 名 称：シャフト炉式ガス化溶融炉試験設備
　　　・処 理 能 力：20 t/24 h×1系列
　　　・処理フロー：図3-4-11参照

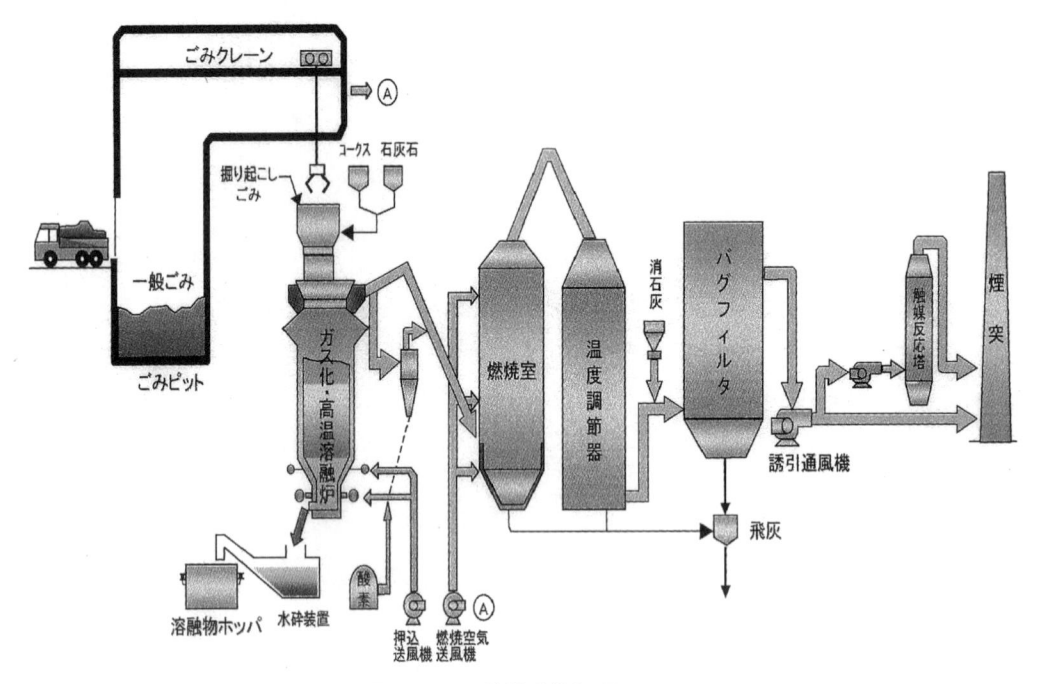

図3-4-11　試験設備処理フロー

　　b）試験条件
　　　処理対象物　①一般ごみ（K市の一般収集の可燃ごみおよび不燃ごみ）
　　　　　　　　　②一般ごみ＋掘り起こし廃棄物
　　　（一般ごみだけの試験に続き、一般ごみに掘り起こし廃棄物を一定比率〔約10％〕
　　　　加えた試験をシリーズで行う）

　　本溶融処理試験では、掘り起こし廃棄物を選別した後、可燃系軽量物に限らず、砂系細粒物や土砂系重量物の不燃系も含めた掘り起こし廃棄物全量(約1.3 t)を事前に混合・撹拌して、溶融処理対象物とした。

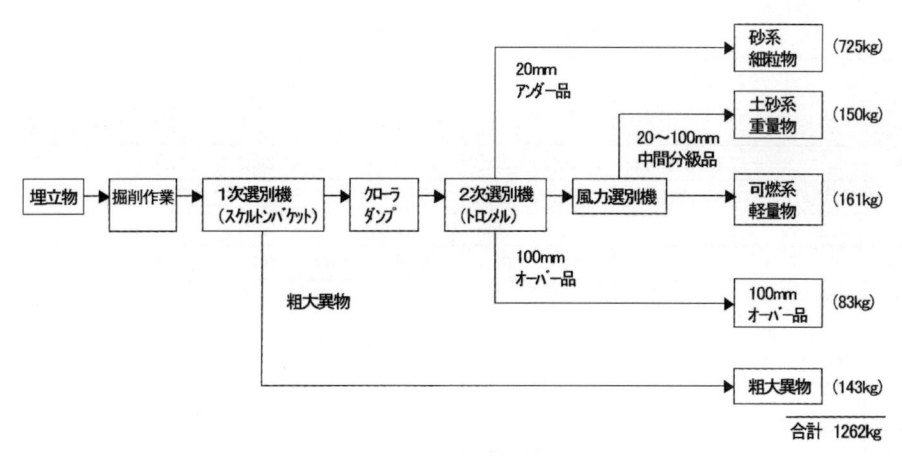

図 3-4-12　掘り起こし廃棄物の選別フロー

b．調査結果
　a）処理対象物の性状
　　K市から受け入れた可燃ごみと不燃ごみから成る一般ごみと、溶融対象とした掘り起こし廃棄物を各々約200kgサンプリングし、四分法で縮分した後に分析を実施した結果を表3-4-1および表3-4-2に示す。
　　K市の一般ごみについては、水分が、これまで集積した分析結果と比較して若干（10％程度）水分の少ない結果となった。これは、試験のスケジュール上、縮分サンプリングのタイミングが一般ごみを試験用ピットに受け入れてから2日後であったことが原因と考えられる。
　　また、今回溶融試験に使用した掘り起こし廃棄物は、掘り起こし廃棄物全量を対象としているため、灰分が非常に高く、可燃分は少なかった。また、水分は20％台であった。種類組成については、雑物とした分別困難な5mm以下のものが、約50％を占めた。この雑物には、砂等の細粒不燃物、木くず、細かいプラスチック等の可燃物が混在していた。
　　また、掘り起こし廃棄物中に含まれるダイオキシン類は、金属を除いた乾ベースで1 ng-TEQ/g程度（n＝2）であった。

表 3-4-1　一般ごみ・掘り起こし廃棄物ダイオキシン類等測定結果 [3]
（ダイオキシン類等の濃度は金属を除いた乾ベース）

	一般ごみ（参考値*1）	掘り起こし廃棄物	
PCDDs/DFs　　　[ng-TEQ/g]	0.0019	0.984	1.167
Co-PCBs　　　　[ng-TEQ/g]	0.0002	0.029	0.030
PCDDs/DFs+Co-PCBs [ng-TEQ/g]	0.0021	1.013	1.197

表 3-4-2　ごみ質分析結果

			①一般ごみ			掘り起こし廃棄物			②掘り起こし廃棄物混合時
			n＝1	n＝2	平均	n＝1	n＝2	平均	（計算値）
三成分	水分	%-wet	29.4	30.5	30.0	24.1	24.0	24.0	29.4
	可燃分	%-wet	59.1	52.9	56.0	20.1	19.0	19.6	52.4
	灰分	%-wet	11.5	16.6	14.1	55.8	57.0	56.4	18.3
かさ比重		t/m³	0.21	0.17	0.19	0.63	0.72	0.68	0.24
種類組成	繊維	%-dry	4.0	2.2	3.1	0.8	0.8	0.8	
	プラスチック・ゴム・皮革	%-dry	24.1	18.7	21.4	6.1	5.6	5.9	
	木・草・紙	%-dry	63.9	66.9	65.4	4.1	2.6	3.4	
	厨芥	%-dry	3.4	2.3	2.9	0	0	0	
	金属（鉄）	%-dry	0.0	4.0	2.0	1.3	2.4	1.9	
	金属（非鉄）	%-dry	1.5	3.0	2.3	0.6	0.4	0.5	
	ガラス	%-dry	0.1	0.0	0.1	6.0	4.1	5.1	
	石・陶器	%-dry	0.7	0.1	0.4	33.0	34.6	33.8	
	雑物（5mm以下）	%-dry	2.4	2.7	2.6	47.1	49.5	48.3	
元素組成 可燃分中	炭素　C	%-dry	46.7	43.3	45.0	13.6	14.4	14.0	41.9
	水素　H	%-dry	6.7	6.2	6.5	2.2	2.3	2.3	6.08
	窒素　N	%-dry	0.4	0.4	0.4	0.3	0.4	0.4	0.4
	酸素　O	%-dry	40.7	44.1	42.4	12.4	12.0	12.2	39.4
	塩素　Cl	%-dry	0.49	0.50	0.50	0.20	0.53	0.37	0.49
	硫黄　S	%-dry	0.07	0.09	0.08	0.20	0.23	0.22	0.09
低位発熱量		kJ/kg	11,800	9,500	10,650	6,200	5,500	5,900	10,216
無機組成 灰分中	Si	%-dry	19.43	12.11	15.77	26.5	25.7	26.1	16.80
	Ca	%-dry	14.74	10.24	12.49	2.6	2.5	2.6	11.50
	Al	%-dry	16.69	19.66	18.18	7.0	6.9	7.0	17.06
	Mg	%-dry	1.30	1.05	1.18	0.6	0.7	0.7	1.13
	Na	%-dry	1.43	0.73	1.08	1.2	1.0	1.1	1.08
	K	%-dry	1.40	1.05	1.23	1.4	1.3	1.4	1.25
	Zn	%-dry	0.06	0.46	0.26	0.3	0.5	0.4	0.27
	Cu	%-dry	0.31	0.52	0.42	0.6	0.3	0.5	0.43
	T-Fe	%-dry	2.20	22.88	12.54	6.0	8.1	7.1	12.00
	Hg	mg/kg	0.02	0.01	0.02	0.2	0.1	0.2	0.04
	Cd	mg/kg	<0.01	<0.01	<0.01	<0.01	<0.01	<0.01	<0.01
	Cr^{6+}	mg/kg	<2.0	<2.0	<2.0	<2.0	<2.0	<2.0	<2.0
	Pb	%-dry	0.01	0.01	0.01	0.3	0.1	0.2	0.03
	As	mg/kg	4.02	3.30	3.66	14.9	3.4	9.2	4.21
	Se	mg/kg	0.55	0.60	0.58	0.6	0.0	0.3	0.55

b）運転データ

掘り起こし廃棄物との混合処理は、一般ごみ処理時と比較してコークス使用量を若干上乗せした。また、石灰石使用量については、混合処理した掘り起こし廃棄物に土砂が多く混入しているために、スラグの流動性確保を目的として約25kg/tを上乗せして調整した。

ごみ処理量は約18t/dレベルで一般ごみ処理時とほぼ同等である。また、溶融物温度は、1,500℃台で流動性も良好であり、排出量もほぼ灰分増に見合った量が排出されていることから、炉下部の溶融処理も良好であった。

また、ごみの荷下がりや炉内のガス流れの状況は、一般ごみ処理時と大差なく、特に通気面でも問題はなかった。以上のことから、今回の試験で掘り起こしごみ10％の安定した溶融処理性能を確認した。

試験時の操業データを表3-4-3に示す。

表3-4-3　操業データ

		①一般ごみ処理時	②掘り起こし廃棄物との混合処理時
データ評価期間		10/7 14:00～10/8 2:00（10時間）	10/8 9:00～10/8 23:00（14時間）
ごみ処理量	t/24h	18.7	18.1
うち掘り起こし廃棄物	t/24h（処理物中％）	0	1.90（10.5％）
コークス使用量	Kg/t ごみ	50	70
石灰石使用量	Kg/t ごみ	59	84
スラグ発生量	Kg/t ごみ	135	225
スラグ温度	℃	1582	1559
集じん灰発生量	Kg/t ごみ	19.6	23.9
総O_2量	m^3N/h	161	159

c）排ガス性状

排ガス性状は、触媒反応塔出口で測定した。なお、触媒反応塔出口のガスは、図3-4-11に示すように、バグフィルタ出口のガスを一部バイパスして抜き出し、昇温した上で触媒反応塔を経由したものである。

排ガスの測定結果を表3-4-4に示す。本試験ではバグフィルタ手前で消石灰の吹き込みを実施した。その結果、塩化水素、硫黄酸化物濃度は、いずれのデータも5ppm以下と十分低い値となっている。また、本試験では窒素酸化物、ダイオキシン類低減のために、バグフィルタ出口のガスを一部バイパスした触媒塔に通している。その結果、NOxは30ppmを、また、ダイオキシン類はいずれも0.05ng-TEQ/m^3_Nを下回っている。

以上より、掘り起こし廃棄物との混合処理においても、従来の一般ごみ処理と同じシステムで一般ごみ処理と同等の排ガス性状結果が得られた。

表 3-4-4 排ガス測定結果　　　（O_2 12%換算値）

	①一般ごみ処理時		②掘り起こし廃棄物との混合処理時	
	触媒反応塔	出口	触媒反応塔	出口
ダスト濃度（g/m^3_N）	0.007	0.004	0.004	0.029
硫黄酸化物濃度（ppm）	0.5	0.5	0.6	0.4
塩化水素濃度（ppm）	2.0	4.2	3.2	4.6
窒素酸化物（ppm）	12	20	9	17
一酸化炭素濃度（ppm）	5.2		3.7	
PCDDs/DFs　[ng-TEQ/m^3_N]	0.02		0.0091	
Co-PCBs　[ng-TEQ/m^3_N]	0.003		0.0003	
PCDDs/DFs+Co-PCBs　[ng-TEQ/m^3_N]	0.023		0.0094	

d）集じん灰性状

集じん灰の分析値を表3-4-5に示す。集じん灰中の低沸点物として、Pb、Zn、Clがあり、また物理的に飛散したものとして、SiO_2、Al_2O_3等のスラグ成分も一部含まれている。CaOはバグフィルタ前の煙道に吹き込んでいる消石灰由来のものが大半である。

掘り起こし廃棄物との混合処理時の集じん灰においては、掘り起こし廃棄物に起因するものと思われる処理対象物中の重金属の増加に伴い、集じん灰中のPb、Zn等重金属類の濃度は若干上昇している。

また、表3-4-6に示すように集じん灰中のダイオキシン類濃度は、いずれのデータも0.5ng-TEQ/g以下で差がなかった。

表 3-4-5　集じん灰無機分析結果

		単位	①一般ごみ処理時	②掘り起こし廃棄物との混合処理時
無機分析	Si	%-dry	5.95	6.09
	Ca	%-dry	16.89	14.58
	Al	%-dry	3.27	1.52
	Mg	%-dry	0.92	1.52
	Na	%-dry	7.09	7.68
	K	%-dry	2.66	2.25
	T-Fe	%-dry	0.98	0.91
	Zn	%-dry	5.30	6.72
	Cu	%-dry	0.30	0.53
	Hg	Mg/kg	3.20	4.81
	Cd	Mg/kg	146	78.6
	Cr^{6+}	Mg/kg	<2.0	<2.0
	Pb	%-dry	1.27	1.94
	As	Mg/kg	5.8	5.2
	Se	Mg/kg	2.6	0.4

表3-4-6 集じん灰ダイオキシン類等測定結果（乾ベース）

	①一般ごみ処理時	②堀り起こし廃棄物との混合処理時
PCDDs/DFs[ng-TEQ/g]	0.30	0.34
Co-PCBs[ng-TEQ/g]	0.02	0.02
PCDDs/DFs+Co-PCBs[ng-TEQ/g]	0.32	0.36

　採取した集じん灰を、薬剤（キレート）処理して溶出試験を実施した結果を表3-4-7に示す。なお、本試験では溶出試験を、環境庁告示 第13号法により実施し、埋立基準を満足するか調査した。測定した6項目全てにおいて、一般ごみ、掘り起こし物との混合処理時ともに、溶出値はいずれも埋立基準を満足している。

表3-4-7 集じん灰固化物溶出試験結果

		①一般ごみ処理時	②掘り起こし廃棄物との混合処理時	埋立基準
Hg	[mg/l]	＜0.0005	＜0.0005	＜0.005
Cd	[mg/l]	＜0.001	＜0.001	＜0.3
Cr^{6+}	[mg/l]	＜0.01	＜0.01	＜1.5
Pb	[mg/l]	0.005	0.006	＜0.3
AS	[mg/l]	＜0.005	＜0.005	＜0.3
Se	[mg/l]	＜0.002	0.008	＜0.3
キレート添加量	%	8	8	──

（試験方法：環境庁告示 第13号法）

e）溶融スラグ性状

　溶融スラグの元素分析結果を表3-4-8に示す。本試験では、石灰石を投入して塩基度調整を行った結果、塩基度（CaO/SiO_2）は目標とした0.8～1.0の範囲となった。その結果、掘り起こし混合処理時においても、一般ごみ処理時同様、出湯口からの溶融物の流出もスムーズに行われた。

　また、掘り起こし廃棄物との混合処理に排出された溶融スラグは、重金属等の微量成分も、極めて少なく、Pbについても、一般ごみ処理時と同等のレベルであった。

表 3-4-8 溶融スラグ無機分析結果

		単位	①一般ごみ処理時	②掘り起こし廃棄物との混合処理時
無機分析	Si	%-dry	17.93	14.62
	Ca	%-dry	25.09	18.82
	Al	%-dry	9.79	17.44
	Mg	%-dry	1.16	2.01
	Na	%-dry	1.57	0.38
	K	%-dry	0.32	0.03
	T-Fe	%-dry	1.22	1.99
	Zn	mg/kg	31	40.2
	Cu	mg/kg	216	1480
	Hg	mg/kg	<0.01	<0.01
	Cd	mg/kg	<0.05	<0.05
	Cr^{6+}	mg/kg	<2.0	<2.0
	Pb	mg/kg	11.7	20.0
	As	mg/kg	<0.5	<0.5
	Se	mg/kg	<0.2	<0.2

　溶融スラグの溶出試験結果を表3－4－9に示す。試験方法は、環境庁告示 第46号法に基づき行った。一般ごみと同様に、掘り起こし廃棄物との混合処理時共に重金属類の6項目について、いずれも全て目標値を満足している。

表 3-4-9 溶融スラグ溶出試験結果

		①一般ごみ処理時	②掘り起こし廃棄物との混合処理時	土壌環境基準
Hg	[mg/l]	<0.0005	<0.0005	<0.0005
Cd	[mg/l]	<0.001	<0.001	<0.01
Cr^{6+}	[mg/l]	<0.01	<0.01	<0.05
Pb	[mg/l]	<0.005	<0.005	<0.01
AS	[mg/l]	<0.005	<0.005	<0.01
Se	[mg/l]	<0.002	<0.002	<0.01

（試験方法：環境庁告示 第46号法）

f）溶融メタル性状

　溶融メタルの元素分析結果を表3－4－10に示す。溶融メタル中の鉄分(T-Fe)は一般ごみ処理時で77％、掘り起こし廃棄物との混合処理時で44.6％であった。

表 3-4-10 溶融メタル無機分析結果

		単位	①一般ごみ処理時	②掘り起こし廃棄物との混合処理時
無機分析	Si	%-dry	5.93	11.67
	Ca	%-dry	2.35	1.75
	Al	%-dry	1.87	2.86
	Mg	%-dry	0.09	0.17
	Na	%-dry	0.14	0.04
	K	%-dry	0.03	0.002
	T-Fe	%-dry	77.04	44.57
	Zn	mg/kg	17.2	183
	Cu	%-dry	2.25	28.21
	Hg	mg/kg	<0.01	<0.01
	Cd	mg/kg	<0.05	<0.05
	Cr^{6+}	mg/kg	<2.0	<2.0
	Pb	mg/kg	247	452
	As	mg/kg	0.6	<0.5
	Se	mg/kg	<0.2	<0.2

(4) 焼成技術

1) 可搬式キルン炉による無害化技術

　掘り起こし廃棄物中の細粒物については、覆土と埋立物を完全に分離して掘り起こすことが困難であるため、埋立物に焼却残さがある場合、ダイオキシン類が含有されている飛灰等が細粒物に混入し、細粒物がダイオキシン類で汚染される可能性がある。ダイオキシン類で汚染された掘り起こし細粒物については、そのまま再埋立をすることが考えられるが、掘り起こしによって最終処分場の延命化効果をあげるためには、この細粒物を無害化して、最終処分場外で土壌として使用することや、最終処分場内においても覆土として使用することが必要である。この無害化方法として、溶融処理よりエネルギー消費量が少なく運転しやすい焼成処理がある。埋立地の近傍に設置可能な可搬式キルン炉は適用性が高い。

2) プロセスの概要

　可搬式キルン炉は、小型キルン炉を中核とし再燃焼室、冷却塔、バグフィルターを一体化した、バーナー内熱式の加熱炉である。設備を分割することでトレーラー等による陸上輸送を可能とし、埋立地の掘り起こし現場や汚染土壌の浄化現場に設置することができ、オンサイトでの加熱無害化処理が可能である。キルン内の温度をダイオキシン類が揮発するのに充分な600℃以上に保持し、揮発したダイオキシン類を再燃焼室で850℃以上に保持することにより、含有していたダイオキシン類の分解・無害化を達成する。図3－4－13に設備フローを示す。対象物の性状によって、キルンの回転速度を調整することで、キルン内の滞留時間を調整することができる。

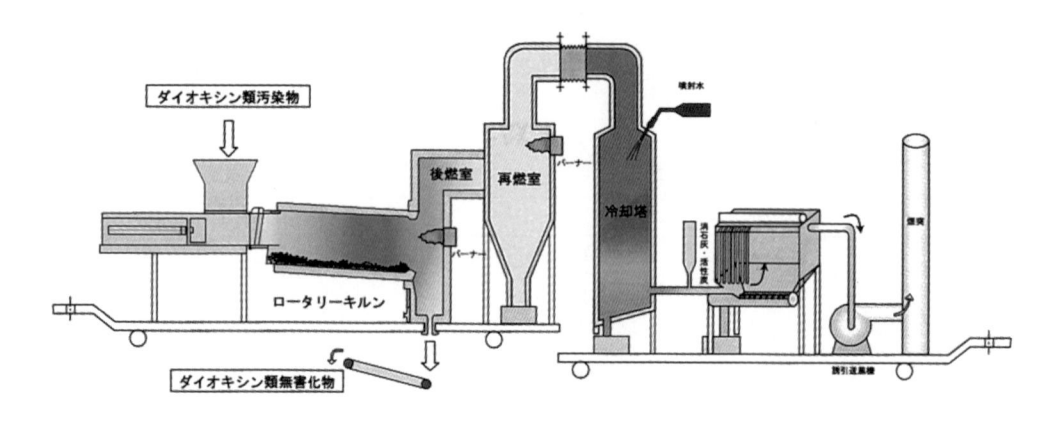

図 3-4-13　可搬式キルン炉のフロー図

3）実証試験

　a．試験条件

　本装置による掘り起こし細粒分の処理試験結果を紹介する。

　表 3-4-11 に試験条件を示す。A県B市掘り起こし細粒物について処理前、処理後のダイオキシン類の分析を実施した。

表 3-4-11　試験条件

処理対象物	A県B市掘り起こし細粒物（＜20mm）
試験実施日時	2002年10月18日（金）　7：00〜18：00
処理温度	860℃〜890℃
処理量	30kg/h

　b．試験結果

　可搬式キルン炉による処理前後の性状を表 3-4-12 に示す。処理前の試料には有機物が含まれており、黒色を呈していたが、処理後には有機物が完全に分解し赤土色となった。処理後の強熱減量が検出限界以下であり、充分な加熱処理が行われたものと考えられる。

表 3-4-12　処理前後の性状

	外観	含水率〔wt%〕	強熱減量〔乾%〕
処理前	黒　色	4.2	11.7
処理後	赤土色	0.1	＜0.1

表3-4-13に処理前後および冷却塔出口ガス中のダイオキシン類濃度測定結果を示す。

表3-4-13 ダイオキシン類毒性等価濃度測定結果

測定箇所	ダイオキシン類
処理前試料	1,300 pg-TEQ/g
処理後試料	0.0010 pg-TEQ/g
冷却塔出口排ガス	7.6 ng-TEQ/Nm^3
（参考）埋立基準	3,000 pg-TEQ/g
（参考）土壌基準	1,000 pg-TEQ/g

処理前試料である掘り起こし廃棄物中の細粒分中には1,300pg-TEQ/gのダイオキシン類が検出された。今回の処理試験によって、ダイオキシン類が処理前の1,300pg-TEQ/gから0.0010pg-TEQ/gへ大幅に低減されることが確認できた。この時の除去率は99.99％以上であり、ダイオキシン類に関しては本焼成無害化技術が有効であることが確認された。

（5）加熱脱塩素化技術
1）加熱脱塩素化及び揮発脱離分解技術の概要
　一般的に焼却設備から排出される飛灰のダイオキシン類濃度を低下させる加熱処理技術には、飛灰を加熱し飛灰中ダイオキシン類の分解を主目的とする加熱脱塩素化方式と飛灰中ダイオキシン類を揮発し分離させる揮発脱離分解方式がある。
　加熱脱塩素化方式には、還元性雰囲気方式と酸化性雰囲気方式がある。還元性雰囲気方式は、飛灰を低酸素雰囲気で350～400℃に加熱し、飛灰中に含まれている金属の触媒作用による脱塩素化分解でダイオキシン類を分解する。分解後に飛灰を急冷することでダイオキシン類の再合成を防止する。酸化性雰囲気方式は、酸素存在下で飛灰を450℃前後に加熱しダイオキシン類の塩素をはずし酸化架橋の分離反応を起こしダイオキシン類を分解する。分解された飛灰はダイオキシン類の再合成を防止するため急冷される。
　揮発脱離分解方式は、加熱空気を吹込み、飛灰を約400℃程度に加熱し飛灰中ダイオキシン類をガス側へ揮発・脱離させ無害化する。ダイオキシン類再合成の要因となる有機化合物類も同時に揮発脱離されるため、冷却時の再合成を防止するための処理物の急冷工程が不要となる。

2）揮発脱離分解技術の掘り起こし物処理への適用
　最終処分場に飛灰などを埋立処分していた場合、ダイオキシン類を含む有害有機化合物は、掘り起こし廃棄物中の特に細粒物に比較的高濃度に濃縮されている可能性が高い。このような場合、細粒物の効率的な無害化技術が埋立地全体の再生には有効である。
　揮発脱離分解技術は、ごみ焼却施設から排出される飛灰中に含まれるダイオキシン類の除去を目的に開発され（実機1基稼動中）、掘り起こし廃棄物中の細粒物に対しても適用が可能であると考えられる。そこで本稿では、揮発脱離分解技術の掘り起こし廃棄物中細粒物（以

下細粒物)への適用事例について紹介する。

揮発脱離分解技術の概要

　a．プロセスフロー

　揮発脱離分解技術のプロセスフローを図3-4-14に示す。本技術では、処理対象物となる細粒物を加熱器で約400℃程度に加熱し、付着あるいは吸着しているダイオキシン類を揮発させ無害化するものである。本技術では、ダイオキシン類以外にも、ダイオキシン類再合成の要因となる有機化合物類も同時に揮発脱離を行うため、冷却時の再合成を防止することができる。また、加熱空気流中に分離されたダイオキシン類を含む有機化合物は、触媒分解塔で、酸化触媒によって水と二酸化炭素に完全に分解される。触媒分解塔を出たガスは、加熱器において揮発した重金属等を活性炭吸着塔で除去した後、大気中に排出される。

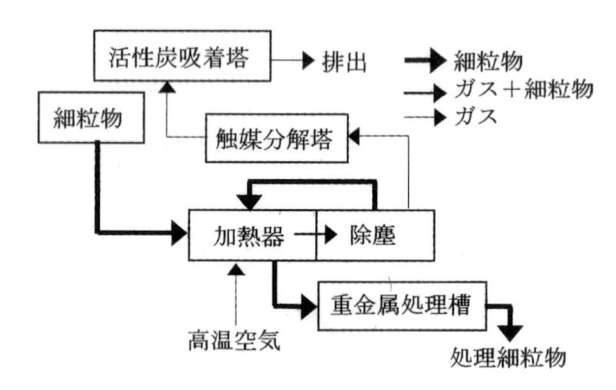

図3-4-14　揮発脱離分解プロセスフロー

　b．攪拌流動層加熱器の構造

　本技術では、加熱器として、図3-4-15に示すように加熱効率に優れた外熱式の攪拌流動層加熱器を適用している。攪拌流動層加熱器内では、分散板を介して吹き込まれた加熱空気と加熱器内に設置された攪拌翼の攪拌効果により、処理対象物の均一な流動層が形成され、層内を処理対象物が循環する。このため、加熱空気と処理対象物の気固接触に優れ、かつ加熱面に対する処理対象物の熱交換速度が高く、優れた加熱効率が得られる。これらの特徴により、①加熱器のコンパクト化、②気体と処理対象物の気固接触向上によるダイオキシン類や有機化合物の揮発脱離促進、等が可能となる。

　処理する細粒物は加熱器上部より投入され、ダイオキシン類が揮発脱離された処理後細粒物は加熱器底部の排出口より排出される。加熱空気は、本体底部の分散板を介して吹き込まれ、流動層を通過した後バグフィルターで除塵され排ガスとして取り出される。揮発したダイオキシン類は排ガスとともに排出され、触媒分解塔に送られて分解される。

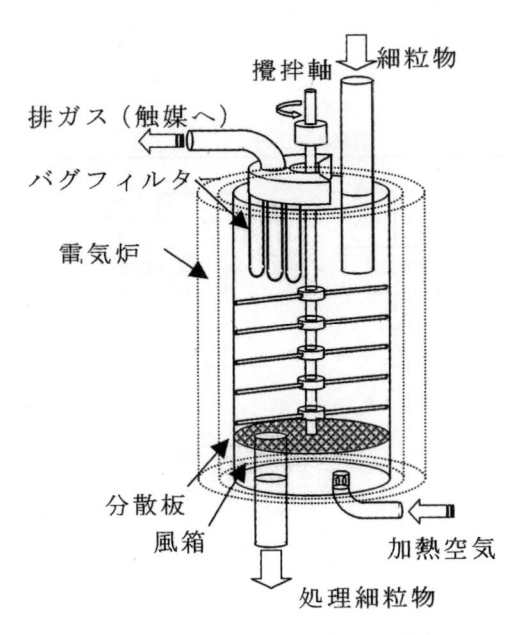

図 3-4-15　攪拌流動層加熱器の構造

2．非熱処理技術

　掘り起こし廃棄物を無害化・資源化する非熱処理技術としては、主に洗浄技術と薬剤処理技術がある。掘り起こし廃棄物のうち、可燃分を除いた土壌(焼却灰・飛灰を含む)を対象に、洗浄や薬剤処理によって、無害化する技術である。無害化された処理物は覆土等への有効利用が可能である。また、洗浄によって脱塩し、セメント原料とすることも考えられる。

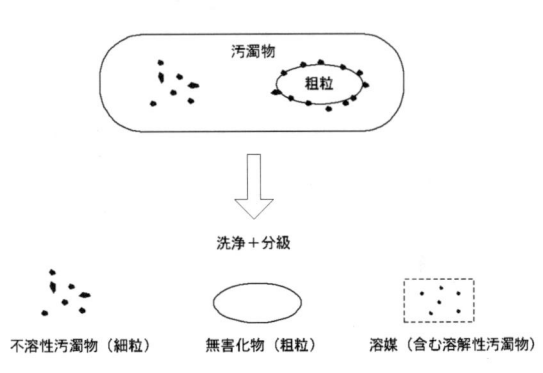

図 3-4-16　洗浄技術の概念

1) 洗浄技術

　溶媒(水や薬剤)により対象物を洗浄した後、有害物の濃縮した細粒物・溶媒を分離し、有害物の少ない処理物を得るシステムである。有害物質は細粒物に吸着される割合が高いため、細粒分を分離することによって、無害化された粗粒物を得ることができる。また、可溶性の有害物は溶媒中に移行する。図3-4-16に洗浄技術の概念を示す。

　洗浄技術の例を以下に示す。

①溶媒洗浄の例

　a．フロー

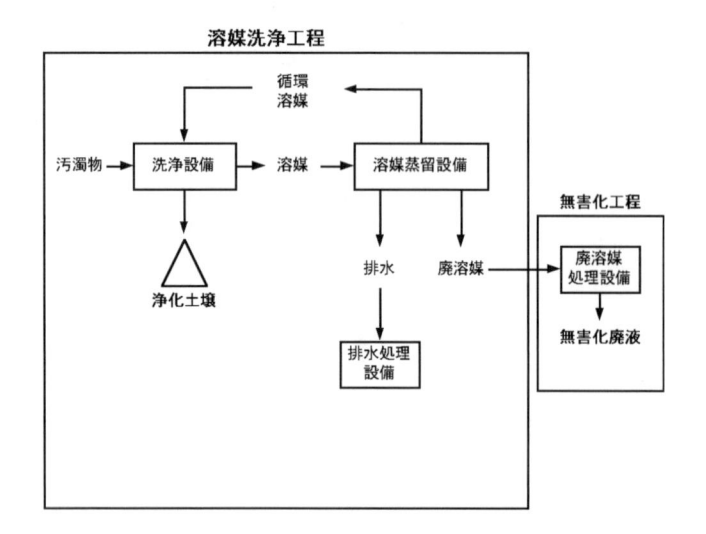

[図：溶媒洗浄工程（汚濁物→洗浄設備→浄化土壌、循環溶媒、溶媒蒸留設備→排水→排水処理設備、廃溶媒）と無害化工程（廃溶媒処理設備→無害化廃液）]

　b．特徴

　ダイオキシン類を選択的に無害化する技術であり、「溶媒洗浄工程」と「無害化工程」から構成されている。対象物はまず、有機溶媒で連続的に洗浄することにより、ダイオキシン類を除去した無害化物とする。ダイオキシン類が移行した溶媒は蒸留により溶媒を再回収し、循環利用する。無害化工程では廃溶媒から分離したダイオキシン類を含有する水分と分離後、鉱物油に微粉末の金属ナトリウムを分散させた溶液を用いて脱塩素させ無害化する。

②塩類除去(セメント原料化前処理)の例

　a．フロー

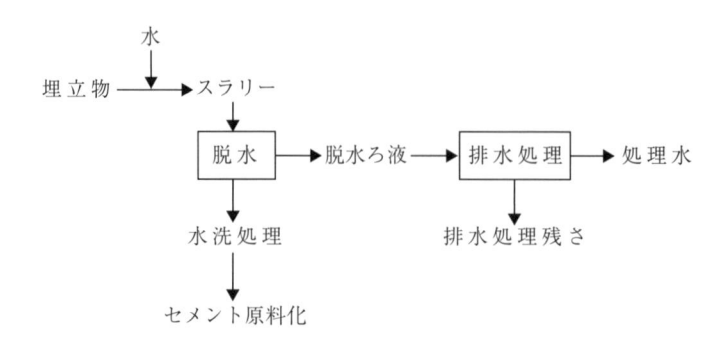

[図：埋立物＋水→スラリー→脱水→水洗処理→セメント原料化、脱水ろ液→排水処理→処理水、排水処理残さ]

　b．特徴

　洗浄により焼却残さを含む土壌の脱塩素を行い、処理物はセメント原料とする。
　　(焼却残さのセメント原料化前処理方法としては実用レベルにあるが、掘り起こし廃棄物処理については実験レベル)

2）薬剤処理技術[4]

　薬剤の添加により、重金属類の溶出抑制や、ダイオキシン類の分解を行うシステムである。汚染土壌や、汚染土壌洗浄排水にキレート系薬剤を添加し無害化する事例がある。また、ダイオキシン類分解のため、薬剤と併用した加熱脱塩を行う事例がある。
　以下に、薬剤処理技術の例を示す。

① DCR脱ハロゲン化工法
　　a．フロー

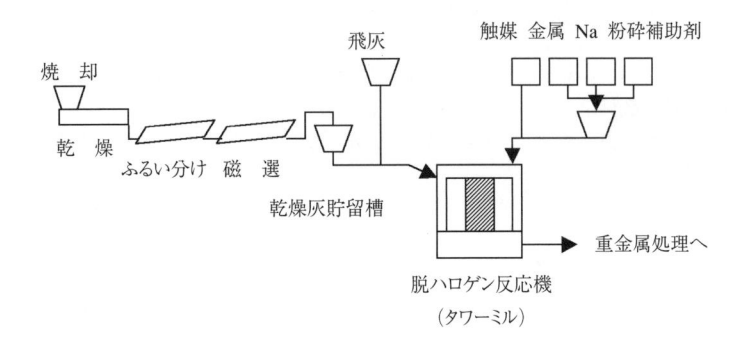

　　b．特徴
　　焼却残さ主体の処分場土壌に還元剤として疎水性物質で被覆された特殊な金属Naと触媒を、縦型ボールミルである「タワーミル」に投入し、混合・粉砕することによりダイオキシン類を還元的に脱塩素化する。

② BCD法（薬剤併用加熱脱塩の例）
　　a．フロー

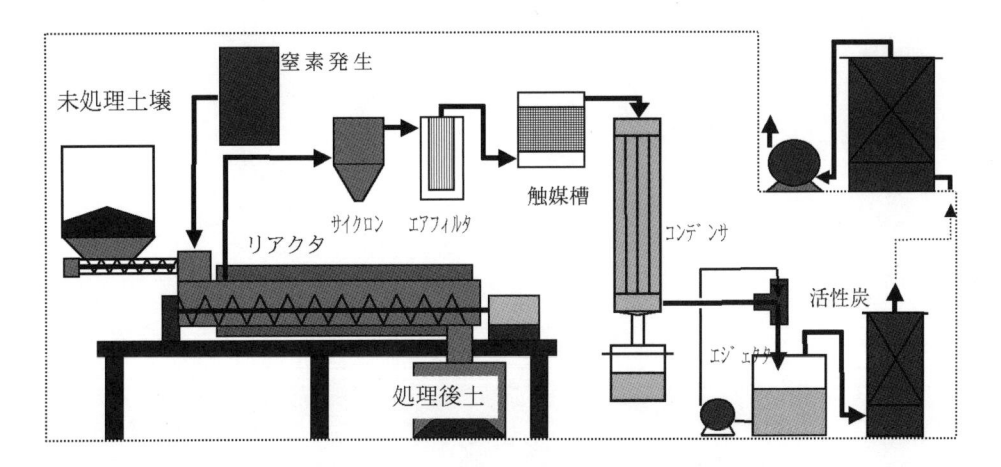

　　b．特徴
　　汚染された固形物に$NaHCO_3$を加えて混合し、300℃以上で浄化処理を行う。これによ

り浄化された固形物と一部脱塩素化分解、熱脱着した有機塩素化合物を含む凝縮液が得られる。それにKOH、NaOHなどのアルカリと触媒を加え、窒素気流下にC重油もしくはトランス油などの水素供与体中にて300～350℃で化学処理することで無害な脱塩素化合物と無機塩、水が得られる。

【参考文献】
1) 埋立地再生総合技術研究会(準備会):「埋立地再生総合技術に係わる検討(研究)報告書　平成13年3月」、(財)日本環境衛生センター
2) 「不適正処分場の再生・閉鎖における構造物の改修法　平成13年12月」、NPO最終処分場技術システム研究協会
3) 「廃棄物処理過程におけるダイオキシン類縁化合物の挙動と性状に関する研究　平成12年度報告書」、(財)廃棄物研究財団
4) 「廃棄物処理残さ物に係るダイオキシン類の分解・安定化に関する研究　平成14年度報告書」、(財)廃棄物研究財団
5) 「ごみ処理施設整備の計画・設計要領」、(社)全国都市清掃会議・(財)廃棄物研究財団

第4章　埋立地再生事例(自治体)

　埋立地を再生する手法はいまだ確立されたものがなく、必要に迫られた事業者が個別的に行っているのが現状である。このため、再生に伴う事前調査や再生方法は個別的であり、公表される機会も少なく、小さな規模で実施されてきたと想像している。

　ここでは、自治体が主体となって再生事業を行った事例を紹介するが、再生事業に係る技術については未知の技術が多く、その良否を審査できる段階までに至っていないと考えている。こうした意味で、これから再生事業を行おうとする事業者は、ここに掲げた事例に捕らわれることなく、よりよい方法を実務を通して見出されることを期待する。

　紹介する再生事例は、中間処理に関する事例と掘り起こしや選別に関する事例ならびに実験に分けて整理した。その概要は次のとおりである。

1．中間処理に関する事例

　第1節　埋立灰・焼却残さ溶融処理の事例（諫早市）
　　　旧処分場の修復を目的に、掘り起こしごみと現状の焼却灰等を溶融処理している現状報告である。特に焼却灰の前処理方法については参考となる。

　第2節　ストーカ炉＋灰溶融炉による減容処理試験
　　　低位発熱量が通常ごみに比べて約1.7倍も高い掘り起こし廃棄物でも、混焼率8：2では通常運転が可能であることや、減容化率が55％であることを報告している。

　第3節　シャフト炉式ガス化溶融炉による埋立地再生事例（巻町外三ヶ町村衛生組合）
　　　直接溶融・資源化システムで資源ごみ以外を溶融処理している状況を紹介している。再生に伴う最終処分量の低減や、埋立容量の効果にも触れている。

　第4節　高温フリーボード型直接溶融炉による溶融処理の事例
　　　高温フリーボード型直接溶融炉での掘り起こし廃棄物処理の事例である。可燃ごみに比べて灰分が5倍以上の場合でも、10％程度の混焼割合であれば可燃ごみ単独処理に比べてコークス等の使用量増加を抑えて処理できることを報告している。

　第5節　流動床式ガス化溶融炉による掘り起こし廃棄物処理事例（高砂市）
　　　流動床式ガス化溶融方式のごみ処理である。特に、今後10年間の供用を目指した可燃ごみ掘起こし設備では、移動式テントを含む設備仕様や集塵・脱臭設備、常設の環境測定器等が注目される。

第6節　流動床式ガス化溶融炉における埋立物と都市ごみとの混焼事例
　　　（中濃地域広域行政事務組合）
　　流動床式ガス化溶融施設での掘り起こし廃棄物処理の事例である。最大16.4％の埋立残さを混焼しても自己熱溶融が実現できることを紹介している。

第7節　流動床式ガス化溶融処理の事例
　　流動床式ガス化溶融炉での実証実験報告である。掘り起こし廃棄物の詳細な調査や、溶融炉運転時の経時的変化等について克明な報告がなされている。

第8節　キルン式ガス化溶融炉による溶融処理の事例（国分地区衛生管理組合）
　　キルン式ガス化溶融炉により、掘り起こし廃棄物と可燃ごみおよび下水・し尿汚泥との溶融処理の事例であり、1/132の減容化を確認したことを報告している。

第9節　ジオメルト工法によるダイオキシン類汚染土壌の現地無害化処理（橋本市）
　　橋本市でのDXN無害化処理事例である。公募の過程や住民対応、環境対策測定結果等を報告すると共に、DXNがほぼ100％分解した結果を紹介している。

2．掘り起こし・選別等に関する事例

第10節　豊島での不法投棄ごみ調査事例
　　香川県豊島での廃棄物調査事例を通して、廃棄物調査や発生ガスや地下水等の環境調査内容、更に、調査結果に基づく処理・処分方法を紹介している。

第11節　埋立地地盤改善事業の事例
　　新設の最終処分場建設に当たり、建設予定地が廃棄物埋立跡地であったことから埋立物を掘り起こし、人力とトロンメルとで分別を行い、廃棄物の種類ごとに処理・処分・再利用を行った事例である。

第12節　既設処分場の再生・延命化の事例（下津町）
　　溶融固化を伴わない埋立地再生事例である。仮置き場を既設処分場内に設けて掘り起こし埋立物を移動しながら、新設埋立地を造成する施工手順を示している。

第13節　移動式選別装置の埋立地再生事業への適用事例
　　掘り起こし廃棄物からの土砂分の回収を目的とした場合や、廃プラスチック等の可燃物を選別する場合でのトロンメル選別機を活用した選別事例を紹介している。

第14節　埋立地適性閉鎖事業の事例
　　不適正処分場を掘り起こして、隣接の新設処分場に移動した後に、表面遮水設備を敷設し、適性閉鎖した事業の概要である。掘削時の環境測定等が参考となる。

第15節　喜界町処分場の再生実証実験
　　実証実験より、65％の埋立可能容量を創出できることや、風力併用振動選別機や磁力選別機により90％程度の選別精度が得られることを報告している。

埋立物を掘り起こし、処理・処分する技術的な課題には次の事項が挙げられる。

① 事前調査技術：履歴、廃棄物探査、廃棄物性状把握、埋立物現状把握等
② 再生システム技術：掘り起こし、選別、保管、運搬、溶融、資源化等
③ 環境保全技術：掘り起こし時環境影響負荷等

　こうした課題について安全、確実、経済的に対応する方法があるとは言い難いのが現状にあるが、既往の再生事例を研究することで解決の糸口となれば幸いである。

第1節　埋立灰・焼却残さ溶融処理の事例（諫早市）

1．概要

　諫早市は昭和62年3月、焼却灰と焼却飛灰を混合して溶融するプラント（処理能力　12.3 t/16時間、一日換算18.5 t）を日本で初めて建設しました。現在の状況とは異なり、灰溶融が一般的でない時期での導入は周囲の注目を集めましたが、それは埋立処分場の逼迫が契機です。

　残さ処分の用地が確保できず、ごみ処理が閉塞するという状態を打開する唯一の解決手段は、飛灰を含め焼却残さの全量を溶融するというのが当時の諫早市の結論です。

　竣工以来平成12年9月までの約13年間、順調に稼働し灰溶融に関する多くの知見を得ることができました。

　しかしながら、今日の環境問題への関心の高まりとともに、過去の負の遺産である旧処分場の修復が話題となり、種々の議論の結果掘り起こして溶融処理することとしました。

　従来からの残さの処理に加え新たに埋立物を処理するため、処理能力を24 t/日に増強する工事を平成11年9月からはじめ、平成12年1月に完成。現在埋立物の本格的な処理運転を行っています。

　処分場は雑多なものが埋め立てられており、その溶融処理は世界ではじめての取り組みですが、ここでの知見が循環型社会を目指す日本の廃棄物処理に、多少なりとも役立てばというの

表 4-1-1　埋立灰・焼却残さ混合溶融施設の処理例

設備名	項目概要	
受入設備	焼却灰受入量	4.6 t/日　（191.0 kg/h）
	灰	4.0 t/日　（166.7 kg/h）
	鉄分（除去）	0.4 t/日　（ 17.4 kg/h）
	クリンカ（除去）	0.2 t/日　（ 6.9 kg/h）
	焼却飛灰受入量	3.3 t/日　（137.5 kg/h）
	埋立灰受入量	16.7 t/日　（695.9 kg/h）
溶融設備	被処理物投入量	24.0 t/日　（1,000 kg/h）
	塩基度調整剤投入量	1.5 t/日　（ 60.8 kg/h）
	灯油使用量	6,000 L/日　（ 250 L/h）
	燃焼空気量	4,489 m^3_N/h
燃焼ガス冷却設備	冷却水量	31.5 m^3/日　（1,313 L/h）
	苛性ソーダ使用量(24%)	2,275 L/日　（ 94.8 L/h）
排ガス処理設備	炭酸カルシウム投入量	113 kg/日　（ 4.7 kg/h）
	排ガス量	8,266 m^3N/h
スラグ排出設備	スラグ発生量	21.0 t/日　（ 873 kg/h）
溶融飛灰排出設備	溶融飛灰発生量	1.7 t/日　（ 69.3 kg/h）
	50%スラリー排出量	3.3 t/日　（138.6 kg/h）

が諫早市の願いです。

2．処理フロー

（1）処理対象物の受入

　焼却灰は、隣接する焼却施設より、コンベヤ搬送により溶融施設に運び込まれ、磁力選別機、振動篩にかけられ60mm以下に粒度選別された後、焼却灰貯留槽に貯留されます。

　飛灰は、隣接する焼却施設より空気輸送によって搬送され、飛灰貯留槽に貯留されます。

　埋立灰は、埋立処分場にて磁力選別機、振動篩にかけられ30mm以下に粒度選別された後、トラック搬送により溶融施設に運び込まれ、埋立灰ホッパに貯留されます。

（2）溶融処理

　溶融処理施設に受入れられた埋立灰および焼却残さは、投入コンベヤにて混合された状態で溶融炉に投入され、炉内温度約1,300℃で溶融処理されます。

（3）排ガス処理

　排ガス中の未燃分は、後燃焼室で完全燃焼し、空気予熱器、ガス冷却塔を通過し、その後電気集塵器、バグフィルタにより煤塵が除去され、排出されます。ガス冷却塔で苛性ソーダを噴霧し排ガス中の塩化水素および硫黄酸化物を除去します。

（4）スラグ

　溶融された処理物は、溶融炉下部のスラグピットへ落下し、急冷され水砕スラグとなり外部に搬出されます。

（5）溶融飛灰

　ガス冷却塔、集塵器で捕集された溶融飛灰は、溶融施設内にて水と混合されスラリー状で搬出されます。その後、溶融飛灰処理装置で塩分離処理されます。

図 4-1-1 混合溶融処理フロー

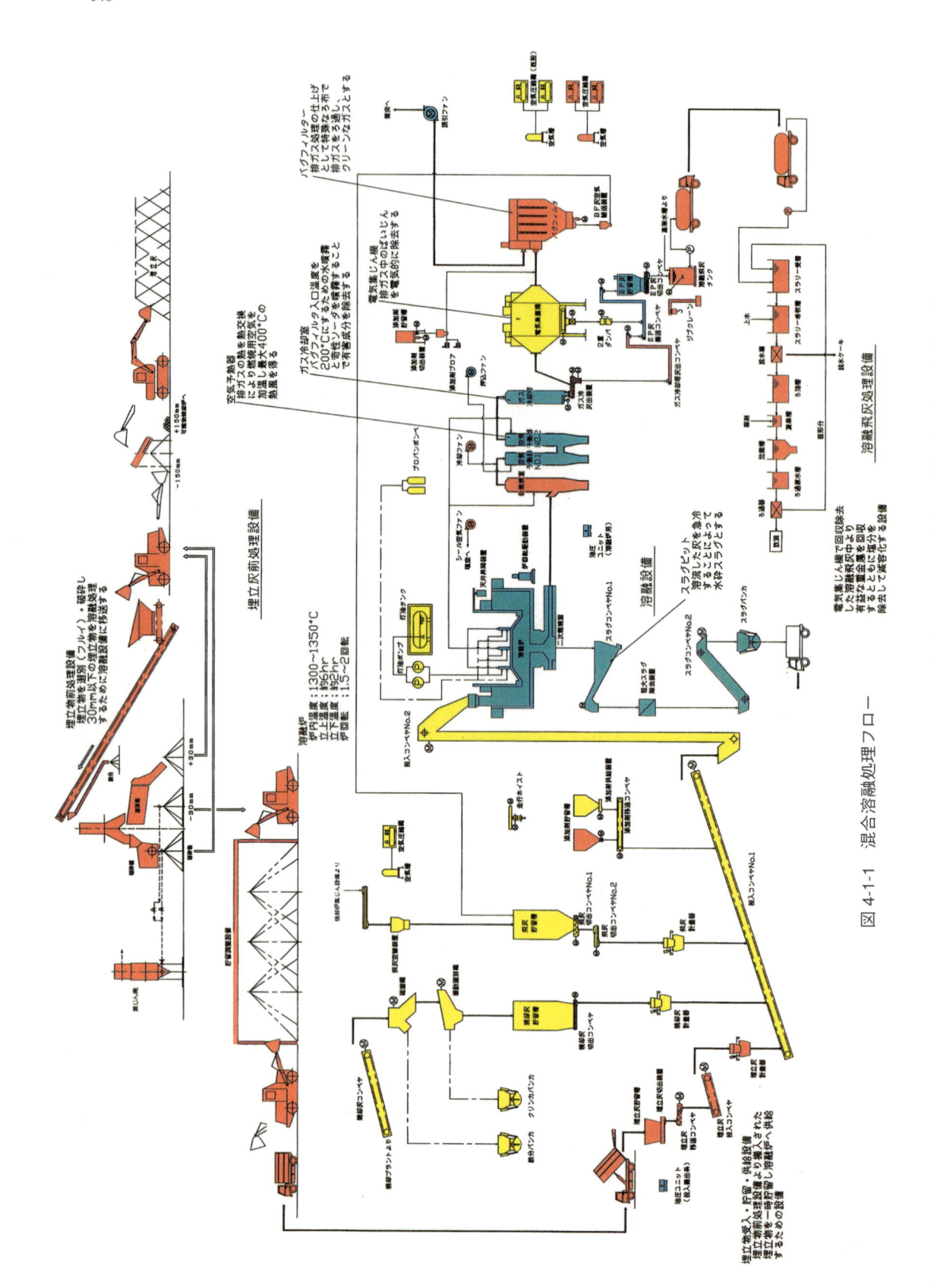

第2節　ストーカ炉＋灰溶融炉による減容処理試験

1．はじめに

　本試験は、再生処理としてごみ処理の実績が多いストーカ式焼却炉と比較的増設が容易である表面溶融式灰溶融炉を用いて掘り起こし埋立物の減容化を行ったものである。まず始めに、ある一般廃棄物最終処分場において、予備調査、埋立物の掘り起こしおよび選別・分別し、埋立物の含有成分の調査を行った。次に、選別・分別後の掘り起こし埋立物を、隣接する既設の全連ストーカ式焼却炉及び表面溶融式灰溶融炉を用いて焼却および溶融による減容化処理を行い、運転状況や排出物性状について調査したので紹介する。

2．調査対象の最終処分場と処理施設の概要

　・最終処分場：A市一般廃棄物最終処分場
　　　　　　　　埋立開始より20数年が経過。
　　　　　　　　埋立物：不燃ごみ・直接搬入ごみ(現在はほとんどない)・焼却残さ等
　・処理施設　：A市クリーンセンター
　　　　　　　　全連ストーカ式焼却炉　　62.5 t/日・炉(2炉構成、125 t/日)
　　　　　　　　燃料式表面溶融灰溶融炉　13 t/日

3．実施時期およびスケジュール概要

　　平成15年4月7日～4月30日…………予備調査(ボーリング調査、電気探査調査、溶融ラボ試験)
　　平成15年5月6日～6月23日…………掘り起こしおよび選別・分別作業
　　平成15年6月17、18日………………減容化試験(焼却試験)
　　平成15年6月24～26日………………減容化試験(溶融試験)

4．調査および試験内容

(1) 予備調査

1) 事前現地調査

　事前に埋立物のおおよその履歴を現地の管理技術者からのヒヤリングをもとに、サンプリング地点を以下のように設定した。

　　地点①………不燃ごみ＋焼却残さの埋立物（埋立経過年数2～5年）
　　地点②………直接搬入ごみの埋立物（埋立経過年数約20年）

図 4-2-1　地点①調査前の状況

図 4-2-2　地点②調査前の状況

2）ボーリング調査

　ボーリング調査は 4.(1).1) で選定した地点①および地点②において、ボーリング径φ116mmの無水オールコア工法で行った。掘削深度は5.0mとした。

3）電気探査調査

　電気探査調査はボーリング穴を中心として、掘削面8.0m四方、掘削深度5.0mの掘削容積を包含できる様に測線を30m張り、電極間隔を1mとしDipole-Dipole＋Wenner電極配置による複合法で行った。

図 4-2-3　ボーリング状況

4）溶融ラボ試験

　溶融ラボ試験はボーリング調査で得られたコアサンプルより土砂類を採取し、これらを既設溶融炉で処理されている焼却残さ（焼却灰＋焼却飛灰の混合物）に添加し、本溶融試験における掘り起こし埋立物の混合率等の基本データ収集を行った。

図 4-2-4　電気探査調査状況

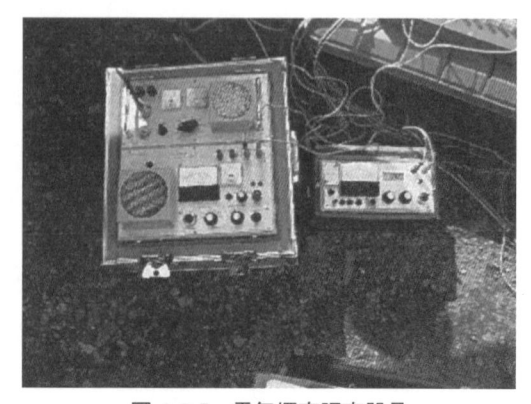

図 4-2-5　電気探査調査器具

図4-2-6　溶融ラボ試験状況　　　　　図4-2-7　地点①掘削状況

(2) 掘り起こしおよび選別・分別

　掘り起こし地点および形状は掘削地点①および地点②のボーリング箇所を中心に、表面8.0×8.0m四方、底部2.0×2.0m四方、深度5.0mの角錐形とした。掘り起こしはボーリングおよび電気探査調査との照合を目的に、0.7m^{3}バックホウを用いて0.5m間隔で掘削を行った。掘り起こした埋立物はスケルトンバケットにて約100mmの粗選別および磁力選別を行った後、天日乾燥を行った。その後振動篩および手選別により20mmオーバーと20mmアンダーに選別し、最終的に土砂類(焼却残さ含む)、可燃物＋プラスチック類、ビン・カン類、石・ガレキ類に分別した。

(3) 焼却試験

　図4-2-8に掘り起こし埋立物の減容化処理フローを示す。掘り起こし廃棄物中の可燃物＋プラスチック類を隣接する既設の全連ストーカ式焼却炉に投入して焼却試験を行い、掘り起こし埋立物を焼却処理した場合の焼却炉に与える影響について調査した。混合率は後述の掘り起こし廃棄物中の可燃物＋プラスチック類のごみ質分析結果より、全体の投入ごみのうち掘り起こし廃棄物中の可燃物＋プラスチック類が20wt%となるように試験を行った。

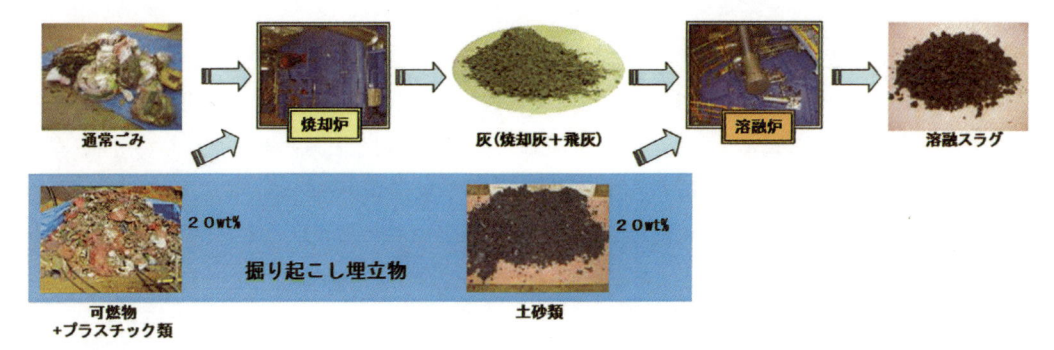

図4-2-8　掘り起こし埋立物の減容化処理フロー

(4) 溶融試験

　掘り起こし廃棄物中の土砂類を、隣接する既設の表面溶融式灰溶融炉に投入して溶融試験を

行い、掘り起こし埋立物を溶融処理した場合の溶融炉に与える影響について調査した。混合率は後述の溶融ラボ試験結果より、全体の投入物のうち掘り起こし廃棄物中の土砂類が20wt%となるように試験を行った。

5．調査および試験結果
（1）予備調査
1）ボーリング調査結果

図4-2-9に地点①、図4-2-10に地点②のボーリングコア外観について示す。地点①は不燃ごみ（白い部分）と焼却残さの混合層であることが予測されていたが、不燃ごみ層は確認されたものの、焼却灰の単独層については確認されなかった。これは埋立作業時に焼却残さは不燃ごみと混合されて埋立を行っていたためと考えられる。一方、地点②は直接搬入ごみ埋立を行っていた時代の層であることが予測されていたが、比較的覆土（黒い部分）と不燃ごみの層が交互に現れた。また埋立物は、下層になるにつれて暗黒色になっていくが青みがかった黒色の埋立物もよく見受けられた。

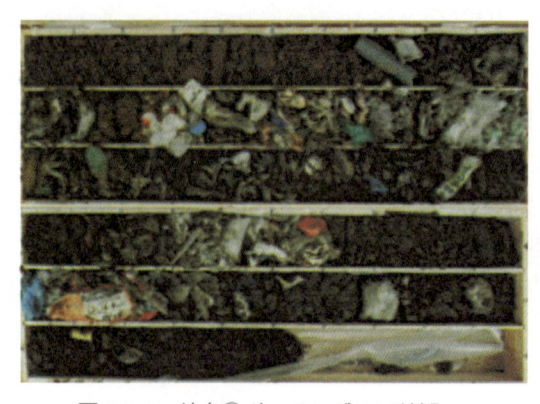

図4-2-9　地点①ボーリングコア外観　　　　　図4-2-10　地点②ボーリングコア外観

2）電気探査調査結果

今回のボーリング調査結果の代表例として、地点①の深度1.0m付近の状態を図4-2-11および写真4-2-12に示す。掘削により現れた焼却灰＋覆土と思われるゾーンの分布（写真4-2-12の左下と図4-2-11の左下の渦部分）が電気探査法の結果と酷似していた。その他の部分についても各土層性状の傾向を示していると思われた。以上より、非破壊地質調査として電気探査法を用いることはある程度の状況把握が可能であると考えられた。

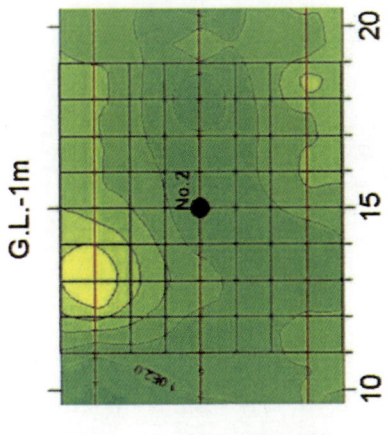

図4-2-11　電気探査調査例　　　　図4-2-12　地点①1.0m掘削後状況

3）溶融ラボ試験結果

　図4-2-13に溶融ラボ試験結果例(コアサンプル土砂類：灰＝1：4（重量比）)を示す。試料の溶融点と溶流点の測定は、溶流度試験方法[1]に準拠して行い、得られた結果は溶融物の流れやすさを判定するのに有効であった。これにより土砂類を20wt%になるように配合すれば通常運転時とほぼ同等の溶融点と溶流点を示すことが確認された。

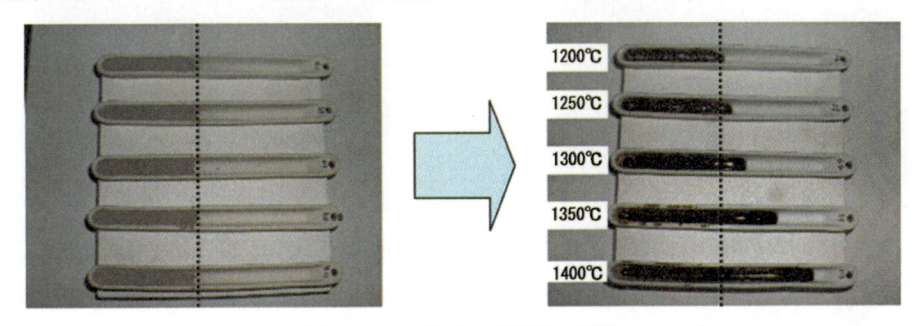

図4-2-13　溶融ラボ試験結果例

（2）掘り起こし状況および選別・分別結果

　地点①において掘り起こされた埋立物のほとんどは不燃ごみとして埋め立てられたプラスチック類であり、大半がごみ袋に包まれたままで存在していた。また一部覆土とは明らかに異なる黒色のゾーンが出現したが、焼却残さであると考えられた。地点②において掘り起こされた埋立物は約20年前の生ごみであるため、有機分が分解され、包装物が残留しているという状態であった。他に一部ビン・カン類が集中して現れる層が発見された。また深度が深くなるにつれて水分の多い土砂類が多く現れた。図4-2-14に地点①、図4-2-15に地点②における埋立物の容積比をそれぞれ示す。地点①の埋立物は主に可燃物＋プラスチック類が61%であり、可燃物のみの減容でも全体で約1/2の十分な減容化が図れることが予想された。地点②の埋立物は土砂類が51%と多く、可燃物＋プラスチック類が37%と地点①の場合に比べて少ないが、

約30%の減容化は図れると考えられた。

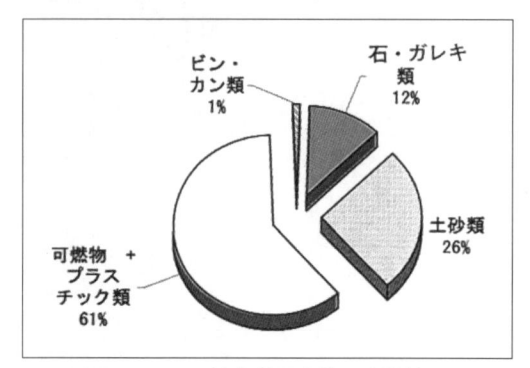

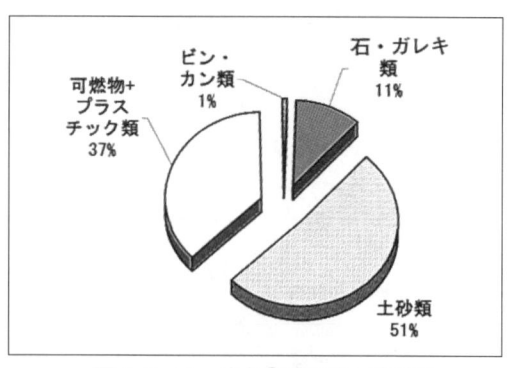

図4-2-14 地点①埋立物 容積比

図4-2-15 地点②埋立物 容積比

(3) 焼却試験

1) ごみ質分析結果

表4-2-1に今回焼却処理を行った掘り起こし廃棄物中の可燃物＋プラスチック類のごみ質分析結果について、通常ごみの分析結果と併せて示す。プラスチック・ゴム・皮革類が最も多く、全体の約

表4-2-1 掘り起こし廃棄物中の可燃物＋プラスチック類と通常ごみのごみ質分析結果

分析項目	試料名 単位	掘り起こし廃棄物中の 可燃物＋プラスチック類	通常 ごみ
紙類・繊維類	%-dry	1.3	78.1
厨芥類	%-dry	0.0	6.6
草木類	%-dry	0.3	6.0
その他可燃物	%-dry	0.0	0.7
プラスチック・ゴム・皮革類	%-dry	44.2	7.3
金属類	%-dry	4.3	0.7
ガラス・陶磁器・石類	%-dry	9.0	0.0
土砂・その他の不燃物類	%-dry	40.9	0.7
高位発熱量	kJ/kg	12,000	8,080
低位発熱量	kJ/kg	10,300	6,110

44%を占めており、通常ごみが紙類・繊維類が約78%なのに比べ大きく異なった。また、土砂・その他の不燃物類が40.9%を占めているが、これは可燃物＋プラスチックに付着したものと考えられる。低位発熱量は10,300kJ/kgであり、通常ごみの約1.7倍の熱量を有していた。

2) 排ガス分析結果

表4-2-2に焼却炉バグフィルター入口、焼却炉バグフィルター出口の排ガス分析結果を、通常時に測定した分析結果とあわせて示す。

掘り起こし廃棄物中の可燃物＋プラスチック類の混合焼却時における焼却炉バグフィルター入口の硫黄酸化物濃度および塩化水素濃度はそれぞれ50ppm、260ppmであり、これらは通常時と同等の値を示していた。

また、焼却炉バグフィルター出口に関して、混合焼却時のダスト濃度は検出下限値以下（＜0.002g/m^3_N）を示し、硫黄酸化物濃度および塩化水素濃度はそれぞれ0.21ppm、7.5ppmであり、通常運転時と変わらない除去性能を示していた。ダイオキシン類濃度は0.00062ng-TEQ/m^3_Nであり、通常時の0.00012ng-TEQ/m^3_Nとほぼ同等の値であった。

表 4-2-2　焼却炉バグフィルター入口・出口における排ガス分析結果

測定項目	位置　　単位	通常時 焼却炉バグフィルター入口	通常時 焼却炉バグフィルター出口	焼却試験 焼却炉バグフィルター入口	焼却試験 焼却炉バグフィルター出口
湿りガス流量　Q_N	m^3_N/h	13,100	19,400	16,300	16,300
乾きガス流量　Q_N	m^3_N/h	10,500	16,600	11,700	11,700
ガス温度　$θs$	℃	164	143	168	154
ガス静圧　Ps	Pa	－256	－2,452	－400	－2,500
ガス流速　$ν$	m/s	9.8	10.2	12.1	11.0
ガス組成　CO	%	8.8	6.6	10.6	10.0
O_2	%	11.0	13.4	9.3	9.8
N_2	%	80.2	80.0	80.1	80.2
水分量 Xw	%	19.7	14.6	28.5	28.3
ガス密度　$ρν$	kg/m^3_N	1.23	1.25	1.19	1.19
ダスト濃度(O_2 12%換算値)	g/m^3_N	1.7	0.002	2.2	ND＜0.002
硫黄酸化物濃度(O_2 12%換算値)	ppm	63	3.9	50	0.21
塩化水素濃度(O_2 12%換算値)	ppm	230	5.2	260	7.5
一酸化炭素濃度(O_2 12%換算値)	ppm	——	1.3	——	17
酸素濃度	%	11.0	13.4	8.6※2	14.0※1
ダイオキシン類濃度(O_2 12%換算値)	ng/m^3_N	——	0.40	——	0.15
（毒性等量換算値）	$ng\text{-}TEQ/m^3_N$	——	0.00012	——	0.00062

注―1)　※1は、モニター4時間平均値を示す。
注―2)　※2は、オルザットの平均値を示す。

　なお、排ガス処理に関わる薬剤は、通常時の設定であった。
　以上より、掘り起こし廃棄物中の可燃物＋プラスチック類の混合焼却時においても、通常運転時の場合と同等の排ガス処理結果が得られることがわかった。

3）焼却炉出口温度

　図4-2-16に焼却試験時における焼却炉出口温度のトレンドデータを通常ごみ処理の場合とあわせて示す。焼却試験時には炉出口温度が平均で20℃程度の上昇がみられたが、操業上支障はなく、通常ごみ処理時と同様安定した運転が可能であった。

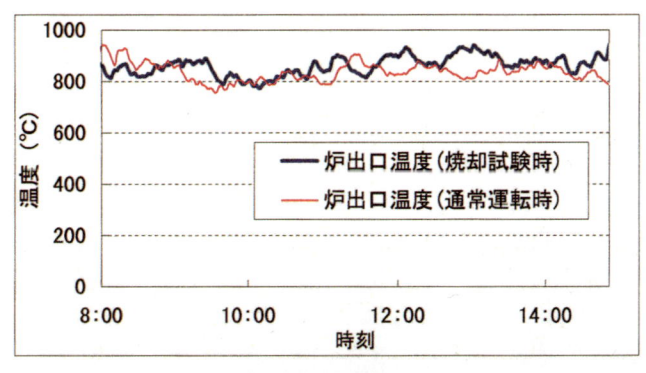

図 4-2-16　炉出口温度トレンド

4）焼却試験まとめ

以上、掘り起こし埋立物を焼却処理した場合のストーカ式焼却炉に与える影響について調査したが、全体の投入ごみのうち掘り起こし廃棄物中の可燃物＋プラスチック類が20wt%とした場合（投入ごみ：掘り起こし埋立物＝8：2）において、通常と同様の操業を行えることがわかった。

（4）溶融試験

1）ごみ質分析結果

表4-2-3に今回溶融処理を行った掘り起こし廃棄物中の土砂類のごみ質分析結果を示す。地点①、地点②ともに土砂・その他の不燃物類が最も多く、全体の約8割以上を占めており、次いでガラス・陶磁器・石類が10数%含まれていた。また低位発熱量はともに検出下限値以下（ND＜200kJ/kg）であった。

2）排ガス分析結果

表4-2-3　掘り起こし廃棄物中の土砂類のごみ質分析結果

分析項目	試料名	地点① 掘り起こし廃棄物中の土砂類	地点② 掘り起こし廃棄物中の土砂類
	単位		
紙類・繊維類	%-dry	0.0	0.0
厨芥類	%-dry	0.0	0.0
草木類	%-dry	0.1	0.0
その他可燃物	%-dry	0.0	0.0
プラスチック・ゴム・皮革類	%-dry	0.1	0.0
金属類	%-dry	0.2	0.2
ガラス・陶磁器・石類	%-dry	17.6	12.4
土砂・その他の不燃物類	%-dry	82.0	87.4
高位発熱量	kJ/kg	ND＜200	ND＜200
低位発熱量	kJ/kg	ND＜200	ND＜200

表4-2-4に溶融炉バグフィルター入口、溶融炉バグフィルター出口の排ガス分析結果を、通常時に測定した分析結果とあわせて示す。掘り起こし廃棄物中の土砂類の混合溶融時における溶融炉バグフィルター入口の硫黄酸化物濃度および塩化水素濃度はそれぞれ140～170ppm、160～210ppmであり、これらは通常時と同等あるいはそれ以下の値を示していた。

表 4-2-4　溶融炉バグフィルター入口・出口における排ガス分析結果

測定項目	位置 単位	通常時 溶融炉バグフィルター入口	通常時 溶融炉バグフィルター出口	地点①分別土砂類混合 溶融炉バグフィルター入口	地点①分別土砂類混合 溶融炉バグフィルター出口	地点②分別土砂類混合 溶融炉バグフィルター入口	地点②分別土砂類混合 溶融炉バグフィルター出口
湿りガス流量 Q_N	$m^3{}_N/h$	4,200	5,190	4,080	5,450	4,200	5,610
乾きガス流量 Q_N	$m^3{}_N/h$	3,210	3,820	2,850	4,040	2,980	4,080
ガス温度 θs	℃	182	150	191	154	189	154
ガス静圧 Ps	Pa	−230	700	−180	350	−180	500
ガス流速 v	m/s	10.1	11.5	9.65	11.8	9.88	12.1
ガス組成 CO	%	8.6	8.6	7.4	5.0	6.2	5.2
O_2	%	11.0	10.8	11.4	13.8	13.0	14.3
N_2	%	80.4	80.6	81.2	81.2	80.8	80.5
水分量 Xw	%	23.6	26.4	30.0	25.9	29.0	27.2
ガス密度 ρv	$kg/m^3{}_N$	1.21	1.19	1.17	1.18	1.17	1.17
ダスト濃度(O_2 12%換算値)	$g/m^3{}_N$	3.30	ND<0.002	1.2	ND<0.002	0.99	ND<0.003
硫黄酸化物濃度(O_2 12%換算値)	ppm	240	ND<2	140	1.3	170	0.5
塩化水素濃度(O_2 12%換算値)	ppm	840	ND<0.8	210	5.8	160	5.0
一酸化炭素濃度(O_2 12%換算値)	ppm	──	ND<3	──	ND<3(0.0)※1	──	ND<3(0.0)※1
酸素濃度	%	14.7	14.3	12.2 ※2	13.7 ※1	12.6 ※2	14.0 ※1
ダイオキシン類濃度(O_2 12%換算値)	$ng/m^3{}_N$	──	0.96	──	0.25	──	0.40
（毒性等量換算値）	$ng\text{-}TEQ/m^3{}_N$	──	0.010	──	0.0018	──	0.0035

注1）※1は、モニター4時間平均値を示す。
注2）※2は、オルザットの平均値を示す。

溶融炉バグフィルター出口に関して混合溶融時のダスト濃度はいずれの場合も検出下限値以下（<0.002～0.003g/$m^3{}_N$）を示し、硫黄酸化物濃度および塩化水素濃度はそれぞれ0.5ppm、5.0ppmであり、塩化水素については若干濃度が増加したが、極微量であり、処理排ガス組成に大きな影響を与えないものと思われる。またダイオキシン類濃度は0.0018～0.0035ng-TEQ/$m^3{}_N$であり、通常時の0.010 ng-TEQ/$m^3{}_N$を越えることはなかった。以上より、掘り起こし埋立物中の土砂類の混合溶融時においても、通常運転時の場合と同等の排ガス処理性状結果が得られることがわかった。

3）溶融炉出口温度および灯油流量

図4-2-17に今回溶融処理を行った掘り起こし埋立物中の土砂類の溶融試験時における溶融炉出口温度および灯油流量のトレンドデータを示す。地点①および地点②の掘り起こし埋立物中の土砂類の混合溶融時においても、溶融炉出口温度は土砂類投入前後でほとんど変化せず、安定した運転が可能であった。また灯油流量についても投入前後でほとんど変化せず、安定した運転が可能であった。

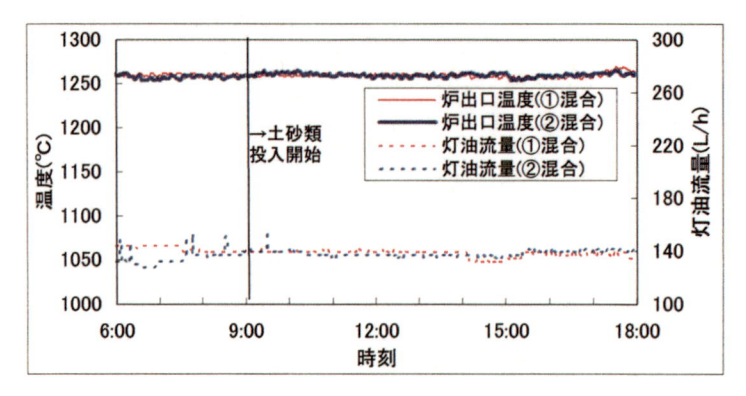

図 4-2-17 溶融試験 炉出口温度および灯油流量トレンド

4）溶融スラグ

表4-2-5に溶融スラグの環境庁告示第46号「土壌の汚染に係わる環境基準について」による溶出試験結果およびダイオキシン類測定結果、図4-2-18に粒度分布結果をそれぞれ示す。いずれの混合溶融時においても溶出試験、ダイオキシン類ともに土壌環境基準を満足していた。また粒度については通常処理のものよりも粒径の大きな溶融スラグとなった。

表 4-2-5 溶融スラグの溶出実験およびダイオキシン類結果

分析項目	単位	地点①混合	地点②混合
Cd	mg/L	ND<0.001	ND<0.001
Pb	mg/L	ND<0.001	ND<0.001
Cr^{6+}	mg/L	ND<0.02	ND<0.02
As	mg/L	ND<0.001	ND<0.001
T-Hg	mg/L	ND<0.0005	ND<0.0005
Se	mg/L	ND<0.001	ND<0.001
DXN類	ng-TEQ/g	0.000017	0.000005

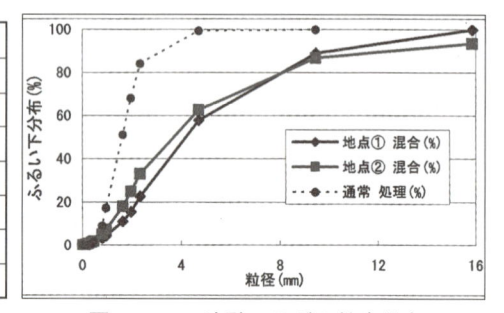

図 4-2-18 溶融スラグの粒度分布

5）溶融試験まとめ

以上、掘り起こし廃棄物中の土砂類を既設焼却炉の焼却残さ（焼却灰および飛灰）と混合溶融処理した場合の溶融炉に与える影響について調査したが、全体の投入灰のうち掘り起こし廃棄物中の土砂類が20wt%とした場合（投入灰：掘り起こし埋立物＝8：2）において、通常と同様の操業を行えることがわかった。

6．減容効果について

今回の減容化試験による混合率20wt%を用いて、地点①における減容化率を試算すると、掘り起こし廃棄物中の可燃物＋プラスチック類はストーカ式焼却炉にて処理し、掘り起こし廃棄物中の土砂類、減容不適物、および減容処理生成物（溶融飛灰等）を再埋立する場合には約55%となった。今回と同じ規模の処理施設にてケーススタディーを行うと、埋立容積100,000m³、減

容化稼働日数240日、地点①の埋立物性状と仮定した場合、再生処理量は概算で以下となる。

処理量　　　125 t/日×20%/100＝25 t/日（約30 m³/日、比重を0.85 t/m³と仮定）
　　　　　　　　　　　　　　　　＝約7,200m³/年
掘削作業量　30m³/（61%/100）＝50m³/日（12,000m³/年）
再埋立量　　50m³/日×(100－55％)/100＝22.5m³/日（5,400m³/年）
再生処理量　50－22.5＝27.5m³/日（6,600m³/年）

　一般廃棄物最終処分場の計画年数は15年と想定されるので、埋立容量100,000m³での年間埋立量（覆土含む）は6,700m³/年となり、処理量と埋立量はほぼ同じとなる。そこで、単純に減容化処理を起こったときの作業年数（延命年数）を試算すると、100,000m³/12,000m³/年＝約8.3年（×6,600/6,700＝8.1年）となる。

7．まとめ

　今回、再生処理としてごみ処理の実績が多いストーカ式焼却炉と比較的増設が容易である表面溶融式灰溶融炉を用いた掘り起こし埋立物の減容化に対して、予備調査から掘り起こし、選別・分別作業ならびに減容化処理までの一貫した調査を行い、以下の知見が得られた。

① 　ボーリング調査を行うことにより、地点①では不燃ごみ層、地点②では比較的覆土と不燃ごみの層が交互に確認された。また非破壊地質調査として電気探査法を用いることはある程度の状況把握が可能であると考えられた。
② 　掘り起こし埋立物の減容化については既存の焼却・溶融設備を用いることで目的を達成した。焼却処理は掘り起こし廃棄物中の可燃物＋プラスチック類のごみ質分析結果より、全体投入ごみ量の20wt%、溶融処理は溶融ラボ試験の結果より、全体投入灰量の20wt%を混合することにより、焼却試験および溶融試験において安定した減容化処理を行い、通常と同様の操業であった。
③ 　溶融試験により排出された溶融スラグは土壌環境基準を満足し、通常処理のものよりも粒径が大きかった。

【参考文献・引用文献】
1）（財）廃棄物研究財団編：特別管理一般廃棄物ばいじん処理マニュアル、pp.106－107（1993）
2）（社）全国都市清掃会議：第25回全国都市清掃研究・事例発表会 講演論文集、pp.297－299（2004.2）

第3節　シャフト炉式ガス化溶融炉による埋立地再生事例
　　　　（巻町外三ヶ町村衛生組合）

1．概要

　新たな最終処分場の確保が困難な中で、環境省において「最終処分場ルネッサンス」と称して既存の最終処分場の再生・延命化が検討されている。新潟県巻町外三ヶ町村衛生組合では、これに先駆け、新ごみ処理施設として採用したシャフト炉式ガス化溶融炉「直接溶融・資源化システム」の幅広いごみ質への対応性を活かし、最終処分量を低減する一方、既存の最終処分場の掘り起こし廃棄物を一般ごみと溶融処理することで最終処分場の延命化を図り処分スペースを確保することとした。平成14年春の鎧潟クリーンセンターとして稼動以来、計画通りの安定した操業を継続しており、最終処分場の延命効果が確認された。

2．鎧潟クリーンセンターの特徴

　鎧潟クリーンセンターは、シャフト炉式ガス化溶融炉とリサイクルプラザから構成されている。直接溶融・資源化システムでは、可燃ごみや脱水汚泥に加え、従来埋め立てられていた粗大破砕ごみやプラスチック、ビニール等の焼却不適物の溶融処理を行うとともに、ごみの減量化とリサイクル化を促進するために併設したリサイクルプラザの残さも溶融処理し、溶融物は全量資源化することで最終処分量の大幅な低減を図っている。さらに、最終処分場から掘り起こした廃棄物を10～15％程度混合溶融処理することにより、最終処分場内に新たに発生する溶融飛灰を埋め立てる容積を確保している。このシステムの実施により、現在の処分場で、供用予定期間の15年を大きく上回り50年程度の延命化が可能となる見通しである。

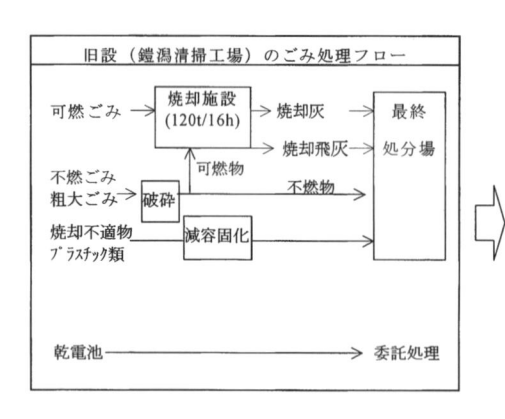

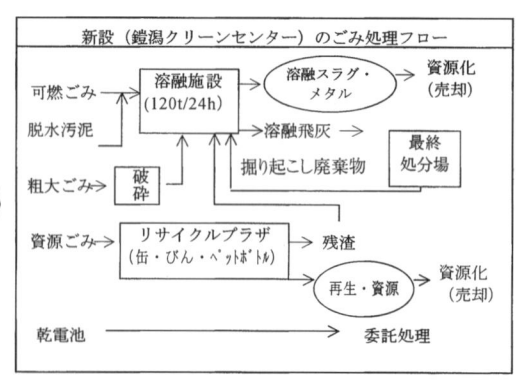

図 4-3-1　旧施設と新施設のごみ処理フロー比較

3．掘り起こし廃棄物処理の概要
（1）掘り起こし廃棄物の特徴

　最終処分場は98,000m³（約80,000ｔ：2000年度時点）の埋立容量の管理型処分場であり、現在も継続して使用している。当最終処分場には、既設ストーカ炉の焼却灰、焼却飛灰に加えて、プラスチック系の高分子ごみ、破砕した粗大・不燃ごみ等の焼却不適物が埋立処分されている。掘り起こし廃棄物の基本特性を調査するために、事前に平面方向に複数の地点を約３ｍ程度バックホーで掘り返し、サンプルを採取し分析した。表４－３－１に３地点、３サンプルの分析結果を示す。

表4-3-1　掘り起こし廃棄物分析結果

項　　目		A地点 深さ−3ｍ	B地点 深さ−3ｍ	C地点 深さ−3ｍ
水　分	（％）	22.0	20.4	21.5
可燃分		40.7	10.6	22.4
灰　分		37.3	68.9	56.1
低位発熱量	（kJ/kg）	13,860	1,100	4,650
かさ比重	（ｔ/m³）	0.64	1.27	0.92

　Ａ地点は焼却不適物として埋め立てられたプラスチック類の割合が多く、可燃分が高く灰分が比較的低い。一方、Ａ地点から20ｍ程度離れたＢ地点では、焼却灰、焼却飛灰等の割合が多くプラスチック類が少ないため、可燃分は低く灰分が非常に高かった。また、Ｃ地点はＡやＢ地点の灰分、可燃分の中間程度の値を示した。

　この様に、処分場内の廃棄物性状は掘削箇所により大きく異なり、特に水分は比較的安定しているものの、可燃分と灰分がばらつき、発熱量も大きく変動する。センターへ搬入される可燃ごみの発熱量から推定すると、掘り起こし廃棄物を15％含めた溶融対象ごみ発熱量は約6,000～8,000kJ/kgで変動する。

（2）掘削、前処理工程及び環境モニタリング

　図４－３－２に掘り起こし廃棄物溶融処理システムフローを示す。

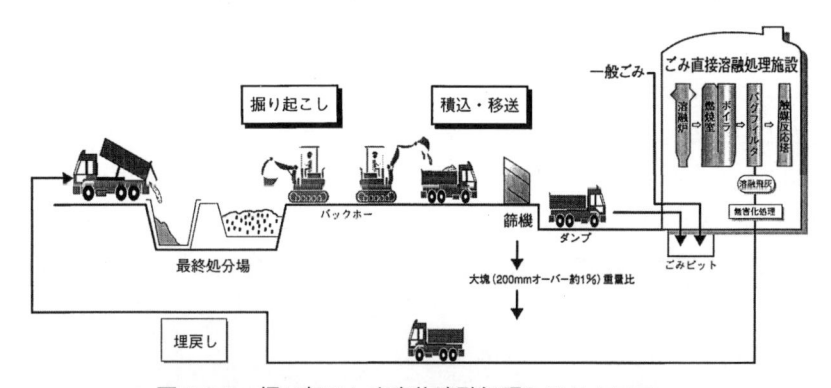

図 4-3-2　掘り起こし廃棄物溶融処理システムフロー

最終処分場では週に数日、15 t/d程度、重機(バックホー)を使用して埋立物を掘り起こし、処分場横に隣接している室内設置の簡易な篩い装置(バースクリーン型：能力18 t/h)へ搬送し選別する。プラスチック類を主とした篩上と焼却灰を主とした篩下に分け、篩上からコンクリート片等の大塊(+200mm)を除去した後、篩上及び篩下ごみは落下口に待機させた搬送用トラックの荷台に直接落下・積み込まれ、そのまま飛散防止用シートを掛けて約13km離れた溶融処理施設へ搬入する。

具体的な作業負荷は、作業日数は200日/年、作業時間は2時間/日程度である。また、掘り起こしたエリアは、ゴムシートを施工し、順次溶融施設から排出された溶融飛灰の処分スペースとして活用する。

表4-3-2 作業環境測定結果

測定項目	単位	最終処分場内（屋外）			篩いエリア内
		作業無時	掘削作業時		篩い作業時
		風下	風上	風下	—
メタン	ppm	2.3	2.5	2.3	2.3
粉じん	mg/m^3	0.013	0.012	0.027	0.149
DXNs(Co-PCB含)	pg-TEQ/m^3	0.29	0.09	0.12	1.84

次に、掘削時と篩い作業時における作業環境調査を行った結果を表4-3-2に示す。メタンは掘削の有無に関わらず低い値で安定しており、粉じん濃度は掘削時の風下や室内作業となる篩い時に若干増加した。ダイオキシン類(DXNs)については、篩い時においても作業環境基準の第一区分を満足している。なお、掘削作業時のダイオキシン類は50%以上、篩い作業時は90%以上が粒子状の濃度であった。また臭気に関しては22物質について測定し、アンモニア、アセトアルデヒド、トルエンが一部定量されたものの、濃度は臭気強度2.5に相当する物質濃度以下であった。

(3) 中間処理工程

溶融処理施設へ搬入された掘り起こし廃棄物は、ごみピットへそのままダンプし、可燃ごみ、粗大破砕ごみ、リサイクルプラザ発生残さとともにごみピット内で攪拌した後、溶融炉へ装入されて一括処理される。

溶融処理により発生する溶融スラグ、メタルは、クリーンセンター渡しで組合から溶融物流通会社に売却している。スラグは主にインターロッキングブロックや埋戻し材、アスファルト路盤材に利用され、メタルは建設重機のカウンターウエイト重量骨材として利用される。また、ごみ中可燃分は溶融炉内でガス化された後、後段の燃焼室で完全燃焼させ、廃熱はボイラで回収される。排ガス処理についても、可燃ごみ処理と同等のバグフィルタ+触媒で対応している。

(4) 最終処分工程

溶融飛灰は薬剤処理により無害化された後、トラックで再び最終処分場に搬入される。掘削

した部分に遮水シートを敷いて作られた再処分エリアに、トラックからダンプし、これまでの焼却飛灰と同様に埋立処分される。

(5) 溶融施設の稼働状況

2001年10月中旬から約6ヶ月の期間試運転を行い、2002年3月20日に正式引渡しを完了した。

なお、掘り起こし廃棄物処理は2月から開始し、現在まで計画通り処理を継続している。

表4-3-3 スラグ成分

項　目		測定値
T-Hg	mg/kg	<0.01
Cd	mg/kg	<0.05
As	mg/kg	<0.5
Pb	mg/kg	7.58
Cr^{6+}	mg/kg	<2.0
Se	mg/kg	0.4

(6) 処理実績

試運転期間中に約600 tの掘り起こし廃棄物を処理し、さらに2002年度では約3,000 tの掘り起こし廃棄物を含む約30,000 tの廃棄物を処理した。炉内へ投入するコークス添加量は、掘り起こし廃棄物なし時と比較して2％程度上乗せしている。

また、発生した溶融物（スラグおよびメタル）は約6,200 t、無害化処理後の集じん灰固化物は約1,600 tであった。スラグにおいては「一般廃棄物の溶融固化物に係わる目標基準」を満足するとともに、将来、規制項目になると考えられる含有量も極めて少なく、天然砂レベルである。表4-3-3に成分分析結果を示す。集じん灰固化物においても十分溶出基準値（環境庁告示13号）を満足している。

(7) ダイオキシン類測定結果

本溶融施設で、引渡し後に測定した掘り起こし廃棄物処理時のダイオキシン類濃度を表4-3-4に示す。本施設では排ガス中ダイオキシン類の基準値は$0.1ng-TEQ/m^3_N$以下であり、また、再度最終処分場に埋め立てる集じん灰固化物についてはダイオキシン類対策特別措置法の適用除外となっているが、測定値は排ガス、集じん灰固化物とも十分低い値となっている。

表4-3-4 ダイオキシン類測定結果

項　目		1号炉	2号炉
排ガス*	$(ng-TEQ/m^3_N)$	0.00012	0.00015
集じん灰	$(ng-TEQ/g)$	0.12	

＊乾きガス、酸素12％換算値

4．最終処分場延命効果

鎧潟クリーンセンターにおける掘り起こし廃棄物溶融処理システムの開始により処分場からの搬出量は年間約3,000 t（約3,000m^3、比重1仮定）となり、一方、最終処分場への搬入量は旧施設時と比較して約1/3となる1,600 t（約1,600m^3）に減少している。2002年度実績を基に今後の最終処分場の埋立量を試算すると、図4-3-3に示すように最終処分場の埋立残量は2001年度をピークに減少に転じ、その結果、クリーンセンターでは今後50年程度の処分場の延命化が可能となる。

実際に処分場の延命化を図るためには、中間処理施設での飛灰発生割合低減だけではなく、

むしろ掘り起こし廃棄物の再埋立量や収集廃棄物からの直接最終処分量の低減等による再埋立物量の低減がポイントとなる。例えば、今回の掘り起こし廃棄物溶融処理システムでは、収集廃棄物からの直接最終処分は無く、再埋立対象物は溶融飛灰の無害化固化灰のみであったが、仮に収集廃棄物の1％程度でも直接埋立を行うと減容効果は大きく低下する。有限な処分場空間を有効に利用し延命化を図りつつ、より投資効果を上げるためには新たに発生する埋立物量を極力低減することが重要である。

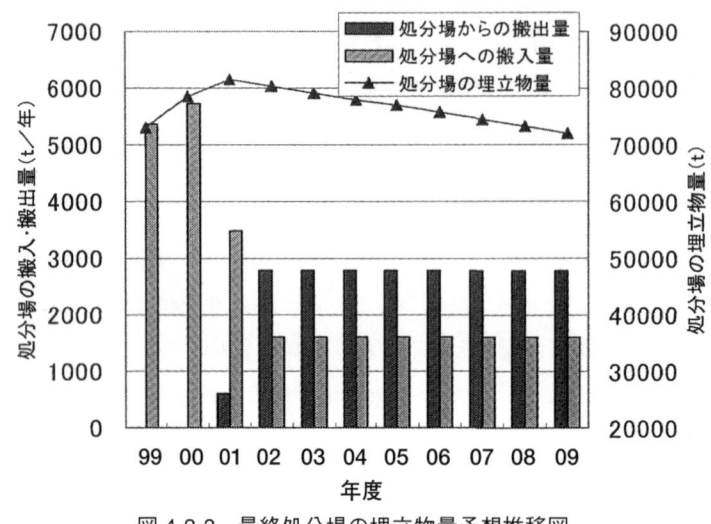

図4-3-3 最終処分場の埋立物量予想推移図

5．まとめ

　巻町外三ヶ町村衛生組合の直接溶融・資源化システムでは、資源ごみ以外の全てのごみが溶融処理できることから、最終処分が必要なのは集じん灰固化物のみとなり最終処分量を大幅に低減できたことに加え、掘り起こし廃棄物の混合溶融処理によりその処分スペースも十分確保できることになった。また、一般ごみに掘り起こし廃棄物を加えて混合溶融処理をすることはコークスのわずかな上乗せで対応できることから、極めて経済的なシステムであることが明らかになった。

【参考文献】
阿部ら：第14回廃棄物学会研究発表会講演論文集、pp.792-794（2003）

第4節　高温フリーボード型直接溶融炉による溶融処理の事例

1．はじめに

　当市のこれまでの廃棄物処理は、「可燃ごみ」、「不燃ごみ」、「資源ごみ」の3種類の分別収集に基づき、ダンボール、新聞・雑誌類、布類などの資源ごみをリサイクルし、不燃ごみは、有価金属類を除いたのち、可燃ごみの焼却残さとともに管理型の最終処分場に埋立処分を行っていた。過去20年間の供用による焼却施設の老朽化と最終処分場の延命化に対応すべく、当市は、高温直接ガス化溶融炉の導入を決定し、2003年度から操業を開始した。新設された溶融処理施設は処理能力55 t／日炉2基からなり、リサイクル施設を併設している。2002年度末の試運転段階から、最終処分場からの掘り起こし廃棄物と可燃ごみとの混合溶融処理[1) 2)]を開始し、順調な操業結果を得ている。

2．掘り起こし廃棄物処理の概要

（1）掘り起こし廃棄物の特徴

　最終処分場は新設の溶融施設から約8 km離れたところに位置する、埋立容量約180,000 m^3 の管理型処分場であり、1980年から供用開始し、今後も継続使用する予定である。不燃ごみとしてプラスチック類、粗大系の焼却不適物が主体であるが、特にプラスチック類が多く、熱処理により簡易的に固化処理されたものも含まれている。これらとあわせ、既設焼却炉から排出された焼却主灰、焼却飛灰などが区分されずに覆土処理されている。
　表4-4-1に掘り起こし廃棄物と可燃ごみの分析結果を示す。掘り起こし廃棄物は紙類が少なく、土砂類（ガラス、石、その他2 mm以下）が多いため、灰分が8割程度（dry）と可燃ごみに比べて5倍以上高い値となっている。また、水分は少ないものの、固定炭素が1％強と可燃ごみの約1／8しかないため、発熱量は可燃ごみの1／2〜1／3程度となっている。
　現地で重機により掘り起こした廃棄物は、特に土砂類を分別処理することなくダンプカーに積み込み、直接溶融施設まで搬送し、可燃ごみのピットにダンピングする。

表 4-4-1　廃棄物分析結果

項	目	単位	掘り起こし廃棄物	都市ごみ（可燃）
三成分	水分	wet%	22.3	32.5
	灰分	wet%	61.6	7.5
	可燃分	wet%	16.2	60.0
工業分析	灰分	dry%	78.0	10.4
	揮発分	dry%	20.7	80.7
	固定炭素	dry%	1.44	9.0
	低位発熱量	kcal/kg	870	2445

(2) 中間処理工程

　溶融処理施設は、副資材としてコークスと石灰石を用いるシャフト炉式の高温フリーボード型直接溶融炉である。ごみピットに投入された掘り起こし廃棄物は、可燃ごみとリサイクル残さとをピット内で攪拌・混合し、溶融炉へ投入・処理される。溶融したスラグ、メタルは連続的に排出し、水砕スラグ、水砕メタルとして回収するが、スラグの塩基度がおおむね1.0となるように石灰石の供給量を調整する。二次燃焼炉は炉内温度を900℃以上に保ち、溶融炉で生成した可燃性ガスを完全燃焼するとともに、ダイオキシン類の完全分解を行う。さらに排ガスからの蒸気回収により発電を行っている。ガス冷却塔で160℃程度まで降温し、バグフィルタ直前では、消石灰を乾式で吹込みHCl、SO_2といった酸性ガスを中和除去する。バグフィルタで集塵した飛灰は、液体キレート剤とともに混練し、有害重金属類の溶出を防止した上で、再び最終処分場に搬入し処分される。これらのフローは可燃ごみ用と全く同一であり、特に掘り起こし廃棄物のために考慮した部分は無い。図4-4-1に溶融処理施設のフローを示す。

3. 溶融施設の稼動状況
(1) 処理実績

　2002年度末の試運転期間中に、掘り起こし廃棄物と可燃ごみとの混合溶融処理を3回、合計31tの掘り起こし廃棄物を実施した。掘り起こし廃棄物の溶融処理比率は最大で10％程度の範囲であり、延べ9日間極めて順調な操業を維持した。

　コークスの使用量は、基本的には処理対象物の灰分量に比例するため、処理量1t当たり10～30kg増加させる必要があるが、試験中は10kg程度の増量に抑えた。また、石灰石はスラグの塩基度調整のため、ごみt当たり25kg増量した。

(2) 環境性能

　スラグ中の有害重金属の含有量は低く、特にPb、Cd、Asはいずれも定量下限値未満であり、有害有機物も定量下限値未満であった。

　表4-4-2に溶出試験を行った結果を示す。可燃ごみ処理の場合と同様に、有害重金属類および有害有機物類は含有量が低いため溶出は認められず、得られたスラグは安全性の高いことが確認された。これは還元雰囲気で溶融を行う、コークスを使用した溶融プロセスに固有の優れた特徴である。

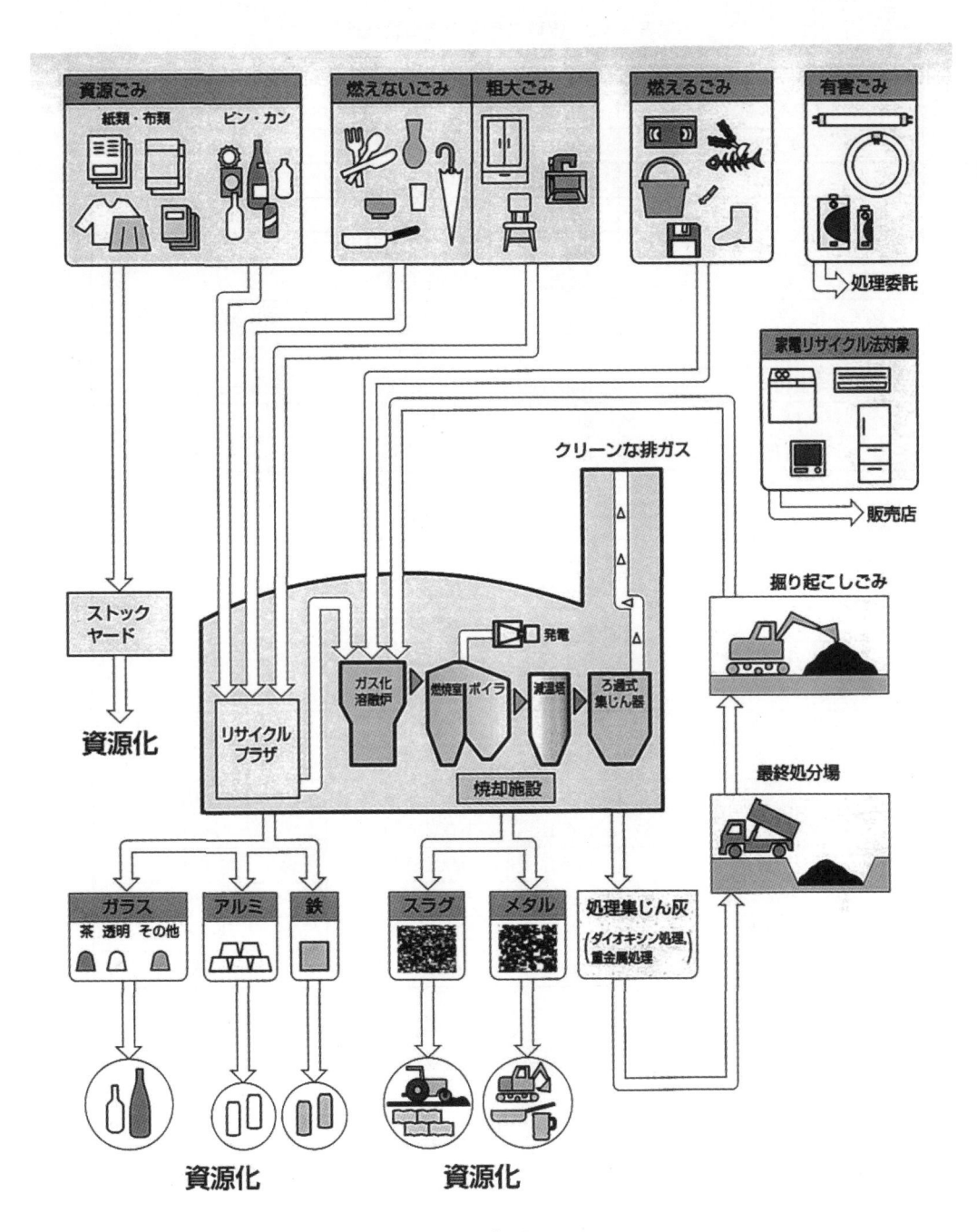

第 4 章　埋立地再生事例（自治体）　159

図 4-4-1　処理フロー

表 4-4-2　水砕スラグの溶出試験結果

項　目	単位	測定値	土壌環境基準
アルキル水銀	mg/L	不検出	検出されないこと
総水銀	mg/L	0.00005未満	0.0005
鉛	mg/L	0.001未満	0.01
カドミウム	mg/L	0.001未満	0.01
六価クロム	mg/L	0.005未満	0.05
砒素	mg/L	0.001未満	0.01
シアン化合物（全シアン）	mg/L	不検出	検出されないこと
有機燐	mg/L	不検出	検出されないこと
ポリ塩素化ビフェニル	mg/L	不検出	検出されないこと
ジクロロメタン	mg/L	0.002未満	0.02
四塩化炭素	mg/L	0.0002未満	0.002
1,2-ジクロロエタン	mg/L	0.0004未満	0.004
1,1-ジクロロエチレン	mg/L	0.002未満	0.02
シス-1,2-ジクロロエチレン	mg/L	0.004未満	0.04
1,1,1-トリクロロエタン	mg/L	0.1未満	1
1,1,1-トリクロロエタン	mg/L	0.0006未満	0.006
トリクロロエチレン	mg/L	0.003未満	0.03
テトラクロロエチレン	mg/L	0.001未満	0.01
1,3-ジクロロプロペン	mg/L	0.0002未満	0.002
チウラム	mg/L	0.0006未満	0.006
シマジン	mg/L	0.0003未満	0.006
チオベンカルブ	mg/L	0.002未満	0.02
ベンゼン	mg/L	0.001未満	0.01
セレン	mg/L	0.001未満	0.01
ふっ素	mg/L	0.08未満	基準なし
ほう素	mg/L	0.1未満	基準なし

表4-4-3に煙道排ガス組成と飛灰の組成を示す。

表 4-4-3　煙道排ガス組成

成分	単位	測定値	
		1号	2号
CO（O_2 12%換算4時間平均値）	ppm	10	<5
NOx（O_2 12%換算値）	ppm	62	88
HCl（O_2 12%換算値）	ppm	3	8
SOx（O_2 12%換算値）	ppm	3.0	40
ダスト濃度	g/m^3_N	<0.001	<0.001
DXN	$ng\text{-}TEQ/m^3_N$	0.0012	0.0017

煙道排ガスに含まれる酸性ガスの濃度はHCl、SO_2ともに十分低い値である。また、排ガス中のダイオキシン類濃度は毒性等価換算値で0.0012ng-TEQ/m^3_Nおよび0.0017ng-TEQ/m^3_Nと十分低い値を示した。

キレート処理した飛灰について環境庁告示13号法により溶出試験を行った結果を表4-4-4に示す。表から、全ての項目についてほぼ通常の基準にしたがった液体キレート剤の添加量で処理した飛灰は、埋立基準値を満足していることが分かる。

表 4-4-4　飛灰処理物の溶出試験結果

項　　目	単位	分析値	埋立基準値
アルキル水銀化合物	mg/L	不検出	検出されないこと
鉛又はその化合物	mg/L	0.03未満	0.3
水銀又はその化合物	mg/L	0.0005未満	0.005
カドミウム又はその化合物	mg/L	0.03未満	0.3
六価クロム又はその化合物	mg/L	0.15未満	1.5
砒素又はその化合物	mg/L	0.03未満	0.3
セレン又はその化合物	mg/L	0.05	0.3
PCB	mg/L	0.0005未満	0.003

（3）最終処分場の延命効果

掘り起こし廃棄物を10％混合処理し、一日当たり110ｔ、年間300日間稼動した場合の最終処分場の延命効果を表4-4-5に示す。

表 4-4-5　最終処分場延命効果

項　　目	値
掘り起こし量	
掘り起こし廃棄物かさ密度	0.35 t/m^3
投入重量（10％混合）	3300 t/年
掘り起こし体積	9,429 m^3/年
再埋立量	
再埋立物かさ密度	1.2 t/m^3
再埋立重量	990 t/年
再埋立体積	825 m^3/年
最終処分場延命効果	
削減重量	2310 t/年
削減体積（延命効果）	8,604 m^3/年

4．おわりに

当市の溶融施設（高温フリーボード型直接溶融炉）により、掘り起こし廃棄物と可燃ごみとの混合溶融処理を通じ、安定した操業状況を確認した。また、10％程度の掘り起し廃棄物混合処

理では、可燃ごみ単独処理に比べコークスの使用量増加も少なく、良質なスラグを有効利用できることもあり、経済性にも優れた最終処分場の延命化に有効なシステムであることを確認した。

【参考文献】
1）須藤雅弘他、「廃棄物高温ガス化溶融炉による埋め立て掘り起こしごみ・焼却灰処理」、第10回廃棄物学会研究発表会公演論文集、1999
2）山川裕一他、「高温ガス化直接溶融炉」、第20回全国都市清掃研究発表会公演集、1999

第5節　流動床式ガス化溶融炉による掘り起こし廃棄物処理事例
　　　　（高砂市）

　平成15年4月新しいごみ処理施設である「高砂市美化センター」が完成した。
　本施設は97 t/24h×2炉（194 t/日）で構成される流動床式ガス化溶融施設で、一般ごみ、リサイクルプラザ選別可燃・不燃ごみ、汚泥および高砂市最終処分場から搬入される掘り起こし廃棄物を混合し、焼却溶融処理を行っている。

1．施設概要
　最終処分場、掘り起こし設備、流動床式ガス化溶融施設の概要を以下に示す。

（1）最終処分場
　最終処分場は、埋立容量144,600m³の管理型処分場で可燃ごみ、粗大ごみ処理施設選別不燃ごみ、焼却灰などが埋め立てられている。

　　① 施 設 名 称　　　　高砂市最終処分場
　　② 埋 立 面 積　　　　43,500m²
　　③ 容　　　　積　　　　144,600m³
　　④ 埋 立 量　　　　　104,000m³（2003年3月時）
　　⑤ 埋 立 物　　　　　一般廃棄物（可燃ごみ）主体
　　⑥ 竣　　　　工　　　　1992年9月
　　⑦ 焼却施設までの距離約　2km

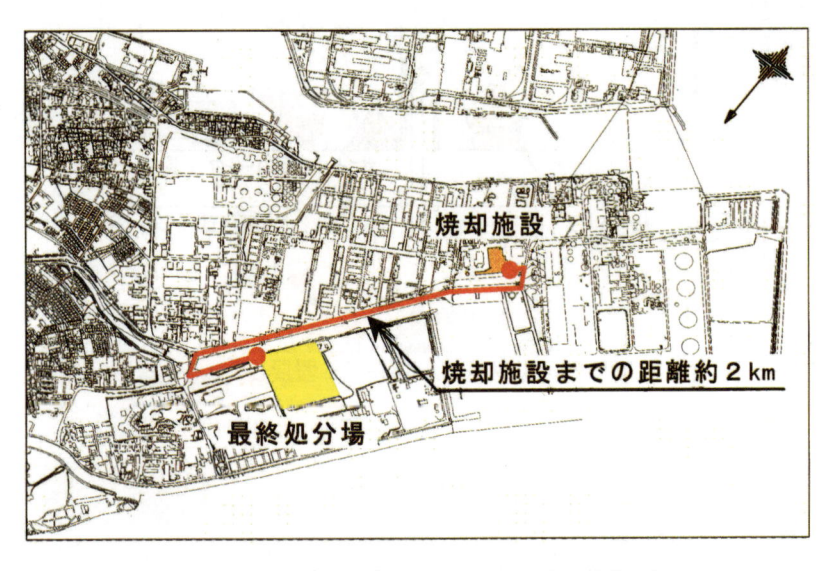

図4-5-1　高砂市ごみ処理施設と最終処分場の位置関係

（2）掘り起こし設備

本設備は最終処分場内に既に埋め立てられた可燃ごみを掘り起こし、選別した上で流動床式ガス化溶融施設へ搬送するための設備で、平成15年度から約10年間で処理する予定である。また、近隣に民間工場、公共施設、道路があり周辺環境を考慮した計画としている。

①	設備名称	掘り起こし廃棄物前処理設備	
②	設備方式	移動式テント付設　重機掘り起こし・篩選別方式	
③	処理能力	100 t/日（掘削量として）	
④	処理時間	8時間	
⑤	覆蓋設備	移動式テント（22m×21m×9.3m高さ）	
		走行装置（クローラ式）、アウトリガーによる方向転換	
⑥	環境対策設備	集塵脱臭装置（450m³/min）、テント内外悪臭・可燃ガス監視計器	
⑦	掘り起こし重機		
	・掘　　削	バックホウ（バケット容量：0.4m³）	1基
	・積　　込	ホイールローダー（バケット容量：1.4m³）	1基
⑧	振動篩選別機	水冷ディーゼル油圧式スクリーン（1段デッキ式）	1基
⑨	搬送トラック	天蓋付密閉型4t深ダンプ	2台

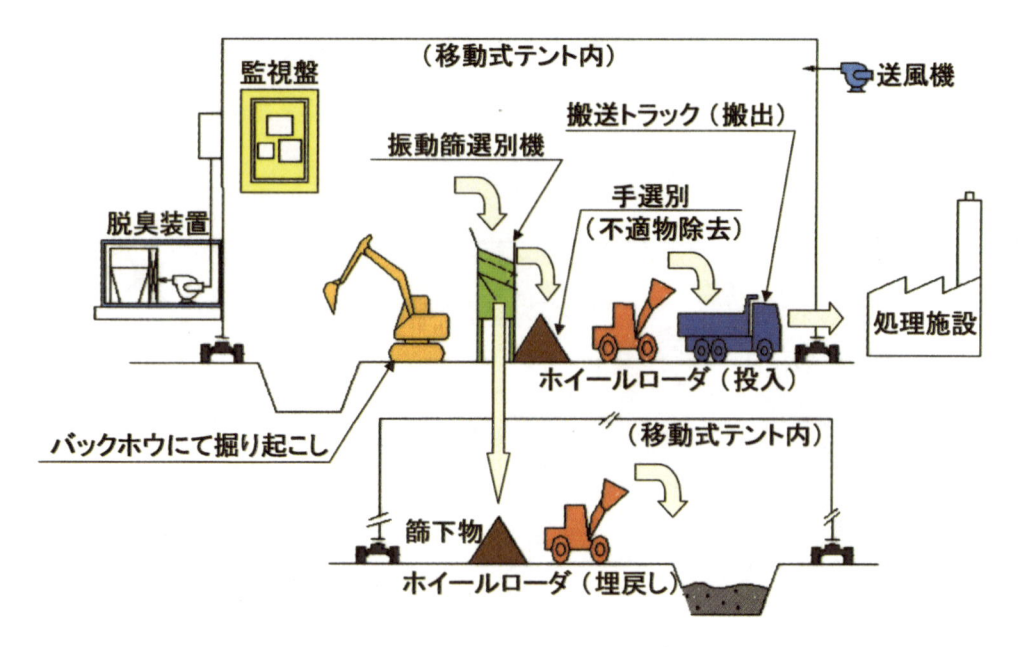

図 4-5-2　掘起こし処理フロー

（3）流動床式ガス化溶融施設

本施設は、多様なごみを混合焼却溶融処理するため、以下の特徴がある。また施設の処理フローを図4-5-3に示す。

・受入供給設備：乾燥機の設置による補助燃料の削減と、多様なごみ質に対する安定ガス化対応
・ガ　ス　化　炉：散気管式流動床による安定した不燃物抜出しとガス化炉残さの溶融処理
・溶　　融　　炉：横型の旋回溶融炉とし、溶融部分の高火炉負荷設計により、自己熱で灰分を溶融スラグ化可能

① 施　設　名　称　　　　高砂市美化センター
② 処　理　方　式　　　　流動床式ガス化溶融炉
③ 施　設　規　模　　　　194 t/日（97t/24h×2炉）
④ 処　理　対　象　物　　収集可燃ごみ、リサイクルプラザ選別可燃・不燃ごみ、下水汚泥及びし尿汚泥、掘り起こしごみ
⑤ 燃焼ガス冷却方式　　　廃熱ボイラ式（4.0MPa×400℃）
⑥ 排ガス処理方式　　　　バグフィルタ＋触媒反応塔
⑦ 余　熱　利　用　　　　蒸気タービン発電（2,550kW）他
⑧ 竣　　　　　　工　　　2003年3月

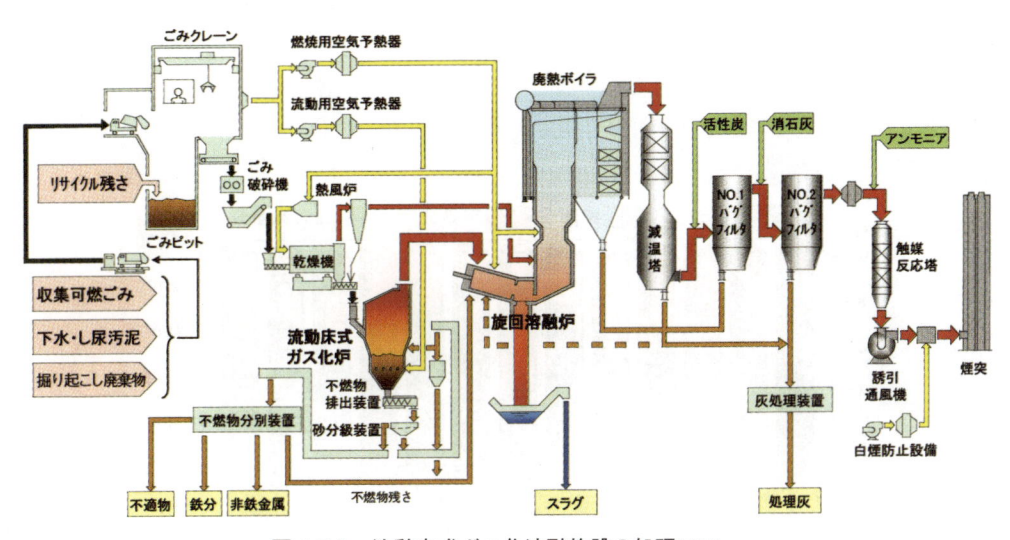

図4-5-3　流動床式ガス化溶融施設の処理フロー

2．施設の運転結果
（1）掘り起こし廃棄物の性状

本最終処分場は旧塩田跡地に建設されたもので、埋立深さは約3mと比較的浅い。最終処分場の各地点について、掘り起こし深さを考えて廃棄物のサンプリングを実施した。サンプリング地点及び掘削深さを図4-5-4に示す。

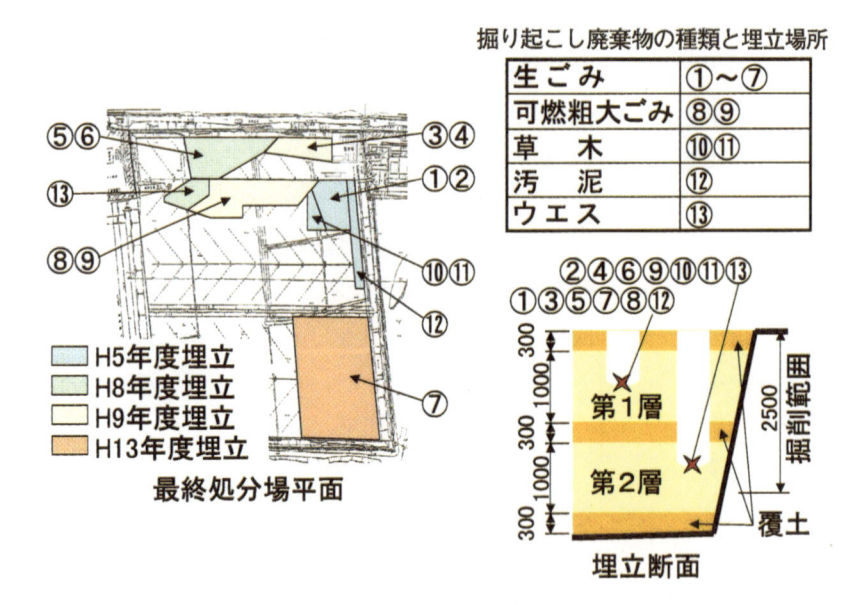

図 4-5-4　掘り起こし廃棄物サンプリング地点と深さ

　図4-5-5に掘り起こし廃棄物の分析結果を示す。
　この分析結果から本最終処分場では、多種多様なごみが埋め立てられ、ごみ質全般にばらつきがあり、全体的に水分・灰分が多いことが分かる。また、覆土も含まれるため、掘り起こし作業において篩い分けが必要となる。しかしながら、不適物や覆土を概ね取り除き、収集可燃ごみと混合することで焼却処理は可能である。

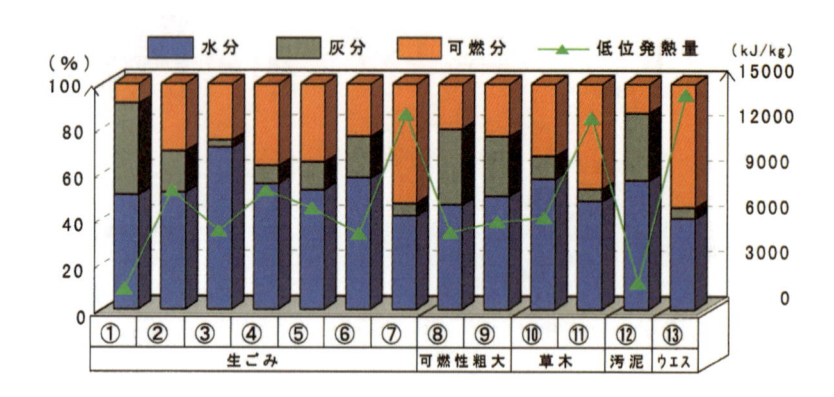

図 4-5-5　掘り起こし廃棄物の分析結果

（2）掘り起こし設備の運転結果

平成15年4月以降、作業者の教育を含め運転を開始した。掘り起こし対象は平成5年度以降に埋立を行った可燃ごみ、破砕可燃ごみ、その他埋立物で埋立層は層厚1mごとに覆土を0.3m被せた2層構造である。掘り起こし作業は、処分場底部に敷かれた遮水シートの破損を考慮し、底部0.5mの埋立物層を残して掘り起こし作業を行っている。

図 4-5-6 掘り起こし状況

1）掘り起こし作業時の環境対策

テント内での掘り起こし作業時における作業管理基準値と実測値を表4－5－1（風下10m、敷地境界）、表4－5－2（テント内）に示す。いずれも作業管理基準値を下廻り安全に作業ができることを確認した。掘り起こし場所により、実測値は変化するため、管理基準を遵守して作業を進めている。

表 4-5-1 作業管理基準値と実測値

項　　目	管理基準(ppm) 風下10m地点 （検知管による）	実測値 (ppm)	敷地境界規制基準 (ppm) （ガスクロ分析）	実測値 (ppm)
アンモニア	50	＜0.5	1	＜0.1
メルカプタン類	0.1	＜0.1	0.002 （メチルメルカプタン）	0.0005
硫化水素	1	＜0.2	0.02	0.001
硫化メチル	0.45	＜0.3	0.009（二硫化メチル）	0.001
酢　　酸	0.5	＜0.125	0.001（ノルマル酪酸）	0.00007
	0.5	＜0.125	0.001（イソ吉草酸）	0.0005

表 4-5-2 テント内作業管理基準と実測値

項　　目	単　位	作業管理基準値	実測値
アンモニア	ppm	1.0以下	0
酸　　素	％	18以上	21.0
硫化水素	ppm	10以下	0
可燃ガス	％	メタンガス1.5以下	0

2）掘り起こし実績

図4－5－7は平成15年4月以降の掘り起こし実績を示す。（図に示す掘り起こし量は、掘り起こしふるい選別後のごみ処理施設搬出量を示す）

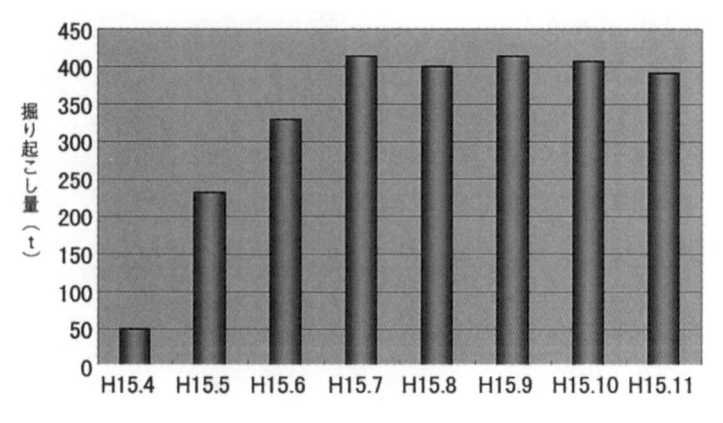

図 4-5-7　掘り起こし実績（t/月）

(3) 流動式床式ガス化溶融施設の運転状況
　1) 搬入ごみ質およびごみ処理実績
　　表4-5-3は計画ごみ質、搬入されたごみの分析結果を示す。ごみ分析Aは掘り起こし廃棄物未混合のごみ質を示す。ごみ分析Bはごみピット搬入済可燃ごみ：540tに対し、掘り起こし廃棄物：72.25tをごみピットに搬入し、撹拌・混合したものをサンプリングしたものである。

　　掘り起こし廃棄物を混合した場合、ごみ発熱量がやや低下し、ごみ質がバラつく傾向にあった。

　　図4-5-8は平成15年4月以降のごみ処理実績を示す。平成15年4月以降のごみ搬入量は1ヶ月当たり約3,000t～3,800t程度で、1月・2月の搬入量が少ないのは季節変動による。掘り起こし廃棄物としての搬入量は徐々に増加してきており、7月以降は全体搬入量の11～12％程度である。

　　ガス化溶融炉の運転は、ごみ搬入量に合わせ原則2炉連続運転を行い、発電による維持経費の低減を考慮した運転とし、概ね1～2ヶ月の連続運転～計画停止で運用している。

表 4-5-3　計画ごみ性状

項　　目		計画ごみ	ごみ分析A	ごみ分析B
水　分（％）		44.80	40.3～46.7	43.3
可燃分（％）		49.25	46.5～53.9	43.8
灰　分（％）		5.95	4.3～7.9	12.9
低位発熱量	(kJ/kg)	8,372	8,780～10,700	6,730
	(kcal/kg)	2,000	2,100～2,560	1,607
掘り起こし廃棄物混合率(％)		—	0	12

図 4-5-8　ごみ処理実績

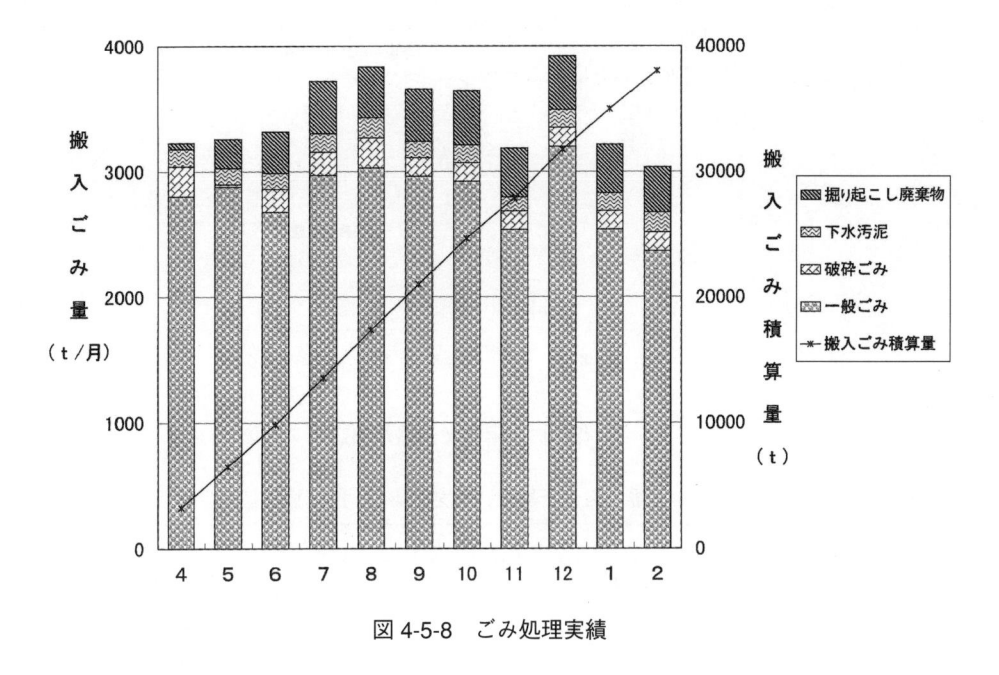

2）ガス化溶融施設の運転状況

　平成15年4月以降本施設は、搬入ごみ量に合わせ計画稼動し、ガス化炉・溶融炉でのガス化・溶融とも安定している。図4－5－9はガス化炉砂層温度と、溶融炉出口ガス温度を示した一例で、掘り起こし廃棄物混焼時においても低質ごみ時や、破砕機等で異物除去や点検作業以外は補助燃料なしで自己熱溶融している。安定した連続操業を行うためには、ごみピットでの撹拌混合と掘り起こし選別段階での不適物の除去を徹底する必要がある。

　また、掘り起こし廃棄物やリサイクルプラザ選別可燃・不燃残さを混合焼却・溶融する場合、ガス化炉不燃残さ量が増加する傾向にある。本施設ではこれらの残さ分も粉砕した上で旋回溶融炉に吹き込みスラグ化しており、埋立廃棄物を一層低減する運転を行っている。排ガス環境性能についても表4－5－4示すように、基準値以下の排ガス環境性能で、良好な結果が得られた。ガス化炉から回収された有価金属については既に有償引取りされており、スラグについては表4－5－5の溶出試験結果に示す通り、すべての項目において「一般廃棄物の溶融固化物に係わる目標基準」を満足した。

　今後、有効利用に向けて検討してゆく予定である。

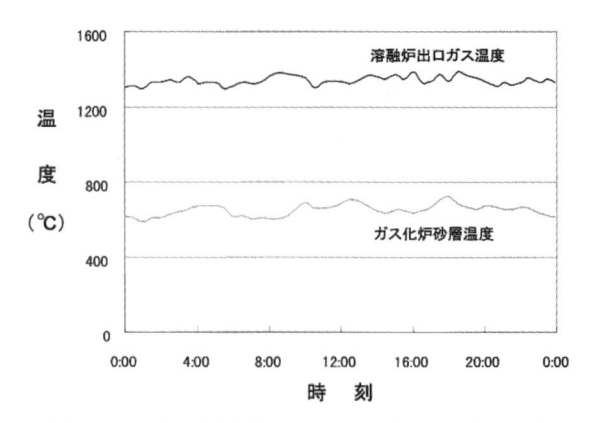

図 4-5-9　ガス化炉砂層温度と溶融炉出口ガス温度

表 4-5-4　排ガス分析結果（乾きガスO_2 12％換算値）

項　　目	1号炉	2号炉	基準値
ばいじん　　　　　(g/m^3_N)	＜0.005	＜0.001	≦0.02
硫黄酸化物　　　　(ppm)	＜1	＜1	≦50
塩化水素　　　　　(ppm)	21	9	≦50
窒素酸化物　　　　(ppm)	29	10	≦50
一酸化炭素　　　　(ppm)	10	2	≦30
ダイオキシン類　($ng\text{-}TEQ/m^3_N$)	0.0075	0.011	≦0.05

表 4-5-5　スラグ溶出試験結果（環告46号）

項　　目	試験結果	目標基準
カドミウム　　　(mg/L)	＜0.005	≦0.01
鉛　　　　　　　(mg/L)	＜0.005	≦0.01
六価クロム　　　(mg/L)	＜0.01	≦0.05
砒　　素　　　　(mg/L)	＜0.005	≦0.01
総　水　銀　　　(mg/L)	＜0.0005	≦0.0005
セ　レ　ン　　　(mg/L)	＜0.005	≦0.01

3．まとめ

　高砂市美化センターの流動床式ガス化溶融施設では、収集可燃ごみに加え、リサイクルプラザ選別可燃・不燃残さ、汚泥、最終処分場掘り起こし廃棄物など、多種多様なごみを燃焼溶融処理している。これらの混合焼却・溶融処理時において、ごみ質の変化時に補助燃料を使用するのみで自己熱溶融することが確認できた。

　また、平成15年4月以降の稼動中において、溶融炉耐火材の損傷や、燃焼対象ごみ中の不燃残さ混合率増大による流動不良現象、掘り起こし廃棄物や不燃物残さ中の不適物の混入による破砕機等の損傷に対し改善を行い、今後の長期運転において一層の安定稼動を図っていく予定である。

第6節　流動床式ガス化溶融炉における埋立物と都市ごみとの混焼事例（中濃地域広域行政事務組合）

1．はじめに

　最終処分場埋立物をガス化溶融炉にて焼却処理している事例を紹介する。
岐阜県中濃地域広域行政事務組合 クリーンプラザ中濃ではごみ焼却施設としてガス化溶融施設を新設し、平成14年12月より本格稼動を始めた。（図4-6-1）
　本ガス化溶融施設では、隣接する最終処分場に埋立処分された埋立物（既設ストーカ炉の焼却残さおよび粗大ごみ処理施設の破砕選別後の不燃残さ）を一般受入ごみ（都市ごみ）と混焼することにより、溶融スラグ化を実施している。
　これにより埋立処分場の減容化はもとより、埋立物のスラグ化による有効利用と、ガス化炉内の還元雰囲気下での金属類の炉内クリーニングによる有価物化が達成されている。
　これら埋立物の処理にあたり特別な補助燃料は必要としておらず、ごみの持つ熱量のみで自己熱溶融を実現している。以下に埋立物焼却の概要と運転状況について報告する。

図4-6-1　施設全景

2．ガス化溶融施設の概要

　　施 設 規 模　　　　56 t/d×3炉　　　計168 t/d
　　炉 形 式　　　　旋回流型流動床式ガス化溶融炉
　　工　　期　　　　平成12年8月～平成15年3月
　　埋立物処理　　　　都市ごみ焼却量の15％

3．埋立物処理の概略フローと運転状況

　最終処分場で掘り起こし、自走式粒度選別機により40mm以上の金属等大きな異物を除去された埋立物はトラックで受入ホッパに投入される。投入された埋立物は給塵装置で都市ごみと混合されてガス化炉に投入される。
　概略フローを図4-6-2に示す。また、埋立物の組成測定例を表4-6-1に示す。

表4-6-1　埋立残さ分析結果例

項　目	測定結果	
	1回目	2回目
可燃物　（％）	15.7	11.8
灰分　　（％）	62.9	67.2
水分　　（％）	21.4	20.5
発熱量（kJ/kg）	1,800	1,900

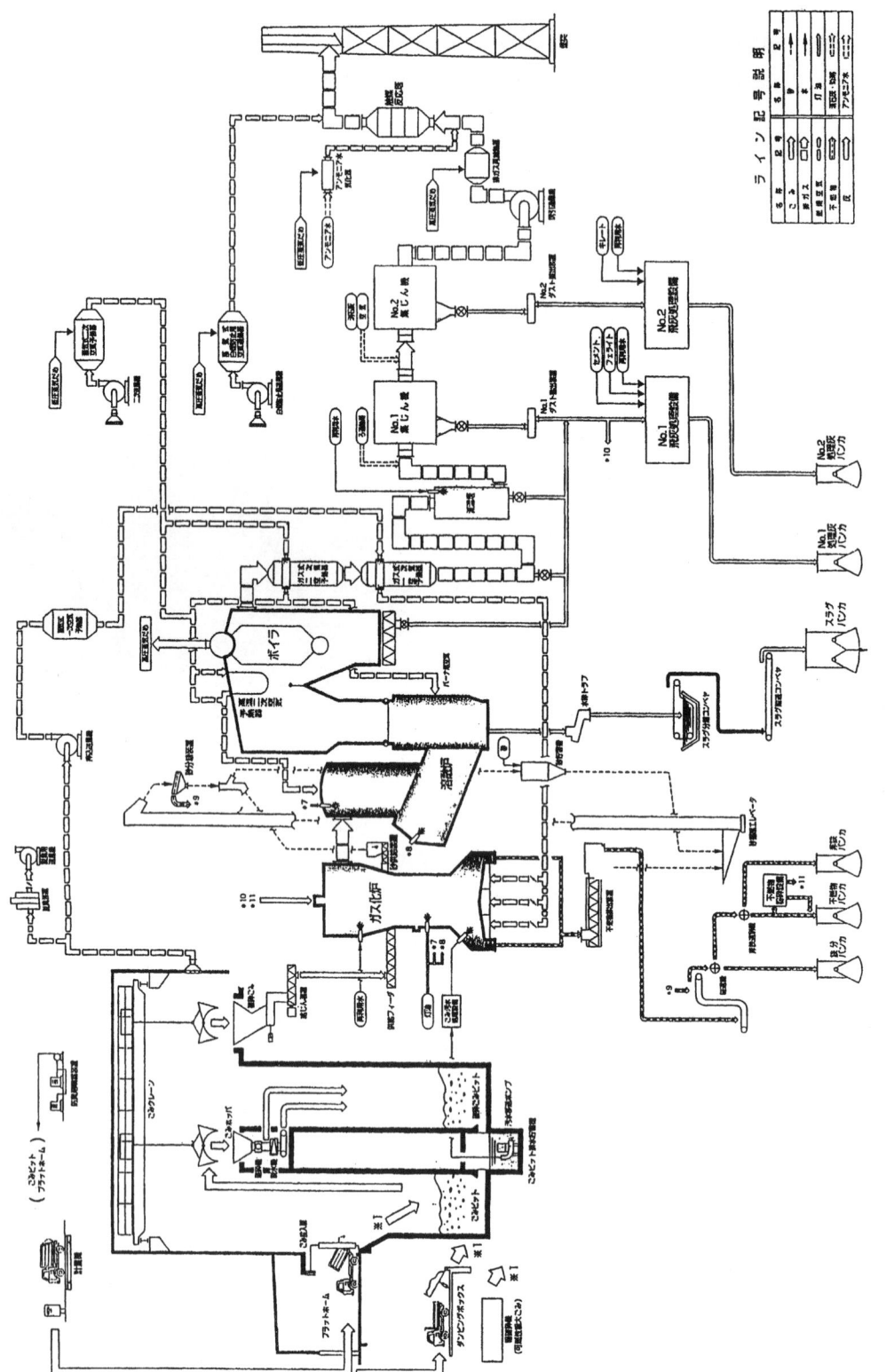

図 4-6-2 設備フローおよび埋立物処理フロー─(1)

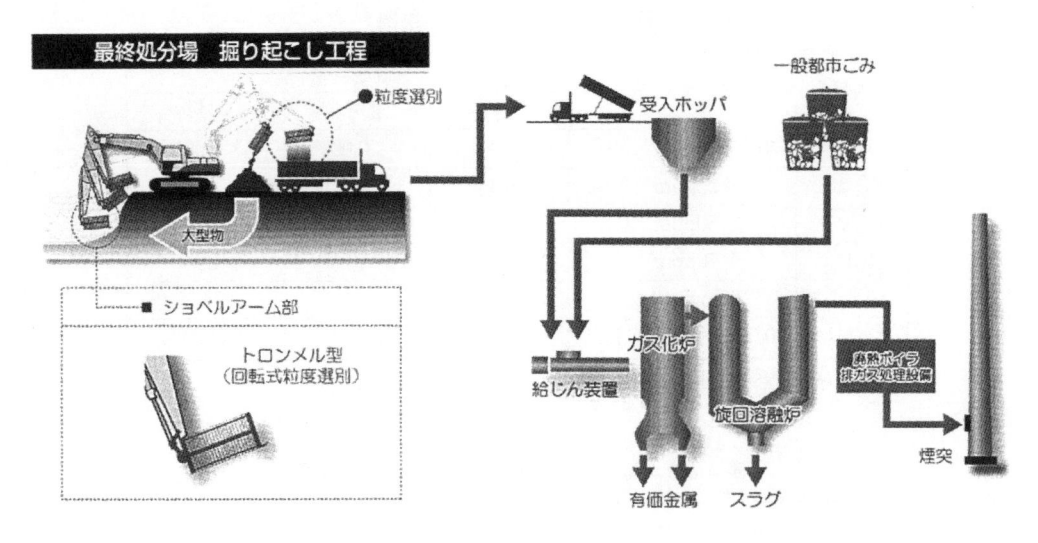

図 4-6-2　設備フローおよび埋立物処理フロー(2)

　運転を開始した平成14年12月から順調に稼動しており、焼却量の最大16.4％の埋立物を溶融処理している。ガス化溶融炉は、埋立物混焼による燃焼性能および処理灰の性状に与える影響は全く見られず安定して運転されている。（表4-6-2〜4-6-4）

　埋立物の処理にあたり、現状のごみ質では、特別な補助燃料は必要としておらず、ごみの持つ熱量のみで自己熱溶融を実現している。発生したスラグの性状は重金属の溶出試験において、土壌基準を充分に満足しており、安全性が確認されている。（表4-6-5）

　流動床式ガス化溶融炉の特長として、スラグ中へのメタルの混入は生じないため、スラグの選別処理は不要であり、有効利用に適している。さらにガス化炉の炉底からは、流動砂によりクリーニングされた有価金属類が合金化されないまま回収される。例として、回収された非鉄を図4-6-3に示す。チャーの付着もなく、乾燥した清潔な状態で排出されるため、有価物として取引きされている。

　なお、排ガス分析結果及びスラグ溶出試験分析結果は、比較のため埋立物を混焼している3号炉と一般ごみのみを処理している1、2号炉の結果を併記し、処理灰性状については比較が困難であるため、埋立物混焼時の結果のみ記した。

図 4-6-3　非鉄（主にアルミ）

表 4-6-2 排ガス分析結果例

項目	基準値	測定結果		
		1号炉	2号炉	3号炉
Dust	0.01g/m³ (NTP)	<0.001	<0.001	<0.001
SOx	20ppm	<1	<1	<1
NOx	50ppm	<10	<10	<10
HCL	50ppm	15	21	29
CO	30ppm (4h)	4	<3	4
DXNs	0.05ng/m³ (NTP)	0.00095	0.0025	0.00092

※3号炉が埋立物混焼時で、1・2号炉は比較のため混焼無し

表 4-6-3 集じん灰固化物溶出試験分析結果例

測定項目		基準値	埋立残さ混合処理時
アルキル水銀化合物	mg/l	検出されないこと	検出されず
Hg	mg/l	0.005以下	0.0007
Cd	mg/l	0.3以下	<0.005
Pb	mg/l	0.3以下	<0.01
有機リン化合物	mg/l	1以下	<0.05
Cr^{6+}	mg/l	1.5以下	0.83
As	mg/l	0.3以下	<0.005
シアン化合物	mg/l	1以下	<0.025
PCB	mg/l	0.003以下	<0.0005
Se	mg/l	0.3以下	0.070

表 4-6-4 脱塩残さ固化物溶出試験分析結果例

測定項目		基準値	埋立残さ混合処理時
アルキル水銀化合物	mg/l	検出されないこと	検出されず
Hg	mg/l	0.005以下	0.0007
Cd	mg/l	0.3以下	<0.005
Pb	mg/l	0.3以下	<0.01
有機リン化合物	mg/l	1以下	<0.05
Cr^{6+}	mg/l	1.5以下	<0.02
As	mg/l	0.3以下	<0.005
シアン化合物	mg/l	1以下	<0.025
PCB	mg/l	0.003以下	<0.0005
Se	mg/l	0.3以下	<0.005

表 4-6-5　スラグ溶出試験分析結果例

測定項目		土壌環境基準	一般ごみ処理時	埋立残さ混合処理時
Cd	mg/l	0.01以下	＜0.001	＜0.001
Pb	mg/l	0.01以下	＜0.005	＜0.005
Cr^{6+}	mg/l	0.05以下	＜0.01	＜0.01
As	mg/l	0.01以下	＜0.001	＜0.001
T-Hg	mg/l	0.0005以下	＜0.0005	＜0.0005
Se	mg/l	0.01以下	＜0.001	＜0.001

4．運転実績

2003年4月〜2004年3月までの埋立物の焼却量実績を表4−6−6に示す。

この間、埋立物を累計約2,500t焼却処理した。混焼率は、全処理量に対する埋立物・粗大からの不燃残さの混合割合で、通常15％をベースとして運転している。なお埋立物のみの処理も可能であり、混焼率16.4％としても、系として問題はなかった。

なお、埋立物の焼却実績を積み重ねる中で、雨天時に含水率が増加し、その取扱いが煩雑となることが判明した。対策として、最終処分場の一部に屋根があるため、ここ

表 4-6-6　埋立物の処理量実績

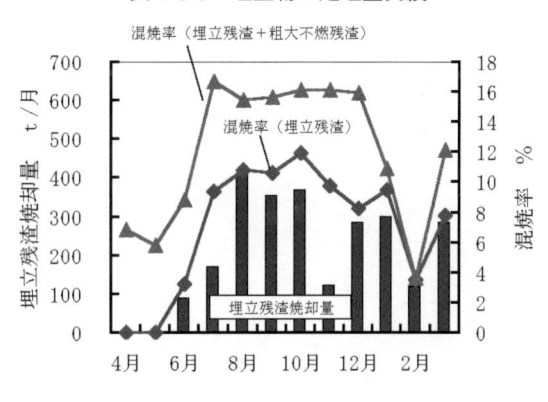

に埋立物をあらかじめ確保しておき、雨天時にはこれを焼却するように運用している。

5．ガス化溶融施設による埋立てごみ処理の特徴

本施設の運転より、以下の点が実証された。
① 埋立物混焼による、燃焼および系外排出物への影響はない。
② 産出されるスラグは土壌環境基準（環告46号による）をすべて満足していることが確認され、有効利用に適している。
③ 処理量に対して最大16.4％の埋立物を混焼しても補助燃料を必要とせず、ごみの持つ熱量のみで自己熱溶融を実現している。
④ 埋立物中の金属などは合金化されず、流動砂による炉内クリーニングにより乾燥した清潔な状態で排出されるため、有価価値が高い。

6．おわりに

最終処分場の残容量が逼迫しつつある現状の解決は急務である。本施設は今後のごみ処理施設のモデルケースであり、最終処分場の問題を抱える自治体の検討の一助となることを願う。

第7節　流動床式ガス化溶融処理の事例

1．概要
　流動床式ガス化溶融炉で、処分場掘り起こし廃棄物の混合処理実証テストを行った。処理能力30 t/日の実用炉で、混焼率10～30％、3日間の処理を行い、支障なく処理することができた。得られた知見は以下の通りである。
① 一般都市ごみ：掘り起こし廃棄物＝7：3の処理条件で、支障なく焼却溶融処理できることを確認した。通常運転時に比べ、砂の増加が見られたが、定期的な抜出しを行うことによって安定した運転ができた。
② 前処理としては、200mm超の不燃粗大物除外(スケルトンバケット、解体重機)、可燃粗大物の破砕(二軸破砕機)でよいことを確認した。乾燥、細粒分離などの処理は不要であった。ただし、実処理においては、破砕不適物の除去があった方が望ましい。
③ 排ガス性状は通常運転時と変わらなかった。また、発生したスラグは土壌環境基準値を十分満足した。
④ 混焼によりごみ発熱量が低下したが、通常運転時とほぼ同じ助燃量にて安定した出滓を得ることができた。また、収集された可燃粗大破砕物を混合処理することで、助燃量を低減することができた。
⑤ 当該処分場では、掘り起こしに伴う周辺環境、作業環境への影響は、問題ない範囲であることが分かった。
⑥ 掘り起こした処分場の内、1/4は不適物等で埋め戻され、残りの3/4が有効な処分場として再生されることがわかった。
　以下に、処理の流れに沿って、得られたデータを詳述する。

2．掘り起こし
（1）掘り起こし・分別作業
　掘り起こし対象最終処分場(写真4-7-1)は埋立面積約21,000m²、埋立容量約153,000m³の管理型処分場であり、平成6年度から埋立を開始し、約57,500トン(平成13年度末時点)を埋立ている。
　掘り起こし作業は油圧ショベルを用いて行い(写真4-7-2)、8 m×8 m区画(写真4-7-3)、深さ約1 m程度を掘り起こした。その内約2 m×2 m区画については深さ3 m程度まで掘り起こし、ごみ質分析、およびガス発生の確認を行った。図4-7-1に掘り起こし作業のフローを示す。油圧ショベルで掘り起こした後、スケルトンバケットによって篩い下と篩い上とに分別した(写真4-7-4)。篩い上の大塊（約200mmオーバー）については、重機により粗大不燃物を除去(写真4-7-5)した後、二軸の回転破砕機(写真4-7-6)によって破砕(約50mm

アンダー)し、スケルトンバケットを通過した篩い下の掘り起こしごみと混合して中間処理対象物とした。

写真 4-7-1　最終処分場概観

写真 4-7-2　油圧ショベルによる掘り起こし

写真 4-7-3　掘り起こし場所

写真 4-7-4　スケルトンバケットによる篩い

写真 4-7-5　粗大不燃物の除去

写真 4-7-6　可燃粗大物の破砕

178

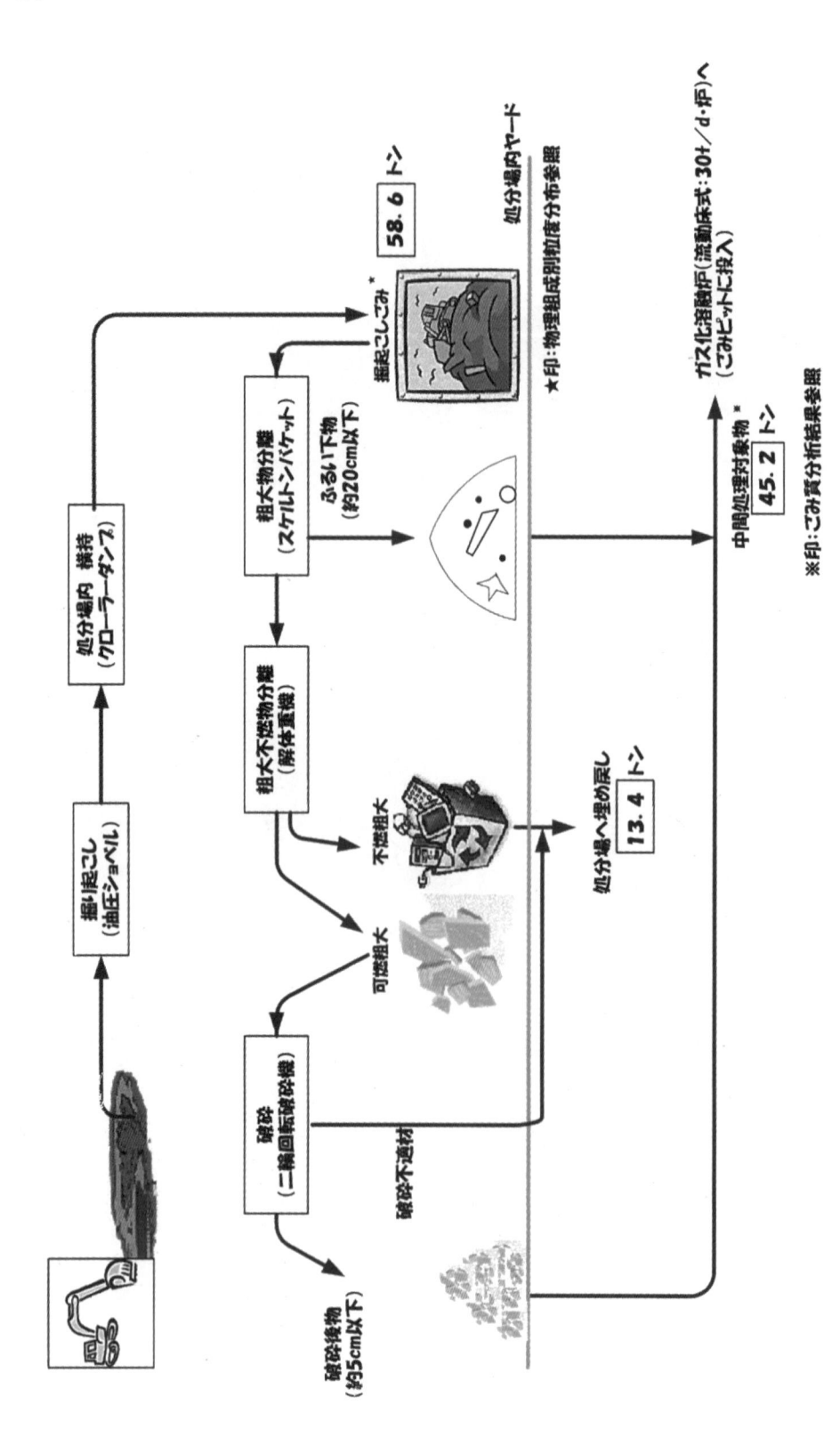

図4-7-1 掘り起こし作業フロー

（2）掘り起こし廃棄物量

図4-7-2に示すように、処分場から掘り起こした廃棄物は合計58.6トンであり、その内不燃粗大物として処分場へ埋め戻したのが13.4トン（23%）、中間処理（ガス化溶融処理）対象物としたのが45.2トン（77%）であった。

（3）掘り起こし廃棄物の組成、粒径分布

図4-7-3に、各粒度におけるごみ組成、および各組成別の重量分布を示す。また、表4-7-1に分析値の詳細を、写真4-7-7～4-7-11に粒径ごとの掘り起こしごみの一例を示す。

図4-7-3に示すとおり、30mm以上では草木家具等の可燃物が大半で、粒度が大きくなるほど金属の比率が増加している。一方30mm以下は、大半が土砂・灰となっている。

全体としては、草木・家具類が最も多く（55%）、次に土砂・灰（24%）、金属類（12%）となっており、この3つで全体の90%以上を占める。

草木・家具類が多いのは粗大ごみを埋立処分していたためであると考えられる。

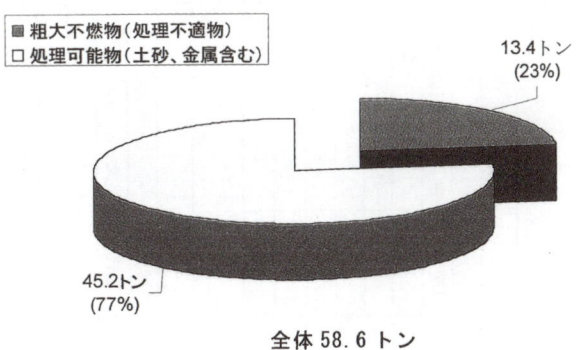

図4-7-2 掘り起こし廃棄物の内訳

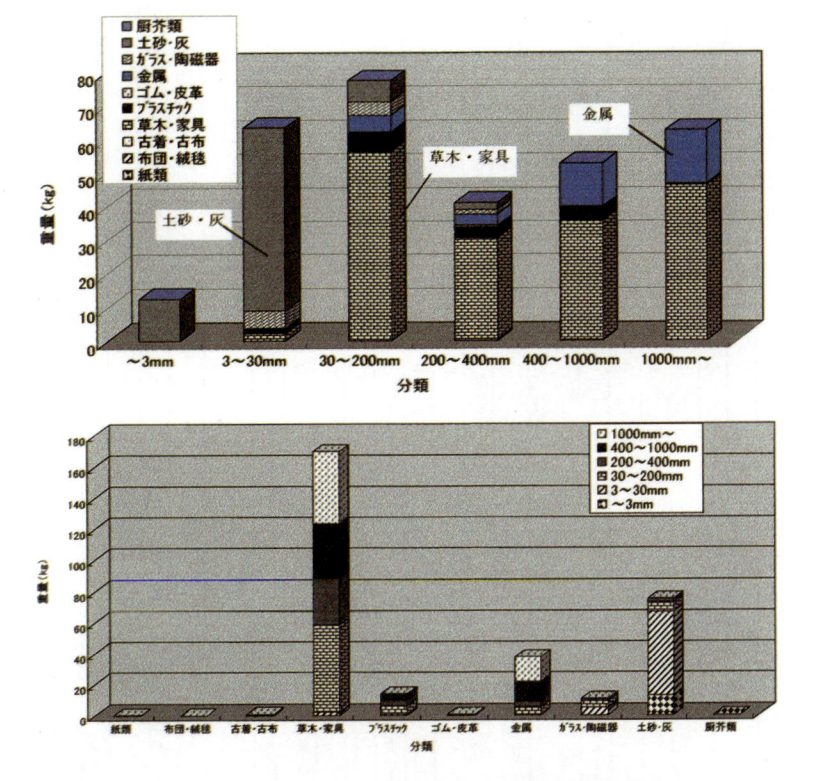

図4-7-3 掘り起こし廃棄物の物理組成別粒度分布

表 4-7-1 掘り起こし廃棄物の物理組成別粒度分布

試料番号1

粒度	紙類 重量 (g)	布団・絨毯 重量 (g)	古着・古布 重量 (g)	草木・家具 重量 (g)	プラスチック 重量 (g)	ゴム・皮革 重量 (g)	金属 重量 (g)	ガラス・陶磁器 重量 (g)	土砂・灰 重量 (g)	厨芥類 重量 (g)	合計 重量 (g)	合計 比率 (%)
~3mm	0	0	0	0	0	0	0	0	1328.9	0	1328.9	3.1
3~30mm	4.1	0	0	858.9	0	96.7	49.3	297.9	6013.7	0	7320.6	16.9
30~200mm	0	24.7	0	19235.5	0	205.1	202.7	191.2	989.2	0	20848.4	48.3
200~400mm	0	0	0	10840.0	0	0	0	0	0	0	10840	25.1
400~1000mm	0	0	0	0	0	0	2870.0	0	0	0	2870	6.6
1000mm~	0	0	0	0	0	0	0	0	0	0	0	0.0

試料番号2

粒度	紙類 重量 (g)	布団・絨毯 重量 (g)	古着・古布 重量 (g)	草木・家具 重量 (g)	プラスチック 重量 (g)	ゴム・皮革 重量 (g)	金属 重量 (g)	ガラス・陶磁器 重量 (g)	土砂・灰 重量 (g)	厨芥類 重量 (g)	合計 重量 (g)	合計 比率 (%)
~3mm	0	0	0	0	0	0	0	0	4924.0	0	4924	7.7
3~30mm	17.1	0	7.9	432.5	329.2	22.3	122.2	939.7	17587.9	0	19458.8	30.4
30~200mm	8.5	0	47.2	17403.4	113.1	0	106.1	136.6	137.1	0	17952	28.0
200~400mm	0	0	0	0	0	0	0	0	0	0	0	0.0
400~1000mm	0	0	0	14880.0	0	0	6870.0	0	0	0	21750	33.9
1000mm~	0	0	0	0	0	0	0	0	0	0	0	0.0

試料番号3

粒度	紙類 重量 (g)	布団・絨毯 重量 (g)	古着・古布 重量 (g)	草木・家具 重量 (g)	プラスチック 重量 (g)	ゴム・皮革 重量 (g)	金属 重量 (g)	ガラス・陶磁器 重量 (g)	土砂・灰 重量 (g)	厨芥類 重量 (g)	合計 重量 (g)	合計 比率 (%)
~3mm	0	0	0	0	0	0	0	0	3501.9	0	3501.9	4.3
3~30mm	3.90	0	6.6	469.0	456.0	4.9	196.4	1363.2	10799.5	0	13299.5	16.2
30~200mm	3.00	0	15.7	10654.7	2566.4	31.5	2842.3	2644.4	0	0	18758	22.8
200~400mm	0	0	660.0	10180.0	1150.0	440.0	2140.0	0	0	0	14570	17.7
400~1000mm	0	0	210.0	0	290.0	0	630.0	0	0	0	1130	1.4
1000mm~	0	0	0	30910.0	0	0	0	0	0	0	30910	37.6

第4章　埋立地再生事例(自治体)

試料番号4

粒度	紙類 重量(g)	布団・絨毯 重量(g)	古着・古布 重量(g)	草木・家具 重量(g)	プラスチック 重量(g)	ゴム・皮革 重量(g)	金属 重量(g)	ガラス・陶磁器 重量(g)	土砂・灰 重量(g)	厨芥類 重量(g)	合計 重量(g)	合計 比率(%)
～3mm	0	0	0	0	0	0	0	0	759.2	0	759.2	1.3
3～30mm	7	0	0	148.6	71.2	0	27.2	422.8	6911.8	0	7588.5	13.2
30～200mm	0	0	4.1	2995.9	878.0	0	848.7	213.4	137.1	0	5077.2	8.8
200～400mm	0	0	0	4440.0	940.0	0	1110.0	1490.0	2140.0	0	10120	17.6
400～1000mm	0	0	0	11470.0	1500.0	0	1850.0	0	0	0	14820	25.8
1000mm～	0	0	0	5500.0	360.0	0	13210.0	0	0	0	19070	33.2

試料番号5

粒度	紙類 重量(g)	布団・絨毯 重量(g)	古着・古布 重量(g)	草木・家具 重量(g)	プラスチック 重量(g)	ゴム・皮革 重量(g)	金属 重量(g)	ガラス・陶磁器 重量(g)	土砂・灰 重量(g)	厨芥類 重量(g)	合計 重量(g)	合計 比率(%)
～3mm	0	0	0	0	0	0	0	0	1905.9	0	1905.9	3.1
3～30mm	21.5	0	0	411.6	2.6	0	111.0	2096.4	12988.3	0	15631.4	25.2
30～200mm	9.3	0	0	5768.0	1936.8	0	921.2	990.2	4951.7	0	14577.2	23.5
200～400mm	0	0	0	4360.0	1200.0	0	0	0	0	0	5560	8.9
400～1000mm	0	0	0	9090.0	2300.0	0	660.0	0	0	0	12050	19.4
1000mm～	0	0	0	9700.0	0	0	2720.0	0	0	0	12420	20.0

試料全体

粒度	紙類 重量(g)	布団・絨毯 重量(g)	古着・古布 重量(g)	草木・家具 重量(g)	プラスチック 重量(g)	ゴム・皮革 重量(g)	金属 重量(g)	ガラス・陶磁器 重量(g)	土砂・灰 重量(g)	厨芥類 重量(g)	合計 重量(g)	合計 比率(%)
～3mm	0	0.0	0.0	0.0	0.0	0.0	0.0	0	12.4	0.0	12.4	4.0
3～30mm	0.05	0.0	0.01	2.3	0.9	0.1	0.5	5.1	54.3	0.0	63.3	20.5
30～200mm	0.02	0.02	0.1	56.1	5.5	0.2	4.9	4.2	6.2	0.0	77.2	25.0
200～400mm	0.0	0.0	0.7	29.8	3.3	0.4	3.3	1.5	2.1	0.0	41.1	13.3
400～1000mm	0.0	0.0	0.2	35.4	4.1	0.0	12.9	0.0	0.0	0.0	52.6	17.0
1000mm～	0.0	0.0	0.0	46.1	0.4	0.0	15.9	0.0	0.0	0.0	62.4	20.2
合計	0.1	0.0	1.0	169.7	14.1	0.8	37.5	10.8	75.1	0.0	309.0	
比率(%)	0.0	0.0	0.3	54.9	4.6	0.3	12.1	3.5	24.3	0.0		100.0

写真 4-7-7　長さ1000mm以上（一例） 　　　写真 4-7-8　長さ400～1000mm（一例）

写真 4-7-9　長さ200～400mm（一例） 　　　写真 4-7-10　長さ30～200mm（一例）

写真 4-7-11　長さ30mm以下（一例）

（4）環境測定

　掘り起こし作業場、最終処分場入口境界においてそれぞれ定常時および掘り起こし時の環境測定を、また、テストピット内の最深部においてガスサンプリングを行った。表4－7－2にその測定結果を示す。

　表に示すとおりテストピット内のガス測定結果はすべて検出下限値未満であり、ガスの発生

は認められなかった。また、作業場および最終処分場入口の敷地境界における測定値に関しても、すべて全国一般環境の範囲内であり環境基準値も十分満足していた。定常時の測定結果については雪の影響もあり若干低い値になっていると考えられる。環境測定の様子を写真4-7-12～4-7-15に示す。

表 4-7-2 環境測定結果

測定項目			測定値		平成13年度全国一般環境		環境基準
			ごみ掘り起し時 02.12.3～4	定常作業時 02.12.12～13	平均	範囲	
気象条件		天候	晴/曇	晴/雪/晴 (積雪5cm)			
		風向	西	南西/北			
		風速	0～0.2m/s	0～0.2m/s			
ピット内	メタン	%	0.001未満	—	—	—	—
	硫化水素	%	0.0001未満	—	—	—	—
	一酸化炭素	%	0.01未満	—	—	—	—
	水素	%	0.01未満	—	—	—	—
作業場	粉じん濃度	$\mu g/m^3$	66	8	—	—	100
	ダイオキシン類	$pg-TEQ/m^3$	0.017	—	0.14	0.0090～1.7	0.6
	臭気強度		1	1	—	—	—
敷地境界	ホルムアルデヒド	$\mu g/m^3$	3.7	0.65	3.6	0.26～10	—
	アセトアルデヒド	$\mu g/m^3$	3.4	0.75	2.7	0.15～6.9	—
	ベンツピレンa	ng/m^3	0.36	0.14	0.44	0.013～2.8	—
	酸化エチレン	$\mu g/m^3$	0.074	0.034	0.11	0.014～0.68	—
	水銀及びその化合物	ng/m^3	5.9	2.2	2.3	0.22～6.0	—
	砒素及びその化合物	ng/m^3	2.4	1.7	1.8	0.12～20	—
	ニッケル化合物	ng/m^3	7.2	2.0	6.2	0.15～44	—
	マンガン及びその化合物	ng/m^3	48	1.7	34	0.90～240	—
	クロム及びその化合物	ng/m^3	8.8	0.4	7.2	0.086～100	—
	ベリリウム及びその化合物	ng/m^3	<0.005	<0.005	0.053	0.00039～0.66	—
	アクリロニトリル	$\mu g/m^3$	ND(0.0017)	ND(0.0017)	0.14	0.00015～1.6	—
	塩化ビニルモノマー	$\mu g/m^3$	ND(0.0016)	ND(0.0016)	0.11	0.0025～7.0	—
	クロロホルム	$\mu g/m^3$	ND(0.0056)	ND(0.0056)	0.29	0.0060～3.1	—
	1.2-ジクロロエタン	$\mu g/m^3$	ND(0.0013)	ND(0.0013)	0.14	0.0055～1.9	—
	1.3-ブタジエン	$\mu g/m^3$	0.12	0.065	0.33	0.0055～3.3	—
	トリクロロエチレン	$\mu g/m^3$	ND(0.0047)	ND(0.0047)	1.3	0.0022～9.5	200
	テトラクロロエチレン	$\mu g/m^3$	ND(0.0019)	ND(0.0019)	0.52	0.026～4.4	200
	ジクロロメタン	$\mu g/m^3$	0.48	0.41	3	0.17～20	150
	ベンゼン	$\mu g/m^3$	1.9	1.6	2.2	0.49～4.3	3

注) 1. 作業場のサンプル採取位置は、テストピットの風下西約5mの地点。
   2. 敷地境界のサンプル採取位置は、テストピットの北北東約90mの地点。
   3. 全国平均値は環境省発表の平成13年度大気汚染モニター測定結果

写真4-7-12　作業環境測定

写真4-7-13　処分場境界での環境測定

写真4-7-14　ガス監視

写真4-7-15　最深部でのガスサンプリング

3．中間処理(流動床ガス化溶融処理)
（1）処理施設概要

　図4-7-4に掘り起こし廃棄物の中間処理に用いた30 t/dayの流動床ガス化溶融処理設備のフローを示す。掘り起こした廃棄物と可燃性粗大破砕物はダンプでごみピットに搬入し、ごみピットにて一般ごみと混合、攪拌を行い処理した。

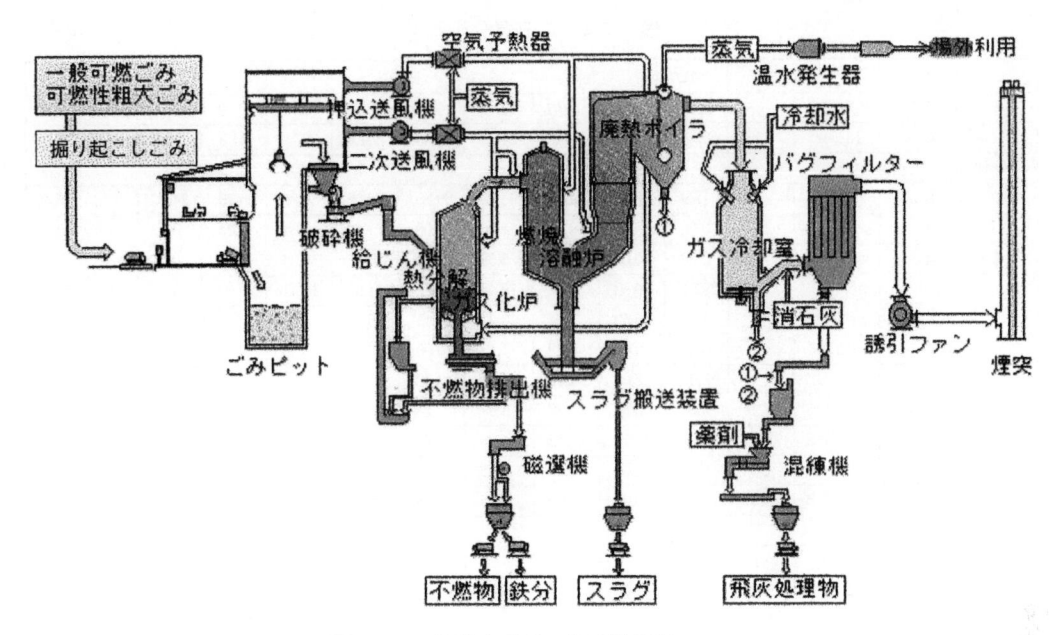

図 4-7-4 流動床式ガス化溶融処理フロー

（2）運転条件

　掘り起こし廃棄物の処理は計3日間（RUN1～RUN3）行い、RUN1およびRUN2では掘り起こし廃棄物の混合率を変え、RUN3ではRUN2のごみに別途可燃性粗大破砕物を混合して処理を行った。表4-7-3に運転条件を示す。また、表4-7-4に処理した掘り起こし廃棄物と、RUN2およびRUN3において炉に投入した混合ごみのごみ質分析結果を示す。

　掘り起こし廃棄物の性状は、水分45%、不燃分34%、可燃分21%、低位発熱量703kJ/kgとなっており、焼却溶融対象物としてはかなり厳しいものと言える。このためRUN2の30%混合ごみでは発熱量が一般ごみ（7500kJ/kg程度）に比べて1割程度低かった。そのため通常運転時よりも高負荷での処理を行い、熱量バランスを保つよう工夫した。RUN3では可燃性粗大破砕物を混合したことで発熱量の低下は見られなかった。また、運転に際しては通常の一般ごみ処理時と同様に空気量、助燃量等は自動制御による運転を行った。

表 4-7-3　運転条件

	項目	単位	一般ごみ	RUN1	RUN2	RUN3	RUN1～3計
混合率	一般ごみ	%	―	90	70	60	―
	掘り起こし廃棄物	%	―	10	30	20	―
	可燃性粗大破砕物	%	―	―	―	20	―
全処理量		t	33	45.7	29.5	21.6	96.8
内掘り起こし廃棄物量		t		4.6	8.9	4.3	17.7
処理時間		h	24	29	18	15	62
時間当たり処理量（定格1.25 t/h）		t/h	1.38	1.58	1.64	1.44	―

表 4-7-4　ごみ質分析結果

RUN NO.		一般ごみ	掘り起こし廃棄物			RUN2				RUN3			
時間	単位		試料1	試料2	平均	14:00	16:00	18:00	平均	10:00	13:00	15:00	平均
単位容積重量	Kg/m³		595.8	423.7	509.8	314.9	307.3	301.0	307.7	141.3	160.9	160.3	154.2
物理組成（乾量値）													
紙類	wt%-DB		1.39	2.44	1.92	36.06	29.85	26.56	30.82	35.76	34.00	9.43	26.40
布団・絨毯類	wt%-DB	52.81	0.00	0.05	0.03	0.00	0.00	1.62	0.54	0.04	0.02	2.66	0.91
古着・古布類	wt%-DB		0.29	0.03	0.16	5.59	2.19	10.98	6.25	7.13	0.66	1.25	3.01
草木・家具類	wt%-DB	1.18	29.81	39.62	34.72	10.48	8.82	11.93	10.41	20.60	23.31	53.64	32.52
プラスチック類	wt%-DB	21.2	3.89	6.59	5.24	10.32	15.46	15.22	13.67	17.04	16.80	12.78	15.54
ゴム・皮革類	wt%-DB		0.55	0.00	0.28	1.13	0.00	0.01	0.38	0.00	0.01	0.04	0.02
金属類	wt%-DB		2.91	2.64	2.78	2.20	0.50	0.79	1.16	0.59	0.36	0.07	0.34
ガラス・陶磁器類	wt%-DB	1.92	6.06	5.50	5.78	3.97	2.72	2.25	2.98	1.01	0.82	0.73	0.85
土砂・灰類	wt%-DB		55.1	43.13	49.12	14.28	19.74	11.16	15.06	8.81	9.22	7.13	8.39
厨芥類	wt%-DB	19.8	0.00	0.00	0.00	4.52	8.37	10.51	7.80	1.29	3.94	3.89	3.04
その他	wt%-DB	3.45	0.00	0.00	0.00	11.45	12.35	8.97	10.92	7.73	10.86	8.38	8.99
化学組成（乾量値）													
C	%-DB	45.77	17.06	23.10	20.08	36.82	36.28	40.28	37.79	41.95	42.56	43.87	42.79
H	%-DB	5.82	2.22	2.94	2.58	4.78	4.84	5.21	4.94	5.42	5.62	5.60	5.55
O	%-DB	36.11	13.26	18.54	15.90	25.94	22.05	29.42	25.80	27.94	26.93	34.31	29.73
S	%-DB	0.05	0.02	0.03	0.03	0.02	0.01	0.02	0.02	0.02	0.02	0.02	0.02
N	%-DB	0.91	0.22	0.25	0.24	0.71	0.82	0.81	0.78	0.69	0.78	0.83	0.77
Cl	%-DB	0.27	0.12	0.10	0.11	0.36	0.20	0.21	0.26	0.23	0.22	0.14	0.20
灰分	%-DB	11.08	67.1	55.01	61.07	31.37	35.80	24.05	30.41	23.75	23.87	15.23	20.95
三成分													
可燃分	%	42.94	18.52	24.37	21.45	31.36	32.76	36.58	33.57	41.27	37.96	48.23	42.49
不燃分	%	5.36	37.77	29.84	33.81	14.33	18.27	11.58	14.73	12.85	11.90	8.66	11.14
水分	%	52.14	43.71	45.79	44.75	54.31	48.97	51.84	51.71	45.88	50.14	43.11	46.38
発熱量													
低位発熱量	kJ/kg	7,540	289	1,176	703	7,510	4,890	8,240	6,880	9,090	7,810	9,960	8,953
	kcal/kg	1,801	69	281	168	1,794	1,168	1,968	1,644	2,172	1,866	2,379	2,139

（3）運転状況

1）運転状況トレンド

（a）温度

　　図4-7-5にRUN1～RUN3における各部の温度トレンドデータを示す。RUN1の掘り起こし廃棄物10％混合処理時では一般ごみ処理時と比べても砂層温度、溶融炉温度ともに大きな変化は見られず通常の運転状態と同様であった。

　　RUN2の掘り起こし廃棄物30％混合処理時ではごみの発熱量が低下したが、通常よりも低い溶融炉温度でも出滓は非常に順調で安定して運転することができた。助燃量についても一般ごみ処理時とほぼ同程度の60L/hであった。

　　また、掘り起こし廃棄物に別途可燃性粗大破砕物を混合して処理を行ったRUN3では、可燃性粗大破砕物を混合することでごみの発熱量が上がり、掘り起こし廃棄物のみを混合した場合と比べると10％程度助燃量を低減することができた。

（b）風箱圧力(流動層への押込空気圧)

図4-7-6にRUN1～RUN3の各運転条件における押込空気量と風箱圧力の変化を示す。掘り起こし廃棄物中には土砂や不燃物類が多く含まれており、砂層部にその一部が滞留するため、一般ごみ処理時に比べると風箱圧力に増加傾向が見られた。特に掘り起こし廃棄物の混合率を30%に上げたRUN2では風箱圧力の増加が顕著に見られ、混合率10%のRUN1に比べても風箱圧力の上昇は早く、混合率の影響を大きく受けることが分かった。実験では図中に示した時間において、炉底から抜き出した砂を砂層に戻さない運転を行い（砂抜き）、風箱圧力の上昇を抑制し安定した運転を行うことができた。

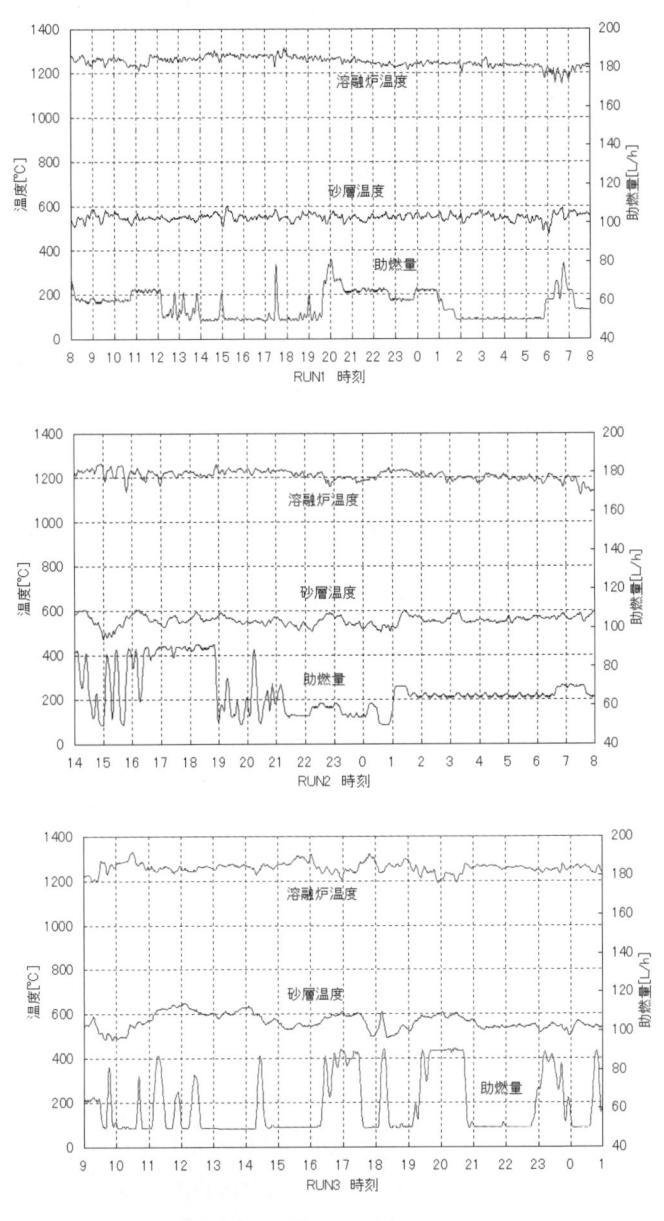

図4-7-5　温度、助燃量トレンド

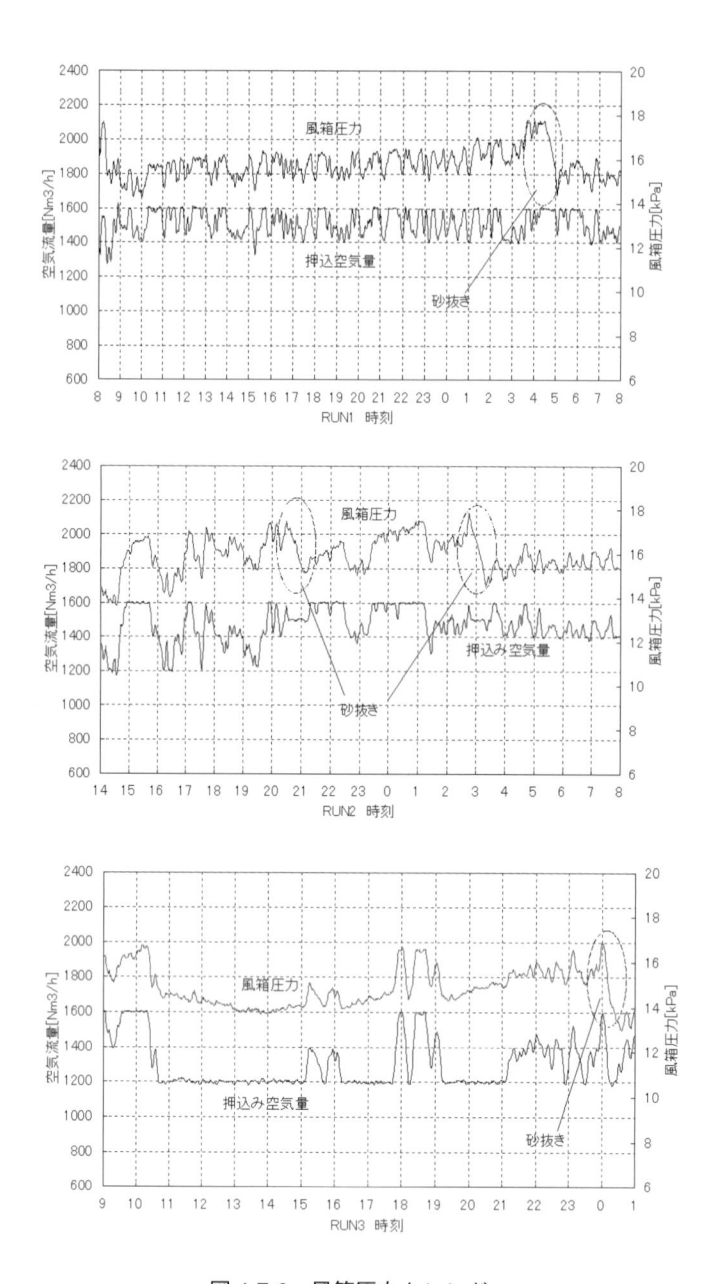

図 4-7-6　風箱圧力トレンド

2）排出物量

　表4-7-5および図4-7-7に一般ごみ処理時および掘り起こし廃棄物混合処理時RUN1～RUN3における排出物量を示す。混合率を上げたRUN2およびRUN3ではスラグ、不燃物、砂の排出量が大幅に増加している。一方、飛灰量はほとんど変わっておらず、掘り起こし廃棄物は粒子径が大きいため、ほとんどがスラグと流動床炉内に移行することが分かった。

　RUN2において掘り起こし廃棄物起源の排出物量を試算したところ、混合ごみt当り112kg、

掘り起こし廃棄物 t 当り373kgとなり、またスラグ33％、不燃物36％、砂26％、飛灰5％の割合で分離していた。

表 4-7-5　排出物量

	一般ごみ	RUN1	RUN2	RUN3	掘り起こし起源（RUN2）		
	kg/ごみt	kg/ごみt	kg/ごみt	kg/ごみt	kg/ごみt	kg/ごみt*	％
スラグ	40.2	30.6	65.6	61.9	37.5	124.9	33
不燃物	16.5	26.4	51.4	41.4	39.9	132.8	36
砂	――	9.69	29.1	19.4	29.1	96.8	26
飛灰	16.8	15.2	17.3	13.5	5.5	18.5	5
合計	73.5	81.9	163.4	136.2	111.9	373.0	100

注）＊は投入した掘り起こし廃棄物トン当たりを示す。

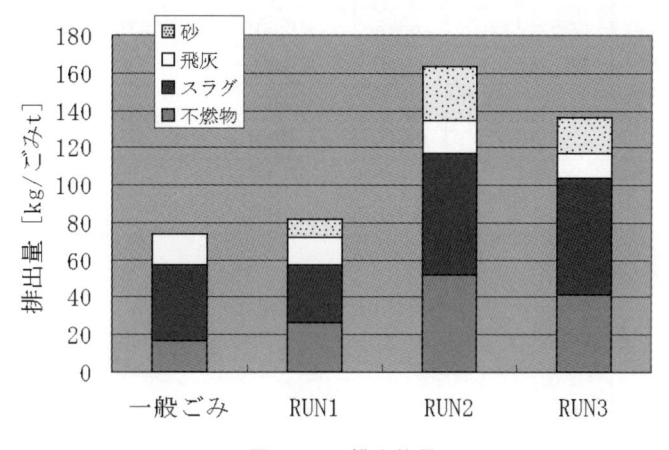

図 4-7-7　排出物量

4．分析結果
（1）排ガス性状

表4-7-6にRUN2の掘り起こし廃棄物30％混合処理時における煙突の排ガス性状測定結果を示す。すべての排ガス成分について一般ごみ処理時と大きな差異は見られず、排ガス性状に関しては掘り起こし廃棄物30％混合処理時においても問題ないことが確認できた。

表 4-7-6　排ガス性状

項　　目	単　　位	測定結果RUN2	一般ごみ
ばいじん濃度	g/m^3_N	0.001	0.001〜0.01
硫黄酸化物	ppm	7	3〜10
塩化水素濃度	ppm	33	30〜50
窒素酸化物濃度	ppm	102	70〜140
一酸化炭素濃度	ppm（4時間平均）	11	0〜30
ダイオキシン類濃度*	$ng\text{-}TEQ/m^3_N$	0.026	0.01〜0.06

＊コプラナーPCBsを含む。

（2）排出物性状
1）スラグ性状

表4-7-7に掘り起こし廃棄物30％混合処理時（RUN2）のスラグ溶出試験結果を、表4-7-9にスラグ組成を示す。

今回の分析結果では、溶出試験においてはいずれの成分も「一般廃棄物の溶融固化物に係る目標基準値」を満足している。組成においては、スラグ中のPb濃度が一般ごみ処理時に比べてやや高くなっており、含有量の分析方法等を含め、今後さらなる検討が必要である。

表4-7-7　スラグ溶出試験結果

項　目	単位	測定結果 RUN2	溶融固化物 目標基準値
カドミウム	mg/L	＜0.001	≦0.01
鉛	mg/L	＜0.005	≦0.01
六価クロム	mg/L	＜0.02	≦0.05
ひ素	mg/L	＜0.001	≦0.01
総水銀	mg/L	＜0.0005	≦0.0005
セレン	mg/L	＜0.001	≦0.01

表4-7-8　スラグ組成

成分	単位	測定結果 RUN2	一般ごみ
Si	%	16.8	7.2～18.7
Ca	%	20.5	3.52～26.85
Na	%	1.77	0.275～2.54
K	%	1.01	0.09～0.68
Fe	%	8.86	0.799～7.24
Cu	%	0.13	0.083～0.30
Zn	%	0.27	0.023～0.23
Pb	%	0.024	0.0012～0.0059
Cd	%	＜0.001	＜0.001～0.002
Al	%	6.91	4.56～11.24
Mg	%	1.58	0.305～2.213
Mn	%	0.13	0.033～0.089
Ni	%	0.011	0.0057～0.050
Cr	%	0.024	0.035～0.29
S	%	＜0.001	＜0.001～0.097
P	%	0.93	0.351～2.15

2）飛灰性状

表4-7-10にRUN2における飛灰の組成を示す。飛灰の組成は一般ごみと比較して変動の範囲内であり、重金属固定剤により埋立基準値を満足できるものと考えられる。また、飛灰発生量、飛灰組成ともに一般ごみ処理時と変わらないことから、添加する重金属固定剤についても添加量を増やすことなく処理することが可能と言える。

表4-7-10 飛灰組成

成分	単位	測定結果 RUN2	一般ごみ
Si	%	6.41	2.35～8.66
Ca	%	22.9	14.51～20.01
Na	%	5.11	3.49～9.66
K	%	4.91	0.44～7.03
Fe	%	2	0.29～1.35
Cu	%	0.16	0.17～0.39
Zn	%	0.78	0.46～0.91
Pb	%	0.33	0.085～0.53
Cd	%	0.0019	0.0011～0.002
Al	%	2.78	1.41～4.18
Mg	%	0.99	0.82～1.35
Mn	%	0.042	0.011～0.035
Ni	%	0.004	0.003～0.01
Cr	%	0.018	0.036～0.08
S	%	2.77	1.81～4.43
P	%	0.61	0.46～1.23

（3）最終処分場の延命効果

図4-7-8にRUN2における最終処分場から掘り起こした廃棄物についての収支を示す。図のように、最終処分場から掘り起こした廃棄物は、処分場での前処理で23%が埋め戻され、残りの77%がガス化溶融処理に回される。そこから排出される排出物総量は261kg、内訳は、不燃物(36%)、砂（26%)、スラグ(33%)、飛灰（5％）である。排出物のうち、スラグはアスファルト合材への有効利用が可能であり、また不燃物、砂は覆土として利用可能と見なされるので、最終処分が必要となるのは処理不適物および飛灰処理物のみとなる。結果として、掘り起こされた処分場のうち、1/4が埋め戻され、3/4が再生されたことになる。

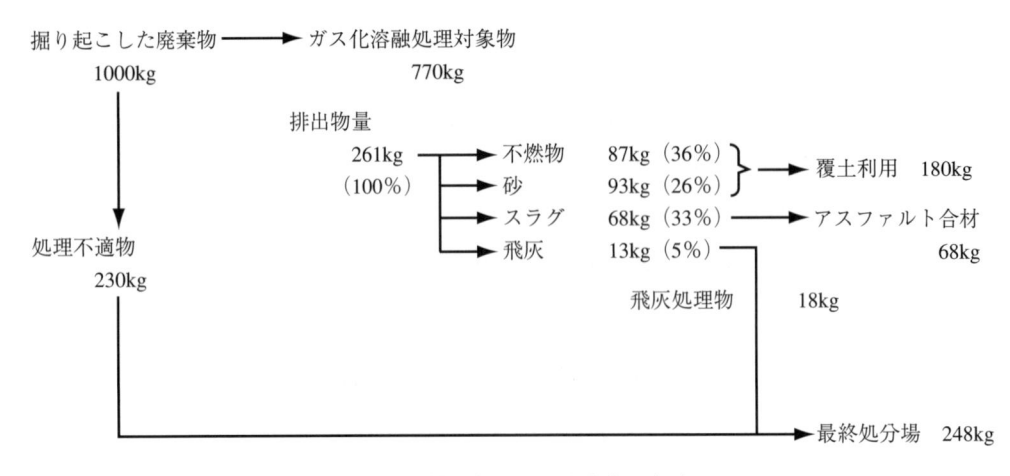

```
掘り起こした廃棄物 ──────▶ ガス化溶融処理対象物
   1000kg                      770kg
                        排出物量
                         261kg ──▶ 不燃物   87kg（36％）┐
     │                   (100％) ─▶ 砂      93kg（26％）┘──▶ 覆土利用  180kg
     │                          ─▶ スラグ   68kg（33％）──▶ アスファルト合材
     ▼                          ─▶ 飛灰     13kg（5％）─┐              68kg
  処理不適物                              飛灰処理物   18kg
   230kg
     │
     └──────────────────────────────────────────▶ 最終処分場  248kg
```

図 4-7-8　掘り起こした廃棄物の収支

第8節 キルン式ガス化溶融炉による溶融処理の事例
（国分地区衛生管理組合）

1. はじめに

　熱分解ガス化方式にはキルン式、流動床式およびシャフト式の3方式があり、当社はキルン式を採用している。国分地区衛生管理組合納入設備は2000年6月に受注し、2003年3月に竣工した。また、本施設にはリサイクルプラザが併設されている。

　本施設では計画の処理対象ごみ以外に、施設の処理能力の範囲内で埋立物を掘り起こし、処理している。本報では、その掘り起こし廃棄物の処理事例を報告する。

2. 施設概要

（1）処理対象ごみ質

　表4-8-1に処理対象ごみ質を示す。表4-8-2には設計条件を示す。

表4-8-1　処理対象ごみ

ごみの種類	各ごみ量	
	処理量(t/日)	割合(%)
収集可燃ごみ	80.60	49.9
直接搬入可燃ごみ	55.36	34.3
リサイクルプラザからの選別残さ	10.74	6.4
下水汚泥	11.95	7.4
し尿汚泥	2.92	1.8
計	161.57	100

表4-8-2　設計条件

項目	内容		
施設規模	ごみ処理施設	：162 t/24h（81 t/24h×2炉）	
	リサイクルプラザ	：23 t/5h	
ごみの低位発熱量 （表4-8-1処理対象ごみに対し）	高質ごみ	9,540kJ/kg（2,280kcal/kg）	
	基準ごみ	6,110kJ/kg（1,460kcal/kg）	
	最低ごみ	3,810kJ/kg（910kcal/kg）	
公害防止基準	ばいじん	0.02g/m^3_N以下	（O_2=12%換算値）
	窒素酸化物	100ppm以下	（O_2=12%換算値）
	硫黄酸化物	50ppm以下	（O_2=12%換算値）
	塩化水素	50ppm以下	（O_2=12%換算値）
	ダイオキシン類	0.05ng-TEQ/m^3_N以下	（O_2=12%換算値）

（2）システムの概要

本システムは、ごみを熱分解し、高温で燃焼溶融して灰分をスラグとして回収するシステムである。本施設のシステムフローを図4－8－1に示す。

① ごみを熱分解ドラムにて約450℃で熱分解ガスと熱分解残さに熱分解する。熱分解ガスの一部を熱分解ガス燃焼炉にて燃焼し、熱分解ドラムの加熱熱源とする。
② 熱分解残さは分別設備にて鉄・アルミの有価物を回収し、分別後の残さ（チャー）は溶融炉の燃料となる。
③ 熱分解ガスとチャーは高温燃焼溶融炉にて約1,300℃で燃焼し、灰分をスラグ化して回収する。
④ 燃焼排ガスは廃熱ボイラにて300℃、3MPaの蒸気として熱回収し、発電する。
⑤ 熱回収後の燃焼排ガスは減温塔にて急冷し、排ガス処理設備にて処理し、公害防止基準値以下にする。

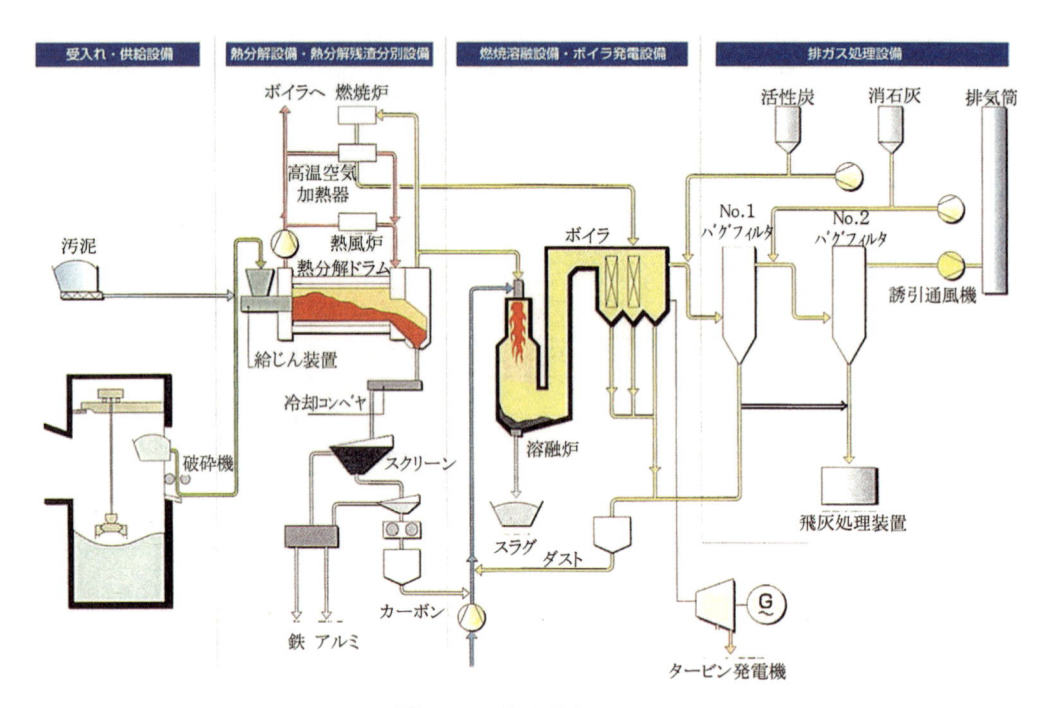

図4-8-1　システムフロー

3．掘り起こし廃棄物処理

（1）掘り起こし廃棄物の種類

埋立物の種類及び量は表4－8－3のとおりである。

表 4-8-3　埋立物の種類および量

廃棄物の種類	各廃棄物量	
	総量（t）	割合（％）
灰が主なごみ	約29,100	44.0
金属が多いごみ	約18,800	28.4
破砕処理後ごみ 混合ごみ（7〜8年前） 混合ごみ（13年以前）	約13,200	20.0
13年以前の生ごみ	約5,000	7.6
計	約66,100	100

（2）前処理の概要

　本システムでは、金属や粗大物を多く含む掘り起こし廃棄物は、併設するリサイクルプラザを利用して前処理を行う。前処理する掘り起こし廃棄物はごみピットに一時貯留する。貯留された掘り起こし廃棄物は、ごみクレーンで埋立ごみ受入ホッパに供給され、No.1埋立ごみスクリーンにて大物異物を選別・場外搬出された後、No.2埋立ごみスクリーンにてそのままごみピットに送るごみ（篩下）とリサイクルプラザへ送るごみ（篩上）に選別される。リサイクルプラザに送られた篩上は、リサイクルプラザの処理系統で処理され、鉄・アルミの有価物を回収した後、残さはごみピットに返送され、一般ごみと撹拌・混合後、ガス化溶融炉にて処理される（図4-8-2参照）。

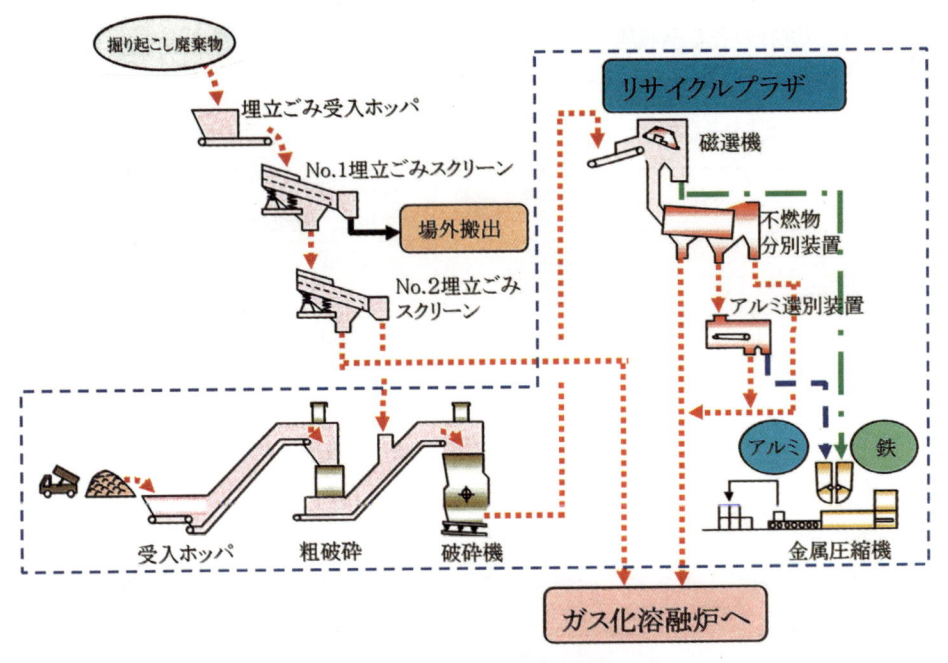

図 4-8-2　掘り起こし廃棄物処理フロー

（3）処理実績

掘り起こし廃棄物の処理は、施設の処理能力の余裕範囲で処理している。掘り起こし廃棄物に金属や粗大物を多く含む場合、リサイクルプラザにて前処理を行う。そのため、粗大物の搬入量が少ない平日に行っている。5月中旬までの処理実績を表4-8-4に示す。

表4-8-4 掘り起こし廃棄物処理実績

平成15年5月18日現在

項目	処理日数(日)	処理量(t)
平成15年3月	9	98
平成15年4月	6	143
平成15年5月	10	190
合計	25	431

4．混合処理試験

（1）混合処理試験概要

掘り起こし廃棄物は、リサイクルプラザにて破砕・磁選・篩等の分別による前処理後、一般可燃ごみ(リサイクルプラザからの選別残さ含む)とともにごみピット内でごみクレーンにより撹拌・混合後、ガス化溶融炉ごみホッパに投入され、下水・し尿汚泥とともに熱分解ドラムに供給される。まず、今回処理した掘り起こし廃棄物の種類および一般可燃ごみとの混焼率（3日間）について調査を行った。

（2）混合処理試験時の各ごみ組成

混合処理試験時の各ごみの分析結果を表4-8-5に示す。

表4-8-5 ごみの分析結果

項目	単位	掘り起こし廃棄物	前処理後の掘り起こし廃棄物	炉投入混合ごみ
水分	％	27.5	27.2	55.8
灰分	％	33.8	37.7	8.4
可燃分	％	38.7	35.1	35.8
低位発熱量	kJ/kg (kcal/kg)	7,940 (1,900)	7,360 (1,760)	8,600 (2,050)

※表の数値は複数サンプルの平均値

（3）ごみ処理量および掘り起こし廃棄物混焼率

表4-8-6に掘り起こし廃棄物の混焼率（1炉分）を示す。1日のごみ処理総量は78.3 t、85.4 t、84.1 tで、掘り起こし廃棄物の混焼率は12.5％、14.0％、18.4％であった。

表 4-8-6　掘り起こし廃棄物の混焼率

項　目	単位	1日目	2日目	3日目
一般可燃ごみ	t/日	65.28	71.36	64.81
掘り起こし廃棄物	t/日	9.78	12.00	15.49
下水・し尿汚泥	t/日	3.29	2.07	3.76
処理量合計	t/日	78.35	85.43	84.06
負荷率	%	96.7	105.5	103.8
掘り起こし廃棄物混焼率	%	12.5	14.0	18.4

（4）処理の安定性
1）熱分解性能

図4-8-3に熱分解ドラム内計5ヶ所における熱分解残さの温度を示す。ごみの熱分解必要温度450℃に対し、熱分解ドラム出口側に近い4、5の位置においては、450℃以上の温度になっており、掘り起こし廃棄物処理時においても問題なく熱分解されている。

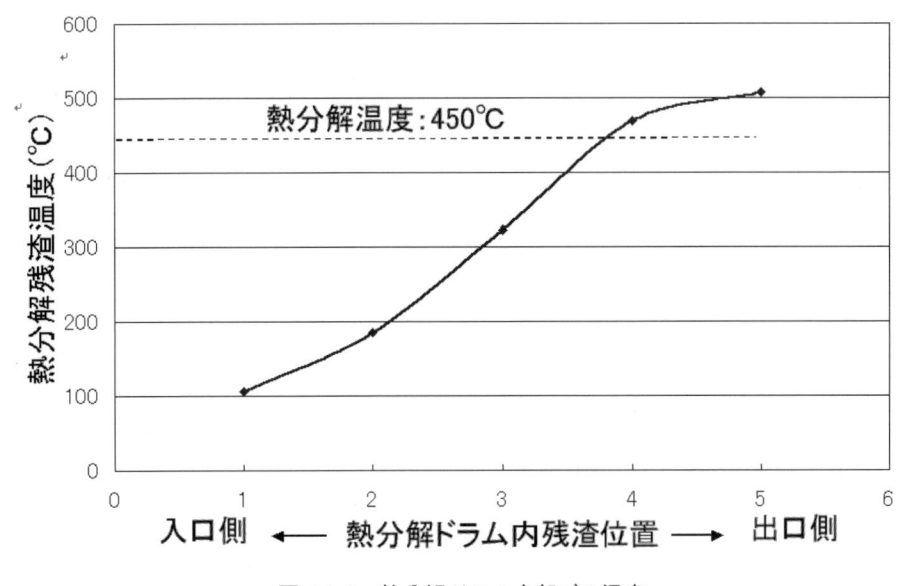

図 4-8-3　熱分解ドラム内部ごみ温度

2）公害防止基準
（a）排ガス基準

図4-8-4に一酸化炭素及び窒素酸化物のトレンドデータを示す。また、排気筒出口排ガスを表4-8-7に示す。

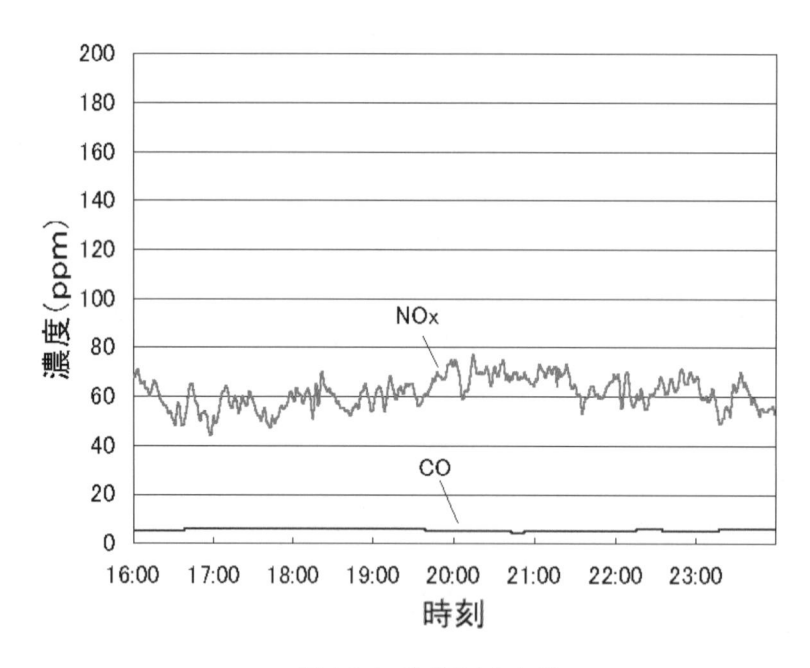

図 4-8-4　排ガストレンド

表 4-8-7　排ガス組成（排気筒出口）

項目	単位	測定値	保証値
一酸化炭素	ppm（O_2＝12%換算）	6	30以下
窒素酸化物	ppm（O_2＝12%換算）	62	100以下
塩化水素	ppm（O_2＝12%換算）	13	50以下
硫黄酸化物	ppm（O_2＝12%換算）	7	50以下
ばいじん	g/m^3_N（O_2＝12%換算）	<0.001	0.02以下
ダイオキシン類	ng-TEQ/m^3_N（O_2＝12%換算）	0.034	0.05以下

（b）スラグの溶出基準および含有基準

　スラグの溶出試験結果を表4－8－8に含有量試験結果を表4－8－9に示す。スラグは有価物として業者に売却している。

表 4-8-8　スラグの溶出試験結果（環告46号）

項目	単位	測定値	保証値
カドミウム	mg/l	<0.001	0.01以下
鉛	mg/l	<0.001	0.01以下
六価クロム	mg/l	<0.01	0.05以下
砒素	mg/l	<0.001	0.01以下
総水銀	mg/l	<0.0001	0.0005以下
セレン	mg/l	<0.001	0.01以下

表 4-8-9　スラグの含有量試験結果

項目	単位	測定値	保証値
カドミウム	mg/kg	4	9以下
鉛	mg/kg	420	600以下
砒素	mg/kg	<1	50以下
総水銀	mg/kg	<0.05	3以下

※カドミウム、鉛はHF＋硝酸抽出法による含有値

（c）飛灰処理物の溶出基準

飛灰処理物の溶出試験結果を表4-8-10に示す。

表 4-8-10　飛灰処理物の溶出試験結果

項目	単位	測定値	保証値
カドミウム	mg/l	<0.01	0.3以下
鉛	mg/l	0.19	0.3以下
六価クロム	mg/l	<0.05	1.5以下
砒素	mg/l	<0.001	0.3以下
総水銀	mg/l	<0.0005	0.005以下
セレン	mg/l	0.002	0.3以下

（5）最終処分場の減量・減容効果

投入量と排出量の測定結果（1炉分）を表4-8-10に示す。鉄、アルミ、スラグは再利用されるので、減容化率は1/132であった。また、掘り起こし廃棄物の混合率を試験3日目より定格処理量の18.4％とし、300日/年稼動した場合の最終処分場の減容効果を表4-8-12に示す。減量・減容効果は7,440 t/年、35,750 m^3/年となる。

表 4-8-11　投入量と排出量の測定結果（1炉分）

項目	重量(t/日)	比重(t/m^3)	重量割合(%)	容積割合(%)
①一般可燃ごみ	64.81	0.24	77.1	79.8
②掘り起こし廃棄物	15.49	0.24	18.4	19.1
③下水・し尿汚泥	3.76	1.0	4.5	1.1
投入量合計	84.06	—	100.0	100.0
④圧縮鉄	0.34	1.6	0.4	0.06
⑤圧縮アルミ	0.20	0.9	0.2	0.07
⑥スラグ	7.30	1.5	8.7	1.44
⑦飛灰処理物	2.56	1.0	3.0	0.75
排出量合計	10.40	—	12.3	2.32

表 4-8-12 最終処分場の減量・減容効果

項目	比重(t/m³)	重量(t/年)	容積(m³/年)
①掘り起こし廃棄物	0.24	8,940	37,250
②飛灰処理物	1.0	1,500	1,500
減量・減容効果	−	7,440	35,750

5．おわりに

　国分地区衛生管理組合のキルン式熱分解ガス化溶融プラントにより、掘り起こし廃棄物と可燃ごみおよび下水・し尿汚泥との混合溶融処理を行った結果、1/132の減容化が可能であり、最終処分場の延命化に有効な処理システムであることを実証した。また、排ガス組成も保証値以下に制御でき、安定した運転状況を確認し、溶融スラグは土壌環境基準値以下に安定・無害化できることを確認した。以上の結果から、本システムは、掘り起こし廃棄物処理に有効なシステムであることが実証された。

第9節　ジオメルト工法によるダイオキシン類汚染土壌の現地無害化処理（橋本市）

1．はじめに

和歌山県橋本市の山間部の産業廃棄物中間処理場において、高濃度ダイオキシン類汚染土壌の現地無害化処理が平成14年10月～平成15年11月に実施された。この地域は、平成14年4月にダイオキシン類対策特別措置法に基づく「汚染対策地域」に指定されており、策定された対策計画[1]に基づき実施された国内最初の大規模な処理となった。処理を行うにあたっては、ダイオキシン類に対する作業員の曝露防止は必然として、いかに周辺環境のリスクを低減し、周辺住民とのコンセンサスをとっていくかが処理事業を円滑に進めていく上で重要な要素になった。

ここでは、地域住民、行政、施工業者が一体となってリスクコミュニケーションを図りながらダイオキシン類汚染土壌の現地無害化処理を進めていった事例を紹介する。

2．高濃度ダイオキシン類汚染土壌の無害化処理に至るまでの経緯

この産業廃棄物中間処理場では、1994年頃より産業廃棄物処理業者が不法に廃棄物を持ち込み、排ガス対策の不完全な焼却施設（写真4-9-1）での焼却や、野焼きを行っていたため、周辺地域の住民から苦情が相次いだ。住民は「産廃処理場を撤去させる会」（以下「撤去させる会」と呼ぶ）を結成して処理場のダイオキシン類調査、焼却施設および埋立廃棄物の撤去を求めた。撤去させる会と和歌山県の話し合いにより、平成12年1月に和歌山県が焼却炉周辺を調査した結果、焼却炉内から最大250ng-TEQ/g、周辺土壌から100ng-TEQ/gもの高濃度のダイオキシン類による汚染が確認された[2]。ただちに和歌山県は所有者である産業廃棄物処理業者に対し、ダイオキシン類で汚染されている施設の解体・処分等の措置命令を出したが業者が従わなかったため、和歌山県は平成12年5月、措置命令に係る行政代執行（緊急対策）を実施した。この行政代執行業務では、焼却炉解体に伴って発生したダイオキシン類汚染物（15.6m^3）を日本で初めて現地無害化処理を実施することとなりジオメルト工法（1バッチあたり溶融能力1t）が用いられた[3]。しかし、周辺には焼却施設から発生する煙等により土壌環境基準（1,000pg-TEQ/g）を超える汚染土壌が残っており、これを処理（恒久対策）する必要があった。

写真4-9-1　汚染の原因となった焼却施設

3．技術選定経緯と情報公開

（1）汚染状況

和歌山県が調査した結果、土壌環境基準（1,000pg-TEQ/g）を超えるダイオキシン類汚染地域は4,930m²、汚染土量は約2,602m³であり、過去に焼却施設があった場所を中心に同心円状の汚染が確認された。汚染土量を表4－9－1、汚染土壌の分布を図4－9－1に示す。

（2）処理方針

汚染土壌の処理方針は、和歌山県と橋本市、撤去させる会の三者に、学識経験者を交えて設置した恒久対策協議会において検討され、1,000～3,000pg-TEQ/gの汚染土壌（1,932m³）は現地に設置するコンクリートボックスによる封じ込めとし、3,000pg-TEQ/g以上の汚染土壌（670m³）については無害化処理を実施することが決定した。無害化処理方法の選定はインターネットを通じて一般公募され、153社の技術がリストアップされた。その後、恒久対策協議会において協議を重ね4社を選定し公開プレゼンテーションが行われた。その技術選定要件を表4－9－2に示す。撤去させる会は、無害化の確実性や処理後物質の安定性を重視、行政は更に工事費用や実績等も含め各々の項目をポイントで評価、検討し最終的に弊社提案のジオメルト工法（1バッチあたり溶融能力100ｔ）が選定された。

（3）環境保全協定

現地無害化処理を実施するに当たり、和歌山県、撤去させる会および弊社は、三者相互の信頼関係に基づき地域住民の生活環境を保全するため、ジオメルト工法に関する環境保全協定を締結した。環境保全協定の骨子を表4－9－3に示す。この中には、住民の意志に基づき現場内立入や分析データの公表等、公開の原則が明記されている。また、第1バッチ目（第1回目）をジオメルト100ｔ設備の運転に伴う各種データを採取するための調査運転と位置づけ、管理目標値の検証や溶融

表4-9-1　汚染濃度と土量

汚染濃度(pg-TEQ/g)	土量(m³)	
1,000～3,000	1,932	1,932
3,000～5,000	160	
5,000～10,000	287	670
10,000～	223	
合計	2,602	2,602

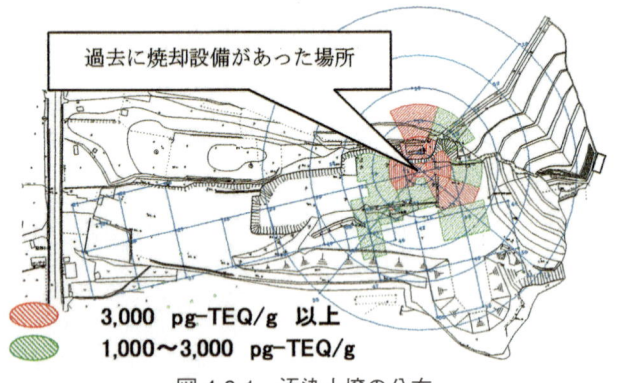

図 4-9-1　汚染土壌の分布

表4-9-2　技術選定要件

撤去させる会	和歌山県
・無害化の確実性	・処理の程度
・処理後物質の安定性	・安全性
・重金属処理の可否	・重金属処理の可否
・前処理の必要性	・前処理の必要性
・周辺環境への影響	・周辺環境への配慮
・処理期間	・工事期間
・住民へのストレス	・工事費用
・事故の可能性	・処理後残さの処分方法
・作業管理	・二次廃棄物の処分
・作業の密閉性	・設備の有無
	・土壌処理経験の有無
	・現地処理経験の有無

運転状況の確認、調査することも合意されている。

表 4-9-3　ジオメルト工法に関する環境保全協

項　目	内　　容
1.基本理念	地域住民の健全な生活環境を保全するために、最善の措置を講ずる。
2.環境保全対策	ジオメルト工法の運転状況の管理目標値を設定、管理目標値の範囲内であることを確認するとともに、計測値を記録して現場で閲覧できるようにする。
3.モニタリング	汚染土壌掘削中、土壌詰込み・洗浄作業時の作業環境モニタリングを行う。ジオメルト処理中に下記の項目について3回モニタリングを行う。①大気放出ガス（ダイオキシン類、SO_X、NO_X等、重金属類）、②敷地境界周辺環境モニタリング（ダイオキシン類、粉じん）、③汚染物と溶融固化体（ダイオキシン類、重金属類）周辺環境モニタリングとして敷地境界4箇所でデジタル粉じん計による24時間連続モニタリングを行う。
4.立入調査	住民が現場に立入り、環境保全の状況を調査可能にする。ただし工事の円滑な実施に支障をきたさないように配慮すること。
5.緊急時の措置	緊急時対策マニュアルを整備し、実施訓練を行う。
6.公開の原則	作業日報・モニタリング等の分析結果やモニタリングテレビ24時間映像を公開する。
7.協定会議	和歌山県2名、撤去させる会4名および施工業者2名で構成する協定会議を設置し、協定を円滑に履行するために次の事項を協議する。①業務の安全性の確認、②モニタリング結果の評価に関する事項、③協定に定めがない事項。協定会議では学識経験者や専門家をオブザーバーとして意見を求めることができ、公開を原則とし月1回定期的に開催する。
8.調査運転	1バッチ目に運転に伴う各種データを集中的に採取し、管理目標値の検証、溶融運転状況、運転中の騒音等を確認する。

4．ジオメルト工法による現地無害化処理

（1）ジオメルト工法の概要

　ジオメルト工法とは、処理対象物中に電極を挿入し、これに通電して処理対象物を電気的に加熱することにより対象物を溶融し、また、自然冷却によって溶融体を固化するものである[4]。溶融部の中心温度は1,600℃以上に上昇し、処理対象物中の有機化合物が高温熱分解されるとともに、揮発しやすい重金属は気化して冷却除塵洗浄機で捕捉され、揮発しにくい重金属は固化体の中に封じ込められる。そのため、有機物質と重金属からなる複合汚染物を同時に無害化処理できる特徴をもつ。処理設備の構成を図4－9－2に、また、現地に設置した処理能力が100t/バッチ規模のジオメルト設備を写真4－9－2に示す。処理設備は電力供給設備、溶融設備、オフガス処理設備から構成され、汚染サイトでの処理が可能なように可搬式設備となっている。

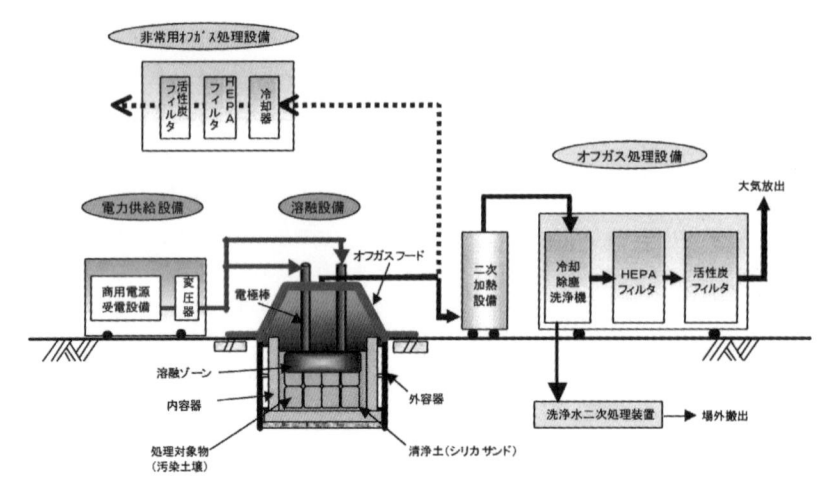

図 4-9-2　ジオメルト工処理設備の構成

　なお、この技術は、鴻池組、宇部興産、日本総合研究所、間組、AMEC社の出資による㈱アイエスブイ・ジャパンが国内における実施権を保有している。

写真 4-9-2　現地に設置したジオメルト設備の全景

（2）汚染土壌の掘削および分級
　汚染土壌の掘削は、図4-9-3に示すように掘削エリアの周囲をシートで囲い、なおかつ掘

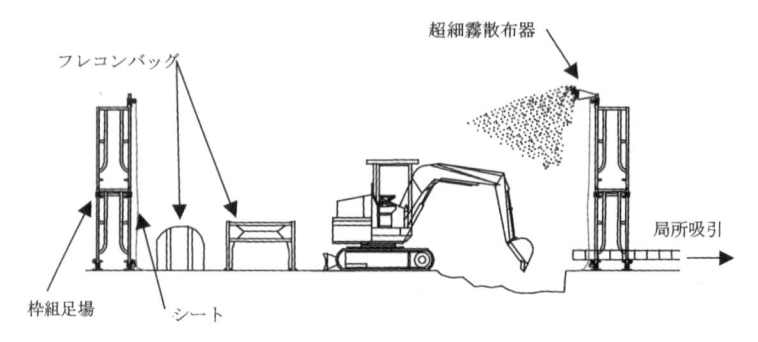

図 4-9-3　汚染土壌の掘削

削箇所は局所吸引を行うことでダイオキシン類の周辺環境への飛散を防止した(写真4-9-3)。掘削作業は、作業員への曝露を考慮して「廃棄物焼却施設内作業におけるダイオキシン類ばく露防止対策要綱」(H13.4.25基発第401号の2)に準拠し、第2管理区分として実施したが、作業環境測定の結果ダイオキシン類濃度は0.32pg-TEQ/m^3(B測定)で、第1管理区分(<2.5pg-TEQ/m^3)であった。掘削した汚染土壌のうち廃棄物の混合割合が多いものについては、ダイオキシン類を含む粉じんが周辺に飛散しないように設置した分別・洗浄建屋内に持ち込み、振動スクリーンにより20mm以下の土壌を篩い分けた。また、20mm以上のものについては、比重選別機(写真4-9-4)により可燃物とがれきに分け、がれきと20mm以下の土壌(合計約1,052 t)はジオメルト工法で無害化処理を行った。一方、可燃物については、高圧水洗浄を行い、付着している汚染土壌を洗い流した後、産業廃棄物(約21 t)として処理した。洗浄後の可燃物のダイオキシン類濃度は、200pg-TEQ/g

写真4-9-3 汚染土壌の掘削状況

写真4-9-4 可燃物・がれきの比重選別状況

であった。なお、分別・洗浄作業は第3管理区域として実施したが、作業環境を測定結果、ダイオキシン類濃度は0.91pg-TEQ/m^3(B測定)で第1管理区分(<2.5 pg-TEQ/m^3)であった。分別・洗浄フローを図4-9-4に示す。また、敷地境界のダイオキシン類濃度は、0.033～0.071pg-TEQ/m^{3}であり、大気環境基準(0.6pg-TEQ/m^3)を下回っていた。

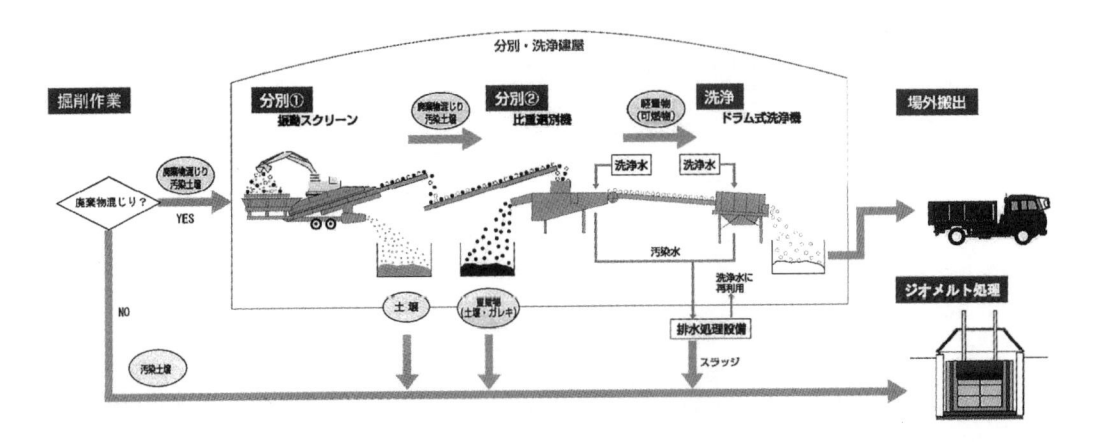

図4-9-4 分別・洗浄フロー

（3）設備の配置と溶融サイクル

　無害化処理の対象となる高濃度汚染土壌は計670m^{3}である。現地には図4-9-5に示すように3基の溶融ピット（縦7m×横7m×高さ5m）を設置して順次稼動させ、それぞれのピットでの「汚染物設置→溶融→固化体取り出し」サイクルを効率よく行えるような設備配置とした。溶融運転は、3交代制による約7日間の昼夜連続で、汚染土壌の詰め込み、溶融固化体の取り出しまでを含めて、2バッチ/月のペースで処理した。

（4）分析データと情報公開

　現地無害化処理は、環境保全協定に基づき表4-9-4に示す項目を情報公開しながら実施した。1回目の溶融運転を「調査運転」と位置付けて各種データを集中的に採取した結果の一例を図4-9-6に示す。この結果より、処理後の溶融固化体のダイオキシン類濃度は0.0017pg-TEQ/gであり分解率としては99.9999%以上であった。また、敷地境界での騒音は、39.3～42.4dB(A)で、夜間の騒音規制である45dB(A)を下回った。この結果から24時間稼働で溶融運転することの合意を得た。

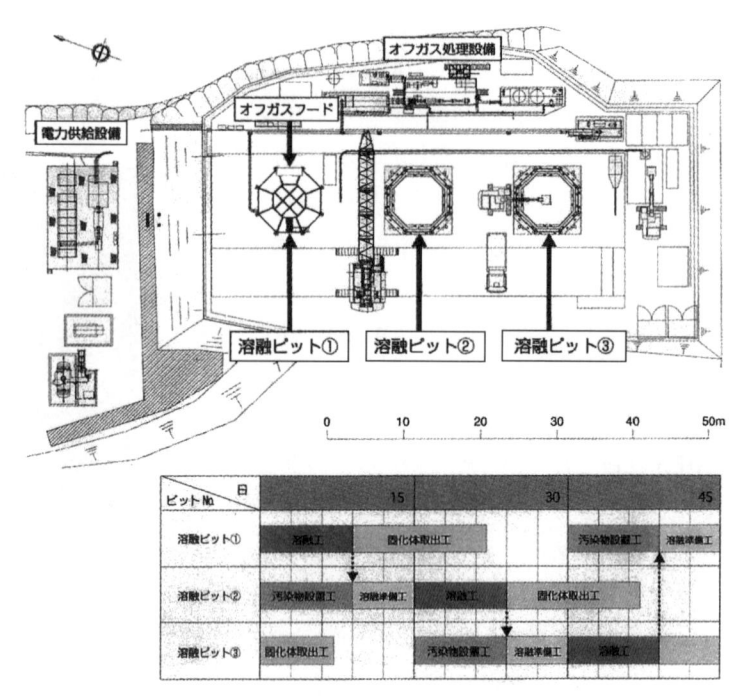

図4-9-5　ジオメルト設備の配置図と基本溶融サイクル

表4-9-4　環境保全協定に基づく情報公開データ

	情報公開データ
住民が自由に出入りできる	工事予定、工事内容、作業日報
建物内閲覧情報	現場の作業状況を常時把握できるようなモニターテレビの設置
ジオメルト工運転状況[※1]	処理対象物量、オフガスフード内温度・圧力
	オフガス流量、二次加熱設備出口一酸化炭素濃度
モニタリング	汚染土壌の掘削・詰め込み・洗浄時の作業環境測定データ（各1回）
調査運転（第1バッチ目）	各種詳細データ・溶融中の騒音データ
溶融固化前[※2]	処理前土壌のダイオキシン類濃度
溶融中[※2]	オフガスフード出口ガス・大気放出ガスの分析データ
溶融固化後[※2]	溶融固化体のダイオキシン類、重金属等の分析データ
周辺環境モニタリング	敷地境界での粉じん、ダイオキシン類濃度[※2]、溶融中の騒音データ[※3]
	敷地境界における粉じんの24時間常時モニタリングデータ

※1）毎バッチ実施　※2）全16バッチのうち1バッチ目、8バッチ目、16バッチ目に実施　※3）1回/月

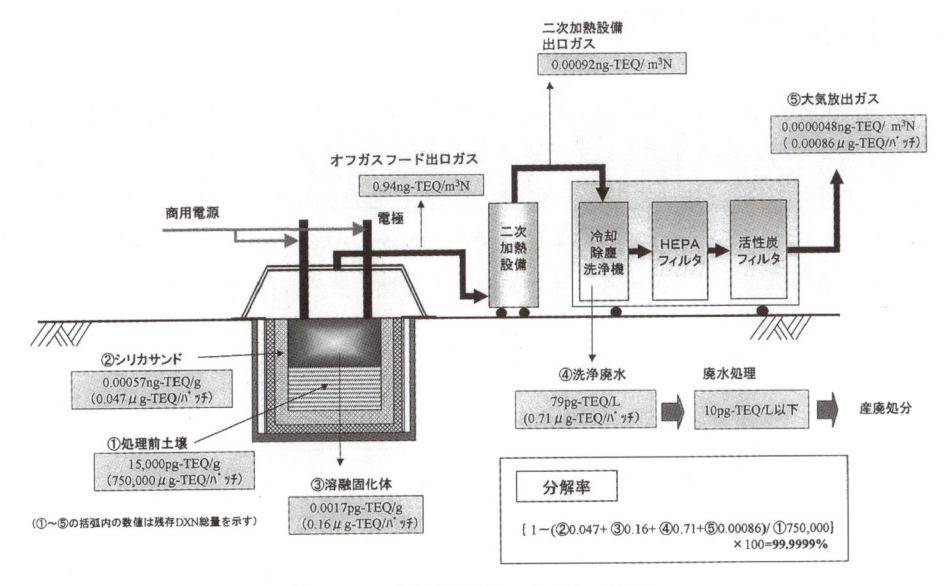

図 4-9-6　調査運転モニタリング結果

溶融は16バッチ実施し、汚染土壌1051.7tを処理した。溶融後の固化体状況および破砕状況を写真4-9-5、写真4-9-6に示す。平均溶融時間は172時間/バッチ、電力投入量は約12万kWh/バッチで、単位処理土壌あたり1.14kWh/kgの電力投入量であった。各バッチのモニタリング結果を表4-9-5に示す。処理後の溶融固化体は0.0017～0.024pg-TEQ/gであり、重金属等の溶出量も全て定量下限値以下であった。大気放出ガスについても0.00000002～0.0049ng-TEQ/m^3で基準値の0.1ng-TEQ/m^3に比べ十分に低いものであった。溶融中の敷地境界における大気中のダイオキシン類濃度は0.0076～0.087pg-TEQ/m^3であり、大気環境基準値(0.6pg-TEQ/m^3)を十分下回り周辺環境へ影響を与えていないことが確認できた。なお、溶融固化体は、破砕した後現地に埋め戻すことで合意できている。

写真 4-9-5　溶融後の固化体状況

写真 4-9-6　固化体の破砕状況

5．おわりに

ここで紹介したのは、「ダイオキシン類汚染土壌の現地無害化処理」という日本では過去に例がない工事であり、住民合意形成や情報公開を含めたリスクコミュニケーションをはかりな

がら、汚染土壌の掘削から現地無害化処理まで周辺環境を保全しながら無事処理することができた。

　今後、有害化学物質や重金属類等で汚染された土壌のオンサイト処理を行う際は、技術の①確実性（無害化処理の確実な実施）や②安全性（二次公害等を周辺環境に影響を与えない）はもちろんのこと③住民関与（住民参加、情報公開を原則にした処理の実施）の原則が実践される必要がある[5]。本工事は、これが実践できた事例ではないかと考えている。本工事にあたり、ご指導頂いた和歌山県ならびに多大なご協力を頂いた地域住民の皆様に紙面を借りて深く謝意を表する次第である。

表 4-9-5　環境保全協定に基づくモニタリング結果

測定位置	分析項目	単位	No.1バッチ	No.8バッチ	No.16バッチ	基準値
処理前土壌	ダイオキシン類	pg-TEQ/g	15,000	2,200	1,800	1,000
大気放出ガス	ダイオキシン類	ng-TEQ/m^3	0.0000048	0.00000002	0.0049	0.1
	ばいじん	mg/m^3_N	1	<1	<1	250
	塩化水素(HCl)	mg/m^3_N	1	1	<1.0	80
	硫黄酸化物(SO_X)	m^3/Hr	0.0012	0.0017	<0.001	0.16
	窒素酸化物(NO_X)	ppm	49	51	88	250
	総水銀(Hg)	mg/m^3	0.044	0.0014	0.0050	0.05
	砒素(As)	mg/m^3_N	<0.00086	<0.0016	<0.0013	0.25
	カドミウム(Cd)	mg/m^3_N	<0.00021	<0.0008	<0.00066	1.0
	クロム(Cr)	mg/m^3_N	<0.0083	0.02	<0.027	2
	セレン(Se)	ppm	<0.00041	<0.002	<0.0013	1
	鉛(Pb)	mg/m^3_N	0.075	<0.004	<0.0033	30
溶融固化体	ダイオキシン類	pg-TEQ/g	0.0017	0.0025	0.024	——
	カドミウム(Cd)	mg/l	<0.003	<0.003	<0.003	0.01
	鉛(Pb)	mg/l	<0.005	<0.005	<0.005	0.01
	六価クロム(Cr)	mg/l	<0.02	<0.02	<0.02	0.05
	砒素(As)	mg/l	<0.005	<0.005	<0.005	0.01
	総水銀(Hg)	mg/l	<0.0005	<0.0005	<0.0005	0.0005
	セレン(Se)	mg/l	<0.005	<0.005	<0.005	0.01

【参考文献】
1) 和歌山県：橋本市野上山谷田の一部地域ダイオキシン類土壌汚染対策計画　平成14年5月
2) 岩井敏明：橋本市におけるダイオキシン汚染物無害化処理、p.61-64、全国環境衛生大会妙録集 (2001)
3) 橘敏明ほか：ダイオキシン類で汚染された焼却炉の解体とジオメルト工法による無害化処理、㈱鴻池組技術研究発表会梗概集 (2002)
4) 安福敏明ほか：ダイオキシン類汚染土壌に求められる設備の特性、p.29-33、建設機械10 (2002)
5) 中地重晴：住民参加型オンサイトにおける廃棄物、ダイオキシン類汚染処理の現状と課題——豊島（香川）・橋本（和歌山）・能勢（大阪）の場合——、環境科学会第2003年会・シンポジウム2、p.10-17 (2003)

第10節　豊島での不法投棄ごみ調査事例

　瀬戸内海の小島、豊島の一角に産業廃棄物処理業者が昭和50年代後半から、平成2年にかけて許可外の産業廃棄物を不法投棄した。その後この不法投棄物対策についての話し合いが行われ、2000年6月6日に国の公害調停が成立したことで豊島は再生に向けてスタートした。ここでは、既存の埋立廃棄物を再生する方法の一例として、豊島の再生方法を取りあげる。

図 4-10-1　豊島位置図

1．実態調査
（1）調査概要
　廃棄物埋立状況を把握するため、公害等調整委員会は平成6年より実態調査を行った。調査結果の概要については、既刊廃棄物学会誌「豊島産業廃棄物事件の公害調停成立」(Vol.12, No.12, 2001)等で報告されているが、その内容は次のとおりである。
　調査方法は約300haの対象地を50mメッシュで区切り、その交点をボーリングやベノトで掘削し、廃棄物、土壌、地下水等の試料を採取し、有害物質の含有量や溶出量などの各種分析を行った。また、周辺海域の水、底質、生物などの試料についても、同様の分析を行い、更に、地下水の流れを把握するために54地点での水位観測や透水試験なども行った。

図 4-10-2　ベノト掘削図

（2）調査結果

1）廃棄物の分布状況

調査は下図に示すように対象地を50mメッシュで区画して次の調査項目と調査数量を実施した。

表 4-10-1 調査項目と調査数量

調査項目	調査数量
1．基礎調査（資料調査、地質調査）	ボーリング（不攪乱）地点 ： 6地点
2．廃棄物調査	ベノト掘削地点 ：14地点
表層ガス調査	バックホウ掘削地点（分析なし）： 6地点
物理探査（比抵抗映像、浅層反射）	バックホウ掘削地点（分析あり）：10地点
廃棄物分布・物性調査	ボーリング地点（花崗岩層） ：14地点
3．地下水調査	ボーリング（素堀り）地点沖積層 ： 5地点
雨量調査	地表水採水地点（民家井戸含む）： 5地点
水理地質・水質調査	海水採水地点 ： 3地点
地下水モニタリング調査	底質採取地点 ：13地点
4．周辺環境調査	生物採取地点 ： 3地点
地表水調査	西海岸透水箇所土壌採取地点 ： 1地点
漏水個所土壌調査	
海域調査	

調査による廃棄物の分布状況は次のとおりである。

図 4-10-3 廃棄物分布状況図[1]

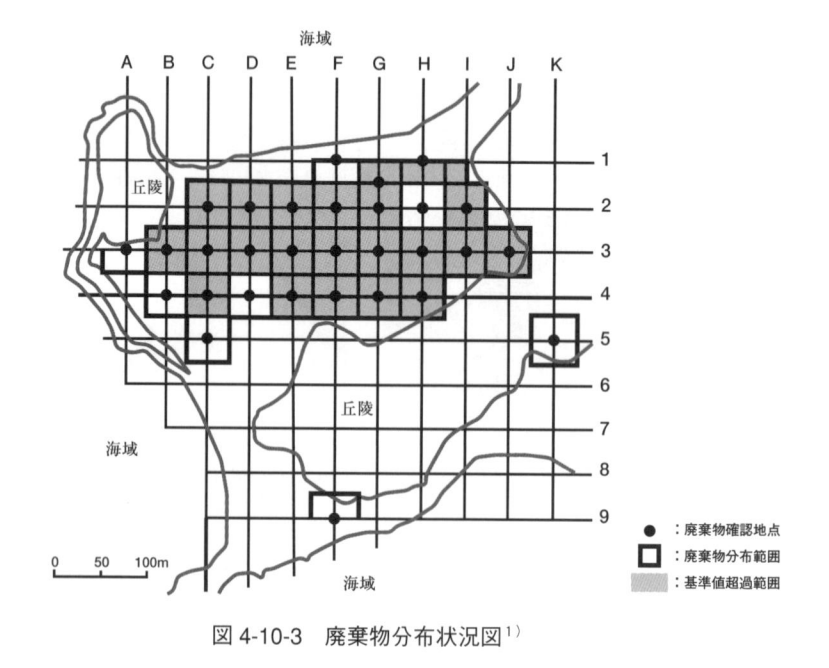

2）廃棄物の量と性状

埋立廃棄物はシュレッダーダストが主体であるが、その他にも汚泥、鉱さい、燃えがら、

脱水ケーキ、灯油缶、紙くず、木片、土壌等が混在しており、場所によって対象物の組成が異なる状況を示している。さらに、ガスも発生しており、対象物の経年変化も見られる。最終的な処理対象数量は次のとおりである。

また、廃棄物の性状は次のとおりであり、シュレッダーダストを含むものの、平均的には非常に低カロリーの廃棄物であった。

表 4-10-2　廃棄物の種類および量

種　類	体積(千m³)	重量(千t)
廃棄物	458.20	499.44
汚染土壌等	70.20	122.85
覆土	19.40	33.92
合計	547.80	656.21

表 4-10-3　廃棄物の性状[2]

種　類		単　位	産業廃棄物			汚染土壌
			最大値	最小値	平均値	
三成分	水分	%	57	6	35	20
	灰分	%	80	21	48	80
	可燃分	%	30	2	17	0
低位発熱量(湿ベース)		KJ/kg	5,900	40	2,900	−500
		Kcal/kg	1,410	10	700	−120

2．対応

調査結果を基に、次のような処理イメージを策定し対策工事が実施中である。

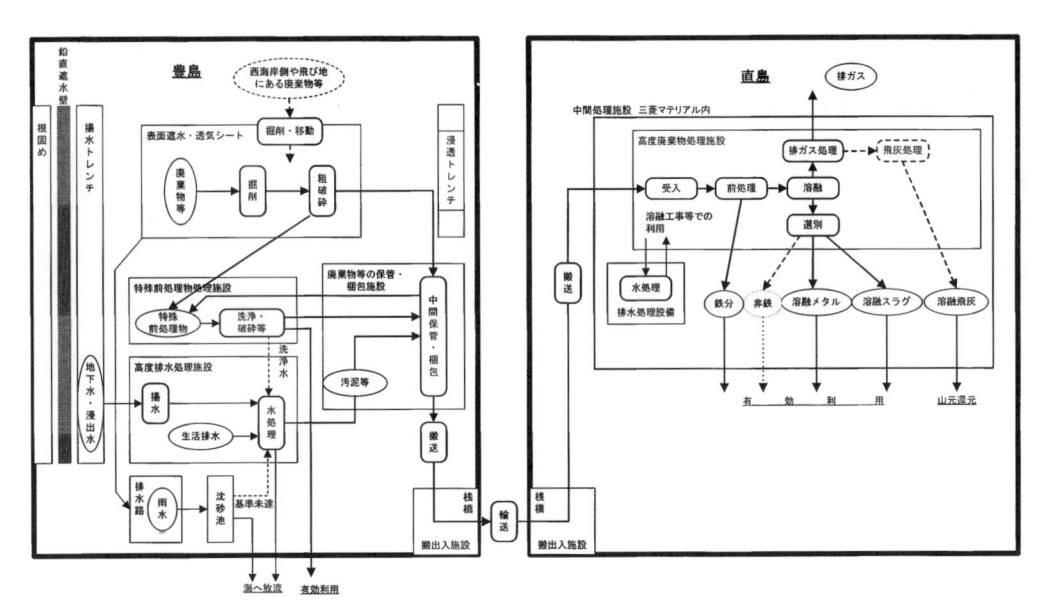

図 4-10-4　豊島廃棄物等の処理イメージ

【引用文献】
1）廃棄物学会誌（vol.12,No.2,2001豊島産業廃棄物事件の公害調停成立）
2）廃棄物学会誌（Vol.12,No.12,2001,p120〜）

第11節　埋立地地盤改善事業の事例

1．はじめに

本事業は、ある市における一般廃棄物最終処分場建設工事において、建設予定地が廃棄物埋立跡地であったことから埋立物を掘り起こし、廃棄物と土砂の分別を行い、廃棄物の種類ごとに処理・処分、再利用を行った事例である。

2．事業の概要と特徴

当県は平坦部が多く、したがって、これまで県内の市町村では一般廃棄物の埋立処分にあたっては窪地等を利用したものが主流を占めていた。このような状況の中で、当該地においては新設の最終処分場建設に当たり、建設予定地が廃棄物埋立跡地であったことが判明、その埋立物の処理・処分が課題となった。

埋立物の処理・処分に当たっては、全量廃棄物として処分することは容易なことではあったが、廃棄物の減量化、リサイクルが叫ばれているなかで有効利用も含めた分別・選別処理を行うことになった。

（1）新設最終処分場計画

新設される最終処分場の埋立面積は約9,500m^2、埋立容量約30,000m^{3}の一般廃棄物最終処分場である。供用期間は約15年、埋立廃棄物としては不燃物を予定している。

（2）掘削、運搬計画

埋立物の掘削および運搬についてはバケット容量1.0m^{3}のパワーショベル、0.7m^{3}のバックホウにて行い、場内に設けた処理プラントまで移動、ストックヤードに仮置する。ここで数日間置くことによって含水率の低下が見られる。

（3）人力分別、選別計画

ストックヤードに仮置された埋立物は、バックホウにて処理プラント受入ホッパに投入、粗大物除去を行うとともに、粗大ごみ、可燃物を人力分別（手選別）により分別する。計画日処理量は約120t/日の設定で計画が行われたが、この人力分別で分別される可燃物および粗大物量は計画量の約半分の60t/日程度であった。なお、ベルトコンベヤにはピッキングスペースが付属しており、ここで可燃物のピッキングが行われる。

（4）トロンメルによる分級分別

人力分別により粗大物、可燃物をピックアップした残さ物をφ1500mm、L＝6,000mmのトロンメルに懸け、30mmアンダー、30〜60mm、60mmオーバーに分級する。

ここでの設定では、30mmアンダーは埋戻用土砂・がれき類、30〜60mmは場外処分用土砂・がれき類、60mmオーバーは場内処分用不燃物（ビン、ガラス、コンクリート片、陶磁器くず、石、プラスチック類）となっており、それぞれ30t/日（25％）、20t/日（17％）、10t/日（8％）の

割合であった。

図4-11-1に処理・分別フローを示す。

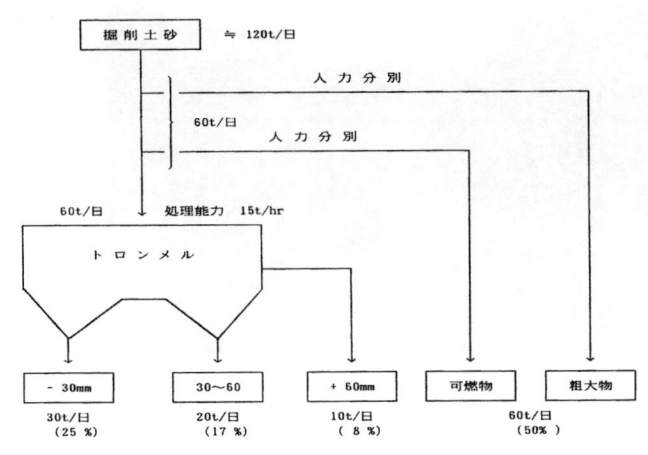

```
                    掘削土砂    ≒120t/日
                        │
         ┌──────────────┼──────────┬──────────┐
         │          人力分別        │          │
         │    60t/日                │          │
         │      人力分別            │          │
         │                          │          │
    60t/日  処理能力 15t/hr          │          │
    ┌────┐                          │          │
    │トロンメル│                    │          │
    └────┘                          │          │
    │    │    │                    │          │
 -30mm 30～60 +60mm              可燃物      粗大物
 30t/日 20t/日 10t/日             60t/日
 (25%)  (17%)  (8%)               (50%)
```

図4-11-1 分別・選別フロー

3．処理結果

上記の処理結果として、粗大物としては消火器、大型家電品、缶プレス品などがありこれらは市の中間処理施設で処理・処分、可燃物としては木片、ビニール片などでこれらは市の焼却場で焼却処理、トロンメルによる分級では、30mmアンダーの土砂、瓦礫類は埋戻し材として再利用、30～60mmの土砂、瓦礫類は市で処分、60mmオーバーはビン、ガラス、コンクリート片、陶磁器、廃プラ類であり埋立処分とした。表4-11-1に概略機器仕様を示す。

表4-11-1 概略機器仕様

番号	機器名	数量	機器仕様	備考
01	受入ホッパ	1式	ホッパ容量：5m³　グリズリバー付属	原料受入　粗大物除去
02	ベルトフィーダ	1台	W1,050mm×5,000L　3.7Kw	原料切出
03	ベルトコンベヤ	1台	W900mm×20,000L　2.2Kw　ピッキングスペース付属	原料輸送　可燃物除去
04	トロンメル	1台	φ1,500mm×6,000mm　5.5Kw　目開：45mm、75mm　予備網付属	篩い分け
05	ベルトコンベヤ	1台	W400mm×15,000L　1.0Kw	篩分品輸送
06	ベルトコンベヤ	1台	W350mm×10,000L　1.0Kw	篩分品輸送
07	ベルトコンベヤ	1台	W350mm×10,000L　1.5Kw	篩分品輸送
08	現場操作盤	1式	屋外式壁掛型	プラント制御
09	パワーショベル	1台	バケット容量：1.0m³	原料移動
10	バックホウ	1台	バケット容量：0.7m³	原料投入
11	ショベルローダ	1台	バケット容量：1.0m³	積込
12	運搬車	3台	4Ton車	構内運搬

掘削土砂仮置状況

処理プラント全景

分別可燃物等

30mmアンダー分別

30～60mm分別

60mmオーバー分別

第12節　既設処分場の再生・延命化の事例（下津町）

1．はじめに

　近年、最終処分場の新規建設の困難さを背景に、既設処分場の再生・延命化が注目されている。これらの実施例および計画においては、埋立廃棄物を掘り起こして溶融固化により無害化・減容化した後、減容されたスペースに新規の廃棄物を埋め立てる計画が多い。

　一方、本例は、同じ既設処分場の再生・延命化でも溶融固化を伴わない事例であり、既設の最終処分場内に新規の処分場を建設し、埋立物を新規処分場へ搬入・埋立を行い、余裕分に新規の廃棄物を受け入れる計画である。本例においては、既設処分場の敷地が非常に狭く、既存の埋立物の掘り起こし・移動を行い、スペースを造成してから、新規処分場を建設するという工法を採用している。

　こういった溶融固化を伴わない、既設処分場の再生・延命化の事例について、以下に紹介する。

2．施工計画概要

（1）計画概要

　本処分場は海に面した、急峻な地形の中にあり、既設処分場の埋立面積に対して全敷地面積が狭小なため、埋立物を既設処分場内の仮置き可能な場所に移動させて新設処分場のための建設スペースを造成することが必要となる。本処分場では、敷地内に仮置き場を建設後、新規処分場を2工区（第1工区及び第2工区）に分割し、埋立物の移動→新規処分場建設用地の造成→新規処分場の建設→新規処分場への埋立物の搬入・埋立を繰り返すことにより、新規処分場を建設する計画である。

　新規処分場には、既存埋立物の搬入・埋立を行うと共に、建設期間中も不燃物の受け入れを行い、建設終了後には余ったスペースに新たに廃棄物を受け入れる予定である。

（2）既設処分場概要

　　・場所　　　　　　　和歌山県海草郡下津町
　　・埋立開始年　　　　1973年
　　・埋立物　　　　　　不燃物、処理残さ
　　・敷地面積　　　　　11,550 m^2
　　・埋立廃棄物量　　　85,000 m^3
　　・遮水工　　　　　　なし
　　・浸出水処理施設　　なし

（3）新設処分場

　　・埋立容量　　　　　第1工区　　　　　　24,100 m^3

　　　　　　　　　第2工区　　　　　　　　　76,900m³
・浸出水処理施設　　　30m³/日（流水調整処理＋生物処理（脱窒処理）＋凝集沈殿処理＋砂ろ過処理＋活性炭吸着処理＋キレート処理＋消毒処理）

（4）施工手順

本工事の施工手順を図4-12-1に示す。

各ステップの内容は以下のようである。

① 既存の埋立廃棄物の一部を移動させるために、既存埋立物の仮置き場を先行して施工する。仮置き場の位置は第2工区内であり、構造は図4-12-2に示すとおりである。

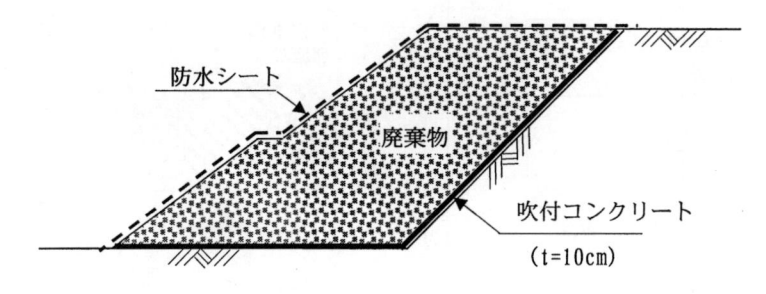

図 4-12-2　仮置き場構造図

② 第1工区内の埋立物を仮置き場に移動・仮置きし、第1工区（埋立容量24,100m³）の建設スペースを造成する。
③ 第1工区を建設する。同時に浸出水処理施設の建設を進める。
④ 第1工区及び浸出水処理施設が完成後、仮置き場を含む第2工区内の埋立物の搬入・埋立を行い、第2工区の建設スペースを造成する。
⑤ 第2工区（埋立容量76,900m³）の建設を行う。
⑥ 第2工区へ残りの埋立物の搬入・埋立を行う。
⑦ 第2工区の残存容量部に新たに廃棄物の受け入れを行う。

①既存埋立物仮置場の建設
↓
②既存埋立物の仮置場への移動・仮置き
↓
③新規処分場第1工区の建設
↓
④第1工区への既存埋立物の搬入・埋立
↓
⑤新規処分場第2工区の建設
↓
⑥第2工区への既存埋立物の搬入・埋立
↓
⑦新規廃棄物の受入れ（第2工区）

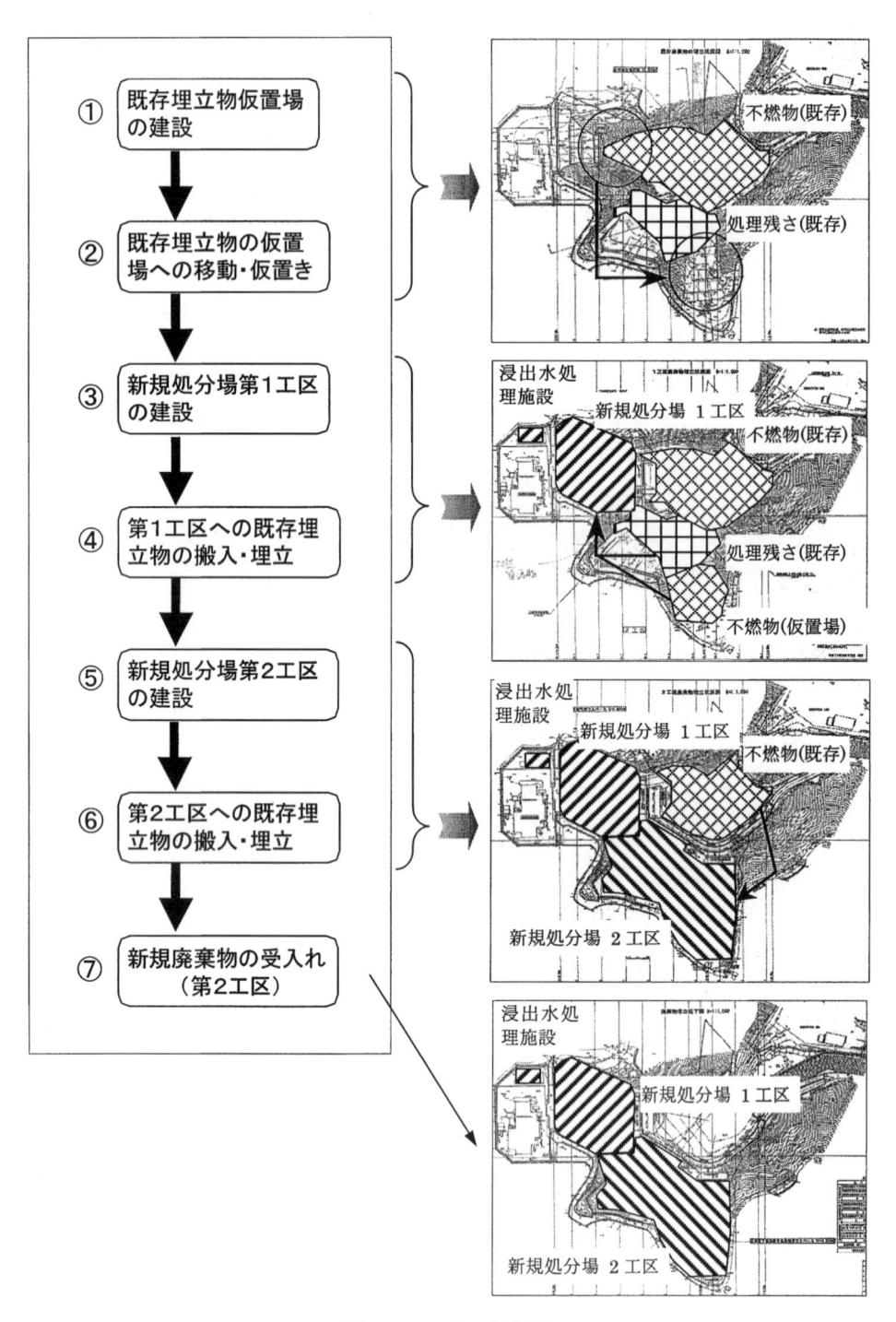

図 4-12-1　施工手順図

3．埋立廃棄物の調査結果

（1）事前調査

合計7本の調査ボーリングを実施し、事前調査を行った。ここでは、掘り起こしに直接関連する調査項目（埋立物の組成、埋立物内の発生ガス、保有水及び地下水）を取り上げ、報告する。

1）廃棄物の組成

サンプリングは、地下4m付近の廃棄物から抽出した。抽出した埋立物を四分法で縮分したのち、試料調整して最終的な分析試料とした。組成分析は持ち帰り、試験室で行った。また、乾燥、燃焼工程を経て、水分、灰分、可燃分を算定した。

調査結果を表4-12-1に示す。

表4-12-1　埋立物調査結果

項　　目		単位	結果
種類組成	紙、布類	%	0.4
	ビニール、皮革、ゴム、合成樹脂	%	4.0
	木、竹、わら類	%	2.2
	ちゅう芥類	%	>0.1
	鉄類	%	4.3
	その他金属類	%	0.4
	土砂類（ガラス類を含む）	%	88.7
	その他	%	>0.1
単位体積重量		kg/m^3	1.071
三成分	水分	%	12.9
	灰分	%	71.8
	可燃分	%	15.3

土砂類（ガラス類を含む）の割合が非常に高く、88.7%を占め、分解性の紙、木、ちゅう芥などは、2.7%程度と非常に低い値を示している。三成分においても、灰分が71.8%と高く、可燃分は15.3%と低い。この分析調査の結果から、本埋立物は分解するものは非常に少なく性状的に安定していると判断される。

2）埋立物内ガス発生調査結果

3本の調査ボーリングから採取した発生ガスの組成を分析した結果を表4-12-2に示す。それぞれのボーリング孔内から採取したガスは、分析室に持ち帰りガスクロマトグラフを用いて分析した。

調査結果から、いずれの観測井においても、メタン、二酸化炭素、硫化水素のすべてにおいて低い値を示しており、また酸素濃度は空気濃度(20.9%)と同程度であった。

表 4-12-2 既存埋立廃棄物内の発生ガス調査結果

測定項目		単位	測定位置（ボーリングNo.）		
			A	B	C
メタン		ppm	15.0	9.1	2.0
二酸化炭素		%	0.35	1.4	0.07
硫化水素		ppm	<0.2	ND	<0.2
酸素		%	20.7	20.3	20.9
流量		m^3_N/min	ND	0.41	ND
圧力		Aq	<0.1	1*	<0.1
内部温度	2m	℃	32.3	30.2	22.4
	4m	℃	31.1	31.1	21.4
	6m	℃	29.5	31.5	21.6
	8m	℃	27.9	29.1	23.3
	10m	℃	28.2	28	24.8
	12m	℃	28.3	27.5	25.4
	14m	℃	28.4	26.9	24.9
	16m	℃	28.6	——	——

*）：単位はPa。

3）保有水調査結果

1本の調査ボーリングから採取した埋立物の保有水に関して、排水基準の生活項目について分析した結果を表4-12-3に示す。

表 4-12-3 保有水の分析結果

単　位	単位	測定結果	排水基準
水素イオン濃度(pH)	mg/l	7.5	5.0～9.0
生物化学的酸素要求量(BOD)	mg/l	0.8	60
化学的酸素要求量(COD)	mg/l	6	90
浮遊物質量(SS)	mg/l	10	60
窒素(T-N)	mg/l	6.39	120(60)
過マンガン酸カリウム消費量	mg/l	17.1	10
塩化物イオン濃度	mg/l	195	
電気伝導率	μS/cm	1510	

1）：（　）内は日間平均値、2）：維持管理基準

過マンガン酸カリウム消費量が17.1mg/lとなり、維持管理基準10mg/lを越えていた。同項目は有機物の汚濁指標として測定されるが、第一鉄などの還元性物質が存在すると高くなるので、有機物、無機物の影響が考えられる。その他の項目は、すべて基準以下であった。

4）地下水調査結果

処分場敷地内の上下流側境界付近に、それぞれ地下水観測井を設置し、地下水の調査を行った。調査項目は、地下水環境基準項目、ダイオキシン類、過マンガン酸カリウム消費量であり、いずれにおいても基準以下であった。

(2) 施工前調査

既存埋立物の掘り起こし前に、埋立物の組成および密度、埋立物内のガス発生状況を確認した。組成および密度に関しては埋立物を掘り起こし分別を行い、総重量、総体積、分別品目ごとの重量、含水比を測定した。また、ガス調査においては図4-12-3に示すようなガス採取管（ϕ100mm、L＝2m）を埋立物内に打設し、孔口を封鎖して半日以上放置した後、管内のガス濃度を測定した。

図4-12-3 ガス収集管概要図

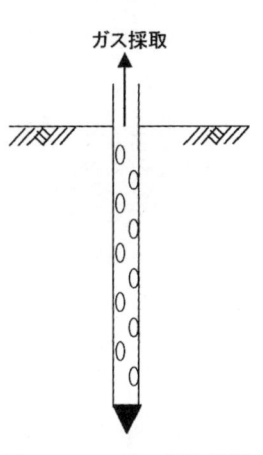

1）埋立物の組成および密度

それぞれの測定結果は以下の通りである。また測定に供した掘り起こし埋立物の写真を示す。

・湿潤重量
埋立物重量　　1.49t
埋立物体積　　0.80m^3
湿潤密度　　　1.86t/m^3

・埋立物の組成

	湿潤重量(kg)	含水比(％)	乾燥重量(kg)	乾燥重量比(％)
プラスチック類	14.26	18.0	12.08	0.98
木片	27.60	37.2	20.12	1.64
ガラス・陶磁器類	27.46	0.9	27.22	2.21
金属類	28.80	7.1	26.89	2.19
ガレキ	271.88	6.4	255.53	20.78
その他	7.82	15.8	6.75	0.55
土	1,112.18	26.2	881.28	71.66
	1,490.00	21.2*	1,229.87	100.00

＊：計算値

・埋立物の状況

2）施工前調査結果

掘り起こし前の数カ所において測定を行ったが、いずれの箇所においてもメタン、硫化水素の濃度はそれぞれ0.0%LEL、0.0ppmを示し、また酸素濃度は多少のバラツキはあるもののほとんどの箇所において20%以上と大気と変わらない濃度を示した。温度も外気温の5〜8.5℃に対して18〜23℃の範囲で安定していた。

また、組成調査により、易生物分解性に分類される厨芥や紙類等はほとんど確認されないだけでなく（その他の中に若干含まれる）、難生物分解性に分類される木片も2％弱であり、また化学分解性に分けられる金属類も2%と非常に少ないことが分かった。即ち、土を含めて95%以上が非分解性の物質であった。

(3) 調査結果まとめ

いずれの調査においても、分解性の埋立物が非常に少なく、また発生ガス、その他の調査からも非常に安定した性状を有する埋立物であると推定される。また、これらの結果から、メタンによる爆発や酸素欠乏の危険性は非常に少ないと判断した。

4．施工管理

調査段階で、有害ガスの発生は認められなかったため、比較的簡易な管理を行っている。

(1) ガス調査

日々の管理として、施工開始時に掘削孔のガス濃度を簡易測定器により測定し、安全を確認した後、施工を開始している。管理基準として、表4-12-4に示すような値を設定しているが、現在までメタン、硫化水素については感知したことはなく、酸素濃度も大気濃度と同等の値を示している。

表 4-12-4　発生ガス管理基準

項　目	管理基準	備考
メタン	1.5%以下	労働安全規則
酸素	18 ％以上	酸素欠乏症等防止規則
硫化水素	10ppm未満	

なお、既設埋立地底部に焼却灰の埋立範囲が確認されており、その範囲においては再度調査を行い、その結果に基づき施工管理に関しても再考する予定である。

(2) 地下水調査

処分場敷地内の上下流側のそれぞれに地下水観測井を設置し、月1回の頻度でモニタリングを行っている。現在まで異常は確認されていない。

第13節　移動式選別装置の埋立地再生事業への適用事例

1．はじめに

　廃棄物が発生する現場の近傍まで自由に移動し、その現場で発生した廃棄物（ビルや各種構造物解体現場・土木工事現場等）やその現場に埋まっている各種廃棄物（埋立地からの掘り起こし廃棄物）や土中の異物（ガレキ類等）をその場で選別・破砕等の処理をする移動式リサイクル装置は各種の土木建設工事に広く適用されている。

　本節では上記移動式リサイクル装置のうちの移動式選別装置にスコープをあて、埋立地再生事業をはじめとする土中異物の現場選別事業への適応事例を紹介する。

2．移動式選別装置

（1）特徴

　1）移動式選別装置の特徴

　　移動式選別装置は自由に現場を移動して選別機能を発揮する場所を変更できる特徴があるのはもちろんだが、さらに大きな特徴として下記の3項目が挙げられる。

　（a）現場循環型処理工法への適用

　　　特に現場で選別すればその大部分は現場内で使用する有価物への転換が可能である場合には「循環型リサイクル」への適用が可能になる。ビル等の構造物の解体現場で発生するコンクリートガラ等をその場で破砕・選別し、解体後の構造物建設時の敷き均し用の路盤材などへの適用がその一例であるが、埋立地の再生事業でも同様なことが考えられる。

　　　例えば掘り起こし廃棄物中に混在する細粒分の土砂を分別すれば、一部の廃棄物の埋め戻し時の締め固め用補助材や、場合によっては覆土等への活用が可能になると考えられる。

　　　この場合、掘り起こし現場での選別が可能になれば、その現場から選別プラントへの往復の移動工程が不用になり施工の効率化に資することができる。

　（b）工期等の変動に応じたレンタル等への対応可能

　　　掘り起こし・選別工程を含んだ再生事業の場合、地形の状況・天候・埋立廃棄物内容性状等の種々の都合により時間当たりの処理能力の設定、工事期間の増減等、固定した処理計画では対応困難な場合が生じることもある。

　　　能力・性能・稼動条件等がFIXしがちな固定式の選別プラントに較べ、搬入・搬出の比較的容易な移動式選別装置の場合にはその現場での設置期間・所要台数を必要に応じ増減することが可能になる。また条件等にもよるがレンタル等への対応も視野に入れたフレキシブルな工事計画の設定も可能となる。

　（c）工程・埋立物の状況に応じた選別・処理システムの構築

埋立地の再生事業の課題の一つに埋立物の性状の変動があり、廃棄物が埋められた時代背景・行政の指導・ライフスタイルの変化等により実に予測困難な性状の変動が伴なう場合がある。

　移動式選別システムの場合は、その設置台数の増減によりその能力を比較的容易に一時期だけ増強することが可能なのはもちろん、比較的大きなガレキ類が混入した場合にはジョー式破砕機を一定期間追加投入したり、埋立廃棄物の延性／脆性の特性の差を利用して分級品をインパクト式破砕機で破砕して可燃物を選別したりする、フレキシブルなシステム構成が可能である。さらに天候不順が続き、選別物中の含水率が異常に上昇した場合には移動式の土質改良機により、強制的に流動性の性状を改良し選別工程の効率向上に資することも可能である。

　この様に選別機そのものの豊富なラインアップによるシステムの柔軟性に加え、各種破砕機・土質改良機との組合せによる選別・破砕システムへのバージョンアップが容易であるとともに、上述したレンタル機の活用により現場の状況に即応したフレキシビリティの高さも特徴の一つであるといえる。

（2）実績
1）最終処分場での適用実績

　埋立地の再生事業における移動式選別装置への適用事例では、図4-13-1に示すフローに従って選別が行われる事例が多い。すなわち、油圧式パワーショベル等により掘り起こされた廃棄物は、同機の先端に装着されたスノコ状のスケルトンバケット、または油圧式グラップル（カニの鋏の様な形状の把持機械）により、廃タイヤ・コンクリートの大塊・フィルム状のプラスチック等を除去する一次選別を実施する。

　この様に掘り起こしたサイトの脇で一次選別された廃棄物は、不整地運搬車両等により選別機の傍まで運搬され二次選別機に投入される。移動式二次選別装置の稼動実績としては写真4-13-1に紹介する2筒式トロンメル＋風選機の実績が多い。使用実績の豊富な二筒式トロンメル(コマツBM798F)の主仕様を下記に示す。

　　主仕様　運転質量：26ton
　　　　　　主要寸法：全長20355ｍｍ×全幅12180ｍｍ×全高4175ｍｍ（作業時）
　　　　　　分別方式：回転型二筒式選別機(大型グリズリ式積み込みホッパー付き)
　　　　　　エンジン：定格出力　107PS
　　　　　　オプション　：吊り下げ式磁選機・簡易風力選別機

```
         1次選別機                 2次選別機
       (スケルトンバケット)      (二筒式トロンメル＋風選機)
```

```
掘り起こし物 → スケルトンバケット → 振動粗篩い → 20mm
              アンダー品           アンダー品    アンダー品      →
                                              20〜100mm  → 中間軽量品  →
                                              中間品         中間重量品  →
                                              100mm     → オーバー材軽量品 →
                                              オーバー品     オーバー材重量品 →
                            振動粗篩い                                     →
                            オーバー品
              スケルトンバケット                                             →
              オーバー品
```

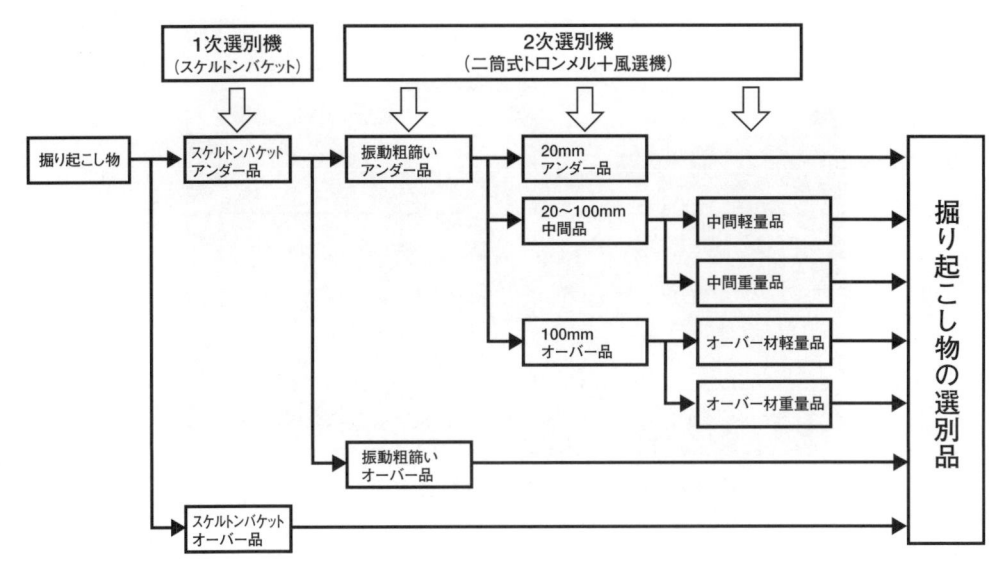

図 4-13-1　移動式選別装置の基本処理フロー

写真 4-13-1　移動式選別装置（二筒式トロンメル）の処分場再生稼動事例

（a）一般廃棄物処分場での適用実績

　一般廃棄物処分場での適用事例の代表として下記の2例を紹介する。

　事例 a：比較的土砂状の細粒分が多く、現場内での土砂状掘り起こし廃棄物をその場で再利用または埋め戻しをしたい場合の事例。

写真 4-13-2　20mm以下の細粒分の排出状況

上記 a の再生施工現場の概要として、写真 4 - 13 - 2 に20mm以下の細粒分の排出状況を示す。本事例では細粒分および中間材の重量分を現場で埋め戻す計画のため、中間材の出口に簡易な風力選別機を設けて中間材の重比重分＋細粒分を混合して埋め戻し材として活用している事例である。

現場の埋立物は掘り起こし後に現場で仮置きされているため含水率が高く、選別機投入時点でもかなり湿っていた。しかし適切な投入管理と施工計画の立案により適度な含水率を維持した状態で選別したため粉塵の発生も極めて少なく、良好な施工状況の下で選別作業を含む再生工事が順調に行われた。

事例 b：比較的廃プラスチック等の可燃物が多く、現場内で可燃物のみを選別したい場合の再生事例

写真 4-13-3　軽量物の選別状況

本再生事例では中間材(20〜100mm)・オーバー材(100mm以上)の排出ベルコン出口に簡易風選機2台を設け、両方の分別品から主として異物の少ない軽量材(主として廃プラスチック等)を重点的に選別するシステム構成としている。また、本選別装置で選別された軽量材は別途圧縮梱包機でさらに減容化処理を行っている。(写真4‐13‐3にその概要を示す)

（b）産業廃棄物処分場での適用事例

　本選別システムの産業廃棄物処分場での再生事例を示す。写真4‐13‐4に安定型産業廃棄物処分場での再生稼動状況の写真を示す。本再生事例では埋め立てられた安定型廃棄物中の廃プラスチック等の嵩比重が小さい廃棄物と、比較的嵩比重の大きい土砂・ガレキ等の廃棄物を選別することにより、再度高密度に埋め立てるとともに場内道路等の路盤構築等の各種土木資材への場内再利用を図った例である。

　従って、選別に依る再生事例の様子は上記（a）のaの事例に類似しているといえる。

写真4-13-4　産業廃棄物処分場での再生選別稼動事例

2）不法投棄・土中異物の選別工事の実績について

　最終処分場の再生事例に類似した施工事例として、数多くの実績を有する施工例が不法投棄現場や各種建設工事の掘削中に判明する土中異物の選別工事である。技術的には最終処分場の埋立物とほぼ変らない程多種多様な異物が大量に混入している場合が多いのが実態である。

　このような選別工事では上記に挙げた移動式選別システムのメリット、すなわち短い工期での多種多様なシステムの機能が高度に発揮される例が多い。一例としてガラ系が増えた場合にはその期間だけ破砕機をレンタルしたり、天候等によって工期が遅れ気味の場合には、レンタル機を現場に集中させて工期の短縮に資することも可能である。

第14節　埋立地適性閉鎖事業の事例

1. はじめに

Ｉ埋立地を適正閉鎖するための整備工事を実施した。この処分場は、遮水工および浸出水処理施設がないため、平成10年3月に「不適切と考えられる処分場」として指摘を受けた。そこで、遮水工を整備して周辺水域への負荷の低減を図り、適性に閉鎖する事業が実施された。

当該処分場は底部に不透水層がないため、鉛直遮水工による適正化が困難と判断された。そこで、処分場内の廃棄物を掘り起こして、表面遮水工の整備を行うこととなった。埋立物は概ね安定していると思われたが、工事によって乱すことにより、臭気、地下水汚染などが発生し、周辺環境へ影響を及ぼすことが懸念された。このため、周辺環境に影響を与えることないよう、周辺環境保全対策を講じながら工事を進めた。周辺環境のモニタリングの結果、環境へ大きな影響を与えることなく工事が完了したことが確認された。

2. 処分場概要

当処分場は、1973年から焼却残さを主体とした廃棄物の埋立が行われた。山間丘陵地に一部原地盤を掘り込んで、最大14mの厚さで、廃棄物が埋め立てられている。

埋立面積、埋立廃棄物量は、以下のとおりである。

　　埋立面積：13,968m^2（整備後：14,723m^2）

　　埋立廃棄物量：90,697m^3

3. 事業の概要

整備工事は、図4-14-2に示すように、隣接地に用地を確保して新規処分場を造成し、既設処分場の廃棄物を移動しながら、順次表面遮水工の整備を行った。廃棄物をすべて遮水工のある埋立地に移動した後、埋め立てた廃棄物の表面をカバーシートで覆い、雨水の浸入を防いだ。

また、廃棄物から発生するガスは、カバーシート下部に設けた水平ガス抜き設備で集め、竪型ガス抜き管によって排除する構造となっている。さらに、埋立物性状の経時変化を把握できるよう、廃棄物をサンプリングするためのモニタリング設備を3箇所設けている。

なお、浸出水処理施設は設けず、発生した汚水は、集水ピットから汲み上げ、場外の施設で処理を行う計画となっている。

工事の主な数量は以下のとおりである。

　　移動廃棄物量：97,600m^3

　　遮　水　工：15,800m^2（二重遮水シート）

　　カバーシート：16,200m^2

図 4-14-1　整備前

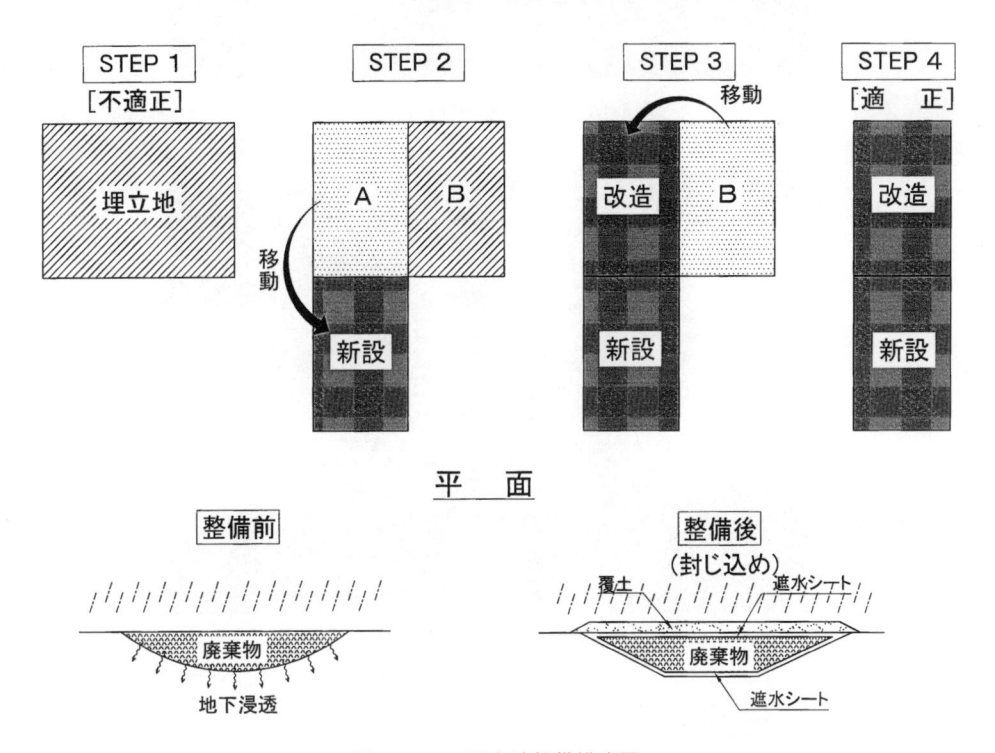

図 4-14-2　埋立地整備模式図

4. 廃棄物掘り起こし・移動作業

　廃棄物の掘り起こしは、0.7m³級バックホウで行い、運搬は10tダンプトラックまたは4.5m³クローラーダンプで行った。また、敷均し・転圧は、21t級ブルドーザで行った。なお、1時間あたりの掘り起こし・移動作業の能力は、190t/h（1.4t/地山1m³）であった。作業状況を図4-14-3～4-14-5に示す。

図4-14-3　廃棄物掘り起こし状況

図4-14-4　廃棄物移動状況

図4-14-5　敷均し・転圧状況

5. 環境保全対策および安全対策

廃棄物の掘り起こし・移動の際に、臭気、ガス、汚水による周辺環境、作業環境への影響が懸念された。そこで、以下のような対策を講じた。

① 廃棄物の掘り起こし場所に浸出する地下水については、仮設の沈澱池を設け、処理して放流した。
② 廃棄物の掘り起こし・移動の際、廃棄物の乾燥による粉じんを防止するため、晴天時には散水を行いながら作業を行った。
③ 周辺環境、作業環境への影響を確認するため、工事着手前、工事期間中、工事完了後を通じた環境調査を行った。
④ 廃棄物掘り起こし場所からの発生ガスによる、爆発、酸欠などの事故防止に努めるため、発生ガスを計測し基準値を越えた場合は、速やかに作業を中止し、その原因を調査し処置を講じることとした。

また、周辺環境への負荷を確認するため、廃棄物を掘り起こし除去した後に、その下の地盤から土砂を採取し、重金属、ダイオキシン類等の分析を行った。そして、土壌汚染のないことを確認した後、遮水シートを整備した。

6. 調査項目

水質は処分場に近接した2つの河川および処分場上下流のモニタリング井戸で実施した。臭気は工事敷地境界、ガス成分は作業箇所において実施した。

調査項目および頻度を表4-14-1に示す。

表4-14-1 調査項目および頻度

対象	調査項目	頻度
河川水	電気伝導度(EC) 透視度	各1回/日
河川水	塩化物イオン濃度 水素イオン濃度(pH) 生物化学的酸素要求量(BOD) 浮遊物質量(SS) 溶存酸素量(DO) 大腸菌群数	各1回/週
地下水	電気伝導度(EC)	各1回/日
地下水	塩化物イオン濃度 化学的酸素要求量(COD)	各1回/週
大気	臭気指数、臭気濃度	各1回
大気	酸素濃度 メタン濃度 硫化水素濃度	作業箇所において常時計測

7. 水質調査結果

廃棄物の掘り起こし・移動工事期間中に調査した河川水質を図4-14-6に、地下水水質を図4-14-7に示す。

廃棄物の掘り起こし・移動工事期間中に河川および地下水の塩化物イオン濃度の上昇が見られた。一方、河川のpH、地下水のCODには大きな変動は見られなかった。

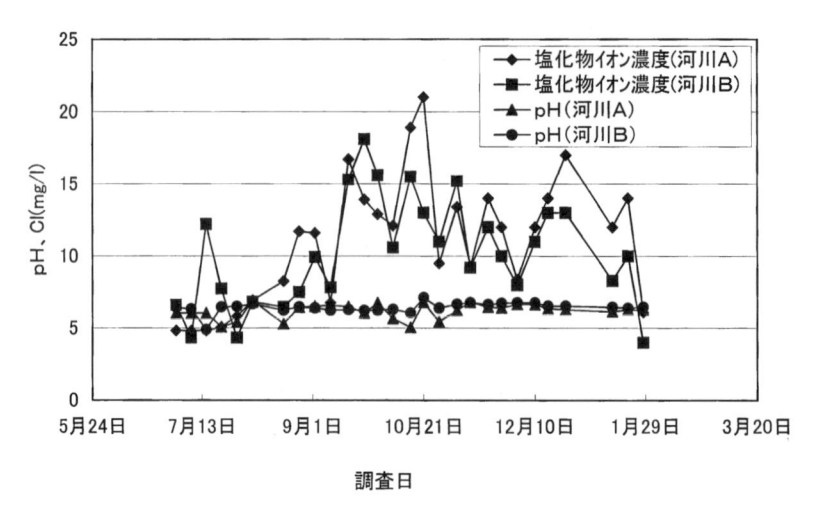

図 4-14-6　河川水質調査結果

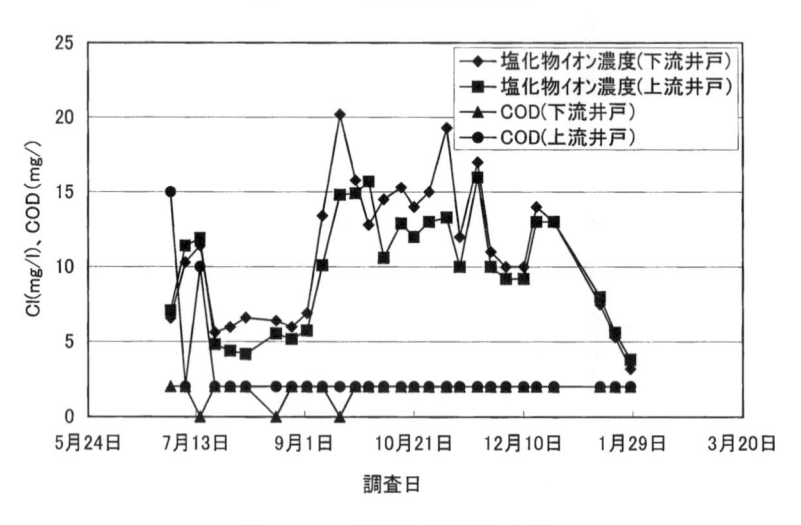

図 4-14-7　地下水水質調査結果

　塩化物イオン濃度は、上流側の井戸においても下流側井戸と同様の変化が見られることから、水質の変化は工事の影響ではなく、地下水位、河川水量の変化などによる季節的な変動と考える。

8．大気調査結果

　廃棄物掘り起こし・移動工事中を通して、常時継続的に行ったガス調査結果を表4-14-2に示す。掘り起こし場所、埋立場所ともに、メタン、硫化水素がわずかに観測されたが、いずれも問題となる濃度ではなかった。
　表4-14-3には、埋立地の風下側の敷地境界で行った臭気測定結果を示す。臭気の発生しやすい気象条件のもとで測定を行ったが、臭気は検出下限値以下であった。

表 4-14-2 廃棄物掘り起こし・移動作業時のガス濃度

測定場所	メタン(%)	酸素(%)	硫化水素(ppm)
廃棄物掘り起こし場所	0～0.002	20.4～21.0	0～0.2
廃棄物埋立場所	0～0.002	20.6～21.0	0～0.2

　以上のことから、廃棄物掘り起こし・移動工事期間中において、ガス、臭気の発生はほとんどなく、廃棄物は概ね安定した状態にあったと考えられる。なお、粉じん調査は行っていないが、掘り起こし廃棄物が、概ね湿った状態にあったことから、廃棄物の掘り起こし・移動時の粉じんの発生は少なかったものと考えられる。

表 4-14-3 臭気測定結果

測定日		2003年9月26日
気象条件	気温	20.2℃
	湿度	79%
	風速	0.3～0.5m/s
臭気	臭気指数	10未満
	臭気濃度	10未満

9．おわりに

　近年、最終処分場の適地の不足および地域住民との調整難から、新規の最終処分場の建設がますます困難になって来ている。このため、今後最終処分場のニューアルの需要がさらに高まると考える。今回の整備工事で得た知見が、今後の最終処分場の延命化、不適正最終処分場の適正化など、リニューアル技術の確立に役立つものと期待する。

図 4-14-8　整備後

第15節　喜界町処分場の再生実証実験

1．はじめに

「平成12年度次世代廃棄物処理技術基盤整備事業」の助成金を環境事業団より受け、遮水工や浸出液処理施設のない処分場をリニューアルし、さらに新たな埋立処分空間を作り出す最終処分場再生システムの実証実験を鹿児島県喜界町一般廃棄物最終処分場で実施した。

最終処分場再生システムは図4-15-1に示すように、埋立処分されている廃棄物を掘り起こし、その後に改正基準省令に準拠した遮水工等の設備を設けることで、遮水工が不備または設置されていない処分場を信頼性の高い処分場に作り変え、同時に掘り起こした廃棄物を選別し、再利用することで、新たな廃棄物を受入れる空間を作り出す技術であり、既設処分場における廃棄物の埋立状況を調査し、その調査結果を基に最適な前処理技術を計画・施工するシステムである。

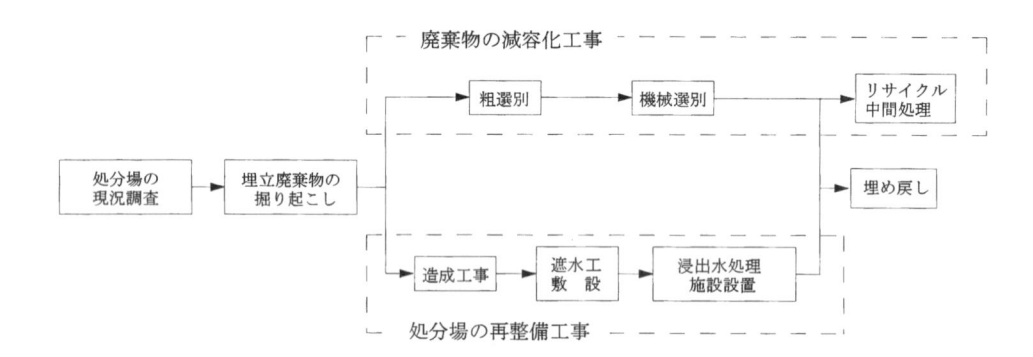

図4-15-1　処分場再生技術の全体フロー

2．最終処分場再生実証実験の概要

（1）実証実験場所

実証実験は鹿児島県大島郡喜界町の最終処分場で実施した。喜界町の処分場は1991年に埋立が始められた処分場で、埋立面積は約13,400m^{2}である。町では粗大ゴミ置き場と位置付けられており、粗大ゴミが多いが、可燃物、不燃物も処分されている。

（2）既設処分場における廃棄物の埋立状況調査

廃棄物の埋立状況の調査実験として以下の項目の調査を行った。

①　既設埋立部の測量
②　廃棄物埋立深さ調査(電磁探査、弾性波探査、ボーリング3箇所)
③　原位置密度調査(3箇所)
④　選別実験および組成調査(3検体)

⑤　減容率の予測
⑥　発生ガスおよび汚染状況調査

(3) 廃棄物の掘削

廃棄物埋立層を高さ5mに整形した後、測量により幅7m、奥行き7m(約245m^3)の区画を作り、この区画を目安に1.3m^{3}バックホウを用いて掘削した。掘削した廃棄物は10トンダンプに積み、掘削重量を測定した。

掘削後の掘削部容積は246m^{3}であり、掘削廃棄物重量が216.5tであることから、湿潤密度は0.88t/m^3(乾燥密度0.67t/m^3)であった。事前調査における原位置埋立密度測定値(3ヶ所の平均値)は0.87t/m^{3}であった。

掘削時には携帯用の可燃性ガス検知器を掘削区画内に置き、可燃性ガスの発生を監視した。また、消臭剤による硫化水素の消臭テストを行い、消臭効果を確認した。

(4) 掘削廃棄物の前処理

ダンプトラックで処分場内の仮置きヤードへ運び込まれた埋立廃棄物は油圧フォーク付きバックホウでトタン等の金属類、コンクリートブロックや石類、木材、廃プラスチックや布等の大物を粗選別した。その後、廃棄物を敷鉄板(10m×10m)上で乾燥し、シャベルローダで風力併用振動選別機に投入した。

風力併用振動選別機は図4-15-5のように、選別時に粉じんが外へ漏れ出ないように密閉構造としている。この選別機は廃棄物から振動篩で土砂分を分け、さらに風力選別により軽量分と重量分を分離回収する装置である。また、金属類は排出コンベアに設置した磁力選別機で分けることができる。

図4-15-2　埋設廃棄物の掘起し状況

図4-15-3　掘り起しごみの選別ヤード

図4-15-4　掘り起しごみ選別装置

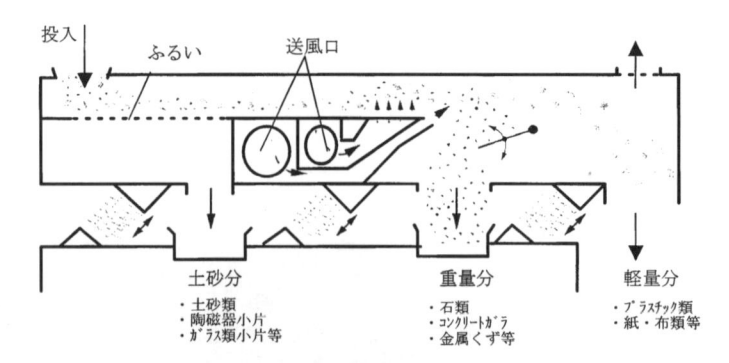

図 4-15-5　風力併用振動選別機の構造

　風力併用振動選別機の選別精度は図4－15－6のように、土砂の約95%が土砂分として分けられており、プラスチック類および紙・布類も約90%が軽量分として選別されている。重い木材が重量分に入っているが、金属類の約90%が重量分として選別されており、非常に高い選別精度が得られた。

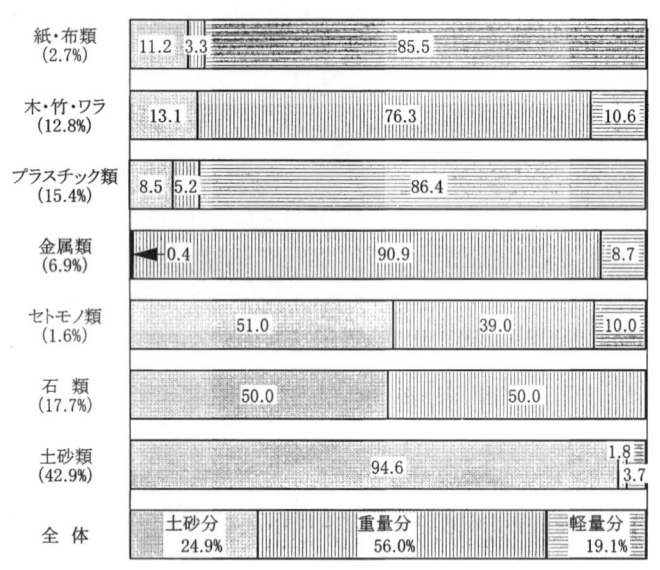

図 4-15-6　風力併用振動選別機の選別精度

種類	土砂分	重量分	軽量分
紙・布類 (2.7%)	11.2	3.3	85.5
木・竹・ワラ (12.8%)	13.1	76.3	10.6
プラスチック類 (15.4%)	8.5	5.2	86.4
金属類 (6.9%)	0.4	90.9	8.7
セトモノ類 (1.6%)	51.0	39.0	10.0
石類 (17.7%)	50.0	50.0	
土砂類 (42.9%)	94.6	1.8	3.7
全体	24.9%	56.0%	19.1%

※( )内は選別前の重量構成比

（5）選別軽量ごみの圧縮梱包

　手選別で取り出した金属くずおよび大型の木くずは場外に搬出して再利用を図ることにし、土砂分は再埋立時に遮水シートの保護土や廃棄物の覆土に再利用した。さらにコンクリート塊は、破砕して浸出水集排水管周りの排水材などとして再利用した。しかし、プラスチックや紙などの可燃性廃棄物は、町の焼却施設ではダイオキシン対策が未整備であったため圧縮梱包した後再埋立することとした。

風力併用振動選別機で選別した軽量分を図4-15-7のような圧縮梱包機で圧縮し、圧縮前のかさ密度と圧縮後のかさ密度を測定した。

圧縮梱包試験には一般的に廃プラスチック等の圧縮梱包に使用されている圧縮梱包機を用いた。圧縮前の軽量分のかさ密度は0.29 t/m^{3}で、図4-15-8のように圧縮後梱包された軽量分の容積は0.816m^3(W800×H850×L1200)であり、重量を計測したところ675kgであった。この結果、圧縮梱包物のかさ密度は0.83t/m^{3}となっており、軽量分は約1/3に圧縮されていた。

図 4-15-7 圧縮梱包機

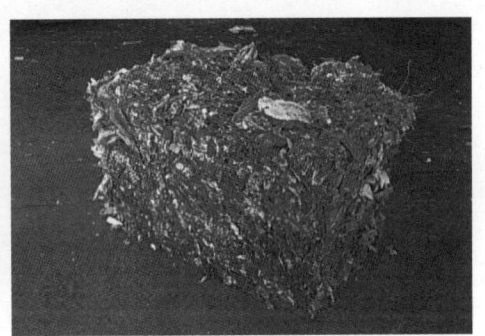

図 4-15-8 圧縮梱包軽量分

3．まとめ

実証実験結果をまとめると、埋立廃棄物は分別・リサイクル等によって減量化・減容積化が図れるので、再整備した処分場には新たに64％の埋立可能空間が創出できると推定された（図4-15-9参照）。

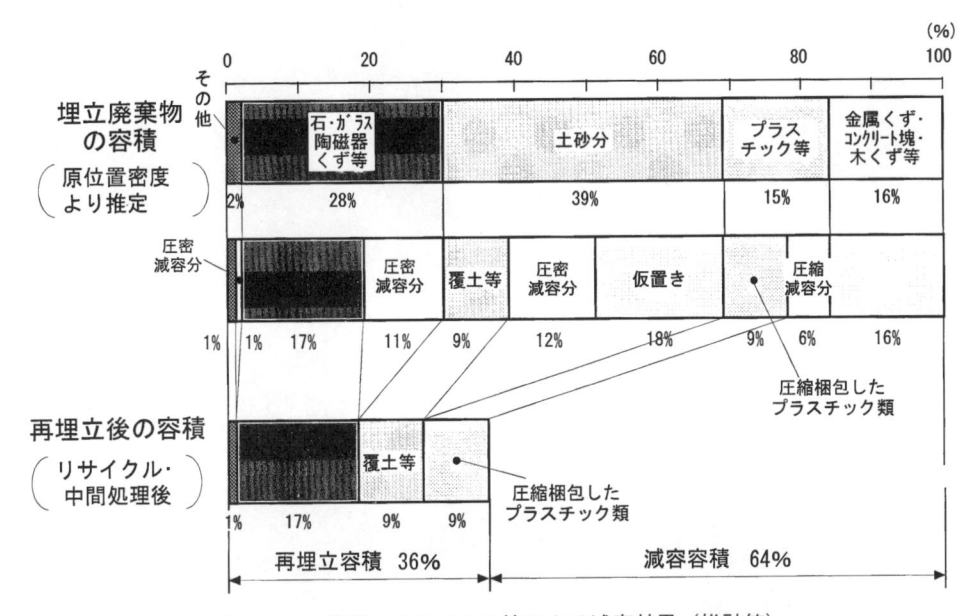

図 4-15-9　分別・リサイクル等による減容効果（推計値）

第5章　各社技術紹介

第1節　調査・計画技術

物理探査技術の紹介

応用地質株式会社

1．はじめに

物理探査技術は、測定で得られた物性値（データ）を利用して地下を可視化する技術であり、廃棄物埋立地においては、廃棄物の分布調査、地質構造、地下水調査などの事前調査手法として利用されています。

ここでは、物理探査技術のうち、比抵抗映像法と電磁法探査について紹介します。

2．比抵抗映像法の概要と特長

比抵抗映像法は地盤に直流電流を人工的に流し、それによって生ずる電位分布を測定して、地盤内の電気比抵抗（単位体積あたりの電気の流れにくさ）の分布を解析する方法です。騒音・振動を生じないクリーンな探査法であり、非破壊であることから手軽な探査法であるともいえます。また、測定機器の性能向上により、従来は電気探査が困難とされていた埋立地（低比抵抗地盤）でも適用可能です。解析の各段階は自動化されており、解析結果の良否は残差を用いて客観的に判断され、解析結果は分かりやすいカラー断面で表示されます。

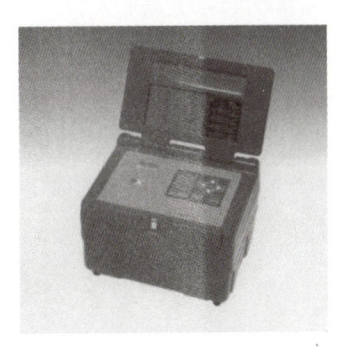

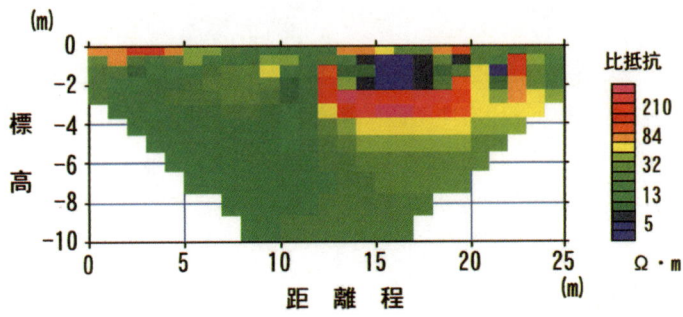

図 5-1-1　測定機器　　　図 5-1-2　廃棄物埋立地での解析結果例

土質地盤の比抵抗は、土質の種類のほか地層水の比抵抗、孔隙率、水飽和率などによって変化します。また岩盤の比抵抗は、孔隙中の水の比抵抗や風化・変質の程度に左右されます。このため、地下水の分布、土質性状の違い（廃棄物の違い）、断層破砕帯の分布や地盤状況の把握

といった目的に比抵抗映像法は適しています。

　地下の断面的な状況を把握する2次元探査だけでなく、立体的な広がりを把握する3次元探査を実施することにより、詳細な地下情報を得ることができます。

3．電磁法探査(EM61)の概要と特徴

　電磁法探査(EM61)は、時間領域の電磁法探査(Time Domain Electromagnetic Method)と呼ばれ、発信コイルにより電磁場を発生させ、金属物によって励起される2次的電磁場を受信コイルで測定して、調査地に埋没している金属物の位置や分布を調べる方法です。

　平面的なマッピング調査では、広域な調査範囲を迅速に調査することが可能であり、深さ2～3m以浅程度までに埋没している金属物を検出することができます。

　電磁法探査の測定は、調査範囲に互いに平行な複数の測線を設定して行います。測定されたデータを平面図にカラー表示することにより、電磁気異常範囲や異常体の位置を捉えることができます。さらに、測線毎に捉えた電磁気異常の位置・分布及び強度から異常体の大きさ・深度を推定します。

図 5-1-3　電磁法探査の測定機器　　　　図 5-1-4　金属埋設物測定結果例

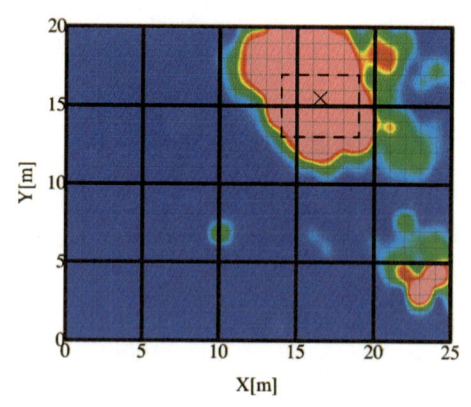

　電磁法探査(EM61)の廃棄物埋立地での適用事例として、香川県豊島での金属埋設物(ドラム缶)調査があります。埋立地に危険物質(ドラム缶内の薬品等)が投棄されている場合、掘削作業中に作業員が被害を受ける危険性があります。事前もしくは掘削時に金属物の有無を確認して、安全に掘削作業が実施できるように、電磁法探査(EM61)を実施した例です。

4．まとめ

　今回、物理探査技術として、比抵抗映像法と電磁法探査(EM61)を紹介しましたが、埋立地の事前調査においては、調査計画段階から調査目的に適した探査技術を選択し、その適用性も含め十分な検討を行い、調査を実施する必要があります。また、「ある調査にはこの手法」という画一的な適用は調査自体の信頼性を失う場合があり、調査目的に応じて、最適な物理探査技術の組み合わせを選択して適用することが必要といえます。

非破壊物理探査手法の紹介

東和科学株式会社

1．はじめに

　廃棄物の不適正保管、不適正処分、不法投棄等により、土壌、地下水に環境汚染が生じる場合、雑多な廃棄物中の電解質が雨水で溶出し拡散するケースが非常に多い。本手法は電解質が地下水中を拡散することでその地域の電気抵抗値が減少（電気がとおりやすい）することに着目した手法である。また、多くの廃棄物が、一般土壌に比べ電気を通しやすい性質を持っており、そのことにより廃棄物の分布範囲や地下水の拡散状況を立体的に把握することが可能となった。

　また、廃棄物研究財団における共同実証試験において、空中電磁探査法、高密度電気探査法の探査範囲、探査深度、解析能力についてその有効性が確認されたので紹介する。
本調査の適用メリットを表5-1-1に示す。

表 5-1-1　空中電磁探査法、高密度電気探査法適用のメリット

調査方法名称	手法適用のメリット	摘　　要
空中電磁探査法 高密度電気探査法	・汚染エリア、非汚染エリアの推定、汚染拡散主方向の確認 ・低比抵抗エリア（汚染エリア）の水平、垂直分布範囲の特定化 ・緊急対策への移行方向性の整理 ・汚染調査への移行根拠（調査地点、深度） ・汚染調査による物質濃度分析での汚染エリアの特定化	●空中電磁探査法は電磁波送信装置、電磁波受信装置をヘリコプター、セスナ等で吊るし、調査を行うため、やや大掛かりとなる。調査にあたって、伐採は不要であるが、低空飛行を行うため、地元の了解が必要となる。山地における広域初期調査に適している。 ●高密度電気探査は、地形測量、位置出しのため、伐採が必要で、精度確保のため、直線探査ラインの確保が必要となる。空中電磁探査法より、小規模の調査エリアで、樹木が繁茂していない地域が適している。

2．空中電磁探査法

　ヘリコプター等を用いて地表上空数十mに配置した電磁コイル（送信および受信コイル対）のうち送信コイルに交流電流を通じると、コイルの周辺に交流磁場（1次磁場）が発生する。この交流磁場が地盤中を通過する時に、地盤中にはこの磁場を打ち消すように渦電流が誘起され、これが別の交流磁場（2次磁場）を発生させる。

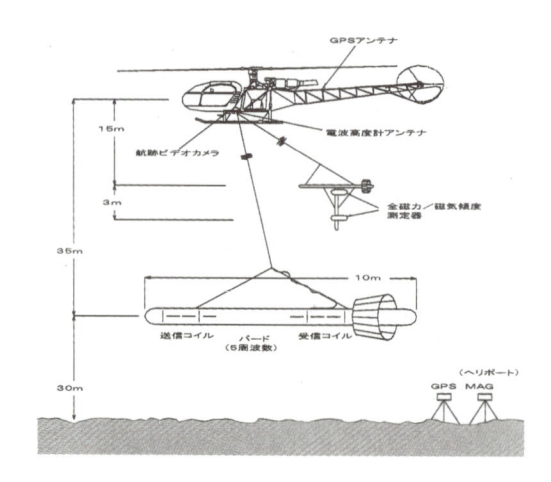

図 5-1-5　空中電磁法の概観図

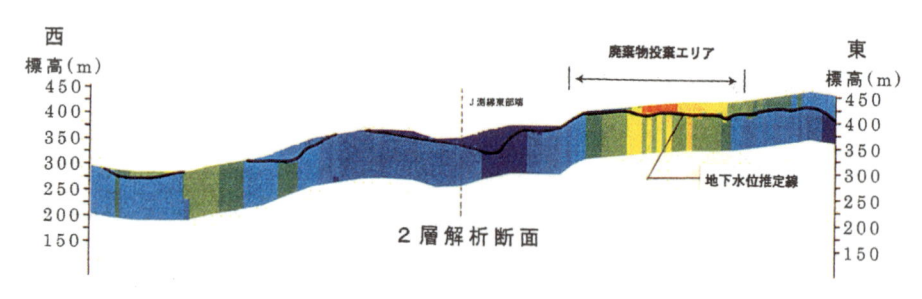

図 5-1-6　2層解析断面

　2次磁場の強さは地盤の比抵抗と負の相関があるため、1次磁場に対する2次磁場の割合を受信コイルで測定することにより、磁場が透入した深度までの地盤の平均的な比抵抗が測定できる。交流電流の周波数が高くなるにつれて磁場の透入深度が小さくなるため、同時に複数の周波数を用いて測定し、その各々の周波数での平均比抵抗を求めて解析することにより、地盤の比抵抗断面図を作成することができる。解析結果例を図5-1-6、5-1-7に示す。

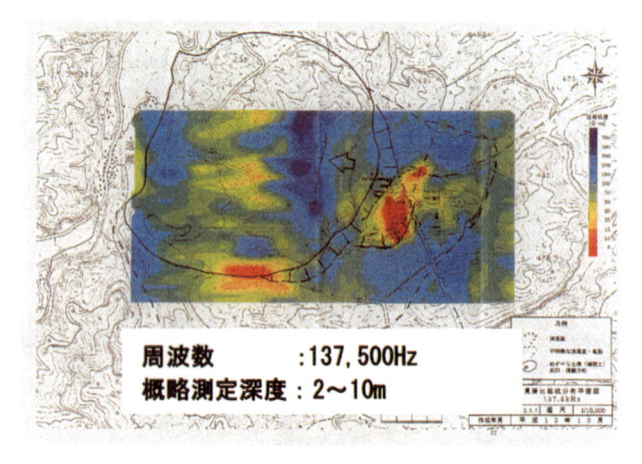

図 5-1-7　空中電磁法の解析図

3．高密度電気探査

地表に等間隔で電極を並べて地中に打ち込み、各電極間と電源の備わった電気抵抗測定器間を電線で結んで通電することで、大地の電気抵抗（比抵抗値）を測定し、そのデータを解析することにより、地下の比抵抗分布を明らかにするものである。

電気探査法では、大地の比抵抗分布の違いが測線上の2次元断面映像として表現されるが、これは地下の地質構造や地下水分布状況などとともに、廃棄物や廃棄物からの浸出水・汚染地下水の分布を強く反映したものである。すなわち、地下の廃棄物は塩類などの電解質を多く含み、通常の地盤よりも比抵抗値が低いため、低比抵抗値のエリアとして解析断面上に表現される。

解析結果例を図5-1-9に示す。

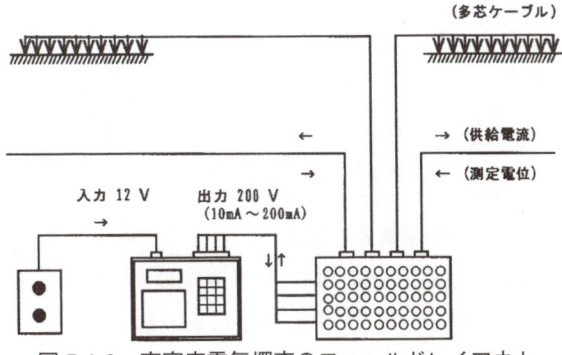

図5-1-8　高密度電気探査のフィールドレイアウト

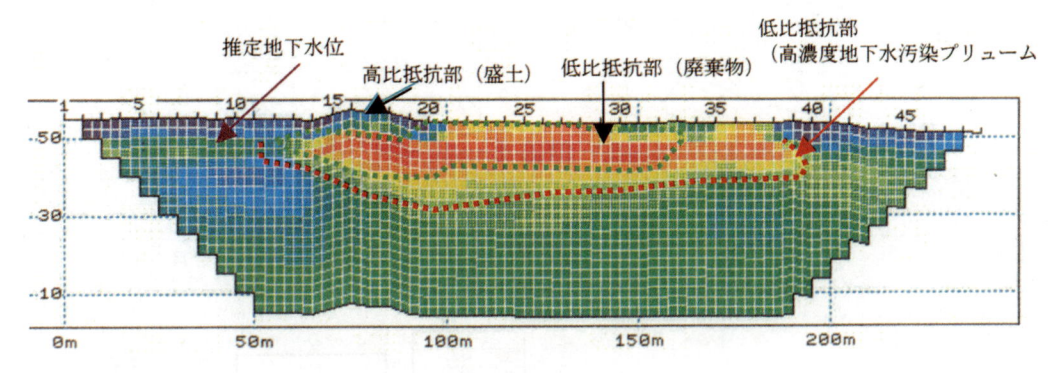

図5-1-9　高密度電気探査法の解析図

4．まとめ

紹介した探査技術を利用して適切に測線を配置することで、対象地全体の立体的状況の把握が可能となるが、得られる結果は、あくまで相対的なものであり、それぞれの結果の判断と解析のためには、ボーリング調査など直接的な手法を組み合わせて総合的に解析する必要がある。

また、物質の有害性について、簡易分析法が確立されつつあり、簡易分析とのタイアップにおいて、短期間で、汚染プリュームの把握が可能となり、さらなる費用対効果が実現する。

１ｍ深地温調査の廃棄物最終処分場の各種調査への適用紹介

日本技術開発株式会社

１．１ｍ深地温調査とは？

　１ｍ深地温調査は、古くは温泉源の調査で用いられてきた手法であり、地下水調査への適用（竹内篤雄：地すべり地温測定による地下水調査法、吉井書店、1983）により、地下浅所(GL-15mまで)における「水ミチ(地下水流動層)」の平面的な存在状況を把握するための調査方法として用いられている。

　調査方法は、地下１ｍの地温を5.0～10.0mメッシュで測定・解析するものである。夏期及び冬期においては、平常１ｍ深地温と流動地下水温との温度差が大きくなる。１ｍ深地温調査は、この温度の高低を把握する事で、地下水の流れが存在する場所と流れの存在しない場所の区分を行うものである。

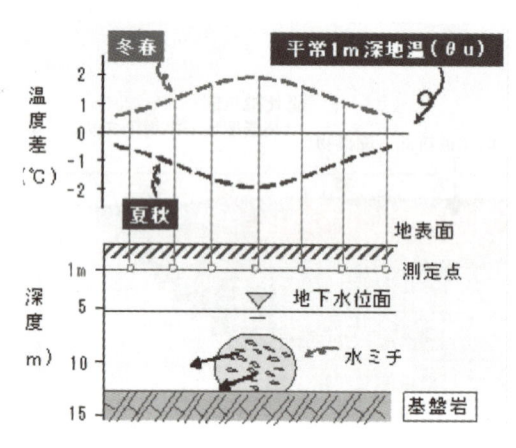

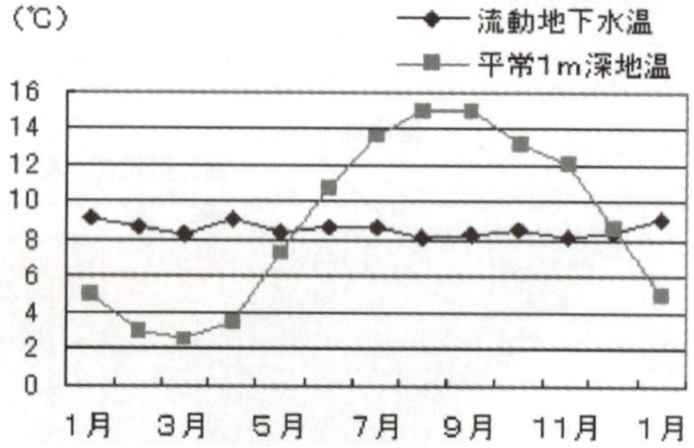

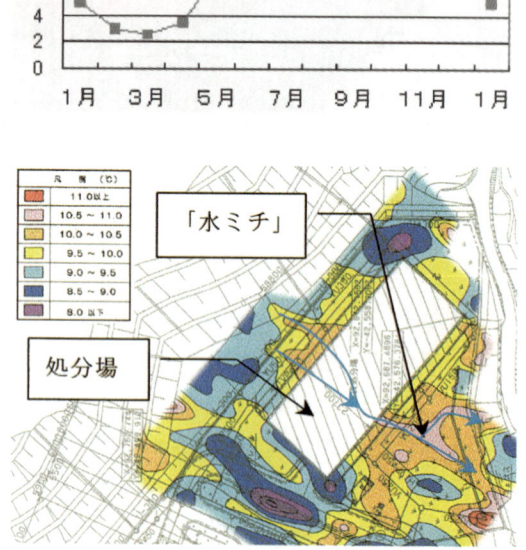

２．廃棄物最終処分場への適用例

（１）モニタリング地点選定調査への適用

　最終処分場の建設に当っては、上・下流域におけるモニタリング孔の設置が義務付けられた（環境庁，厚生省：平成10年７月）。特に下流側のモニタリング孔については、処分場から流出する水ミチ上に設ける事が重要と判断され、緊急時の揚水孔として有用である。上図は、１ｍ深地温調査(冬期)によりモニタリング孔の設置位置を選定した事例である。

（２）有機物探査調査への適用

　廃止基準の設置に伴い、①既設最終処分場の早期安定化技術の開発、②既設最終処分場の埋

立物探査、③最終処分場周辺の地下水や土壌汚染状況把握調査技術の開発が望まれている。特に既設最終処分場は、有機物リッチな廃棄物が埋立処分されているため、埋立層内の有機物分布状況の把握が求められている。

　弊社は、嫌気性条件下での有機物分解温度(30～40℃)に注目し、福岡大学との共同研究として、**１ｍ深地温調査**(メッシュ測定)及び熱伝導解析(G-HEAT/３D)から、有機物層の３次元分布を把握するための調査・解析手法の開発を目指している(実証実験中)。また、既往の廃棄物探査で用いられている高密度電気探査との比較検討を行い、「併用探査技術」の有効性についても検討を進めている。さらに、最終処分場廃止の判定への適用の可能性がある。

第2節　資源化・無害化技術

IHIストーカ式焼却炉＋バーナ式溶融炉の技術紹介

石川島播磨重工業株式会社

1．はじめに

　最終処分場の新規確保が困難となってきている今日、最終処分場の再生が急務となっている。しかし、この最終処分場から掘り起こされる廃棄物は、土砂や金属類を多く含み、性状が多岐に渡り、かつ含水率が大幅に変動する。このような掘り起こし廃棄物を、前処理を行うことなく、そのまま受入れ、安定的に処理できるシステムとして、IHIストーカ式焼却炉およびバーナ式溶融炉を紹介する。なお、現実的には、これら掘り起こし廃棄物に、ほかの廃棄物を加えて処理するのが経済的にも効率がよい。このような土砂や金属類を多く含む幅広い性状の廃棄物の焼却

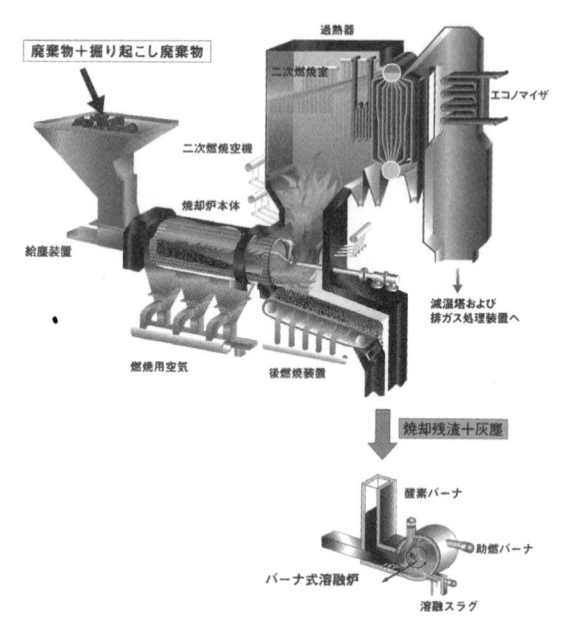

図 5-2-1　IHIストーカ式焼却炉+バーナ式溶融炉

および溶融は、すでに本システムにより実操業レベルで処理が行われており、その安定性は実証されている。

　処理プロセスを以下に記載する。

（1）IHIストーカ式焼却炉に投入された廃棄物および掘り起こし廃棄物は、炉内において乾燥および焼却が行われる。性状が大幅に変動する掘り起こし廃棄物の処理を焼却炉と溶融炉とが機能分担する。低カロリーから高カロリーまで幅広い性状の廃棄物を安定処理できるIHIストーカ式焼却炉が安定焼却を行うことにより、変動を吸収し、焼却残さとして排出する。なお、IHIストーカ式焼却炉本体は、水管で構成されたシンプルな炉であり、水管の間から炉内に燃焼用空気を供給する水冷火格子炉である。

（2）ストーカ式焼却炉より排出された焼却残さは、灰塵とともに、下流側に配置されたバーナ式溶融炉に送られ、溶融し、スラグ化される。バーナ式溶融炉は、掘り起こし廃棄物に含まれる土砂、金属類など、これまで溶融不適物と呼ばれていた不燃物類も安定的に溶融する。

廃棄物の性状変動に起因して、ストーカ炉内で焼却残さが一部、クリンカ化していても溶融可能である。このスラグの再生利用は、再資源化を目指す循環型社会構築の方向に合致している。

2．バーナ式溶融炉の特長

バーナ式溶融炉は、図5-2-2のように横型円筒状の全水冷構造の炉体に助燃バーナおよび酸素バーナが取付けられている。プッシャにより供給された焼却残さおよび灰塵は、溶融面および湯溜めにおいて、焼却残さ中未燃分および助燃油の燃焼発生熱により溶融する。発生した排ガスは渦状ガス流れとなって炉内を旋回するため、このガスからの放射伝熱のみならず、対流伝熱も焼却残さおよび灰塵の溶融に寄与する。なお、排ガスの流れ方向と出滓方向が異なっているため、スラグ中に灰塵が同伴されにくい。

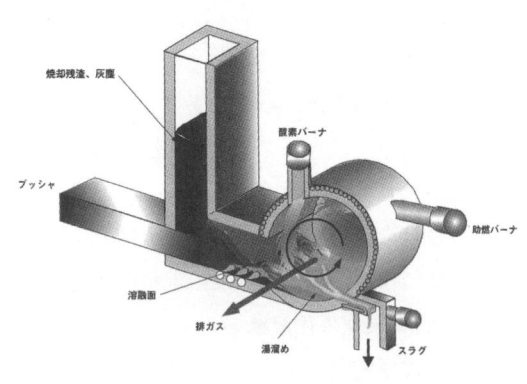

図 5-2-2　バーナ式溶融炉

本バーナ式溶融炉は高燃焼負荷および高溶融負荷の実現により、低燃費およびコンパクト化を達成しているが、これは以下の手段による。

①熱分解ガスの混合促進

　渦状のガス流れにより、炉内で発生した熱分解ガスと酸素との混合が促進され、高い燃焼負荷を実現している。

②焼却残さ・灰塵・スラグへの高い伝熱性

　渦状ガス流れやバーナ噴流による対流伝熱、炉壁や高温ガスからの放射伝熱、さらに湯溜めからの伝導伝熱も加わり、高い溶融負荷を実現している。

③強力な助燃装置(酸素バーナ)

　酸素燃焼により焼却残さ中未燃分の燃焼速度が向上し、高い燃焼負荷を実現している。また、高温噴流により焼却残さおよび灰塵の溶融速度が向上し、高い溶融負荷を実現している。

3．まとめ

従来、溶融不適物として事前に除去されていたクリンカや鉄類を強力に溶融できるのも、以上のような高燃焼負荷／高溶融負荷の効果である。このような特性は、金属や不燃物の混入の多い、掘り起こし廃棄物の処理に適していると言える。

当社では、これ以外にもキルン式ガス化溶融炉やコークスベッド式灰溶融炉の技術も有している。対象掘り起こし廃棄物の性状や廃棄物処理体制に合わせて、お客様の要求に対し最適な処理方式を提案することとしている。

ガス化溶融、ストーカ＋焼却残さ溶融掘り起こし廃棄物混焼方式

株式会社荏原製作所

１．はじめに

　最終処分場の逼迫、新たな最終処分場の確保が難しい現状において、既存の最終処分場の再生、延命化が注目されています。埋立物の中間処理は、一般都市ごみと同様に減容化、無害化、資源化が必須条件で、溶融処理が有効であり、経済性からも一般都市ごみとの混合処理が最適です。当社の流動床式ガス化溶融炉およびストーカ＋焼却残さ溶融炉による最終処分場の掘り起こし廃棄物と一般都市ごみの混焼方式を紹介します。

（１）流動床式ガス化溶融炉

　流動床式ガス化溶融炉の一般的システムフローを図５－２－３に示します。

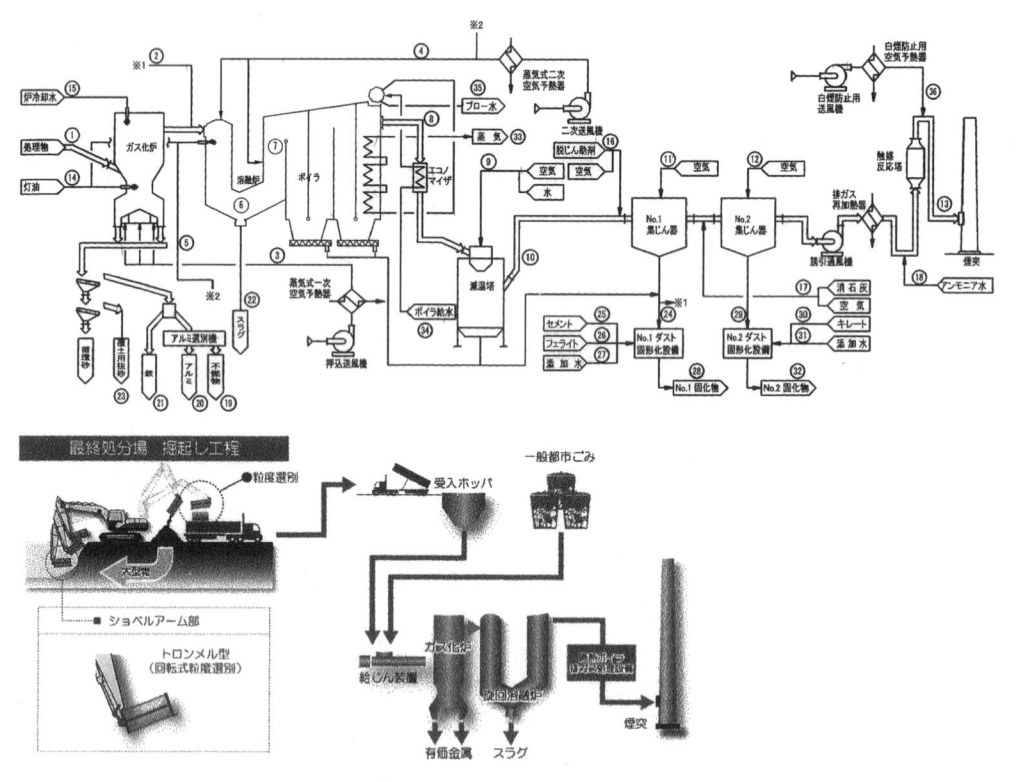

図 5-2-3　システムフロー

　流動床ガス化溶融炉は、一般都市ごみ焼却炉で国内でも実績の多いエバラ旋回流型流動床焼却炉をベースにしており、不燃物の排出性能に優れています。また流動層温度を550〜630℃にしてガス化反応を緩慢にすることで、安定したガス化が可能で、ごみ質や量の変動に対しても

対応しやすく、変動の少ない運転が確保されます。さらに流動層温度が低くしかも還元雰囲気のため、有用な金属(鉄、アルミ)を未酸化な状態で回収できます。溶融炉も、旋回型で高温燃焼を実現(1300〜1450℃)し、ダイオキシンはほぼ完全に分解されます。溶融スラグは連続自動少量出滓であり、水蒸気爆発もなく、危険な作業もありません。溶融スラグ自体も再利用に係る目標基準値をクリアしており再利用も十分可能です。図5-2-4にガス化炉および溶融炉の構造図を示します。

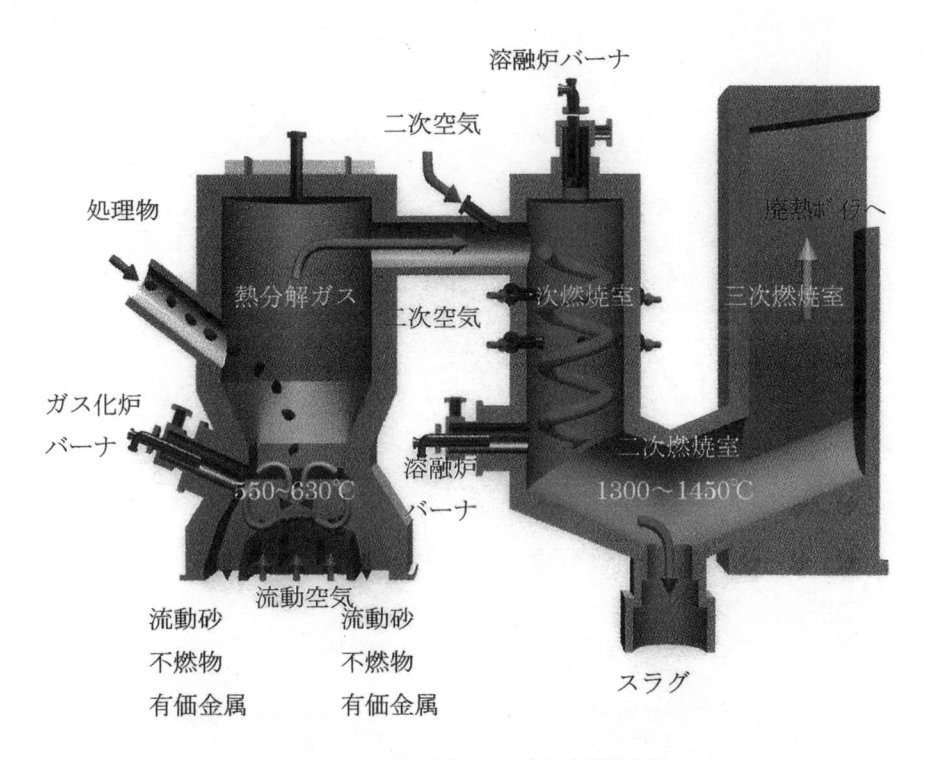

図5-2-4　ガス化炉および溶融炉構造図

(2) ストーカ＋焼却残さ溶融炉

従来のストーカ式焼却炉より低空気比、高圧高温燃焼を実現した次世代型ストーカを採用し、掘り起こし廃棄物の混焼にも対応可能です。低空気比燃焼により一次燃焼温度の高温化(max1,200℃)を図りダイオキシン分解を強化し、ごみ層厚に影響しない燃焼空気吐出速度を有する火格子で、灰分の多い掘り起こし廃棄物にも対応可能です。

低空気比燃焼＋排ガス再循環によりボイラの熱回収量も従来のストーカ式焼却炉よりアップし、発電回収量も増加します(図5-2-5参照)。火格子には、掘り起こし廃棄物の内容により、2種類のタイプを用意しています。プラスチックの多い高カロリー廃棄物対応：「水冷タイプ」、通常ごみ質廃棄物対応：「空冷タイプ」とごみ質条件に最適タイプを採用可能としています(図5-2-6参照)。

次世代ストーカ式焼却システムは、既設施設への対応も可能で、掘り起こし廃棄物の混焼の

みならず、建設時よりのごみ質の変化による処理能力の低下を回復させることも可能です。

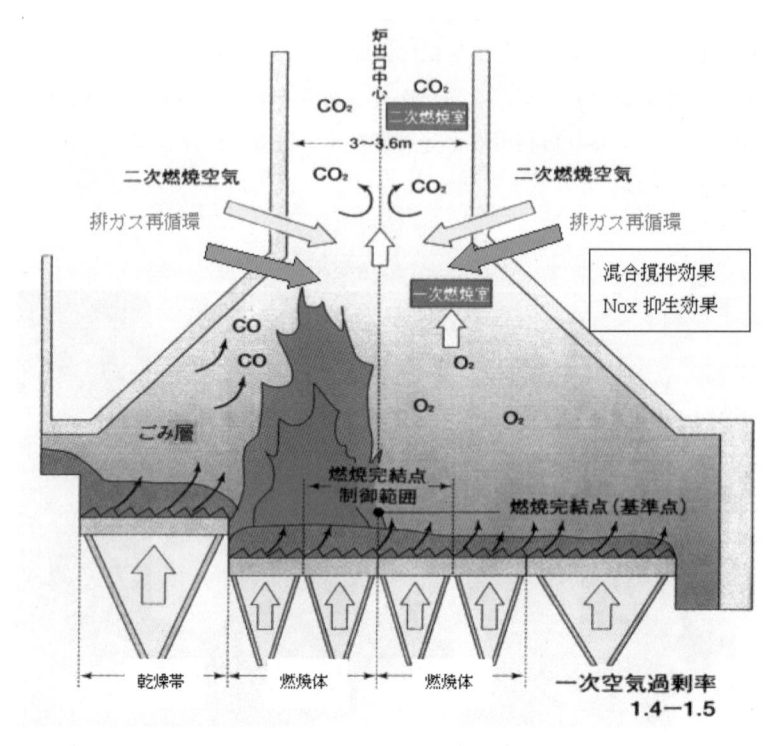

図 5-2-5　ストーカ炉構造図

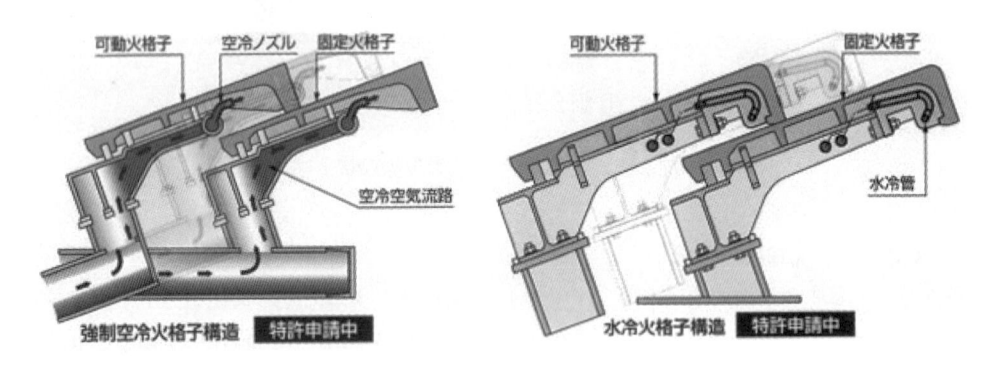

図 5-2-6　空冷および水冷火格子

焼却残さは、プラズマ灰溶融炉にてスラグ化させ、ガス化溶融炉と同様に再利用可能です。

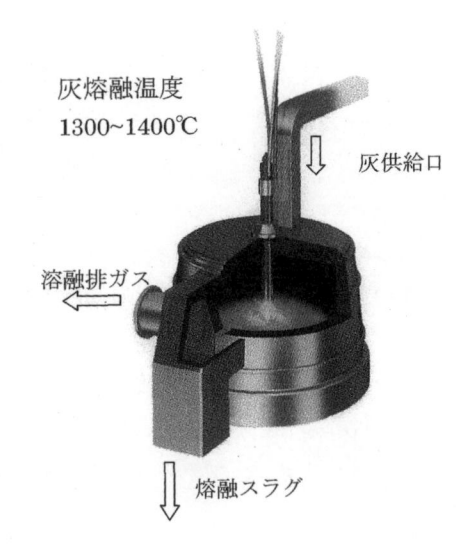

図 5-2-7　プラズマ熔融炉

　プラズマ熔融炉は、プラズマアークによるジュール熱を使用しており、理論的には、20,000℃まで高温がえられます。
　図 5-2-8 は、プラズマ発生器すなわち、プラズマトーチの電極部の模式図です。
　この図の示すように、トーチは移送式(トランスファ型)と非移送式(ノントランスファ型)に大別されます。すなわち、移送式はプラズマトーチと被加熱物の間にアークを発生させ、そのアークの周囲にガス(本システムでは空気を使用しています)を流すことによって高温プラズマ流を作ります。一方、非移送式はトーチ自身陽極と陰極の間にアーチを作って、ガスを噴射させる方式です。

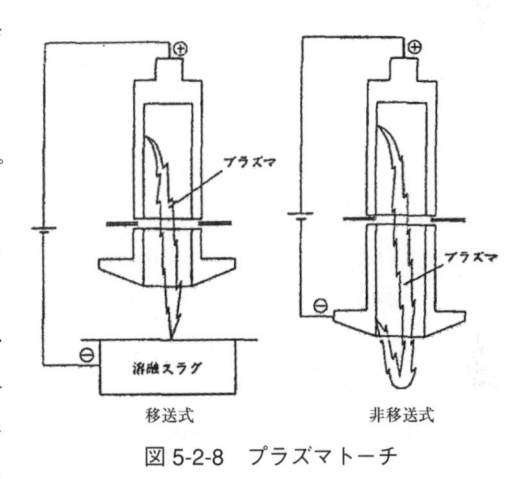

図 5-2-8　プラズマトーチ

　移送式は被加熱物を対極としているので高い熱効率を示します。一方、非移送式は被加熱物の導電性に関係なく利用できることから操作性に優れています。
　当システムではトランスファ型とノントランスファ型の2方式が使用可能なように設計しています。トーチの先端部を交換することで容易に使い分けができます。
　熱効率、プラズマガス量、騒音等の点から、通常はトランスファ型を使用しています。同一の出力を比較した場合には、プラズマガス量はトランスファ型がノントランスファ型の半分程度の量となります。
　なお、ガス流を旋回させることによって、アークスポットの固定化を防止して、電極の消耗を防止しています。

掘り起こし廃棄物対応処理技術の紹介

川崎重工業株式会社

1. はじめに

　新規の最終処分場の立地が困難な状況のなか、既設の最終処分場の逼迫が大きな問題となっており、既設処分場の再整備が注目されています。この再整備に係る技術のうち、減容(延命)化・無害(安定)化・資源化に優れた中間処理技術として溶融処理技術があります。そこで、ここでは、掘り起こし廃棄物対応処理技術として、シャフト炉式ガス化溶融システム、流動床式ガス化溶融システム、プラズマ式灰溶融システム、燃料式灰溶融システムについて紹介いたします。

2. 技術システム

(1) 川崎-シャフト炉式ガス化溶融システム

　一般廃棄物、汚泥、掘り起こし廃棄物など、適用範囲の広いガス化溶融システムであり、炉の下部から酸素を吹き込むため発生ガス量が少なく、その分、設備がコンパクトになります。

　廃棄物を高温で溶融し、約1/40に減容化したスラグをつくります。スラグはもちろん土木・建築用骨材として有効利用できます。さらに、ガス化した可燃性ガスを再燃焼炉に送り、空気を加えて高温で燃やし、有害物質を分解するとともに、廃熱を利用して発電などを行います。

(2) 川崎-流動床式ガス化溶融システム

　「分離方式」と「非分離方式」の2つの方式があります。いずれも「流動床式部分燃焼炉」で流動層温度が500～600℃となるように廃棄物を部分燃焼させますが、ここで発生した未燃チャーと未燃ガスを分離せずに溶融炉に送るのが「非分離方式」であり、これらをサイクロンで分離し、未燃チャーだけを溶融炉に送るのが「分離方式」です。

　2つのシステムのうち、分離方式の概念図を示します。部分燃焼炉の出口に高性能サイクロンを設け、熱分解ガス中の未燃チャーをガスから分離し、未燃チャーのみを溶融するシステムです。分離方式は、熱分解ガス(未燃チャーを含む)を全量溶融する非分離方式に比べ、サイクロンで分離した高カロリーの未燃チャーのみを溶融すればよいので、溶融炉をコンパクトにでき、し

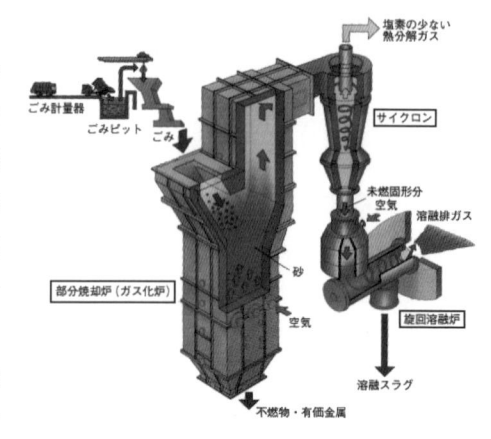

かも未燃チャーの定量供給により、溶融炉の安定運転が可能になる特徴を有しています。また、自己熱溶融限界が低くなり、より低いごみ質でも助燃料が少なくなる利点もあります。

（3）プラズマ式灰溶融システム

作動ガスとして空気を用い、電離度が1％程度の弱電磁プラズマの高温（プラズマ流外周部で約3,000℃）で、焼却灰や飛灰を溶融するシステムです。

① プラズマの高温を用いて焼却残さを溶融しスラグ化して、約1/2に減容し、かつ無害化します。
② 電気溶融方式のため、ごみ焼却炉の余剰電力が利用できます。
③ 排ガス量はプラズマ作動ガスと灰中未燃分および添加剤の燃焼ガスだけであり、設備がコンパクトです。
④ プラズマトーチは水冷の銅電極方式で、電極寿命は800時間以上の実績があります。
⑤ プラズマは起動・停止が容易で、操作性に優れています。

（4）燃料式灰溶融システム

傾斜した灰の表面に向かう形で、バーナにより気体あるいは液体の燃料を焚き、その炎と炉壁の放射熱によって1,350～1,450℃で灰の表面を溶融させるシステムです。

① 空気予熱器による燃焼用空気の予熱を行い、積極的に廃熱回収をしているため、燃料の使用量は少量です。
② 高含水の灰を外部で乾燥させることなく供給することができます。
③ 炉壁の水冷構造は必要最小限としているため、燃料の使用量が少量です。
④ 火炎の上下動が可能なチルチング式バーナを採用し、バーナ1組で灰の加熱・溶融および流出口のスラグ固着防止を同時に行うことができます。
⑤ 流出口構造を水冷構造とした結果、スラグによるセルフコーティングが形成され、炉材の耐久性の向上が図れています。

3．まとめ

当社は、以上紹介した設備のほかにも、粗大ごみ処理の破砕選別装置、資源化設備、加熱脱塩素化装置、スラグ改質装置、水和固化技術などの廃棄物処理技術を長年培ってきました。今後もこれらの技術をもとに循環型社会の構築に向け、一層の寄与を行っていきたいと考えています。

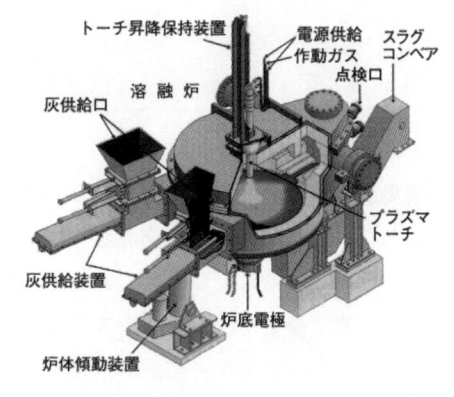

最終処分場再生技術事例

株式会社クボタ

1．はじめに

新規最終処分場の立地が困難になっている状況のなか、既設最終処分場の逼迫が大きな社会問題となってきている。埋立廃棄物にはダイオキシン類や重金属が含まれていため、適正に無害化・延命化することが必要である。そこで、諫早、豊島等での埋立廃棄物の無害化の実績をもとに、埋立廃棄物の水洗浄システム、破砕装置、および回転式溶融炉について紹介する。

2．水洗浄および洗浄排水処理システム

（1）概要

図5-2-9に示すように、埋立地から掘り起こされた廃棄物等は、ふるいにより大塊が除かれ、磁選機により金属類が除かれた後、洗浄装置で水洗浄される。洗浄により安定化した廃棄物は、埋立地に埋め戻されることとなり、その埋立地

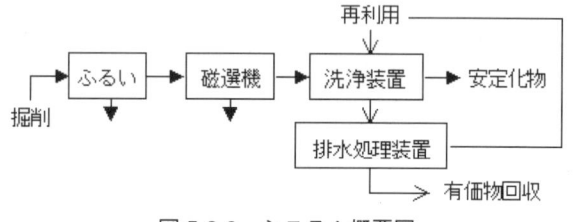

図 5-2-9 システム概要図

が公園等に利用されることにより、埋立地の再生に寄与するシステムである。

一方、汚濁物質を含んだ洗浄排水は、排水処理装置により浄化され、洗浄水として再利用される。また洗浄排水中に含まれる無機塩類は処理の過程で回収され、酸やアルカリといった水処理薬剤として、またソーダ工業での原料として再利用される。

（2）洗浄装置

図5-2-10に洗浄装置の例を示す。再生対象となる埋立地に埋め立てられている廃棄物は、各埋立地で多岐に渡ることが想定されるため、洗浄装置の選定は目的に則して行う。

（3）排水処理装置

図5-2-11に排水処理装置のフローを示す。キレート吸着までの処理により、SS等の濁質やBOD等の有機汚濁物質、ダイオキシン類や重金属等の微量有害物質が分解除去される。そのようにして不純物を取り除いた後、最終工程の脱塩処理により純度の高い無機塩類が回収される。

図 5-2-10 洗浄装置

図 5-2-11 排水処理装置フロー

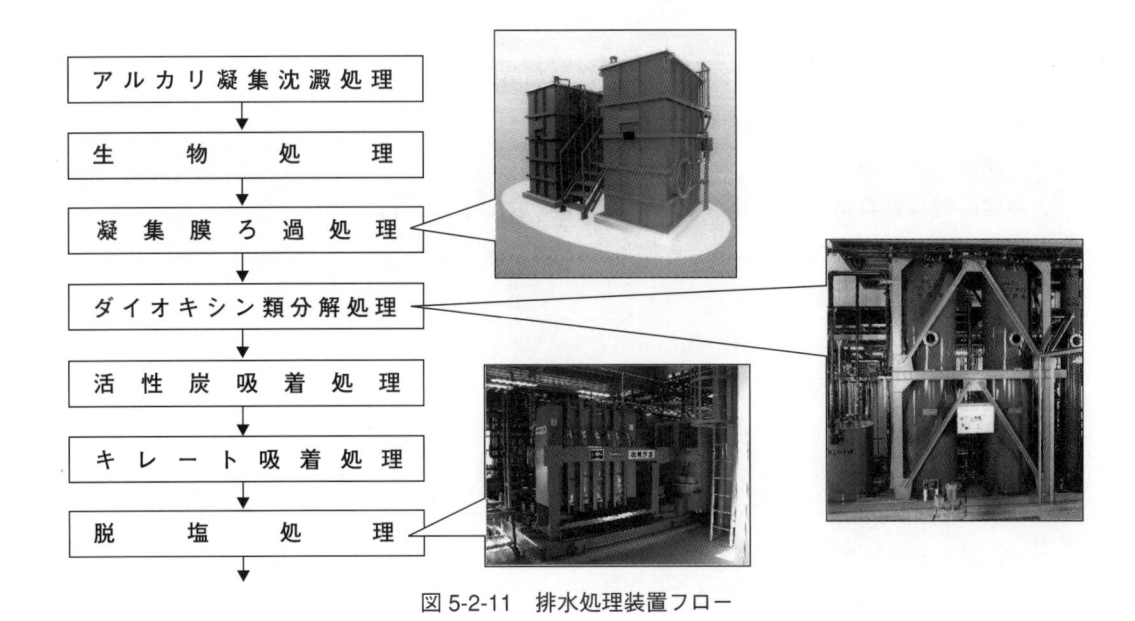

3. 竪型回転式破砕機およびせん断式破砕機

(1) 竪型回転式破砕機

この破砕機は主に粗大ごみ・不燃ごみ用の破砕機として活用されてきた機種であり、処理対象物を100mm角以下(重量85%以上)に破砕処理することができる。搭載モーターに応じたシリーズを持ち、モーター動力として30〜750kW、処理能力として1〜30 t/hの能力をもつ。特徴は、

① 主軸は1本であり、垂直(竪)に配置されている。
② 駆動方式は電動機、Vベルト駆動である。
③ 主軸は高速(300rpm以上)で回転し、ハンマー(本破砕機ではブレーカ、グラインダと呼称)の打撃により破砕を行う。
④ 排出物の粒度を調整することができる。

また、この破砕機の機能上の特徴を列記すると

① 金属類、不燃物、可燃物等が混合された廃棄物を処理することができる。
② 金属の排出物が丸く固まった形状になりやすい。
③ 主軸が竪置きなので横型の破砕機に比べ破砕機内での処理物の滞留時間が長く、より細かく破砕することができる。
④ 破砕機内で空気の旋回流が起き、投入口から排出口へと空気の流れが起きるため、破砕

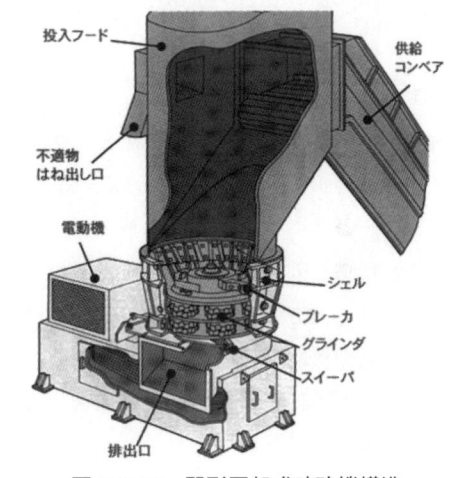

図 5-2-12 竪形回転式破砕機構造

機内部に可燃性ガスが溜まりにくい。
⑤ 破砕室上部が開放であるため、万一、爆発が発生した際も上部に爆風が抜けやすく、爆風を大気へ導くことが容易である。

(2) 二軸せん断式破砕機

この破砕機は軟質系プラスチックからタイヤ、薄板金属類まで幅広い種類の対象物を破砕することができ、破砕、減容、前処理等様々な用途に活用されている。特徴は、

① カッターのせん断によって破砕を行う。
② 処理後のサイズは400mm角を通過する程度である（1m程度の長尺物も含まれる）。

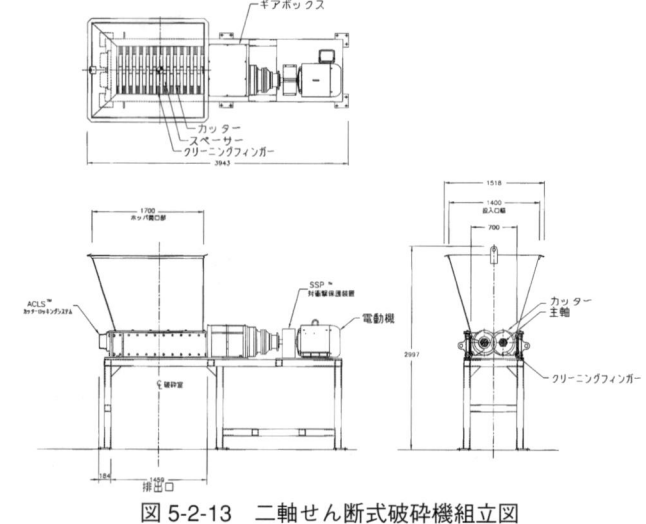

図 5-2-13 二軸せん断式破砕機組立図

③ 駆動動力として30kW～300kWのシリーズをもつ。
④ 駆動方式は電動機駆動、油圧駆動の両方式がある。

また、電動機方式においてもスマートドライブと呼ぶ動力装置を利用することで油圧と同様、断続的な正逆転の切り替え運転を可能にしている。

この破砕機の外形図は図5-2-13の通りである。2本の主軸は平行に配置され、主軸にはカッターとスペーサが交互に取り付けられている。主軸の回転数は約10rpmである。カッターには処理物を効率良く噛み込ませるためにフックがついており、破砕対象に応じてフック数を変更する。上方より投入された投入物はカッターによってせん断され破砕機の下部より排出される。電動機駆動の場合はトルク制限継ぎ手などにより異常過負荷が発生した場合に機械の損傷を防ぐための保護装置をもつ。

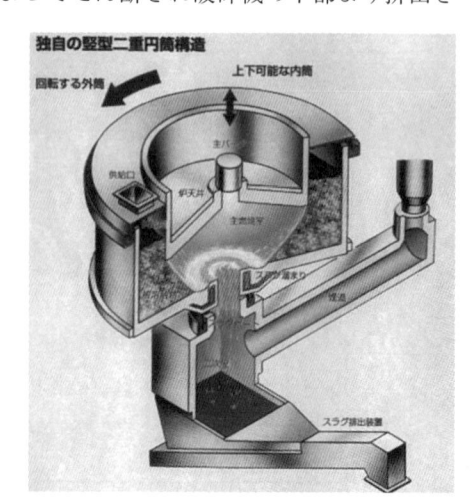

4. 回転式表面溶融炉

(1) 構造

回転式表面溶融炉は、炉体の回転により被処理物を炉内に安定的に供給し、溶融する構造であり、主燃焼室、二次室およびスラグ排出装置に分類できる。

(2) 溶融処理の流れ

① 回転式表面溶融炉では、主燃焼室の上部は耐

図 5-2-14 回転式表面溶融炉の構造

火物で構成された炉天井で、下部はすり鉢状の処理物表面で構成されている。
② 主燃焼室では、燃料や処理物からのガス化燃焼熱で1,300～1,400℃の高温になり、処理物中の有機物はガス化し、残った無機物が溶融してスラグとなる。
③ スラグはすり鉢状表面を炉中央底部に向かって流れ、スラグポートから二次室を通り、スラグ排出装置の水砕水中に流れ落ちる。
④ 処理物は外筒とともに1時間に1～2回転の速度で水平に回転する。
⑤ この回転により、炉天井の円周端で主燃焼室へ処理物が供給され、新しい溶融面を形成する。
⑥ 二次室ではスラグと排ガスが分離する。

（2）特徴
① ダイオキシン類を効率よく分解
　炉内で発生したダイオキシン類は排ガスとともに、炉内からスラグポートへの最も温度の高い部分を通過するため、効率よく分解される。
② 飛灰の溶融処理が可能
　飛灰の単独、または焼却灰との混合溶融処理が可能である。これは、独自の竪型二重円筒構造により、飛灰等の粉体が飛散せずに炉内に安定的に供給されるためである。

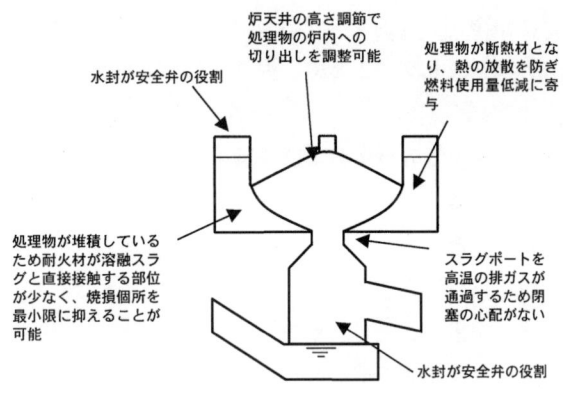

図5-2-15　溶融炉各部の特長

③ 湿灰の溶融処理が可能(乾燥機不要)
　湿灰(水分を持った焼却残さ)を乾燥工程なしで、そのまま溶融炉に供給して処理可能である。水分を含んだ埋立廃棄物についても同様に、乾燥工程なしで処理できる。
④ 廃プラスチックなどにも対応可能
　埋立廃棄物に含まれる破砕不燃物や廃プラスチック系のごみについても、他の廃棄物や焼却残さなどと混合して溶融処理することができる。
⑤ 低NOx燃焼溶融が可能
　主燃焼室で酸素不足の還元雰囲気燃焼を行い、後燃焼室で再燃焼させる二段燃焼方式を採用しているため、NOxの発生を抑制することができる。
⑥ スラグの性状が均一
　バーナの火炎や輻射熱を反射する炉天井は固定されているのに対して、溶融面は回転する。これにより、炉内に供給された処理物は全て同じ熱の受け方をすることとなるため、溶けムラがなくスラグの性状が均一となる。

掘り起こし廃棄物の洗浄浄化・分別システム(SRS)

株式会社熊谷組

1. はじめに

　最終処分場の埋立地には、多種多様(焼却灰、生ごみ、不燃ごみ等)な廃棄物が混在して埋め立てられている。このような埋立地から、掘り起こされた物には、重金属類やダイオキシン類等の有害物質が多く含まれている。

　洗浄浄化・分別システム(SRS)は、有害物が多く含まれている掘り起こし廃棄物を、洗浄し有害物を取り除くことで、掘り起こし廃棄物自体を安定化させるシステムである。

2. システムの概要および原理

　掘り起こし廃棄物は、一次分級機であるトロンメルに投入され30mm以上の夾雑物が取り除かれる。その後、30mm以下の物は、洗浄処理を行う磨砕処理洗浄機(トルネードコンボ:図5-2-17)に投入され浄化、分別される。

　摩砕洗浄方式とは、有害土壌類の粒子同士を精米するように擦り合わせ、表面に付着した重金属やダイオキシン類等の有害物を物理的に磨砕剥離させ、スクリーン・高速分級機で有害物質を洗浄除去し、有害物の少ない洗浄土壌を生成し安定化させるシステムである(図5-2-18、5-2-20参照)。

　有害物剥離の状況を図5-2-16に、磨砕洗浄処理の概要を図5-2-19に示す。

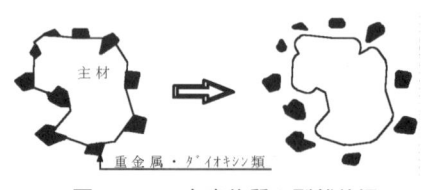

図 5-2-16　有害物質の剥離状況

図 5-2-17　トルネードコンボ
（磨砕洗浄処理機）

図 5-2-18　磨砕洗浄状況

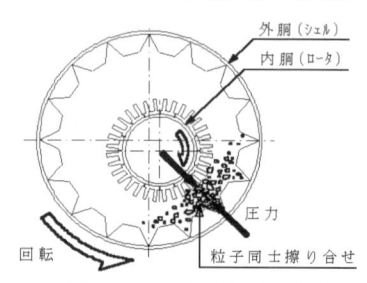

図 5-2-19　磨砕処理の概要

また、洗浄に使用した排水は、水処理システムにより浄化し、洗浄水として再利用する。

3．本システムの適用事例

A市において埋め立てられていた廃棄物を掘り起こし洗浄浄化・分別の実験を行った（図5-2-20）

実験は図5-2-21の構成フローに従って行った。

有害物質の指標として、ダイオキシン類の移行状況を調査し把握した結果、洗浄前に検出されたダイオキシン類は、洗浄後に生成された脱水ケーキ（凝集有害物）に約90％移行した（図5-2-22）。

図 5-2-20　システムの全景

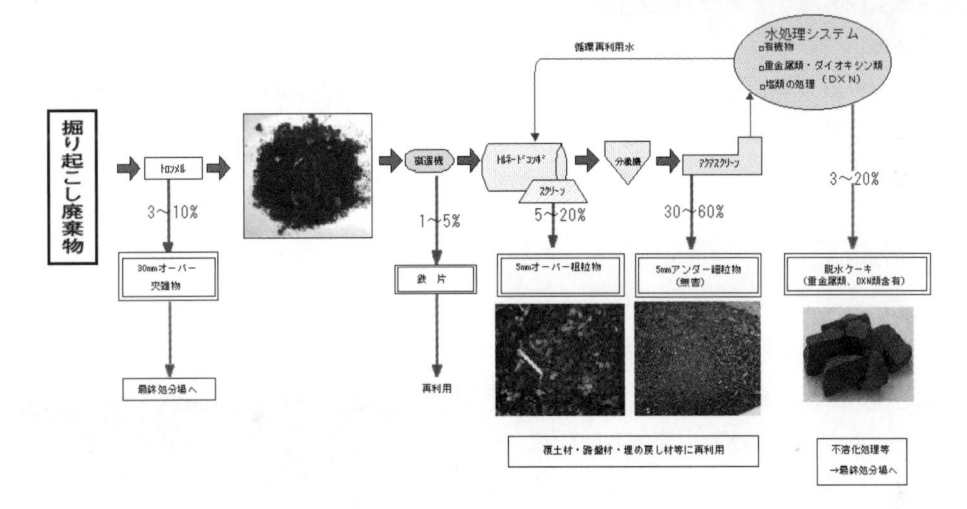

図 5-2-21　汚染壌類の洗浄浄化・分別システム(SRS)構成フロー

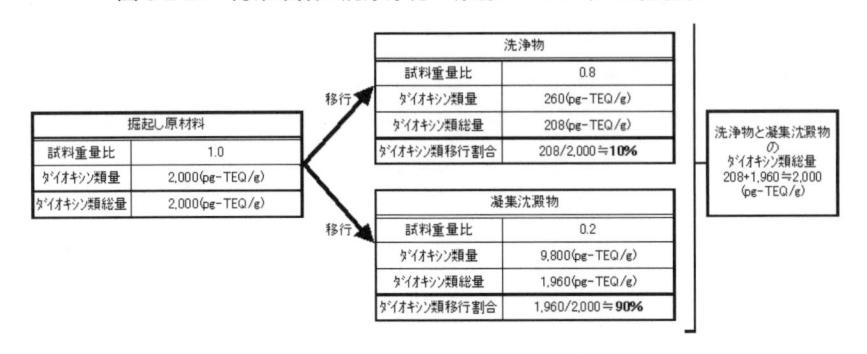

図 5-2-22　ダイオキシン類移行状況図

4．おわりに

掘り起こし廃棄物の洗浄浄化・分別システム(SRS)は、他に、油汚染土壌、焼却灰等の有害土壌類においても洗浄効果があることが実証されている。

現在、土壌類の浄化方法の一つとして広く事業展開を行っている。

破砕・選別・減容化装置

株式会社小松製作所

1．はじめに

　埋立地の延命化に対する弊社の取組みは早く、埋立廃棄物を高密度に圧縮するトラッシュコンパクタを1973年から発売し、現在まで約300台販売している。一方、環境機器である各種破砕機・選別機等の必要な機器を移動可能な台車に搭載し、動力源を内蔵した「自走式破砕機：ガラパゴス」を1991年に発売した。以来、機動性に富んだその特性が市場のニーズとマッチし、選別機・土質改良機等とその領域を拡大した結果、2700台を超える各種のシリーズを全世界に供給している。

　さらに、ガラパゴスシリーズで実績のある技術を活用した固定式の各種リサイクル装置を販売しており、「破砕・選別・減容」をキー技術とした事業を展開している。

　本報では、そのラインアップの中から埋立地延命化に資する各種の装置を紹介する。

2．自走式破砕装置

　当社のガラパコズシリーズの自走式破砕機は、3種類の破砕機を搭載している。

① 　ジョークラッシャ（機種符号 J ）

　2枚の相対する刃板の間に挟んだ岩石・コンクリートガラ等を衝撃力で割る破砕機を搭載している。大型のBR1000JG～小型のBR100Jまで5機種を販売している。図5－2－23に代表的なBR380JGを示す。

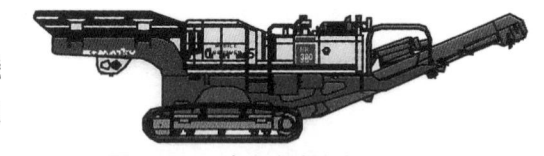

図 5-2-23　自走式破砕機BR380JG

② 　インパクトクラッシヤ（機種符号 R ）

　高速回転するハンマーで岩石・コンクリートを衝撃破砕する破砕機を搭載している。BR480RGからBR100RGまで3機種を販売している。

③ 　せん断式クラッシャー（機種符号 S ）

　主として廃プラスチック・木屑・布類等をせん断で引き千切るタイプの二軸式せん断機を搭載している。各種の廃棄物中間処理施設で減容化に使われる一方で多くの自治体の最終処分場で機動性を活かした現場破砕機としての使用例も多い。図5－2－24に大型のBR300Sを示す。

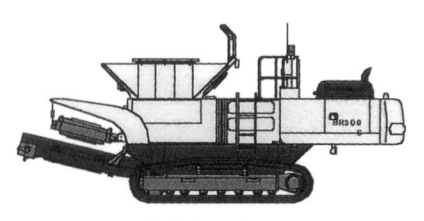

図 5-2-24　自走式二軸破砕機BR300S

3．移動式選別装置（スクリーン）

当社では第4章の再生事例で紹介したした二筒式トロンメルBM798F以外にも合計6機種の移動式選別装置を販売している。

本報では、そのシリーズ中で掘り起こし廃棄物の選別にも使用可能な代表例として以下のに機種を紹介する。

① 自走式二分別振動篩BM595F

本機は強力な2段デッキ式振動グリズリスクリーンとワイドな排出コンベアを備えた自走式スクリーンである。（図5-2-25、5-2-26）

（a）主仕様
- 運転重量：21 ton
- 主要寸法：全長12,380mm×全高3,390mm×全幅2,760mm
- スクリーン：上段　100mm
　　　　　　：下段　40mm角
- エンジン：102PS

（b）主な特徴
- 大型積込みホッパ
- 強力な振動スクリーン
- 優れた機動性と運搬性
　（油圧式折畳みコンベア採用）

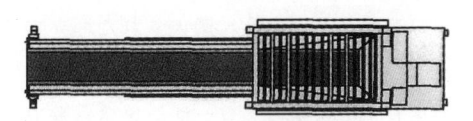

図 5-2-25　自走式振動篩BM595F（上面）

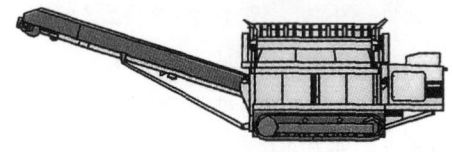

図 5-2-26　自走式振動篩BM595F（側面）

② 自走式四分別振動篩BM683F

本機は2段式振動スクリーンによる三分別スクリーンとグリズリバーを備えた自走式スクリーンである。（図5-2-27、5-2-28）

（a）主仕様
- 運転質量：24.8 ton
- 主要寸法：全長16,100mm×全高5,280mm×全幅17,200mm
- スクリーン：クリズリ　100mm
　（標準）：上段　40mm角
　　　　　：下段　5mm
- エンジン：102PS

（b）主な特徴
- 大型グリズリ付き積込みホッパ
- 強力な振動スクリーン

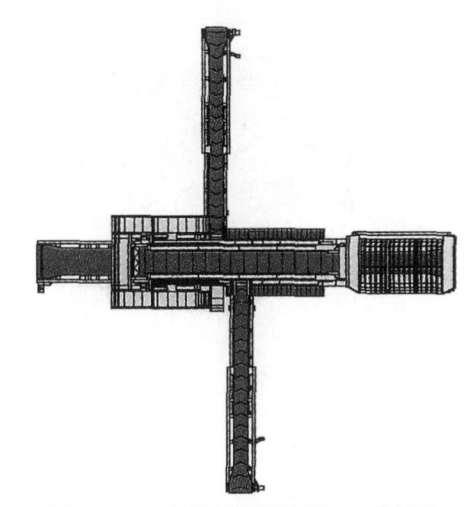

図 5-2-27　自走式振動篩BM683F（上面）

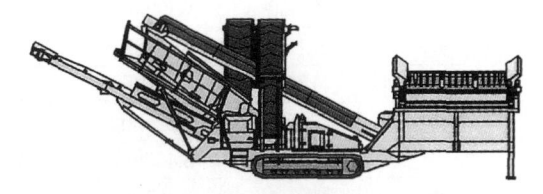

図 5-2-28　自走式振動篩BM683F（側面）

・スクリーンへの定量供給機能
・優れた機動性と運搬性
　（油圧式折畳みコンベア採用）

4．自走式締固め装置(トラッシュコンパクタ)

　最終処分場でもっとも馴染みのある装置がトラッシュコンパクタである。搬入された埋立物をブレードまたはバケットで均一に敷き均し、強力な破砕・転圧性能を有する各種のグローサー付き鉄輪で締め固めていく機械である。図5-2-29にバケット仕様車(トラッシュローダ)を、図5-2-30にブレード仕様車(トラッシュコンパクタ)の外観を示す。

　締め固めの主役は鉄輪の強力な転圧力とごみ質により種々に工夫された各種のフート形状による。図5-2-31に代表的な三角フートの形状を示す。

図 5-2-29　WF450Tバケット仕様車

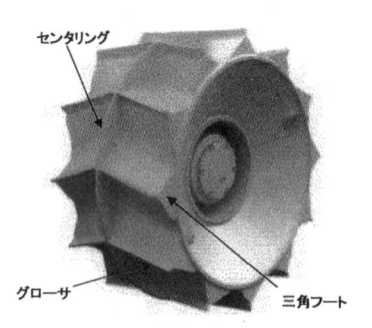

図 5-2-31　三角フートの概要

図 5-2-30　WF550Tブレード仕様車

　バケット仕様のトラッシュローダにはWF350～WF550の3機種・ブレード仕様のトラッシュコンパクタにはWF450T～WF650Tの3機種があり、その主な仕様を表5-2-1に示す。

表 5-2-1　トラッシュコンパクタの主仕様

	トラッシュローダ(バケット仕様車)			トラッシュコンパクタ(ブレード仕様車)		
機種名	WF350-3	WF450-3	WF550-3	WF450T-3	WF550T-3	WF650-3
運転重量	19,150Kg	24,950Kg	35,000Kg	24,600Kg	35,500Kg	49,450Kg
エンジン出力	190PS	263PS	320PS	263PS	320PS	445PS
全長	8,020mm	8,825mm	9,375mm	7,520mm	8,305mm	9,700mm
全幅	2,915mm	3,405mm	4,145mm	3,400mm	3,800mm	4,430mm
全高	3,375mm	3,455mm	4,050mm	3,615mm	4,050mm	4,290mm

5．固定式風力振動併用選別装置の例

本装置は埋立地の掘り起こし廃棄物の選別を目的として大成建設殿と共同で開発したものであり、建設混合廃棄物等の比重選別に使用している「風力併用振動選別機」をシステムアップして構成した。

掘り起こし廃棄物の様に含水率が高くかつ不定形な廃棄物を可燃物／不燃物に分別するために、強力な加振力で廃棄物を浮遊させながら風力により飛翔する軌跡の差によって軽量物／重量物に分離する方式を採用した。図5－2－32に選別装置の概要を、図5－2－33に風力併用振動選別機の概要を示す。

本装置による埋立廃棄物の掘り起こし実験の概要を図5－2－34～図5－2－36に示す。本実験は平成12年度次世代廃棄物処理技術基盤整備事業の一環として大成建設殿が環境事業団の委託を受けて実施したものであり、鹿児島県の喜界町の処分場で行った。

分別実験は、篩機能で土砂分を分離した後、重量分・軽量分を風力選別機で選別し、その後軽量分を圧縮梱包するシステムで行い、所定の分別機能の確認と減容率の把握を実施した。

図 5-2-32　選別装置の概要

図 5-2-33　風力併用振動選別装置の概要

図 5-2-34　掘り起こし廃棄物の概要

図 5-2-35　選別後の重量物

図 5-2-36　選別後の軽量物

【参考文献】
平成12年度次世代廃棄物処理技術基盤整備事業成果概要集

流動床式ガス化溶融炉による都市ごみと掘り起こし廃棄物の混合処理

株式会社神鋼環境ソリューション

1．はじめに

　当社では、流動床式ガス化溶融炉で「都市ごみと掘り起こし廃棄物の混焼テスト」を実施し、最終処分場の延命化と埋立物の無害化に極めて有効であることを確認した。以下に、同技術の概要を紹介する。実証テストの結果は、第4章第7節に詳述しているので参考されたい。

2．流動床式ガス化溶融炉のプロセスと特長

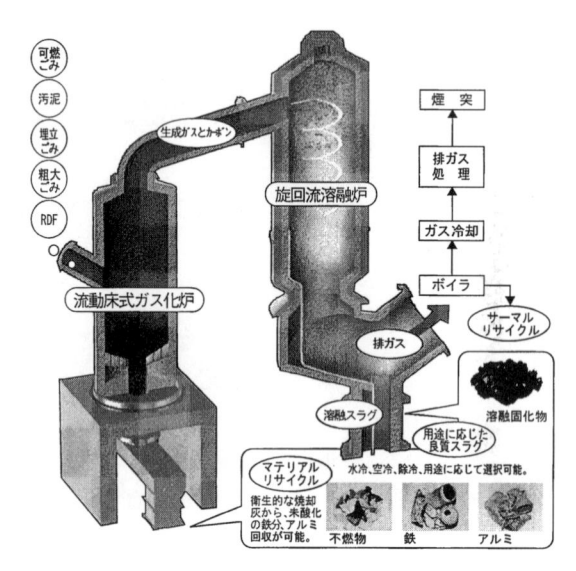

図 5-2-37　流動床式ガス化溶融炉

① 都市ごみや掘り起こし廃棄物は、ごみピットで混合の後、流動床式ガス化炉に投入される。流動床部では、土砂類や不燃物が分離され、炉下部より抜き出される。この時、砂による研磨作用と熱処理効果で、不燃物類は衛生的でリサイクル性が高い資源化物として回収される。（回収物性状の一例を表5-2-2に示す）

② 微細な灰分（概ね0.5mm以下）は、排ガスに同伴されて後段の「旋回流溶融炉」に至り、ここで側壁に捉えられて溶融スラグとなる。このスラグは、アスファルト合材等に利用可能である。

③ 流動床式ガス化溶融炉では、20cm以下のものは特段の前処理は不要で、直接ごみピットに投入される。20cm以上の不燃粗大物（金属類、ブロック類など）は粗目スクリーン等で除外し、また粗大可燃物（角材等、概ね20cm角のもの）は、破砕処理が必要である。

表 5-2-2　掘り起こし廃棄物30％混合時のスラグ溶出試験結果

項目	単位	測定結果 RUN2	溶融固化物 目標基準値
カドミウム	mg/L	＜0.001	≦0.01
鉛	mg/L	＜0.005	≦0.01
六価クロム	mg/L	＜0.02	≦0.05
ひ素	mg/L	＜0.001	≦0.01
総水銀	mg/L	＜0.0005	≦0.0005
セレン	mg/L	＜0.001	≦0.01

④　掘り起こし廃棄物の混焼率は、ごみ質にもよるが、一般に30％まで可能である。実証テスト時の混合条件を表5－2－3に示すが、いずれの条件でも、処理に全く影響を与えることはなく、むしろ高負荷率の運転が可能であった。

表 5-2-3　実証時の混合条件

項目		単位	一般ごみ	RUN1	RUN2	RUN3	RUN1～3 計
混合率	一般ごみ	％	──	90	70	60	──
	掘り起こし廃棄物	％	──	10	30	20	──
	可燃性粗大破砕物	％	──	──	──	20	──
全処理量		t	33	45.7	29.5	21.6	96.8
内掘り起こし廃棄物量		t		4.6	8.9	4.3	17.7
処理時間		h	24	29	18	15	62
時間当たり処理量(定格1.25 t/h)		t/h	1.38	1.58	1.64	1.44	──

⑤　以上の特長から、本プロセスでは処分場に埋め戻す処理不適物の量が少なく、処分場延命効果が大きいと言える。実証テスト時の処分場再生率は図5－2－38に示すように約75％であった。

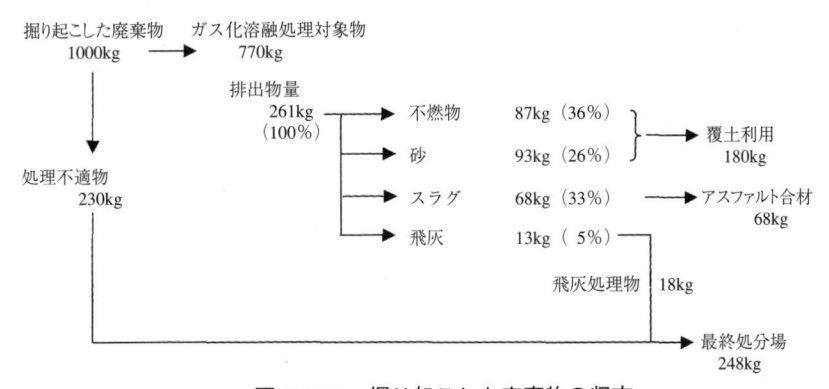

```
掘り起こした廃棄物      ガス化溶融処理対象物
   1000kg        →         770kg
                         排出物量
                         261kg    → 不燃物  87kg（36％）  ┐
                        （100％）                         ├→ 覆土利用
                                  → 砂     93kg（26％）  ┘    180kg
                                  → スラグ 68kg（33％）  → アスファルト合材
                                                              68kg
                                  → 飛灰   13kg（ 5％）
   処理不適物                              飛灰処理物 18kg
     230kg                                          ↓
                                              → 最終処分場
                                                  248kg
```

図 5-2-38　掘り起こした廃棄物の収支

【参考文献】
第21回全国都市清掃研究発表会講演論文集P.124

ダイオキシン類の揮発脱離分解技術(商品名:ハイクリーンDX)

JFEエンジニアリング株式会社

1. はじめに

　最終処分場に飛灰などを埋め立てた場合に、掘り起こし廃棄物中の細粒物がダイオキシン類で汚染されていることが考えられる。埋立地の状況によって、粒径1mm以下の細粒にダイオキシン類が濃縮されている場合には、細粒物に関する効率的なダイオキシン類分解無害化技術が必要である。本技術は、焼却施設の飛灰処理技術として開発されたダイオキシン分解技術[1](実機1基稼働中)であり、掘り起こし廃棄物中の細粒物への適用が可能である。

2. 揮発脱離分解プロセスの概要

　揮発脱離分解プロセスのフローを図5-2-39に示す。本プロセスは、細粒物を約400℃程度に加熱し、付着あるいは吸着しているダイオキシン類を揮発させ無害化するものである。本プロセスでは、ダイオキシン類以外にも、ダイオキシン類を生成する要因となる有機化合物類も同時に揮発脱離を行うため、冷却時の再合成を防止することができる。また、高温空気流中に分離されたダイオキシン類を含む有機化合物は、触媒分解塔に導入され、酸化触媒によって水と二酸化炭素に完全に分解できる。触媒分解塔を出たガスは、加熱器で揮発した重金属等を活性炭吸着塔を通して除去し、その後大気中に放出される。

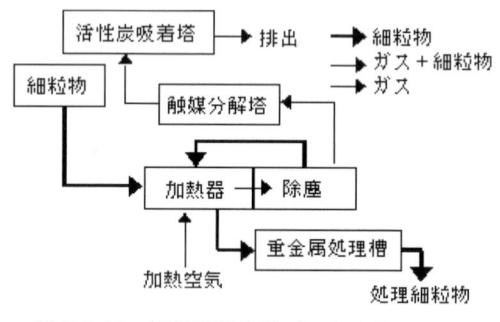

図5-2-39　揮発脱離分解プロセスのフロー

3. 細粒物の効率的な加熱システム

　ダイオキシン類を揮発脱離させるためには、細粒物を400℃程度に加熱する必要がある。細粒物は熱伝導性が悪いため、均一に加熱を行うことが難しい。そのため、この細粒物の効率的な加熱方法として、流動層方式の加熱器を開発した。

　流動層は、固体(粒子)と気体が均一な混合層を形成し、また粒子は層内に激しく循環する。このため、気体と粒子の接触効率が非常に良く、かつ流動層壁に対する粒子の熱交換速度も高いことから、細粒物粒子の効率的な加熱が行われる。しかしながら、粒子径が数十μm以下の場合には、流動化ガスの吹き込みのみでは流動化させることが困難である。このようなケースでは、流動層内に撹拌装置を組み込み、撹拌を行いながら加熱空気を流して流動化させる撹拌流動層技術を適用することで均一な流動化が達成できる。図5-2-40に撹拌流動層加熱器の

構造を示す。粒子径や密度が不揃いであり、かつ飛灰等の数十μm以下の粒子の混入が予想される細粒物の処理には、この撹拌流動層加熱器の適用が考えられる。

本装置は、図5-2-40に示すように、円筒竪型の流動層内部に撹拌機を設置し、流動層外部を電気炉で加温する構造である。流動層内部は、加熱空気と電気炉にて所定温度に加熱される。

細粒物は加熱器上部より投入され、ダイオキシン類が揮発脱離された処理後の細粒物は加熱器底部の排出口より排出される。流動化および加熱のための空気流は、本体底部の分散板を介して吹き込まれ、流動層を通過した後バグフィルターで除塵され排ガスとして取り出される。揮発したダイオキシン類は排ガスとともに系外に排出され、触媒分解塔に送られて分解される。本体の加熱は電気ヒーターによる外熱式である。

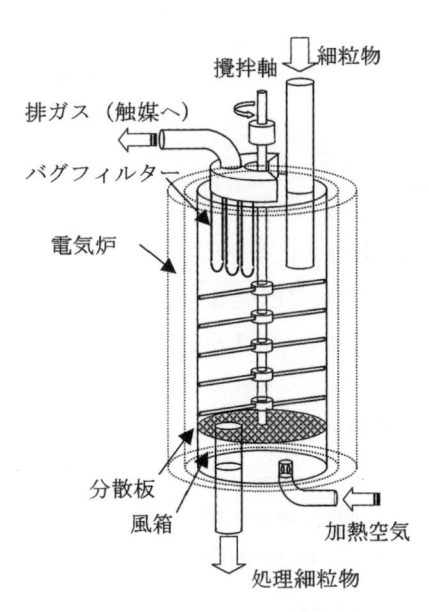

図5-2-40 撹拌流動層加熱器

4．ダイオキシン類分解性能

本技術の確証のため、内径450mm、流動層部層高1,000mmの撹拌流動層を備えたパイロットプラントを製作し、飛灰を使用してダイオキシン類分解試験を実施した。運転条件を表5-2-4に、試験結果を表5-2-5に示す。

表5-2-4 パイロットプラントの運転条件

飛灰処理量	kg/h	48
空気流量	m^3_N/h	18
加熱面温度	℃	460
触媒分解塔温度	℃	330〜370
活性炭吸着塔温度	℃	110

表5-2-5 飛灰中のダイオキシン類濃度

	ダイオキシン類(ng-TEQ/g)
処理前飛灰	2.0
処理後飛灰	0.0085

飛灰から揮発したダイオキシン類は、触媒分解塔にて分解され、触媒分解塔出口におけるダイオキシン類濃度は0.060ng-TEQ/m^3_Nであり、現在の最も厳しい排ガス中の規制値である0.10ng-TEQ/m^3_Nを下回る値が得られた。掘り起こし廃棄物中の細粒物に対しても、本技術が十分適用可能である。

【参考文献】
1）塩満徹他、「飛灰中ダイオキシン類の揮発脱離分解」、環境浄化技術、2003

直接溶融型ロータリーキルン

住友重機械工業株式会社

1．はじめに

　弊社は、PCB等を含む有害廃棄物の焼却・溶融炉としてヨーロッパで数多くの実績があるスイスのW＋E社と1992年に技術提携し、1993年に産業廃棄物の直接溶融型ロータリーキルンの国内1号機を納入して以来、多種多様な廃棄物に関して10施設の実績を有している。特に本技術は、混合灰（焼却灰と飛灰）を乾燥などの前処理設備なしで、溶融することができるため、安定した連続稼動にて経済的な処理が可能であり、埋立処分場から掘り起こした廃棄物の処理・再資源化にも適している。ここでは埋立物の処理実験データを含めて、直接溶融型ロータリーキルンの紹介を行う。

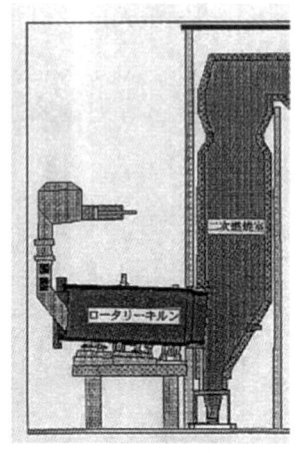

図 5-2-41　ロータリーキルンと二次燃焼室

2．直接溶融型ロータリーキルンの構造と特徴

　直接溶融型ロータリーキルンは、長さ5～12mのショートキルンと竪型円筒形の二次燃焼室で構成される（図5-2-41）。処理対象物の性状によりロータリーキルン入口側のバーナを制御しキルン内温度を1,200～1,300℃に保持する。処理対象物はキルン内で乾燥・燃焼後、溶融スラグとなり、水封コンベヤに落下し、水砕スラグとなって排出される。

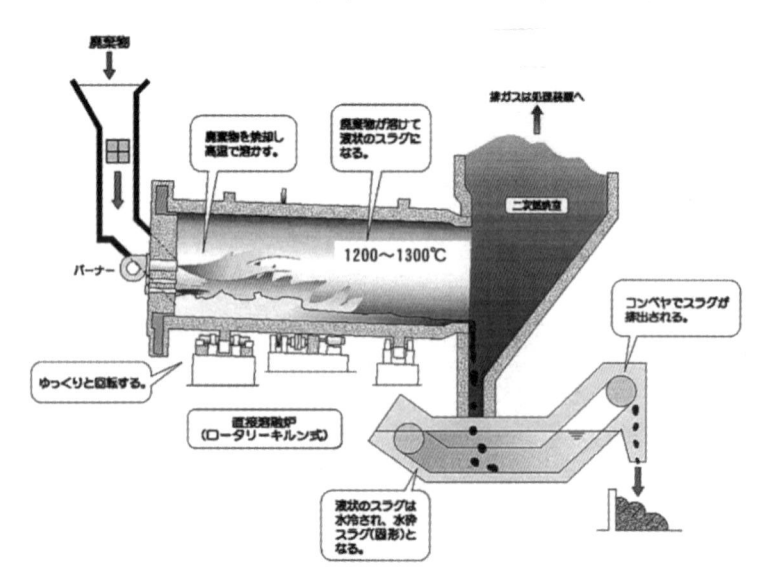

図 5-2-42　燃焼・溶融原理

溶融排出型ロータリーキルンの特徴を、以下に列挙する。
① 乾燥、磁選等の前処理が不要であり、処分場にて大型異物を取り除きながら掘り起こした土砂混じりの焼却灰や不燃ごみ、プラスチックごみなど埋立物を、シンプルなシステムにて着実に焼却溶融処理できる。
② キルン内に大きなスラグ溜まりを形成し滞留時間が長く、良く攪拌されるため高品質なスラグになる。
③ 廃プラスチックを助燃油の代替として投入することができるため、燃料代を約1/2にすることができる。
④ キルン内の滞留時間が長いため、処理対象物の質が変動した場合でも炉内の状況変化は緩やかであり、安定した運転が可能。
⑤ 二次燃焼室では燃焼空気を接線方向に高速で吹きこみ、排ガスに旋回流を起こして攪拌し、850℃以上の高温で2秒間以上の滞留時間を確保し、ダイオキシン類やその前駆物質の分解が確実。

3．掘り起こし物処理実験データ

実際に処分場から掘り起こした「土砂混じりシュレッダーダスト」を、前処理なし(200mm以上の石やコンクリート塊は除去)で、直接溶融型ロータリーキルンの実証施設にて処理した結果を以下に示す。

表 5-2-6　供試試料(土砂混じりシュレッダーダスト)分析値

嵩比重		湿ベース	kg/l		0.54
		乾ベース	kg/l		0.42
三成分		水　分	wt%		34.63
		可燃分	wt%		27.50
		灰　分	wt%		37.87
種類組成(乾)	可燃物	紙	wt%	41.03	2.84
		繊維	wt%		6.63
		木竹	wt%		2.21
		プラスチック	wt%		20.95
		ゴム	wt%		8.4
	不燃物	鉄	wt%	8.50	1.10
		非鉄	wt%		7.40
	その他	土砂	wt%	50.47	37.78
		雑物	wt%		12.69
低位発熱量			kJ/kg		6,560 (1,565)

（　）はkcal/kg

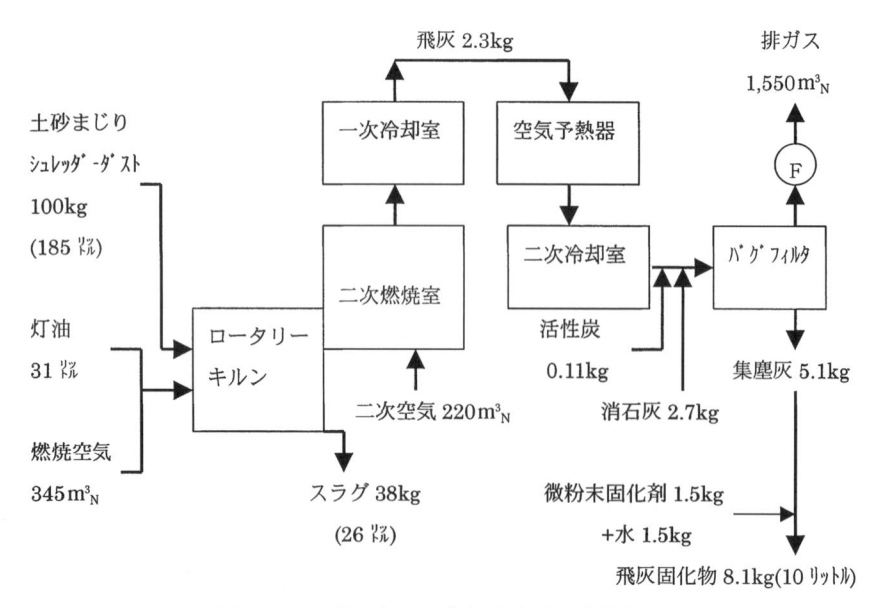

図 5-2-43　掘り起こし物処理実験　物質収支

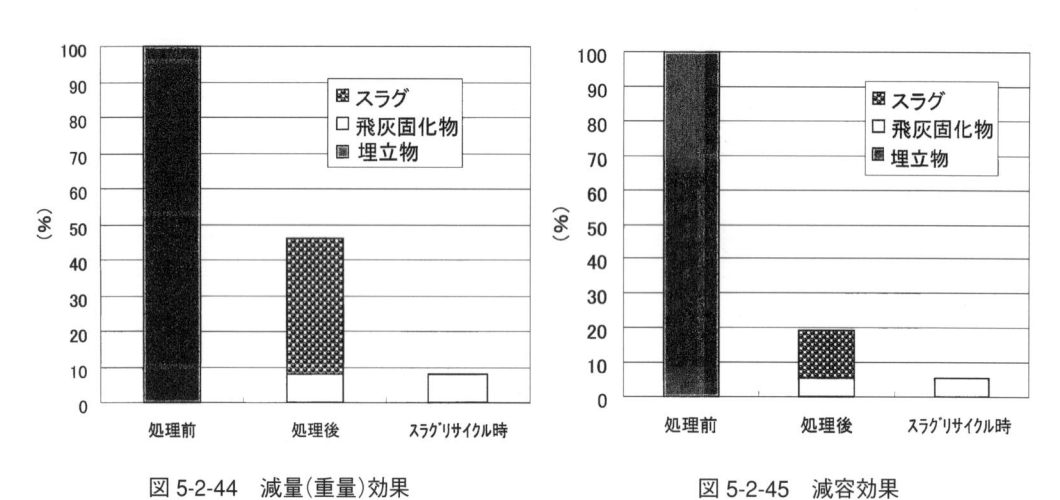

図 5-2-44　減量(重量)効果

図 5-2-45　減容効果

表 5-2-7　土砂混じりシュレッダーダスト 1 t 当たりの処理コスト

項　目		必要量（予測値）	単価	コスト（円/t-湿）
燃料		300リットル	30円/リットル	9,000
揚水		4 m³	80円/m³	320
電気		150kWh	11円/kWh	1,650
排ガス処理	消石灰	24kg	20円/kg	480
	活性炭	1kg	600円/kg	600
飛灰処理	固化剤	15kg	100円/kg	1,500
補修費		（耐火材など）		3,500
合　　計				17,050

4. 適用事例・実績

　本技術は、欧州においてPCBを含む有害廃棄物の高温による高度分解処理に多くの実績を有する。弊社は自社実証試験機を用いた用途拡大開発を進め、産業廃棄物の焼却・溶融、焼却灰の溶融、下水汚泥と焼却灰と廃プラスチックの混合処理(焼却・溶融)ならびに製鋼ダストの還元・資源化に適用実績がある。
　表5-2-8に、本技術の弊社と欧州ライセンサーの実績を示す。

表5-2-8　納入実績

	納入先		処理対象物	運転開始	処理量(t/日)
SHI実績	A社	千葉県	産業廃棄物	1993	210
	潮来市	茨城県	焼却灰	1996	12
	B社	岡山県	産業廃棄物	1998	320
	S社	和歌山県	製鋼ダスト	1998	388
	KA社	マレーシア	産業廃棄物	1998	100
	C社	愛知県	産業廃棄物	1999	150
	弊社研究所内実証炉	愛媛県	各種廃棄物	1999	14
	愛媛県廃棄物処理センター	愛媛県	公共廃棄物＋焼却灰＋廃プラ	1999	50×2
	人吉球磨広域行政組合	熊本県	焼却灰	2002	13
	D社	福岡県	産業廃棄物	2002	330
欧州ライセンサー実績	RZR―ヘルテン	ドイツ	産業廃棄物	1982	100
	ナイボルグ	デンマーク	産業廃棄物	1982	130
	リイメキ	フィンランド	産業廃棄物	1984	180
	ライモンド	オランダ	産業廃棄物	1986	150
	ドロク	ハンガリー	産業廃棄物	1988	90
	シュナイヘ	ドイツ	産業廃棄物	1988	50
	クリーナウェイ	イギリス	産業廃棄物	1990	220
	ライモンド	オランダ	産業廃棄物	1992	150
	インダバー	ベルギー	産業廃棄物	1993	170

掘り起こし廃棄物対応処理技術の事業紹介

株式会社タクマ

1．はじめに

現代を支えてきた大量生産、大量消費、大量廃棄の社会構造における、天然資源の採取と大量の廃棄物が大きな環境問題として注目されており、2000年5月には「循環型社会形成推進基本法」が制定された。また、政府の経済財政諮問会議の「循環型経済社会に関する専門調査会」においても将来の廃棄物処理・処分のあり方について議論がされている。

廃棄物問題の解決のためには3R（廃棄物の発生抑制、再使用、再利用）の推進の重要性とともにサーマルリサイクルの適正な位置づけが提案されており、最終的には適正処分が必要となる。また、最終処分場の残余年数は一般廃棄物最終処分場で全国平均12.2年（2000年度）、産業廃棄物では3.9年（2000年度）と逼迫した状況となっており、最終処分場の再生利用が求められている。

当社は1955年代より、ごみの焼却処理を中心に種々の廃棄物処理施設、環境関連機器の開発と市場への提供を行ってきている。

ここでは、埋立地再生システム技術に供与できる環境関連機器として、キルン式ガス化溶融炉、表面溶融炉、プラズマ溶融炉、および飛灰に含まれるダイオキシン類の分解装置について紹介する。

2．キルン式ガス化溶融炉

本システムは前処理設備、熱分解設備、熱分解残さ選別設備、高温燃焼溶融設備、ボイラ・発電設備、排ガス処理設備により構成される。システムフローを図5-2-46に示し、本シス

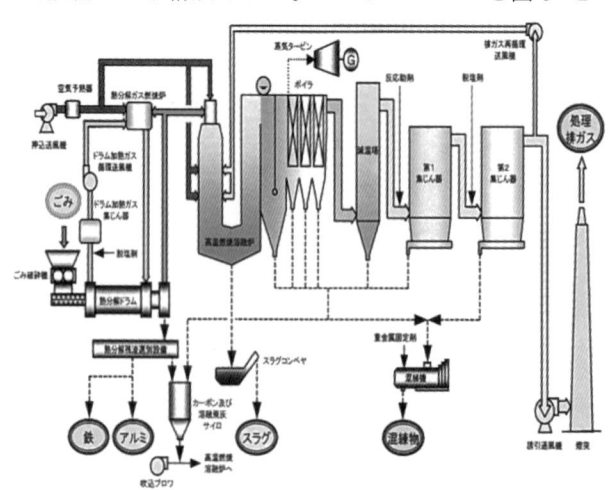

図5-2-46　キルン式ガス化溶融システム

テムの特徴を以下に示す。

・キルン式熱分解方式の採用により、ごみ質変動の影響を受けない安定熱分解が行え、発生した熱分解ガスとカーボンの溶融炉への供給により燃焼・溶融が安定している。
・熱分解ドラム加熱は外部燃料を使用しない自己熱溶融が可能である。
・安定した高温燃焼によりCO、ダイオキシン類の発生量が少ない。また、飛灰はスラグ化するためごみの減容率が高い。

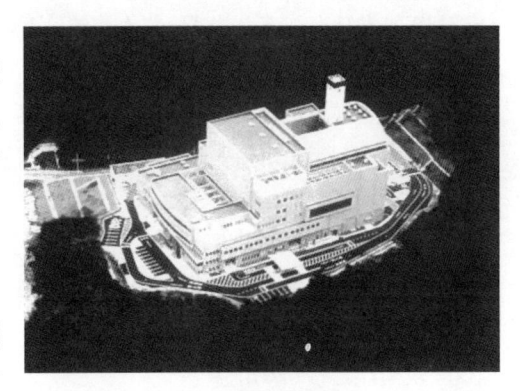

図5-2-47 国分地区敷根清掃センター外観

・低空気比燃焼により排ガス量が少なく高い熱回収率、発電効率が達成される。
・キルン式熱分解方式によりアルミニウムは溶融することなく、また、鉄類は錆の無い状態で回収される。そしてごみ中の灰分はスラグとなり有効利用される。

当社における本システムの実績には、稼動7年目を迎えるカーシュレッダーダスト処理設備1基と、一般廃棄物ごみ処理施設2基が稼動している。一般廃棄物ごみ処理施設の中で2003年3月に竣工した国分地区敷根清掃センター（162 t/日、81 t/24 h×2炉、リサイクルプラザ併設（23 t/日））では、可燃ごみ・リサイクルプラザからの選別残さ・汚泥（下水、し尿）に加え、隣接する最終処分場の埋立掘り起こし廃棄物を施設処理能力の余剰分を利用して現在処理を行なっている。

3．表面溶融炉

都市ごみ焼却灰は管理型処分場に埋立処分されているが、最終処分場の逼迫とともに焼却灰の減容化・無害化およびその有効利用が求められている。本溶融炉により、焼却灰を高温で溶融しスラグ化することができる。

構造図を図5-2-48に示す。焼却炉から排出された焼却灰は前処理を行った後、溶融炉ホッパに投入される。ホッパ下に設けられた灰押出プッシャにより焼却灰は炉内に供給

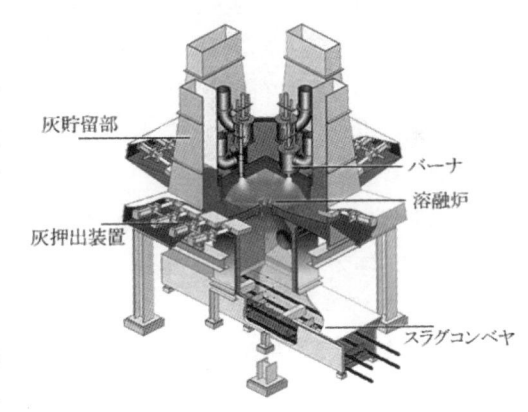

図5-2-48 表面溶融炉

され、溶融炉バーナの燃焼火炎および耐火物からの輻射熱によって表面より順次溶融する。溶融スラグは溶融傾斜面に沿って流下し、スラグタップより燃焼排ガスと並行して流れ、冷却水槽へ落下し、急冷固化される。本装置の特徴を以下に示す。

・可動部が少なく、構造が非常に簡単で機械的なトラブルがない。
・炉形状は4面式であり、4面を灰で覆うため放熱が少なく、燃費がよい。
・液体燃料、気体燃料ともに利用可能である。

- 焼却灰単独はもちろん、ばいじん、破砕不燃物との混合溶融が可能である。
- 2003年4月末時点で9プラントの実績があり、安定した性能を発揮している。

スラグは、黒色、粒状のガラス質で重金属等の溶出はない。また、物理的、化学的に安定しており有効利用の用途として、土木建築用資材としての一次製品、コンクリート製品等の二次製品の検討が行われている。

①一次製品としての用途

スラグをそのまま利用するもので、埋め戻し材、路床材、路盤材、土壌改良材、盛土用材等がある。

②二次製品としての用途

主として、コンクリート用細骨材として使用され歩道用平板ブロック、インターロッキングブロック、化粧ブロック等がある。

4．プラズマ溶融炉

焼却灰の減容化・無害化およびその有効利用を図るため、ごみ焼却プラントで発電した電気を使い、焼却灰を高温で溶融しスラグ化する。

構造図を図5-2-49に示す。被溶融物は前処理を行った後、還元雰囲気の溶融炉に連続して供給される。溶融炉内に挿入した主電極と炉底電極間に直流電圧を印加し、主電極先端よりプラズマガスである窒素を噴出させてプラズマアークを発生させる。灰はこのプラズマアークからの輻射熱、スラグ層内を電流が流れる際に発生するジュール熱等により溶融される。

本装置の特徴を以下に示す。

- 還元雰囲気で溶融するため低沸点重金属は主にガス側に移行し、スラグ中の重金属濃度を低く抑えることができる。
- NOx、HClの発生が少ない。
- 電極は水冷が不要な黒鉛電極1本であり、電極から炉内への熱分布を均一にでき熱効率が高い。
- 連続供給、連続出滓するため運転が容易である。
- 炉内でスラグとメタルが比重差により分離し、それぞれ別に抜き出すことができるためスラグの有効利用に際しメタル分離が不要である。

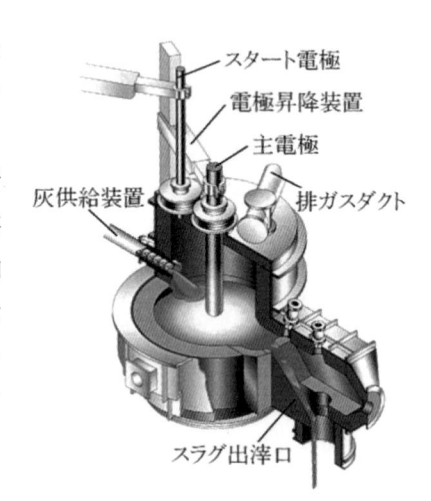

図 5-2-49　プラズマ溶融炉

1998年3月に厚生省から「一般廃棄物の溶融固化物の再利用に関する指針」が示され、有効利用のための溶出基準が示されている。溶融炉から排出されたスラグは、この溶出基準を満足し、またダイオキシン類は検出限界以下であるとともに、スラグ中へのメタルの混入がないた

め、良質のスラグとして有効利用が可能である。

スラグの用途については、土木資材、建築資材等があり、タクマのごみ焼却技術、溶融技術、応用技術を元にして、街づくりに役立つスラグ有効利用技術を確立している。

5．飛灰ダイオキシン類分解装置

飛灰中のダイオキシン類はごみ焼却施設からの最大の排出源となっており、その低減技術が注目されている。当社の飛灰ダイオキシン類分解装置の概要を図5−2−50に示す。

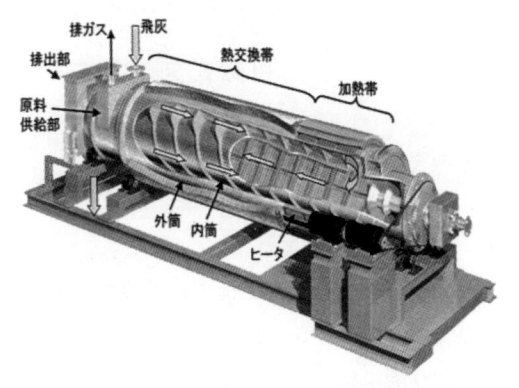

図5-2-50 飛灰ダイオキシン類分解装置

装置は二重筒構造の横型キルンで、飛灰は外筒側を通り内筒内に落下し逆方向に進み排出される(Uターン機構)。図中の熱交換帯では飛灰の顕熱回収・冷却が行われる。加熱帯では飛灰を450〜500℃に加熱しダイオキシン類を分解する。

本装置の特徴を以下に示す。

・高いダイオキシン類分解性能(ダイオキシン類分解率95%以上、または0.1ng-TEQ/g以下を達成)。
・低酸素雰囲気とせず、通常の空気雰囲気での運転。
・飛灰の顕熱を回収する自己熱交換によりエネルギー消費低減。
・飛灰冷却機構を本体に内蔵しており、設備がコンパクト。
・ユーティリティーは電気のみで、窒素、冷却水等は不要。

本装置はシンプル・コンパクトで、設置スペースの制約が厳しい既設ごみ焼却施設にも設置が容易である。

2000年に100kg/hの実証装置をごみ焼却施設内に設置し、約1年間の実証試験を行い良好な運転結果を得た。実証装置はそのまま実機として納入している。

飛灰のダイオキシン類処理は新設炉、既設炉ともに今後さらにニーズが高まってくると思われ、本装置にはダイオキシン類問題解決への貢献が大いに期待される。

6．おわりに

当社は、以上紹介した設備のほかにも、粗大ごみの破砕選別装置、資源化設備、RDF製造装置、バイオ設備、産業廃棄物焼却設備などの廃棄物処理技術を長年培ってきた。今後もこれらの技術をもとに循環型社会の構築にむけ、一層の寄与をしていきたい。

可搬式ダイオキシン類無害化装置の開発

株式会社竹中土木

1. はじめに

既設処分場の埋立物に含まれる焼却灰は旧焼却施設からの焼却灰であるため、その多くが基準以上のダイオキシン類を含有していることが予想される。埋立物を掘り起こして処分場の再生を行う際には、この焼却灰中のダイオキシン類処理が必要となる。すでに灰溶融施設等固定式の無害化装置は開発されているが、規模が大きくなる傾向にあり、コスト、建設用地の問題等から経済的に不利な場合がある。また周辺環境への配慮から、敷地内での処理を余儀なくされる場合も考えられる。

そこで、弊社は小規模なダイオキシン類処理装置(TATT工法)を開発し、可搬式とすることで敷地内で処理することを可能にした。以下に、その技術概要を紹介する。

2. 可搬式ダイオキシン無害化装置(TATT工法)

(1) 本装置の特徴

本装置の特徴は以下の通りである。

① 本装置は600～700℃で電気加熱して、ダイオキシン類を脱塩素化し無害化する加熱脱塩素化法の装置で焼却施設ではない。
② トラックに積載して移動し現位置で処理できる。
③ 装置の本体内は窒素で充満させ無酸素で分解する。窒素は空気から取出す。
④ 絶対値0.3気圧の減圧状態で、本体内の滞留時間10～60分でダイオキシン類を分解できる。
⑤ 連続処理が可能で、昼夜自動運転ができ、操作も容易にした。
⑥ 揮散しやすい水銀などの重金属の分離も可能である。
⑦ 投入物はϕ5mm以下の粒状物にして、ダイオキシン類を含んだ焼却灰や土壌の処理能力は4t/日程度が見込まれている。
⑧ 焼却灰だけではなく、ダイオキシン類で汚染された土砂も処理できる。

(2) 技術の概要

1) 無害化の原理

無酸素状態の還元状態で対象物を加熱する(約600～700℃)ことにより、脱塩素分解(結合している塩素が水素と置き換わり、外れた塩素は水素と結合して塩化水素ガスとなり無害化される

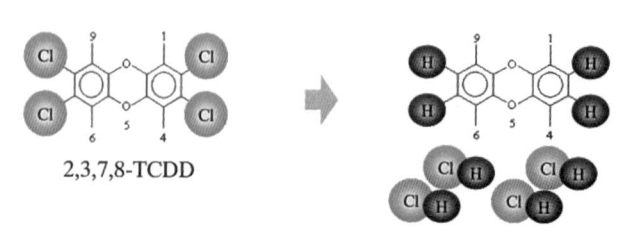

図 5-2-51 ダイオキシン類無害化の概念図

反応)がおこり、ダイオキシン類が減少する原理による。
図5-2-51に概念図を示す。

2）装置の概要

本装置の概要を図5-2-52に示す。

本装置の円筒状の加熱炉にセラミックを採用することにより、加熱と減圧を同時に行うことを可能にした。加熱は炉の外周に設置した電気ヒーターで行うため、高精度の温度制御が可能であり、炉内を600～700℃まで加熱できる。また、減圧は0.1気圧まで可能である。処理中は炉内を無酸素にするために、窒素ガスで置換する。

処理対象物は、本装置に投入される前に φ2～5mmに粒状物に整形する。炉の内側は螺旋状に連続した溝を形成しており、炉を回転させることによって造粒された処理物質は投入口から排出口へ進む。回転数を調節することにより、炉内滞留をコントロールすることができる。

炉内で分解されたダイオキシン類はガス状に排出され、直ちにガス冷却装置により急冷されるため、再合成されることはない。また冷却されたガスは中和タンクで中和された後、フィルターを通して大気に放出されるため、周辺環境に影響を与えることはない。

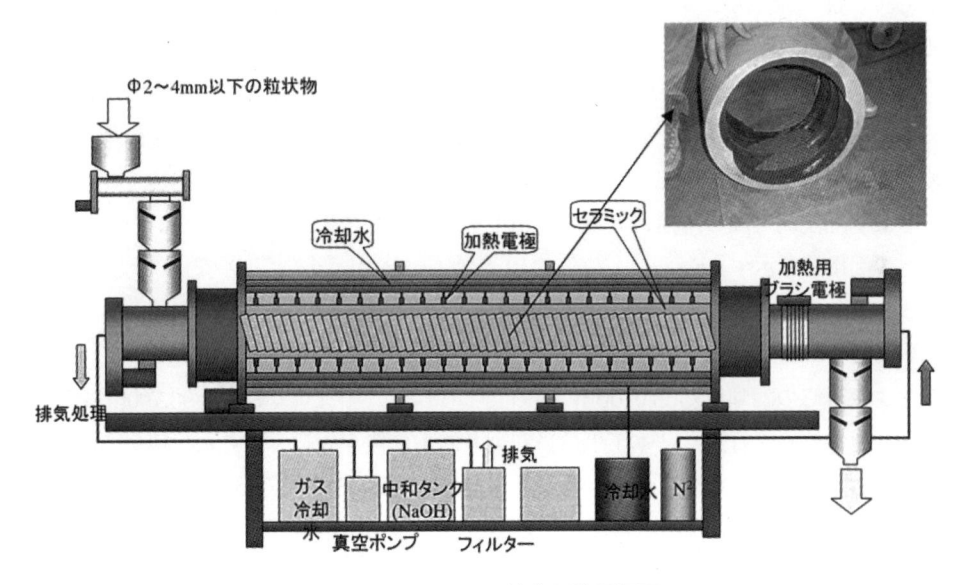

図5-2-52　TATT工法使用装置概要

(3) 実験結果

本装置は現在性能確認試験中であり、現時点ではダイオキシン類を含む浚渫土に対して、炉内滞留時間40分で毒性等量除去率98％以上が確認されている。今後、焼却灰に対しても、確認試験を実施する予定である。

土壌中の重金属およびダイオキシン類無害化処理

ミヨシ油脂株式会社

1. はじめに

これまで重金属、揮発性有機化合物(VOC)、ポリ塩化ビフェニル(PCB)、ダイオキシン類(DXN)等の土壌汚染の影響が懸念されていたが、土壌汚染対策に関する法律が全くなかった。2003年の2月15日土壌汚染対策法が施行され、人体に及ぼす健康被害の防止とともに、浄化ビジネスの立ち上がりが期待されている。

本稿では①キレート高分子による重金属の固定化処理、および②DXN分解薬剤による無害化処理について説明する。

2. キレート高分子による重金属処理[1~3]

キレート高分子はそのマトリックス構造の違いから、線状と架橋構造の2種類に分類され、前者は高分子キレート化剤、後者はキレート樹脂と呼ばれている。当社では、高分子キレート化剤として、廃水処理用:エポフロックL-1とL-2、飛灰処理用:NEWエポルバ800と810、土壌処理用:エポアース1000、キレート樹脂として、エポラスMX-8C(重金属用)、Z-7(水銀用)、K-6(六価クロム用)等を販売している。これらのキレート高分子は水中の重金属イオンと極めて強力なキレート結合を形成し、安定な金属錯体として重金属イオンを処理できる。このため、各種工場、試験・研究所、およびごみ焼却場跡地等の掘削廃水の処理及び高濃度汚染土壌の重金属固定化処理の用途に大規模に使用されてきた。以下にこれらキレート高分子の土壌処理への利用例を示す。

3. 土壌処理への利用例(クロム鉱さいの処理対策事例)[4]

A市およびB町の24地区約68,000m²に埋め立てられた六価クロム鉱さい96,700m³を撤去搬出して、一括封じ込めを行った。本工事は当初より施工に伴う周辺への二次公害が問題視されたため、廃水処理に当社のキレート樹脂吸着法(エポラスMX-8CとK-6)が採用された(表5-2-9)。

工事名称:クロム鉱さい等撤去工事
工　　期:1979年4月~1980年8月

主要工事数量:鉱さい　　汚染土掘削搬出:61,500m³　　現地中和処理:41,500m³
　　　　　　　　　　　収容地掘削:95,300m³
　　　　　　　　　　　封じ込め等鋼矢板:約1,000トン　　宅地撤去復旧:35,500m²

表 5-2-9　原水組成と放流規制値[4]　　　（単位：pH以外はppm）

項　目	六価クロム	一般重金属	SS	COD	pH
原廃水	20～200	0～10	30～100	10～30	11～12
放流規制値	0.05以下	廃水基準値以下	20以下	10以下	7.3～8.3

4．ダイオカットA-10によるDXNの無害化処理

ダイオカットA-10は強力な還元剤として知られている、次亜燐酸塩および亜燐酸塩が主成分である。(1)式には次亜燐酸ナトリウムの300℃における熱分解挙動を示すが、ホスフィンガス（PH_3）や水素ガス（H_2）等の還元性ガスを発生する。

$$5NaPH_2O_2 \rightarrow 2PH_3 + 2H_2 + Na_4P_2O_7 + NaPO_3 \quad (1)$$

本処理技術は平成12年度の新エネルギー・産業技術総合開発機構（NEDO）、地域コンソーシアム研究開発事業に採択され、ごみ焼却場で発生する飛灰を用いて、DXN分解処理の実証試験を行い、極めて良好な結果が得られた[5]。次にDXN分解薬剤の土壌処理への利用について説明する。

5．DXN無害化処理の利用例

2002年3月に炉解体から発生する飛灰・土壌・解体物中のDXNおよび重金属類汚染物の無害化技術の実用化推進を目的とした「炉解体対策技術研究会」が発足した（会長：福岡県北九州市エコセンター長　花島正孝）。本研究会の実用化研究は平成14年度の九州経済産業省の地域創造技術開発に採用され、実証試験炉（100～300kg/h）製作し、2003年3月に実証試験機のデータ取得を終了した。表5-2-10中のDXN無害化処理結果を示す。

表5-2-10の無害化処理結果　（単位：ng-TEQ/g）

項　目	レンガ	飛　灰	土　壌
反応温度(℃)	400	400	400
反応時間(分)	60	60	60
薬剤添加量※(%)	5	5	5
処理前濃度	0.96	0.43	3.7
処理後濃度	0.052	0.017	0.053

※：ダイオカットA-10

【参考文献】
1) 守屋雅文、燃料及燃焼、52、No.9、P.611（1985）
2) 守屋雅文、細田和夫、井町臣男、PPM、1985／5、P.1
3) 守屋雅文、PPM、1988/8、P.33
4) 土壌汚染対策ハンドブック(環境庁水質保全局土壌農薬課監修)、公害研究対策センター発行(平成4年11月15日)
5) 平成12年度地域コンソーシアム研究開発事業（ベンチャー企業支援型地域コンソーシアム）「飛灰・土壌中のダイオキシン類・有害重金属の省エネルギー型一括無害化処理システムに関する研究開発」成果報告書(新エネルギー・産業技術総合開発機構、平成13年3月)

第3節　全体システム技術

一般廃棄物最終処分場の掘り起こし選別事例

鹿島建設株式会社

1．はじめに

　1997年に旧厚生省で調査を行った1,901箇所の市町村の設置する一般廃棄物最終処分場のうち、28％にあたる538箇所の処分場が、必要な遮水工または浸出水処理施設が設置されていなかった(不適正な処分場)ことが判明した。これに伴い、国は不適正な処分場に対し、適正な処置を講ずるよう指導を行っている。

　今回は、このような不適正処分場において埋立物を一部掘り起こし、選別処理を行い、可燃物の圧縮梱包による減容化を行った事例を紹介する。

2．事例紹介

（1）対象処分場の概要

　　設置場所：A県B町
　　埋立面積：8,344m^2
　　埋立容量：49,000m^3
　　埋 立 物：不燃物(プラスチックを含む)・粗大物・焼却灰
　　埋立期間：1975年7月～2003年3月
　　構　　造：遮水工および浸出水処理施設　無

（2）工事概要

　　工 事 名：B町一般廃棄物最終処分場等施設整備事業
　　　　　　　（新設処分場・浸出水処理施設・既設処分場適正化）
　　工事内容：不適正処分場の閉鎖工事の前段階として、埋立物を選別・破砕・圧縮梱包(主として可燃物)し、減容化をする。
　　対象容量：6,750m^3
　　工期：4.5ヶ月

（3）概要図

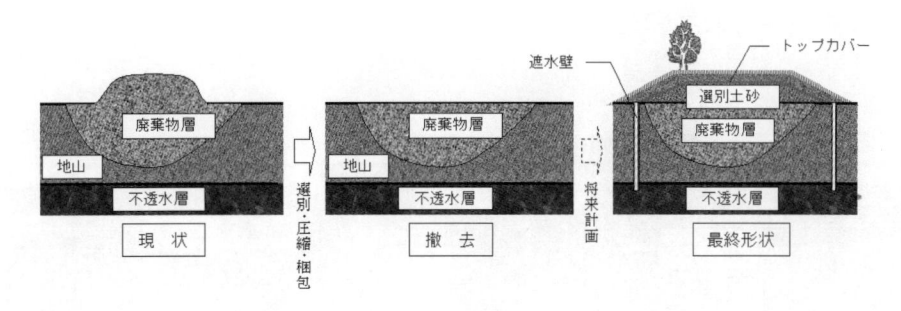

（4）フロー
　埋立物をスケルトンバケット付バックホウで粗選別・掘削し、振動ふるい（目幅60mm）および磁選機にて、土砂類と粗大物、鉄類に分ける。ふるい上の粗大物は磁選後、手作業により焼却不適物を除去し、破砕機にかけられる。破砕された可燃物はポリエチレンフィルムにて自動圧縮梱包され、焼却処理等も可能なようにし、場内に一時保管した後、場外へ搬出される。掘り起こし選別のフローを図5-3-1に示す。

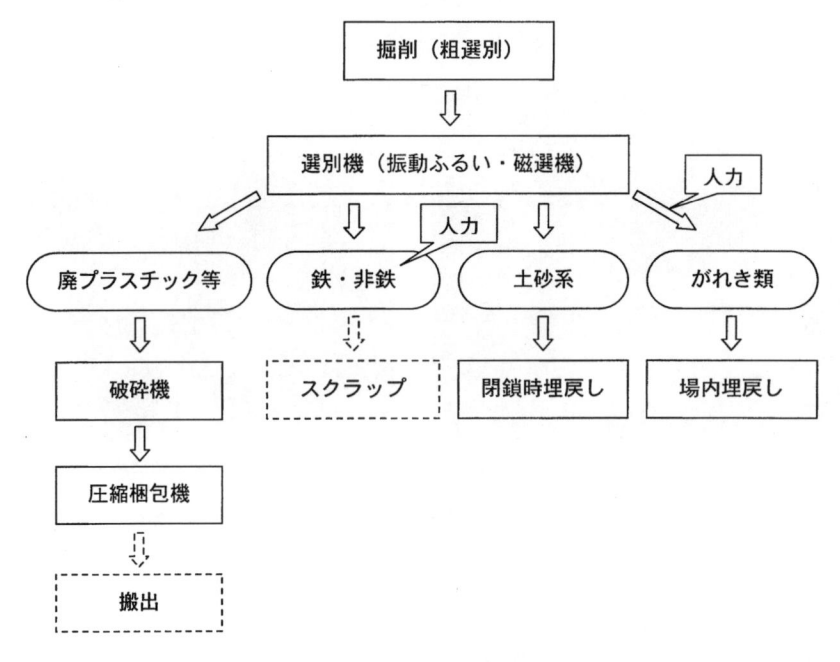

図5-3-1　掘り起こし選別フロー

（5）作業状況写真

実際に作業を行った状況を写真 5-3-1 〜 5-3-5 に示す。

写真 5-3-1　選別機全景（仮囲い前）

写真 5-3-2　振動ふるい稼動状況

写真 5-3-3　破砕機稼動状況

写真 5-3-4　圧縮梱包機稼動状況

写真 5-3-5　一時保管状況

（6）周辺環境対策

埋立物掘り起こし選別時の環境対策は次のことが懸念された。

　①掘り起こし時の粉じん対策
　②掘り起こし時の悪臭対策
　③掘り起こし時の雨水対策
　④選別時の飛散防止対策

埋立物のダイオキシン類濃度を測定した結果、特に問題となる濃度ではなかった。以下に、それぞれの対策を示す。

①掘り起こし時の粉じん対策

　掘り起こし時の粉じん対策は、掘り起こし廃棄物が湿潤状態にあったため、バックホウの作業時の粉じんはほとんど発生しなかったが、粉じんが発生した場合は散水を行った。

②掘り起こし時の悪臭対策

　掘り起こし時に悪臭が発生したため、作業中は、週に2～3回消臭材を散布し、悪臭を押えた。（写真5-3-6）

③掘り起こし時の雨水対策

　掘り起こし時は埋立物をシートで覆い、飛散防止、雨水侵入対策を行った。この他、ヤード内の排水を処理するため、凝集沈殿による濁水処理施設を使用した。（写真5-3-7）

④選別時の飛散防止対策

　ふるい、破砕時の軽量物等の飛散を防止するため、プラント外周に飛散防止ネットを設置した。（写真5-3-8）

3．最後に

　鹿島では、今回の工事のほかに災害発生廃棄物の分別を行い資源回収するといった工事にも取組んだ施工実績がある。このような経験を生かし、今後拡大するであろう処分場の再生事業の一躍を担うことができれば幸いである。

写真5-3-6　消臭材散布状況

写真5-3-7　濁水処理施設設置状況

写真5-3-8　上：外周　下：プラント周囲防塵ネット

不法投棄廃棄物の撤去・処分（和歌山県橋本市）

株式会社鴻池組

1．はじめに

　和歌山県橋本市において、2000年5月～2002年3月に行政代執行による不適正産業廃棄物中間処理施設の撤去が行われた。この撤去業務のうち弊社が施工した「不法投棄廃棄物の撤去・処分」について報告する。

　本工事は「悪臭の原因となった不法投棄廃棄物（約8,000m^3）」を掘り起こし、場内で選別した後、場外処分するものである。平面図を図5-3-2に示す。

　掘り起こし廃棄物は、現地の試掘結果および目視から、概ね建設系混合廃棄物と推測され、廃棄物の種類は、コンクリート等のがれき類・ガラスくず、陶磁器等・鉄くず・木くず・廃プラスチック・紙くず・繊維くず・ゴムくず・土砂等の混合物であった。

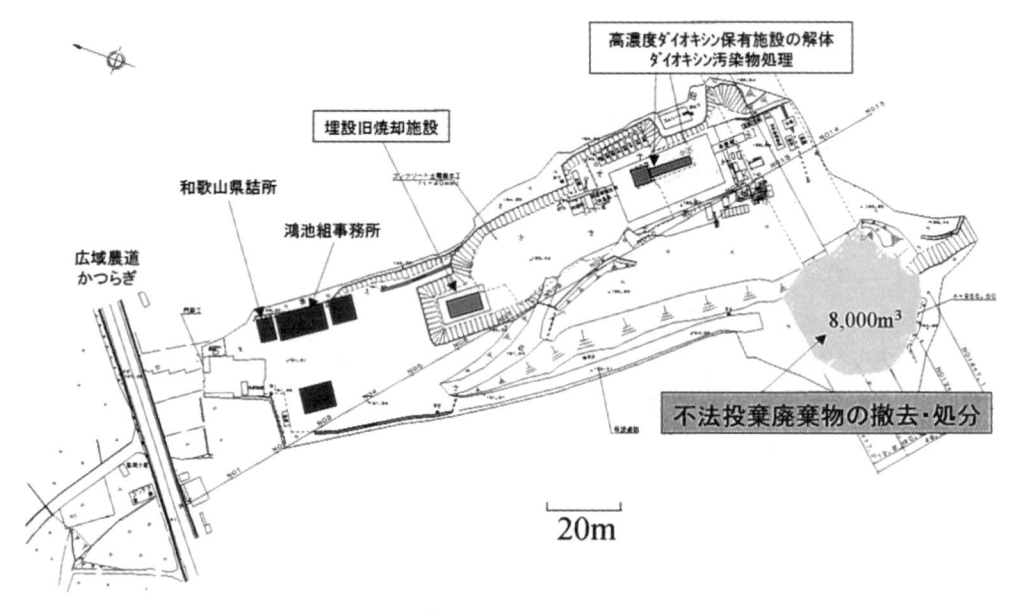

図 5-3-2　平面図

2．廃棄物の処分方法

　不法投棄廃棄物の処分フローを図5-3-3に示す。

　不燃物である「がれき類」「ガラスくず」「陶磁器類」等は再生骨材として利用、「鉄くず」はスクラップとして有価処分した。一方、可燃物である「木くず」「廃プラスチック」「紙くず」等は、セメント製造プロセスで有害となる塩ビ製品を除去した後、セメント工場で熱源としてリサイクル、「塩ビ製品」は中間処理施設で焼却処分した。

また、「20mm以下の混合廃棄物」は県と地元住民の合意のうえで土砂として現地に埋め戻し、比重選別過程で発生した「汚泥」は、セメント固化した後、管理型処分場に埋立処分した。

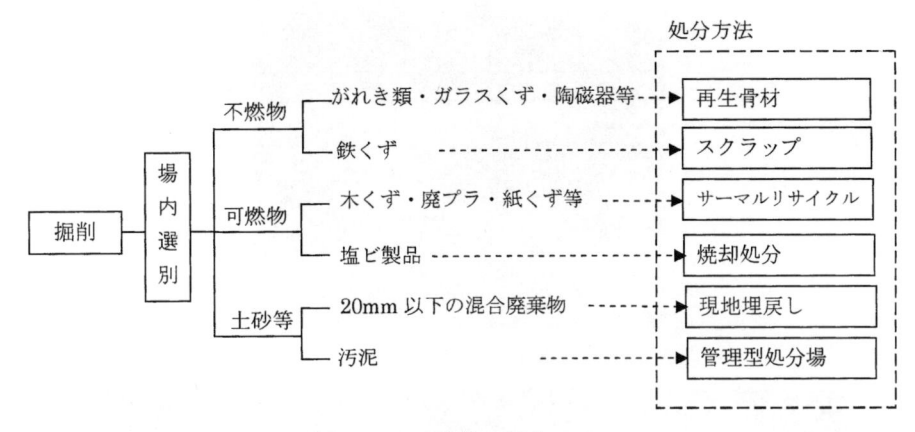

図 5-3-3　廃棄物の処分フロー

3．場内選別フローと選別結果

掘り起こし廃棄物の場内選別フローを図5-3-4に示す。

場内選別は、まず掘り起こした廃棄物をスケルトンバケット付き重機で粗選別し、粗大物を取り除く。次に、20mm網目のトロンメルで分別し、20mm以下は土砂として掘削箇所に埋め戻した。さらに20mmを超えるものは比重選別を行い、浮上物は可燃物、沈下物は不燃物として分別した。また、それぞれの選別過程に手選別を導入し、塩ビ製品の除去を行った。

廃棄物の種類ごとの選別後の重量％は図5-3-4に示すとおりで、掘り起こしによる廃棄物の体積変化率は1.34（掘削後の廃棄物体積11,525m^3÷掘削前の体積8,596m^3）、掘り起こし前の廃棄物の単位体積重量は1.42 t/m^3（廃棄物重量12,193 t÷掘削前の廃棄物体積8,596m^3）であった。

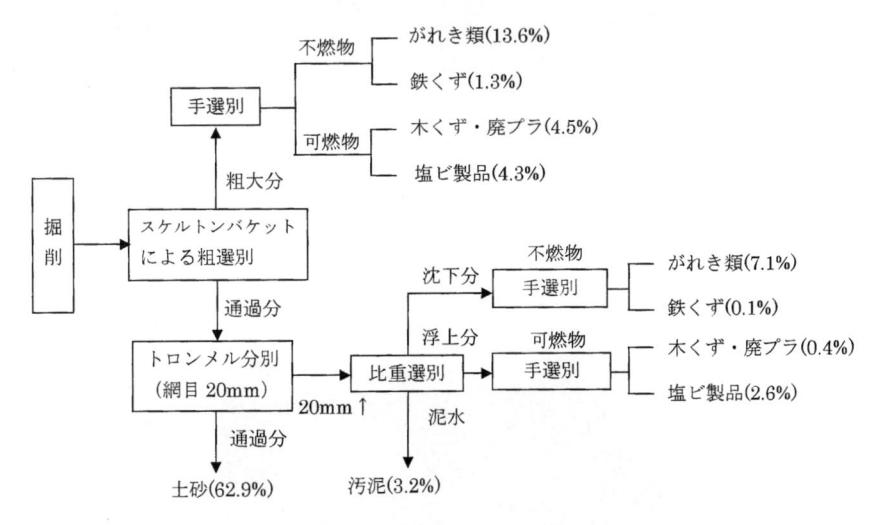

図 5-3-4　場内選別フロート選別結果

4．場内選別状況

本工事にて用いた選別機械を写真5-3-9～写真5-3-12に示す。

写真 5-3-9　廃棄物掘削状況

写真 5-3-10　トロンメル(網目20mm)による分別状況

写真 5-3-11　比重選別機による分別状況

写真 5-3-12　手選別状況

最終処分場再生システム

ＪＦＥエンジニアリング株式会社

1. はじめに

　最終処分場は極めて高い必要性があるにもかかわらず、立地場所の不足や住民合意が得られにくいなどの状況から新規建設が進みにくく、残余量の減少が問題化し始めている。環境省も2003年から掘り起こし廃棄物を廃棄物として認定し、掘り起こし廃棄物の中間処理に関しても廃棄物処理施設整備の補助金を付けて処分場の再生・延命化を進める政策を開始するなど、最終処分場再生に向けた動きが活発化してきている。

　弊社では、高温フリーボード型直接溶融炉を使用した最終処分場再生システムを提案している。図5-3-5に高温フリーボード型直接溶融炉の構造を示す。高温フリーボード型直接溶融炉は、熱源の一部にコークスを使用するため処理対象物の灰分割合、発熱量に左右されることなく、掘り起こし廃棄物など幅広い種類の廃棄物に対し安定的に運転することが可能である。溶融処理によって生成されるスラグ、メタルおよび溶融飛灰はそれぞれ有効利用が可能であり、最終処分場に再度埋め戻す廃棄物を極めて少なくすることができることから、最終処分場の大幅な延命化や再生が可能である。弊社は、掘り起こし廃棄物と可燃ごみとの溶融処理実績があり本システムでの安定した操業状況を確認している。

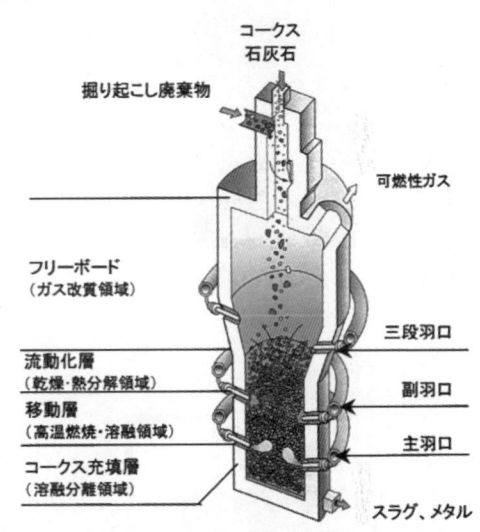

図 5-3-5　高温フリーボード型直接溶融炉構造図

2. システムフロー

　図5-3-7に最終処分場再生システムフローを示す。掘り起こし廃棄物は、前処理工程によって岩石や瓦礫などの明らかな不適物の除去を行い、その他のごみは全て高温フリーボード型直接溶融炉に投入する。前処理工程では掘り起こし廃棄物の性状に応じて適宜破砕処理等が必要であり、その場合はトロンメルやBASEP(揺動式選別機)によって破砕が必要な大型物とその他の小型物に選別を行う。埋立地にて使用していた覆土類は、覆土のみを完全に分離して掘り起こすことができる場合は覆土として再利用するが、埋立廃棄物と混合した場合はダイオキシン類や重金属類によって汚染されている可能性があることから、掘り起こし廃棄物と同様に高温フリーボード型直接溶融炉によって無害化処理を行い、スラグとしてリサイクル利用を行う。

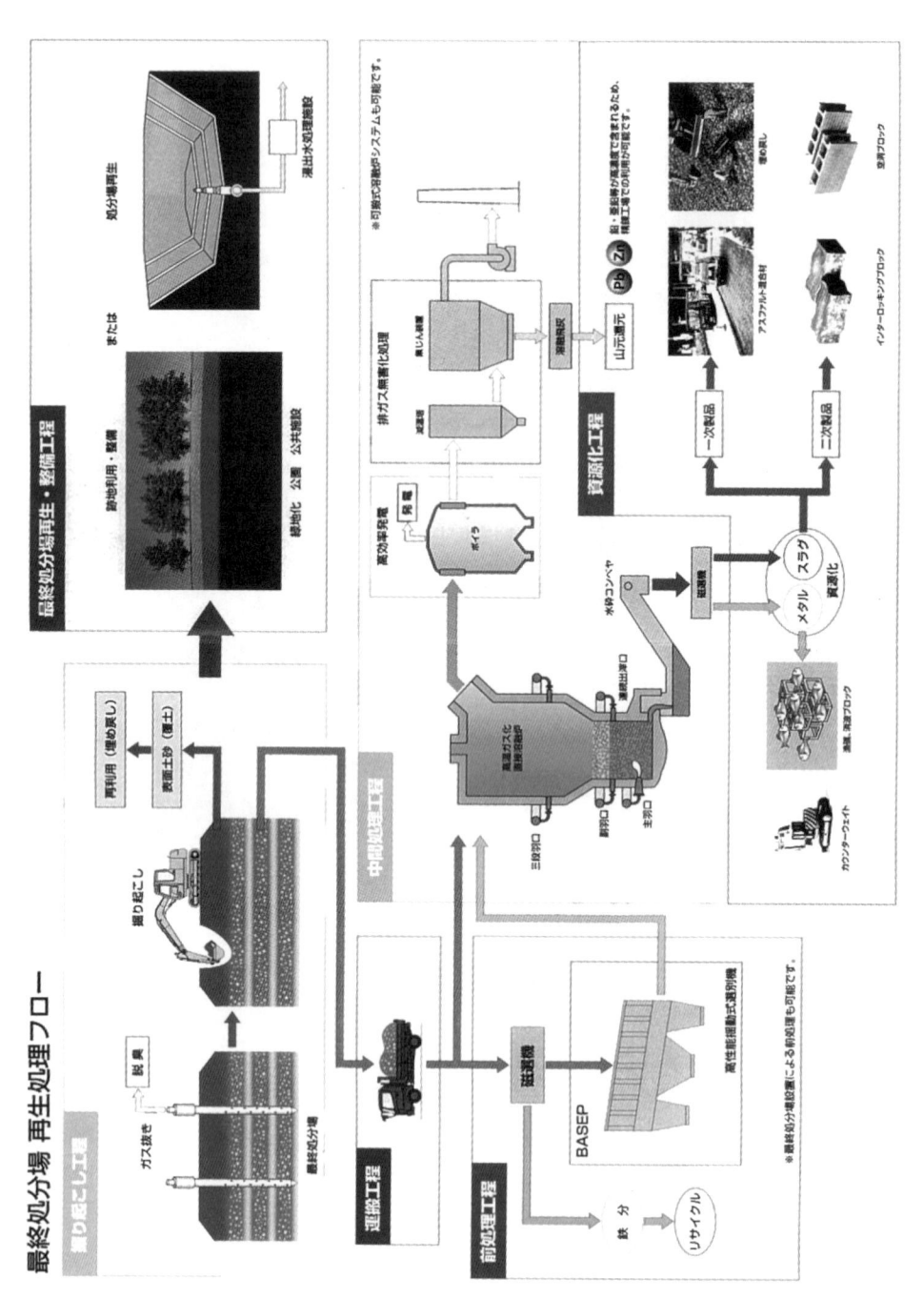

図 5-3-6 最終処分場再生システムフロー

直接溶融・資源化システムを活用した埋立地再生

新日本製鐵株式会社

1. はじめに

　最終処分場の逼迫、新規用地の確保が困難な状況下で、環境省の最終処分場再生への支援策が導入されることになれば、埋立ごみ処理の実施を検討する自治体が全国的に増えてくるものと考えられる。埋立ごみの中間処理としては、減容化、無害化、資源化に優れていることから溶融処理が有効であり、一般ごみと混合して溶融処理することは経済的にも現実的な方法である。特に多様なごみ質に対応できる直接溶融・資源化システムでは、こうした一般ごみと埋立ごみの混合処理の実例がすでに2件ある。

2. 直接溶融・資源化システムの概要と特徴
(1) 本システムの特徴

① 可燃ごみだけでなく不燃ごみや焼却残さ等まで多様なごみを一括溶融処理できる。

② ごみ中の灰分は溶融スラグ・メタルとなって排出され、それぞれコンクリートやアスファルトの骨材、建設機械のカウンターウェイトとして再利用される。そのため、最終処分はわずかな飛灰のみとなり、最終処分量を極小化することができる。

③ ごみをガス化して独立した燃焼室で燃やすため燃焼制御が容易でダイオキシン類をはじめとする有害物質の発生抑制に優れている。

④ ごみ処理により発生する熱を効率よく回収し、発電や給湯など積極的な余熱利用を行うことができる。

表 5-3-1　直接溶融・資源化システム受注実績一覧

	向先	施設規模	稼動開始		向先	施設規模	稼動開始
1	釜石市	50 t×2	昭和54年	14	香川東部(更新)	50 t×2	平成14年
2	茨木市(第1工場)	150 t×3	昭和55年	15	習志野	67 t×3	平成14年
3	茨木市(第2工場)	150 t×2	平成8年	16	高知西部組合	70 t×2	平成14年
4	揖龍組合	60 t×2	平成9年	17	豊川組合	65 t×2	平成15年
5	香川東部組合	65 t×2	平成10年	18	大分市	129 t×3	平成15年
6	飯塚市	90 t×2	平成11年	19	多治見市	85 t×2	平成15年
7	茨木市(第1更新)	150 t×1	平成12年	20	古賀組合(東部工場)	80 t×2	平成15年
8	糸島組合	100 t×2	平成12年	21	西濃組合	90 t×1	平成16年
9	亀山市	40 t×2	平成12年	22	北九州エコエナジー	160 t×2	平成17年
10	秋田市	200 t×2	平成14年	23	島田市・北榛原組合	74 t×2	平成18年
11	かずさクリーンシステム	100 t×2	平成14年	24	北九州市	240 t×3	平成19年
12	巻町組合	60 t×2	平成14年	25	かずさクリーンシステム	125 t×2	平成18年
13	滝沢村	50 t×2	平成14年				

本システムは製鉄事業で培われた高炉技術をベースに開発されたもので、シャフト炉式ガス化溶融炉と位置付けられるものである。1979年の第1号機の稼動開始以来これまで約25年の稼動実績と25件の受注件数を達成しており、いずれもガス化溶融炉では最長・最多の実績である。（表5-3-1参照）

（2）システムの概要

本システムは溶融・資源化プロセスと排ガス処理・エネルギー回収プロセスからなる。溶融炉本体は竪型のシャフト炉で、炉の中央上部から処理対象物とともにコークス、石灰石を装入する。装入前にごみの乾燥や破砕などの事前処理は一切不要である。炉内では上部の乾燥・予熱帯（約300～400℃）でごみ中の水分が蒸発し、熱分解ガス化帯（300～1,000℃）ではごみ中の有機分がガス化される。さらに燃焼帯（1,000～1,700℃）で熱分解残さ中の可燃分が燃焼し、溶融帯（1,700～1,800℃）では灰分がコークスの燃焼に伴う高温により完全溶融される。炉内では十分な滞留時間が確保されており、乾燥・予熱および熱分解

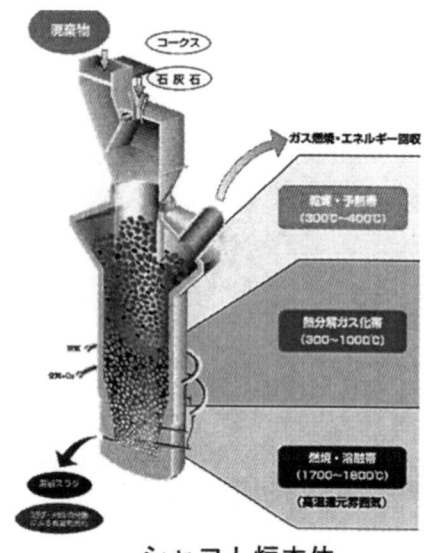

図5-3-7　シャフト炉本体

ガス化が段階的にマイルドに行われるため、高水分低カロリーごみから低水分高カロリーのごみまで柔軟に対応できる。さらに、炉底部には安定した赤熱コークスベッド層（火格子的溶融帯）が形成されており、溶け始めた灰分などの無機物がコークスベッド層を通過する際さらに加熱・昇温され、完全に溶けきって炉底に貯留することで溶融物の均質化が図られている。また、コークスの働きで炉内は高温還元雰囲気に保たれており、ごみ中に含まれる鉛等の重金属類を揮散させ、スラグ中の重金属類の含有量を低レベルに抑制することができ、高い環境安全性を確保している。（図5-3-7参照）

熱分解ガス化帯で発生したガスは炉上部から取り出し、後段に設けられた独立型の燃焼室に導かれ完全燃焼される。ごみを直接燃やすのでなく一旦ガスに変えて燃やすため燃焼空気との攪拌も十分になされることから燃焼制御性が容易で、ダイオキシン類をはじめとする有害物質の発生抑制に優れている。

3．適用事例

（1）三重県亀山市

1）施設概要（図5-3-8参照）

① 処理方式：直接溶融・資源化システム（シャフト炉式ガス化溶融炉）
② 施設規模：80 t/日（40 t/日×2炉）
③ 竣　　工：2000年3月
④ 処理対象：資源ごみを回収後の可燃ごみ、不燃ごみ、粗大ごみ、埋立ごみ

2）埋立ごみの処理

　溶融処理施設に隣接した最終処分場に埋め立てられているごみを一般ごみと混合して溶融処理している。施設の余力を利用した最終処分場の再生・延命化である。埋立ごみの混合率は一般ごみに対し最大30％まで行われている。

　処理のフローは以下のとおりである。（図5-3-9参照）

①埋め立てられたごみをバックホウで掘り起こす。
②掘り起こしたごみをダンプカーで乾燥ヤードに運び仮置する。
③乾燥ヤードで4～5日間天日干しする。
④乾燥後、篩選別設備で選別する。
⑤篩上のごみ（20mm以上：プラスチック、不燃ごみ等）は溶融処理ピットへ運び、一般ごみと混合し、溶融処理する。
⑥篩下のごみ（土砂類）は再度覆土として埋め戻す。なお、篩下に関しては、重金属の溶出は見られなかった（試験方法は環境庁告示46号に準拠）。

図5-3-8　亀山清掃センター外観

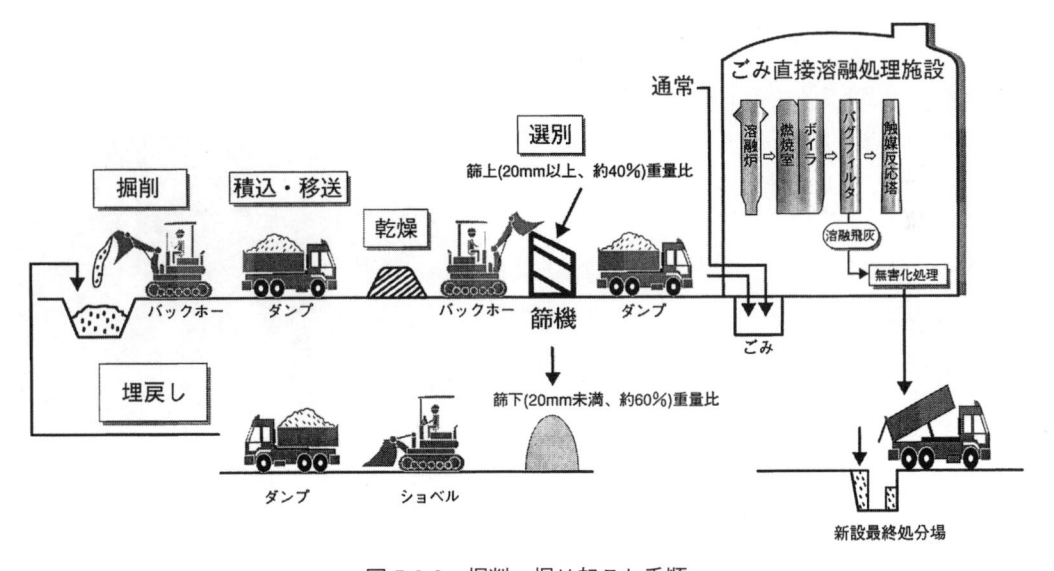

図5-3-9　掘削・掘り起こし手順

(2) 新潟県巻町外三ヶ町村衛生組合（鎧潟クリーンセンター）

　1）施設概要
　　①処理方式：直接溶融・資源化システム（シャフト炉式ガス化溶融炉）
　　②施設規模：120 t/日（60 t/日×2炉）

③竣　　　工：2002年3月
　④処理対象：資源ごみ回収後の可燃ごみ、不燃ごみ、粗大ごみ、脱水汚泥、埋立ごみ
２）埋立ごみ処理までの経緯
　同組合は既設焼却炉の老朽化に伴い、施設の更新を計画していた一方で、最終処分場の残余容量がほとんどなく、最終処分場の新設も迫られていた。組合は最終処分場の用地確保が困難であったことから、ごみ処理施設に「直接溶融・資源化システム」を採用し、埋立ごみを掘り起こして既設最終処分場を延命化することとした。
３）埋立ごみの処理
　溶融処理施設から13kmほど離れた場所に位置する最終処分場に埋め立てられているごみを一般ごみと混合して溶融処理している。前述の亀山市同様、施設の余力を利用した最終処分場の再生・延命化である。

　処理のフローは以下のとおりである。
　①埋め立てられたごみをバックホーで掘り起こす。
　　（図５-３-10参照）
　②掘り起こされたごみをダンプカーで篩機に運ぶ。
　③掘り起こされたごみを篩機にかけ、篩上のプラスチック類と篩下の焼却灰、覆土に選別する。
　④篩上からコンクリート片等の大塊（200mm以上）を除去する。
　⑤篩上と篩下を別々のトラック（幌付き）で溶融施設まで運搬。
　⑥篩上と篩下のごみをそれぞれ溶融ピットに投入し、一般ごみと混合した上で溶融処理する。

図5-3-10　埋立ごみ掘り起こし状況

　同組合での処理において、亀山市の場合と大きく異なるのは、埋立ごみ中に含まれる覆土が少ないため、篩下のごみはほとんどが焼却灰であることから、篩下も含めた埋立ごみのほぼ全量の溶融が可能となっていることである。埋立ごみの混合率は一般ごみの約10〜15％となっている。

　本溶融処理施設では、2002年度実績として約3,000tの掘り起こしごみを含む約3,000tのごみを処理した（図５-３-11参照）。直接溶融・資源化システムの採用により最終処分が必要なのは飛灰だけとなりその量を大幅に低減できている。さらに掘り起こしによりできたスペースに、その溶融施設から発生する飛灰を埋め立てることが可能となった。このことにより、既存の最終処分場はインプットよりアウトプットが勝り、組合は新たな最終処分用地の確保が不要となった。

図5-3-11　鎧潟クリーンセンター外観

廃棄物最終処分場再生システム　2 way Up Down Plan

大成建設株式会社

1．はじめに

　厚生省は全国の1,901個所の最終処分場を調査し、不適正な処分場538施設を1998年に公表した。これらの施設は焼却灰等の周辺環境との隔離が必要な廃棄物を埋め立てているにもかかわらず、遮水工および浸出水処理施設のない施設であり、平成12年度から平成16年度までの5年間の時限立法で修復等に関する国庫補助事業が行われている。

　大成建設の廃棄物最終処分場再生システムはこれらの不適正あるいは遮水工に問題がある最終処分場を再生し、安全性で信頼性の高い最終処分場にリニューアルするとともに、新たな処分空間の創出（処分場の延命化）を図るシステムである。

2．廃棄物最終処分場再生システムの概要と特徴

　廃棄物最終処分場再生システムは、図5-3-12に示すように処分場の拡幅・掘り下げ・嵩上げ等の拡張工事により新しい処分空間を創出するとともに遮水工事や浸出水処理施設等を設置することでより安全性・信頼性の高いグレードアップした処分場としてリニューアルする「Grade Up Plan」と、今まで埋め立ててきた廃棄物を掘り起こし、リサイクル・再処理することで減量化し、埋立可能な処分空間を増やし、延命化を行う「Slim Down Plan」という二通り（2way）の工事を同時に進行させるシステムである。

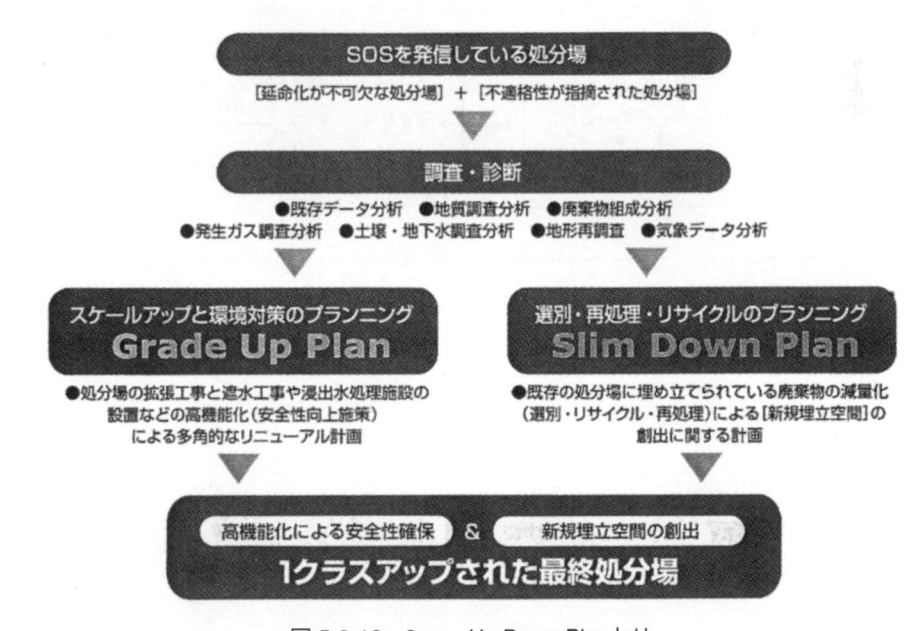

図5-3-12　2 way Up Down Planとは

廃棄物最終処分場再生システムの計画は処理の対象となる処分場の調査分析から行われる。埋め立てられている廃棄物の状況や廃棄物の量、掘削時に発生するガスの状況等を調査し、立地条件と合わせて適切な処分場再生プランを設定する。

古い処分場では厨芥、紙、木くず、プラスチック等が無処理のまま埋め立てられている場合が多く、分解し易い厨芥などの有機系廃棄物は埋立ごみ層内で分解が進み、分解のし難いプラスチック類などが残っている。その結果、ごみ層内は空隙が多い状態となっており、最終処分場再生システムはこのような処分場を対象として計画する。

Grade Up Planでは埋立廃棄物の掘り起こし後に、拡張工事、遮水工事、浸出水処理施設工事を行う。また、Slim Down Planでは埋立廃棄物の掘り起こし後、埋立廃棄物の性状に合わせて乾燥や選別不適物除去等の前処理、選別、リサイクルや焼却或いは溶融等による中間処理による減量化を行う。

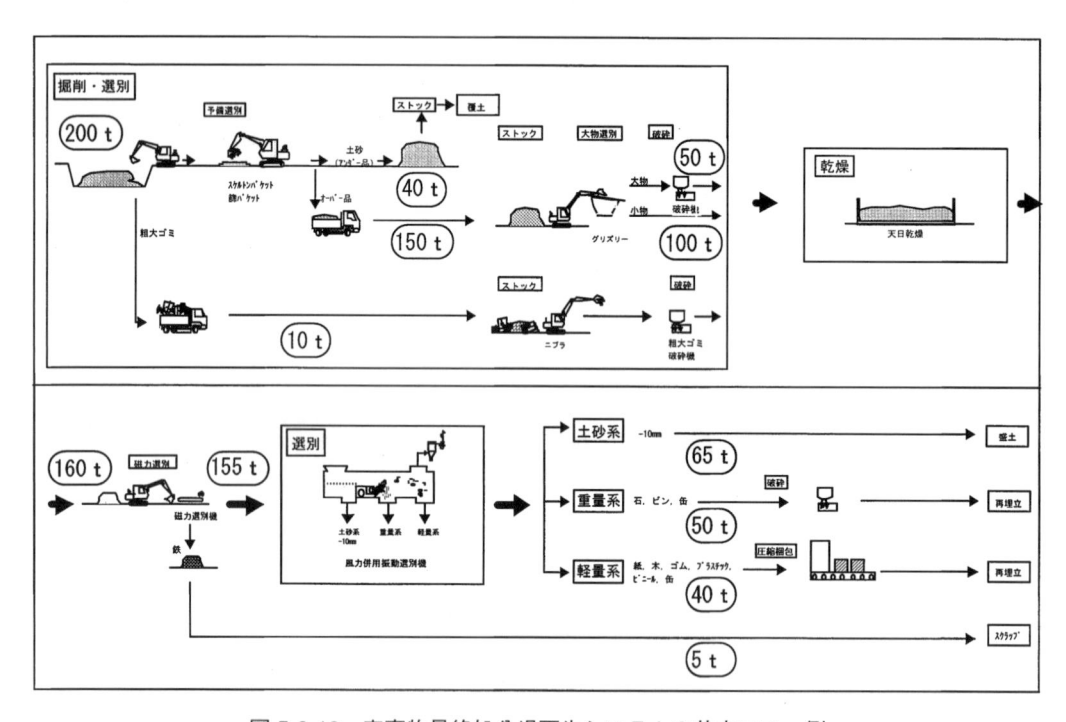

図 5-3-13　廃棄物最終処分場再生システムの基本フロー例

エコバーナー式溶融システム

日立造船株式会社

1．はじめに

　埋立地再生事業化の検討にあたり、適用技術の目標として埋立物の減容化、最終処分量の減量と処理後の廃棄物の再利用を同時に達成できることとした。本事業の核となるエコバーナー式灰溶融システムは、先に施行された容器包装リサイクル法により分別収集される「その他プラスチック」を燃料として埋立物の溶融スラグ化を行う。これにより最終埋立量の大幅な低減を達成することができる。また、燃料として埋立物中の廃プラスチックの再利用（サーマルリサイクル）も行い、燃料およびランニングコストの低減を図るものである。

2．埋立地再生事業の概要と特徴

　埋立地再生事業には、中間処理としてエコバーナー式灰溶融システムを適用する。埋立地から掘り起こした廃棄物を溶融処理し、生成した溶融スラグはアスファルト骨材、路盤材、セメント原料などに利用する。エコバーナー式溶融システムの燃料には数mm大細片プラスチック（以下プラフラフ）を用いる。このプラフラフは掘り起こし廃棄物から分別回収した廃プラスチックや、収集不燃ごみの廃プラスチックを5mm以下に破砕したものである。不足分は分別収集された廃プラスチックを充当する。これらの処理により掘り起こし廃棄物と不燃ごみの減容化が可能となり、埋立量を大幅に削減することが可能となる。

　システムは溶融施設とプラフラフ製造施設の2系統とした。処分場からの掘り起こし廃棄物の内覆土は80％分別掘削可能とし、これは埋立処分場の覆土として再度覆土利用する。

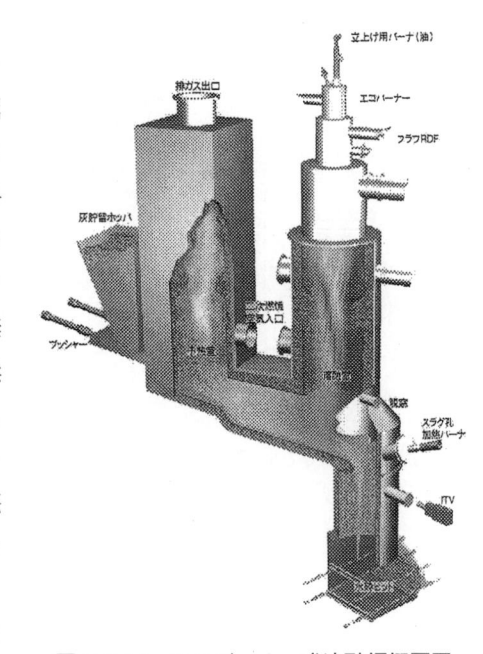

図 5-3-14　エコバーナー式溶融炉概要図

3．計画概要

　収集不燃ごみ、掘り起こし廃棄物、既設焼却残さを対象とし、このうち溶融適合物はエコバーナーシステムで溶融、再利用し、埋立地の再生延命化を図る。その他は選別により再利用、焼却、埋立処分する。図5-3-15に収集不燃ごみの選別フローを、図5-3-16に掘り起こし廃棄物の選別フローをそれぞれ示す。

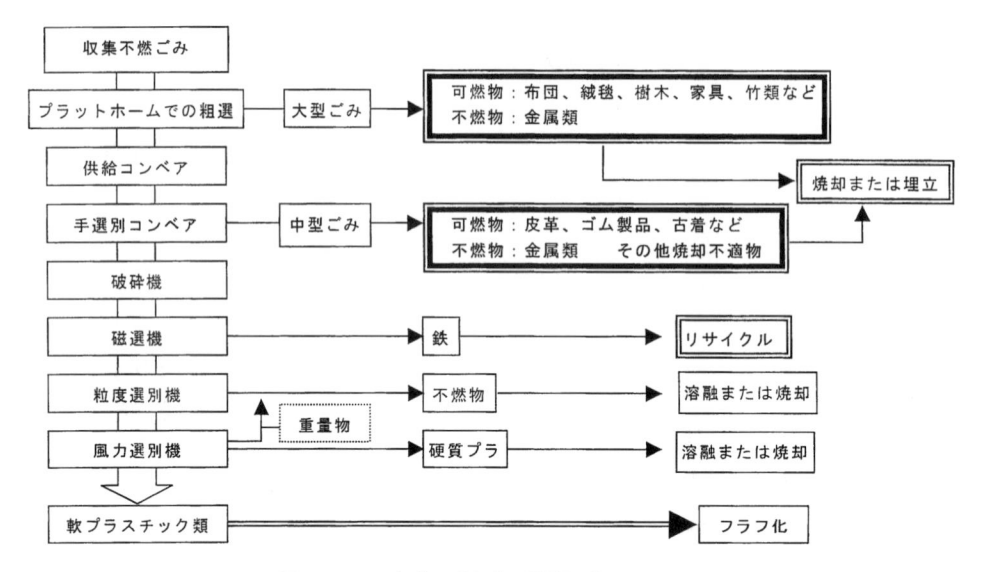

図 5-3-15　収集不燃ごみ選別、処理フロー

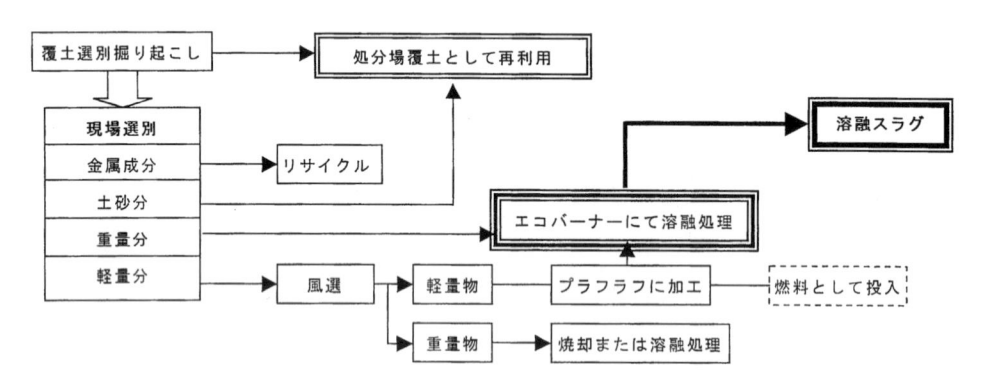

注1）覆土はまとまっているものと仮定し、80％が選別掘り起こし可能とした

図 5-3-16　埋立地から掘り起こした廃棄物の選別、処理フロー

4．まとめ

　既設最終処分場の再生に関してエコバーナー式溶融システムを用いる場合のシステムを提案した。本方式は溶融による埋立廃棄物の減容化を図るのに際し、主な溶融エネルギーを廃プラスチックで確保することでエネルギー単価の低減を図るものである。その減容効果は、収集不燃ごみや焼却残さで減容比は1/30(容積比)、掘り起こし廃棄物は1/4(容積比)となる。溶融スラグの性状は環境基準値を十分に満足するもので、アスファルト骨材、路盤材やセメント原料などへの再資源化が期待される。また溶融スラグの路盤材等への利用による再資源化率の向上や、フラフ化されない廃棄物のリサイクル率を高める等の措置をとることで更に減容効果は高まり、処分場の延命化が促される。

日立オンサイトスクリーニングシステム

日立建機株式会社

1. 本システムの特徴

　本システムは、自走式フィンガースクリーナFS165Tを中心に、選別後の処理方法などに応じ、破砕機や土質改良機などを組み合わせた選別作業システムである。

　システム内の機械はクローラタイプの足回りを採用した自走式機械で構成し、現場状況に応じたレイアウトの変更などフレキシブルな対応が可能である。

2. システム構成

　最終処分場の選別作業システム構成例を図5-3-17に示す。

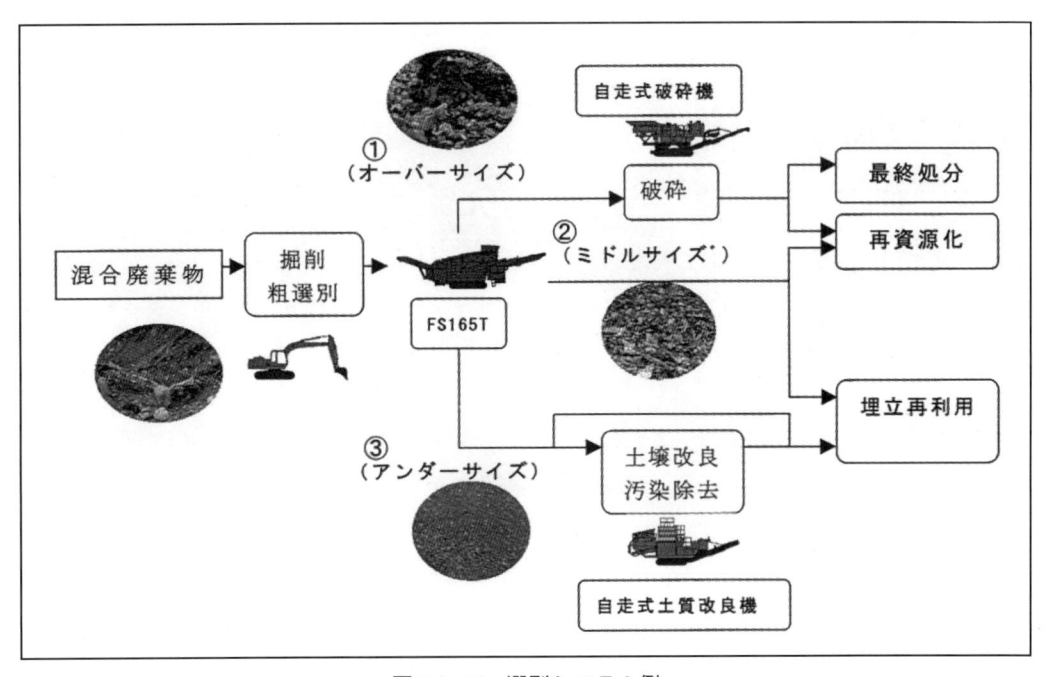

図5-3-17　選別システム例

　混合廃棄物の選別は、処分場の減容化、再資源化、汚染除去などを目的として行われる。
　図5-3-17に示すように自走式フィンガースクリーナFS165Tにより選別された廃棄物は①オーバーサイズ、②ミドルサイズ、③アンダーサイズ(40mm未満)に選別される。
　①オーバーサイズは輸送や再利用時の効率化のため、自走式破砕機などにより、破砕する。
　　廃棄物の材質や性状によって再生資源化、焼却などの最終処分による減容化を図る。
　②ミドルサイズは再生資源、埋立材として利用する。

③アンダーサイズは土砂類が多いため、再利用には土質に応じた処理を行う必要がある。特に有害物質による汚染がある場合は、汚染除去を行う。

事例紹介

1．混合廃棄物の選別による汚染土壌除去事例

混合廃棄物を選別し、アンダーサイズで選別された汚染土壌を処理した。

表 5-3-2　混合廃棄物の組成

名称	重量比率(％)	換算重量(kg/m³)
廃プラスチック類	54.5	278
紙・木材・繊維くず	7.6	39
金属類	1.8	9
ガラス・がれき類	5.4	28
土砂類	30.7	156
小計	100	510

図 5-3-18　混合廃棄物の状態

図 5-3-19　オーバサイズ（プラスチック主体）　　図 5-3-20　ミドルサイズ（レキやプラスチック片主体）　　図 5-3-21　アンダーサイズ（汚染土壌）

2．最終処分場の汚染土壌処理システム

FS165Tと土質改良機を中心とした汚染土壌処理システム（スピードリセット工法）によるシステム構成を図5-3-22に示した。

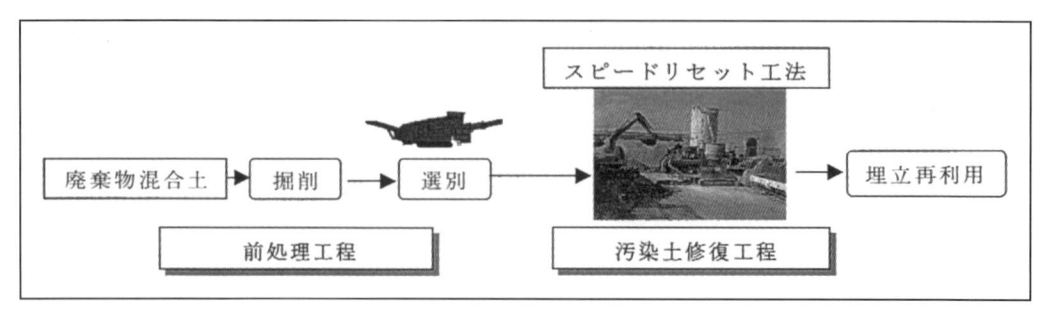

図 5-3-22

流動床式ガス化溶融炉による掘り起こし廃棄物の混合処理

バブコック日立株式会社

1．はじめに
　当社では、平成15年4月に一般可燃ごみと併せ最終処分場の掘り起こし廃棄物を混合し焼却溶融する流動床式ガス化溶融施設が完成し本格稼動させた。
　ここでは環境に配慮した埋立物の掘り起こし技術と、流動床式ガス化溶融施設の紹介を行う。

2．環境に配慮した埋立物の掘り起こし技術
　処分場における掘り起こしはバックホウなどの掘削機械を用いて掘削し、トロンメルや振動スクリーンなどにより土砂と可燃性廃棄物等に分別し、分別した可燃性廃棄物はごみ処理施設などに搬送され、土砂は覆土する。これらの作業は露天掘りで実施した場合、フィルム状の廃プラスチック類や埋立焼却飛灰などの飛散及び臭気などの環境問題が生ずる可能性がある。これらの対策として、クローラなどの移動装置と一体化した移動テントを検討し、換気設備、集じん・脱臭設備及び公害監視装置を付加することにより悪臭・粉じんの拡散防止及び可燃性ガスなどの監視を行えるシステムを実用化した。

3．移動テント方式掘り起こし設備の特徴と概要
　移動テント方式掘り起こし設備は、埋立物を掘り起こし選別搬送するための設備としてのバックホウ・移動式振動篩機・ホイールローダおよび搬出車両と、これらの掘り起こし設備の環境保全対策としての移動式テント・集じん脱臭換気装置・動力設備・環境測定設備で構成される。

（1）掘り起こし設備の特徴
　1）移動式テントの採用
　① 移動式テントの採用により、処分場施設内を順次移動しながら掘り起こし作業が可能で、安価な建設費で掘り起こし時の環境保全対策が可能となる。
　② 概ね平坦な埋立処分状況で、表層土上の地耐圧が必要条件を満足すればテント移動装置の設置が可能である。
　③ テントは電動クローラ式の移動装置とアウトリガーにより移動・固定を行い、テント移動後は掘り残し(畦道)無しに掘り起こしできるように設計されている。
　④ テントはテント倉庫技術基準により設計され、適用風速30m/s以上に耐えられる構造としている。(台風時はトラ張りにより固定)
　2）環境保全対策として集じん脱臭換気設備を一体化した。

① 掘り起こし時に発生する悪臭・粉じんを集じん脱臭換気設備で吸引し清浄な排ガスとして排気することで、テント内の作業環境維持と悪臭・粉じんの拡散を防止可能である。
② テント内および外部に臭気センサーを設置し、作業環境や周辺への影響監視が可能である。

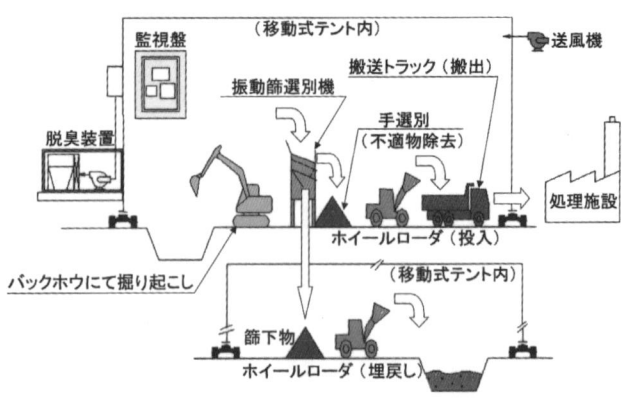

図 5-3-23 掘り起こし処理フロー

3）掘り起こし廃棄物選別装置

埋立物中の可燃物を選別する方法としてくし刃型振動スクリーンを採用し、掘り起こし廃棄物中の可燃物等を適正に選別する。流動床式ガス化溶融炉での焼却溶融処理に適した選別を行うため、100mmの篩目を採用し湿潤な掘り起こし廃棄物を目詰まりすることなく処理ができる。

表 5-3-3 掘り起こし設備仕様

覆蓋設備	テント寸法	22m×21m×9.3m高さ
	自走方式	クローラ式 アウトリガーによる方向転換式
	付帯設備	集じん脱臭装置（450m³/min） 発電装置、テント内常設監視計器
掘り起こし設備	掘削機	バックホウ（バケット0.4m³）
	分別装置	油圧移動式振動スクリーン
	積込み装置	ホイールローダ（バケット1.4m³）
	搬送車輌	4ｔ深ダンプ車(天蓋付)

図 5-3-24 移動式テント外観 　　図 5-3-25 掘り起こし廃棄物選別装置

図5-3-26　テント移動装置　　　　　　　図5-3-27　集じん脱臭換気装置

4．流動床式ガス化溶融炉の概要と特徴
（1）流動床式ガス化溶融炉の概要
　流動床式ガス化溶融炉は、処理対象物を熱分解ガス化する流動床式のガス化炉と、熱分解ガスおよびチャーの燃焼エネルギーにより灰分を溶融する旋回式溶融炉および、排ガスの完全燃焼を図る二次燃焼室で構成される。（図5-3-28）

　1）流動床式ガス化炉

　　流動床部分は砂の流動化用に散気管が配置されており、部分燃焼するための空気が送られる。炉内は低酸素雰囲気で約600℃の温度で運転し、処理対象物を部分燃焼させる。部分燃焼で得られた熱が、媒体である砂によって処理対象物に供給され、熱を受けた処理対象物は熱分解ガス化して、可燃性の熱分解ガスおよびチャーが得られる。

　　また、流動床の作用により、処理対象物中の不燃物や金属を衛生的に分離排出することが可能なことから、不燃物は骨材などへの再利用や最終処分場での埋め戻し材等への利用、金属は未酸化状態の有価物として回収可能である。

　2）旋回溶融炉

　　流動床式ガス化炉で得られた熱分解ガスおよびチャーは、燃焼用空気と共に旋回溶融炉内に高速で供給・旋回させ、約1,300～1,400℃の温度で高温燃焼ならびに溶融させる。

　　本旋回溶融炉は高い火炉負荷をとることができるためコンパクト化が図れ、また、空気との接触がよく低過剰空気で高い燃焼効率が得られるので、高温度が得られ安定した溶融が行われる。

　3）二次燃焼室

　　二次空気吹き込み部を絞り、さらにエアカーテン状に二次空気を吹き込むことによりCOガス等の未燃分と二次空気との混合を良くし、完全燃焼を図る。

```
                （熱分解ガス・チャー）        （燃焼排ガス）
   （ごみ）
                                            二次燃焼室

        散気管


    （不燃物＋有価金属）              （スラグ）
       流動ガス化炉              旋回溶融炉
```

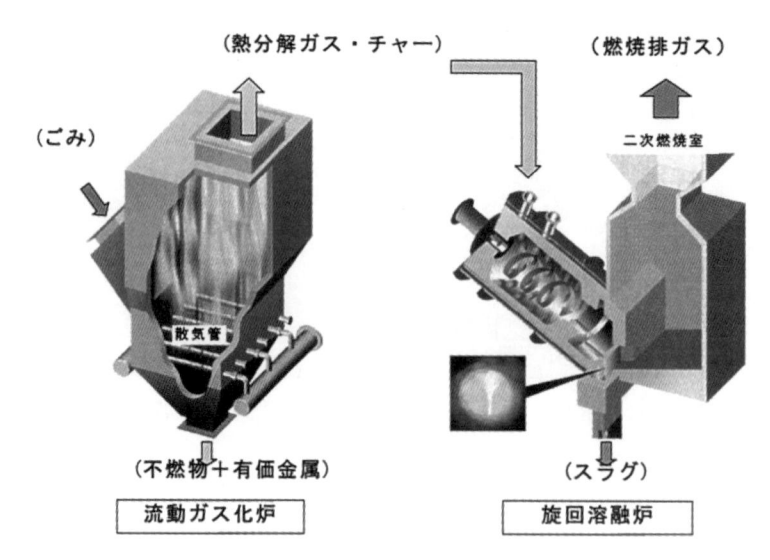

図 5-3-28　流動床式ガス化溶融炉

（２）流動床式ガス化溶融炉の特徴
　１）流動床による廃棄物中の不燃物の分離が容易
　　可燃ごみ・掘り起こし廃棄物中に含まれる不燃物や有価金属は、流動床内で流動する砂の分級作用により、炉下に排出される不燃物・有価金属と、熱分解ガスに伴って排出されるチャー・飛灰分が確実に分級される。
　２）ガス化炉の安全性
　　流動床式ガス化炉は、ごみの一部を燃焼させた燃焼熱によりごみをガス化させる方式であり、ガス化炉内は常に種火が存在すること。また、緊急遮断時においてもガス火炉内の残存ごみおよび可燃ガス分は、停止とほぼ同時に残熱で燃焼されるため有害な可燃ガスの排出が生じない炉形式である。
　３）散気管方式の流動床
　　流動化空気の吹き込みには散気管方式を採用することで不燃物の抜き出しが容易であり、またシンプルな構造のためガス化炉本体の密閉性も優れている。
　４）横型高負荷旋回溶融炉(サイクロンファーネス炉)
　　溶融炉は石炭スラグボイラで多数実績のある横型サイクロンファーネス炉を採用。この炉は溶融炉の熱負荷を高く取ることができ、低いごみ質でも高温が得られることと、高速の旋回流によりチャーが確実に溶融しスラグ化できる。また、スラグタップ部の熱保持に優れており、ごみ質変動時においても安定した自己熱溶融運転ができる。

焙焼、低温熱処理による埋立地再生

三菱重工業株式会社

　弊社では、埋立地再生の基本理念として廃棄物を掘り起こし、選別および適正処理を図ることとし、特に土砂類は覆土に再利用し、さらなる減容化を促進するため「焙焼」、「低温熱処理」などの要素技術で展開を図る。ここでは、処理の基本フロー（図5-3-29）中に記載した重要要素技術である「焙焼」、「低温熱処理」について紹介する。

1．焙焼

　焙焼とは、ロータリーキルンを用いて1,100〜1,150℃クラスの高温雰囲気下で処理物中の重金属類、ダイオキシン類などの有害物質を蒸散または分解処理するものである。

　本技術は、主として焼却灰、汚染土壌などの無害化を実証炉および約200 t/dクラスの実機で検証済みである。図5-3-30に実証装置のフローを、図5-3-31にその概観を示す。

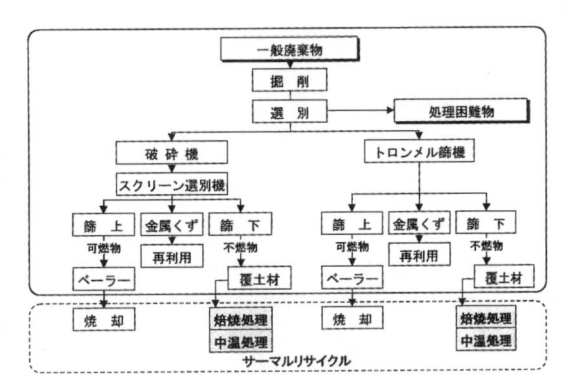

図5-3-29　処理の基本フロー

　焼却灰などではCr^{6+}の溶出抑制が課題であったが還元剤（細粒炭など）の添加、加熱バーナの低空気比燃焼などでクリアし土壌環境基準を担保できる実用化技術である。

　なお、添加剤は条件により異なるが概ね5％以下で十分である。本技術の特徴は、ロータリーキルンを用いているため「大容量処理」が可能であり、掘り起こし物を本施設に集めて集中処理することにより短期間に処理が出来ることである。一方、オンサイト処理の場合はプレハブの可搬式の適用も可能である。

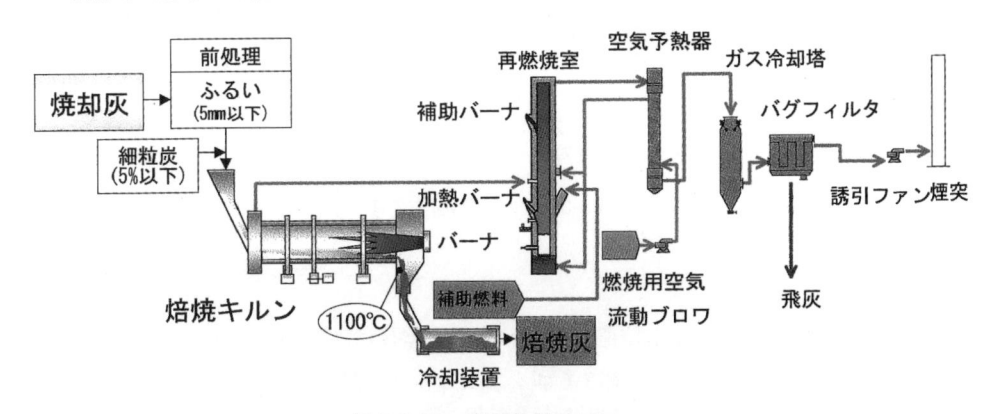

図5-3-30　実証装置のフロー

図5-3-31　実証装置の概観

2．低温熱処理

　本技術は、間接加熱式のロータリーキルンで約500～550℃の雰囲気下、主として有害有機物をガス化、分解するものである。実施例としては「POPs」などの廃農薬の無害化、汚染土壌の無害化などがある。図5-3-32に実証設備のフローを示す。

　廃農薬の無害化では、二次燃焼室付き外熱式キルンで約500℃でガス化、二次燃焼室で1100℃において分解する事で、POPs分解率99.9999％、ダイオキシン類分解率99.7％以上を達成した。「（社）土壌環境センター殿委託研究」

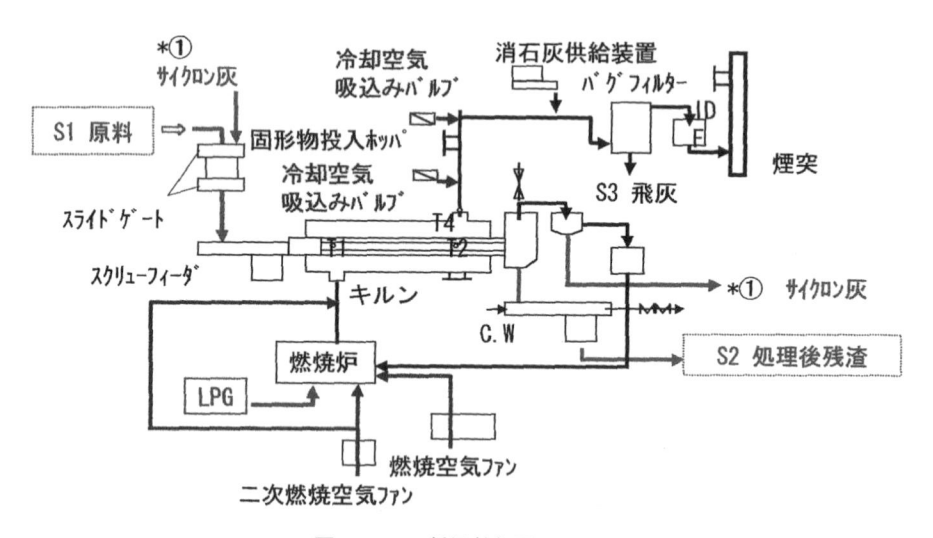

図5-3-32　低温熱処理フロー

3．総合技術

　「焙焼」、「低温熱処理」の要素技術を紹介したが、弊社は廃棄物の「破砕・選別」、「焼却」、「セメント固化」、「溶融固化」、「環境モニタリング」など多岐にわたる技術を有しており、個々の処分場修復で最適な要素技術のインテグレートで課題を克服できると考えている。

最終処分場再生化に向けた取組みについて

ユニチカ株式会社

1. はじめに

　当社では、最終処分場再生は延命化・安定化・資源化の3つを基本とし、ユーザーの持つインフラ環境を重視し取り組むものと位置づける。当社は、昭和45年から総合環境事業を展開し、最終処分場浸出水処理施設をはじめとした各種の水処理施設やごみ焼却施設などの中間処理施設を提供している。また、各方面に渡り環境技術の研究開発を行っている。ここでは、最終処分場再生システム構築するうえで有効であろう当社保有の中間処理技術及び水処理技術を紹介する。

2. 最終処分場再生システム概要

（1）最終処分場再生システムフロー

　最終処分場再生システムは、各最終処分場を取り巻く状況に合わせて構築する必要があるものと位置づけ、ユーザーにとって最適なシステムを提供する。図5-3-33に最終処分場再生フローを示すとともに、代表的な焼却炉＋表面溶融式灰溶融炉及びガス化溶融炉を中心とした技術と焼却残さおよび覆土を水洗処理する技術を紹介する。

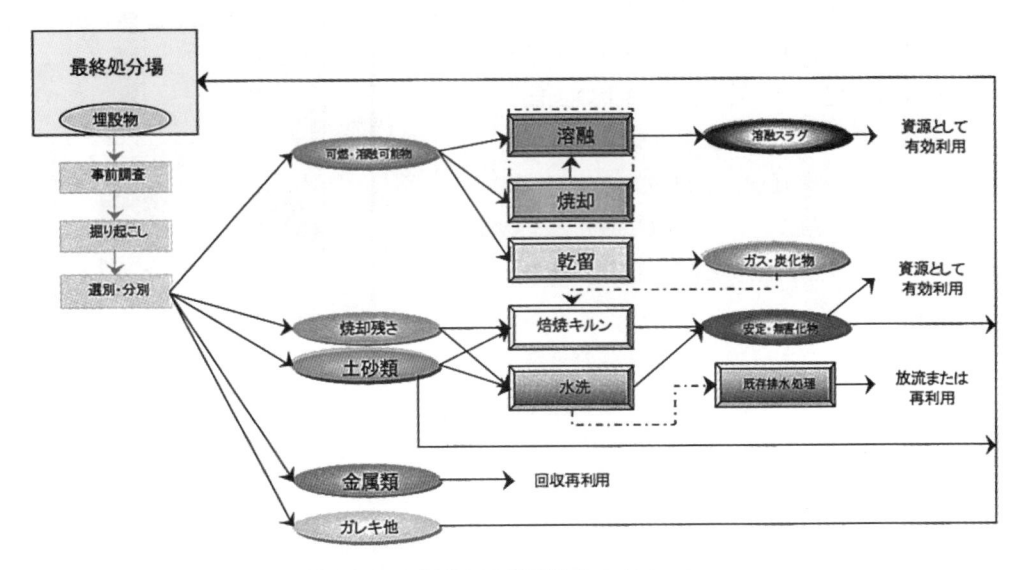

図5-3-33　最終処分場再生システムフロー

1）ストーカ式焼却炉＋表面溶融式灰溶融炉による処理技術

　本システムは、既設もしくは新設の一般廃棄物処理施設において、掘り起こし廃棄物中の

可燃物を焼却炉に投入しサーマルリサイクルもしくは適正処理を行い、発生した焼却残さと掘り起こし廃棄物中の土砂類(焼却残土を含む)を表面溶融式灰溶融炉で減容化し、スラグとして資源化するものである。埋立ごみは大きさも性状も大小様々であり、投入ごみの大きさに比較的自由度があるストーカ式焼却炉は信頼性のある最適な廃棄物処理技術である。また、表面溶融式灰溶融炉はユーティリティー面から単独で設置できかつ運転管理が容易であるといった利点を持っている。なお、本ケースでは焼却残さと掘り起こし廃棄物中の砂類は溶融処理としているが、次項で示す水洗処理による資源化技術と組み合わせることも可能である。図5-3-34にフロー概要を示す。

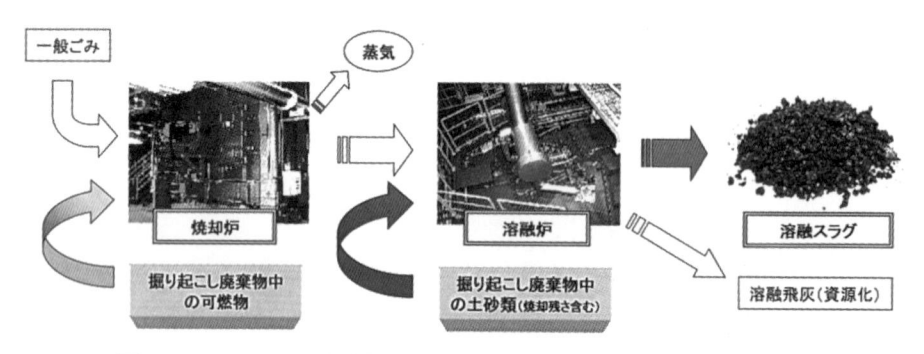

図5-3-34 ストーカ式焼却炉＋表面溶融式灰溶融炉による処理フロー

(a) 実機に向けた調査および試験

某市一般廃棄物最終処分場およびごみ処理施設において、平成15年4月から6月末まで現地調査、掘り起こし、選別および上記フローの減容化処理の実証試験と減容効果のケーススタディーを行った。埋立物は、不燃物、直搬ごみ、焼却残さ、その他であり、土砂類を覆土もしくは再埋立と仮定した場合の効果は図5-3-35のとおりとなり、減容率は約55％となった。本試験では、既存の設備を用いて現在の運転状況に影響を与えず、処理する

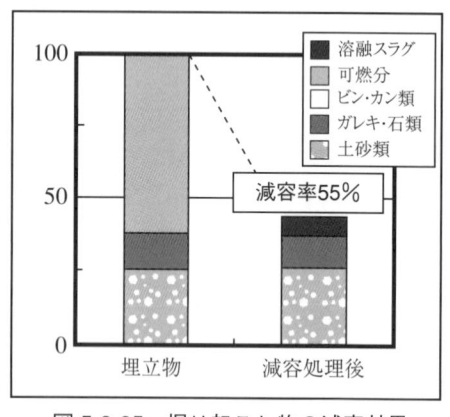

図5-3-35 掘り起こし物の減容効果

ことが目的であったが、焼却炉および溶融炉共にほぼ通常通りの操業状態であった。

2) 流動床式ガス化溶融炉による処理技術

本システムは、上項の焼却と溶融を統合したガス化溶融の技術であり、掘り起こし廃棄物中の可燃物を流動床式ガス化溶融炉に投入し、サーマルリサイクルもしくは適正処理を行うものである。流動床式は、立上げおよび立下げに要する時間は短く、いち早く定常状態を実現できるという利点を持っている。流動床自体はストーカと同様に廃棄物処理としての実績があり、異物対策も確立されている。埋立物には、土砂類が混じりあっているが、土砂類は

溶融処理を行う場合、エネルギーを多く必要とするか、もしくは石灰等の溶融助剤が必要となり経済的でないケースもある。流動床式では可燃分はガス化燃焼され、土砂類は流動炉床で加熱処理された後に取り出すことができ、経済的な処理を行うことができる。図5-3-36にフロー概要を示す。

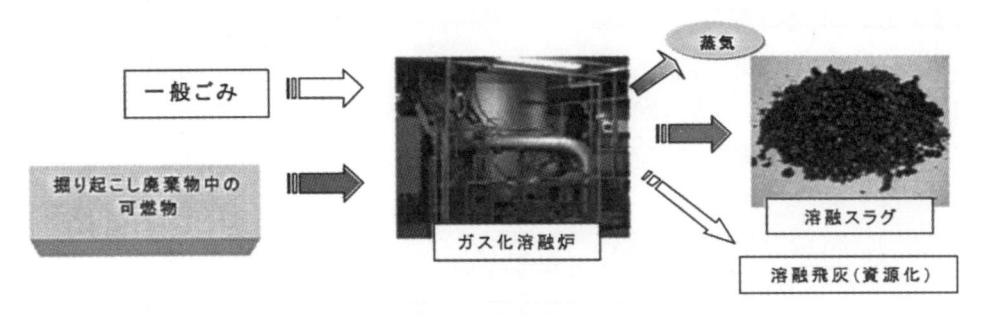

図5-3-36　流動床式ガス化溶融炉による処理フロー

3）水洗処理による資源化技術

　本システムは、焼却残さを主体とした埋立物を水洗によりセメント原料等へ再資源化するものである。焼却残さを主体とした埋立物をセメント原料として性状比較すると、埋立物における塩素濃度が高いことを除けばその他は類似しているため、水洗を行うことで脱塩効果を促進し資源として再活用しようとするものである。これは、熱利用が主体でない比較的省エネルギーシステムであるという利点を持つと同時に、既存のセメント製造業のインフラを利用し再生に関わる設備投資を抑える利点を併せ持つため、埋立物の主体が焼却残さという発熱量がほとんどない場合に特に有効なシステムである。この技術は、埋立物の早期安定化や埋立地の跡地利用の促進策としても利用できる。図5-3-37にフロー概要を示す。

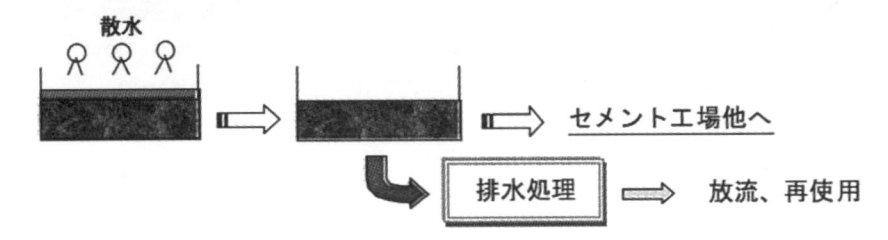

図5-3-37　水洗再資源化処理フロー概要

（2）最終処分場再生に関するその他技術

1）水処理技術

　埋立物を水洗しセメント原料等への資源化を図るには、洗浄物の塩の濃度は1,000mg/kg以下とするのが望ましく、重金属類も低い方がよい。そこで発生する水洗水の汚濁物質は、基本的には最終処分場の浸出水と同様のものであり、BOD、COD、T-Nなどの有機物のほか微量の重金属類が主な汚濁物質であり、既存の浸出水処理技術が適用できるので、対象とする

浸出水処理設備をそのまま利用するのが最も経済的である。

しかしながら、近年は最終処分場浸出水中の塩類による塩害が問題となってきている。既存の処理設備では、BODをはじめとする一般の汚濁物質は除去できても、塩類の除去ができないからである。そのため、既存の処理プロセスに脱塩設備を付加した水処理施設が多く設置されるようになった。

埋立物を水洗資源化する場合にも、脱塩プロセスを設けるのが望ましい。脱塩プロセスは、洗浄排水の量と水質により、RO（Reverse Osmosis：逆浸透）か、ED（Electric Dialysis：電気透析）装置を選択採用する。さらに脱塩プロセスで除去した塩類は晶析固化し、再生塩として、利用することも可能である。

図5-3-38にフロー概要を示す。

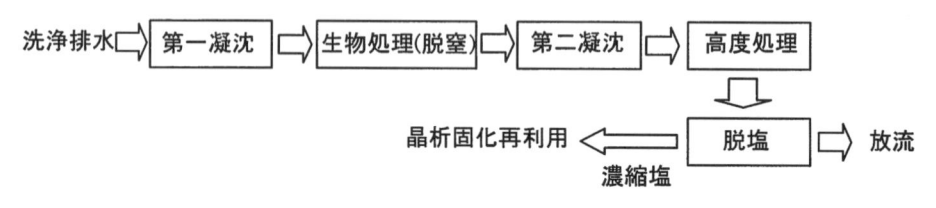

洗浄排水 ⇒ 第一凝沈 ⇒ 生物処理(脱窒) ⇒ 第二凝沈 ⇒ 高度処理 ⇒ 脱塩 ⇒ 放流
晶析固化再利用 ⇐ 濃縮塩 ⇐ 脱塩

図 5-3-38　水処理フロー概要

2）覆土代替材

最終処分場においては、飛散防止、廃棄物分解促進、跡地利用地盤形成等のために覆土が使用される。しかしながら、覆土は全容積比で25％（最大時）にもおよび、容量の点で大きな負担をかけている。この覆土容積を低減し、最終処分場の容積を有効に使う方法として覆土代替材を利用する方法がある。ここでは、当社の生分解性ポリマーのテラマックを使用したシートを覆土代替材として紹介する。

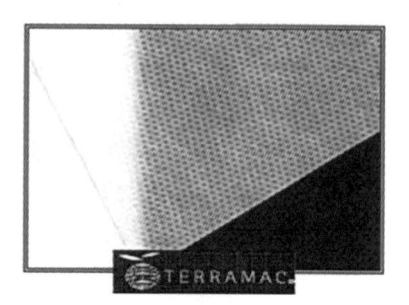

図 5-3-39　覆土代替材（テラマック）

(3) これからの課題

最終処分場再生については様々な技術があるが、再生処理に伴って溶融スラグ、重金属類そして塩等の副産物が排出される。副産物の取扱いは、循環型社会基盤整備の観点からも重要であるが、「あくまでも廃棄物を扱う」ということを念頭に置き、有効利用と安定化技術に関する技術開発を継続していきたい。

3．まとめ

当社は、総合環境エンジニアリング会社として保有する各種の中間処理技術を駆使し、最終処分場再生について各立地条件に合わせた提案を行うと共に、最終処分場の適正整備にも寄与していきたいと考えている。

第4節 関連技術

バイオプスター工法掘削・前処理装置

株式会社大林組

1．はじめに

既設の処分場における臭気問題は、処分場の埋立物(廃棄物)が嫌気性の状態にあることから大きくなる。また、ガス等の発生は処分場の修復・再生時における作業環境を悪化させる。既設の処分場を掘り返すとガスの発生と臭気問題を引き起こすが、これは埋立処分された廃棄物が嫌気性の状態にあるからである。

2．バイオプスター工法の概要と特徴

バイオプスター工法は、パルス状の高圧の空気(酸素)を一定の間隔で地中に送り込み、地中の好気性微生物を活性化させることで、地盤を自然浄化させる環境負荷の少ない技術である。すでに、ドイツやオーストリアなどで多くの実績を上げている。

（1）高圧空気パルス地中注入システム

バイオプスター工法のシステム構成を下記に示す。

バイオプスター工法は、好気性微生物が活性化する好気的状態を作るために、酸素や空気を地中に送り込む。高圧の空気(酸素)をパルス状にして送り込むため、広範囲にわたり好気的環境を短時間で作ることができる。

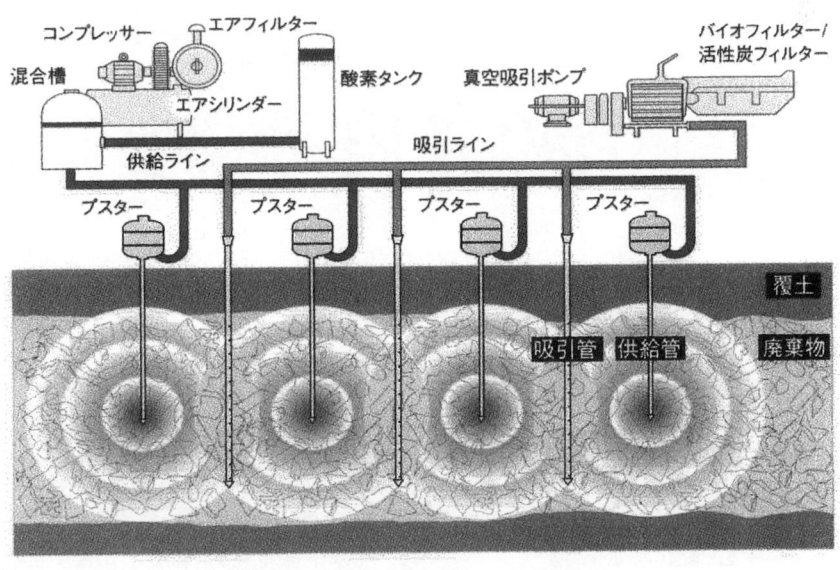

バイオプスター工法のシステム構成

（2）バイオプスター工法を悪臭対策として使用する場合の効果

バイオプスターを臭気の除去を目的として使用するのは、以下のケースである。

① 廃棄物の掘削除去作業の前処理
② 原位置安定処理

バイオプスターを用いて好気的状態を廃棄物の環境中に創造することにより、嫌気性分解から好気性分解に分解過程が変換し、炭素がメタンガスにならず炭酸ガスとして排出されるようになる。吸引システムにより臭気ガスも除去され、作業環境における臭気は減少する。また、有害ガスの発生量も減少する。

空気の供給方式による効果を右記に示す。

連続供給　　　　バイオプスターによる供給
供給方式による地中の空気到達状況

プスター（タイプA） 　　バイオフィルター 　　バイオプスターシステム施設全景

3．適用事例

国内においては、油汚染土のバイオ処理として試験施工された例はあるが既設処分場においてはまだ実施例がないので、ヨーロッパにおける実例を下記に示す。

廃棄物埋立地盤の安定化風景 　　廃棄物中間処理施設での減容化風景

無人化施工機械土工システム掘削・前処理装置

株式会社大林組

1. はじめに

建設工事において、労働力不足の解消や危険作業を回避するため自動化・無人化施工が実施されている。特に、汚染された土地、廃棄物埋立跡地、不法投棄地域などでの危険性の高い作業に、自動化・無人化施工が有効である。

2. システムの概要と特徴

本技術は、遠距離の操作室でモニター画面だけを見ながら、建設機械を無線操縦し、埋立廃棄物、土砂の掘削・運搬、岩の破砕などを無人化施工で行う技術として開発したものである。

すなわち、油圧ショベル、ブルドーザ等に対して、機械本体に搭載したテレビカメラの映像と、カメラ搭載車上の監視カメラの映像だけを100m以上離れた場所に設置した操作室で見ながら、廃棄物掘削、土砂集土、岩の破砕、掘削および積み込み作業を無線による遠隔操縦で行うものである。

(1) 遠隔操縦システム

操作室では、作業音やGPSディスプレイを参考にし、映像をモニター画面で見ながら、油圧ショベルなどの掘削機械を最適な無線によって遠隔操縦することができる。

(2) 無人自動運転システム

あらかじめ積込地点とダンピング地点との運転経路のデータを制御機器に入力し、最適なパターンを選択して自動運転を行うことができる。

(3) 施工管理システム

監視カメラによって、建設機械の相対位置を把握し、作業の能率や安全性を高めるとともに、GPSやトータルステーションによって、操作室にて建設機械の運行状況をリアルタイムに把握することができる。また、収集したデータをもとに出来形管理を迅速に行うことができる。

3. 適用事例

汚染土処理工事における無人化施工の実績により次の特長が上げられた。
・狭い場所での作業でも、障害物検知センサによって既設の構造物を損傷することなく作業が行えた。
・カートリッジ型燃料タンクを使うため、無人給油が可能である。
・施工機械にpH計、臭気センサ、炭酸ガス・酸素濃度計などを設備し、遠隔地にてリアルタイムに計測値が把握できる。

掘削・積込状況

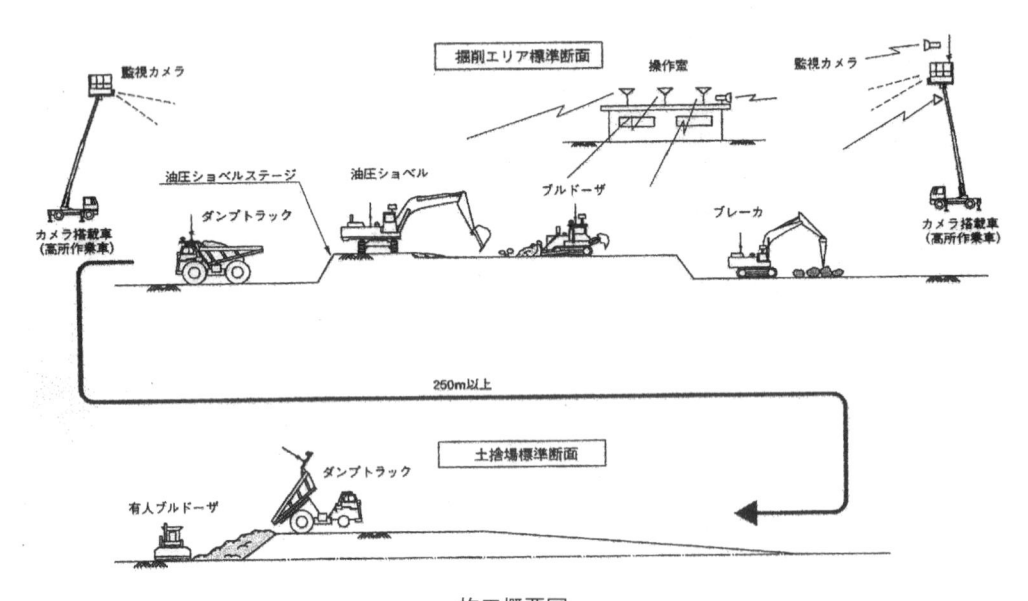

施工概要図

地下水汚染拡散防止システム（W＆W工法）

株式会社熊谷組

1. はじめに

　特定有害物質を扱っていた施設やその跡地では、扱っていた物質等により土壌や地下水が汚染されているケースがある。稼動中の施設で汚染が確認された場合は、汚染の拡散を防ぐために早急に対応する必要が生じてくる。

　地下水汚染拡散防止システム（W＆W工法）は、稼動中の施設等において土壌や地下水の汚染が確認された場合、周辺地盤に汚染が拡散することを防止するシステムである。

2. システムの概要

　汚染物質は、一般的に地下に浸透し、地下水の流れに触れることで地盤全体に拡散して行くと考えられる（図5-4-1）。

　本システムは、図5-4-2に示すように、開口部を有する鉛直壁と揚水井戸で構成されている。

　手順としては、鉛直壁を汚染物質の周辺に設置し、内側にある揚水井戸で地下水を制御し、収束流を発生させることで、汚染物質の拡散を防止するシステムである。

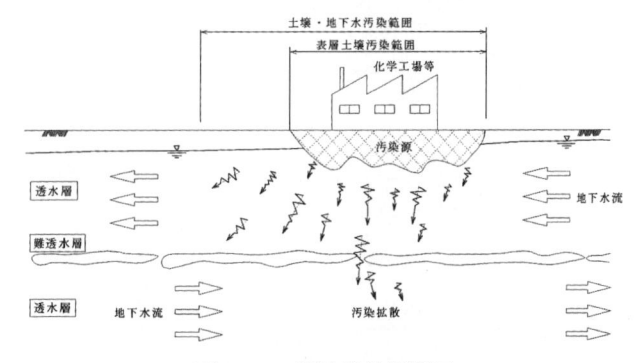

図5-4-1　汚染拡散機構図

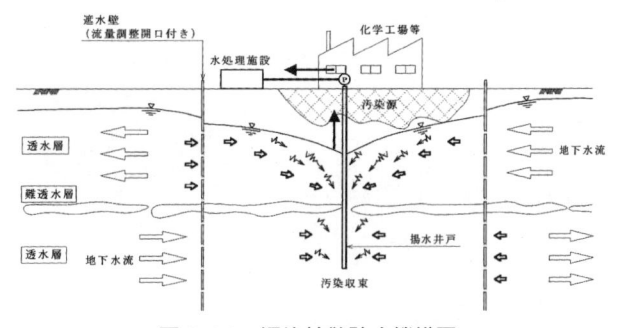

図5-4-2　汚染拡散防止機構図

3. 特長

・施設を停止させず、汚染物質の拡散防止対策が可能である。
・埋設管等の移設が不用なため、稼動中の施設での対応が可能である。
・引き揚げられた地下水は、水処理施設により処理を行い放流する。
・地盤内に地下水の滞留が発生せず、水質の悪化を防止できる。
・地下水に収束流を発生させ対処するため、地表面の遮水を必要としない。
・浅層に不透水層が存在しない場合でも施工が可能である。

4．汚染拡散防止工事事例

稼動中の施設において、本システムを適用した事例を紹介する。

施設敷地内に汚染源が確認され、早急に汚染拡散の対処をする必要が生じた。しかし、本敷地内の施設は稼動中であり、また、敷地内外を繋ぐ埋設管が何本も存在しているため、全外周域を遮水構造で囲むことが出来ない状況下にあった。そこで、歯抜け部を有する鉛直壁構造でも汚染の拡散が防止ができるW＆W工法を採用した。

作業フローを図5-4-3に、汚染拡散防止工事の概要を図5-4-4に、工事状況写真を図5-4-5～5-4-7に示す。

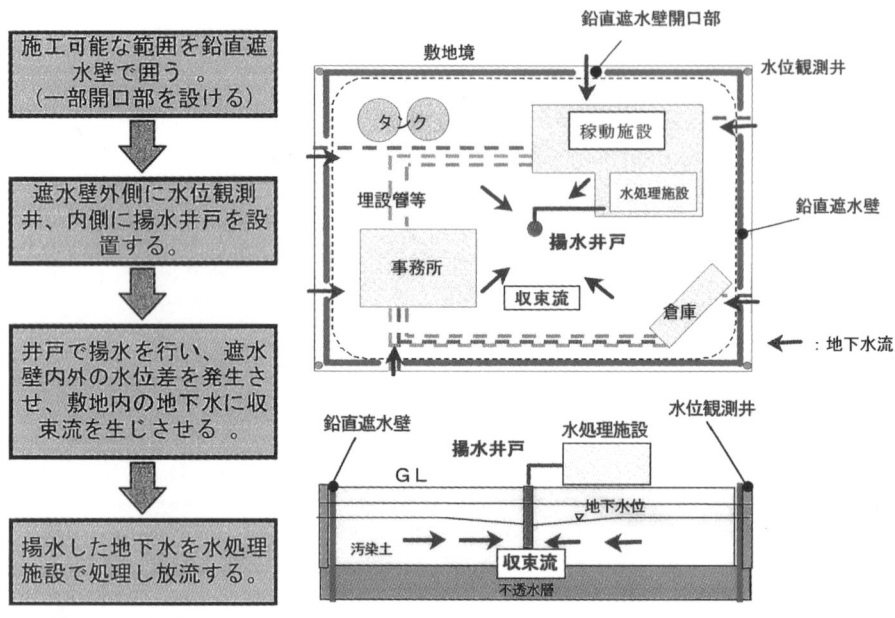

図5-4-3 作業フロー

図5-4-4 汚染拡散防止工事の概要

図5-4-5 鉛直遮水壁施工

図5-4-6 揚水井戸

図5-4-7 水位制御装置

5．おわりに

2003年に施行された土壌汚染対策法により土壌汚染への関心が高まってきた。

このような背景のもと、地下水汚染拡散防止システム（W＆W工法）は、稼動中の施設等の敷地においても、汚染物質の拡散を防止することが可能な技術の一つとして、現在広く事業展開を行っている。

アースカット工法（超薄型止水壁構築工法）

清水建設株式会社

1．開発コンセプト

　従来の地中連続壁工法では、壁厚40cm程度が最小であり、止水や遮断だけを目的とする場合には不経済であった。このため経済性・信頼性に優れた壁厚の薄い地中連続壁の開発が強く望まれていた。

　超薄型止水壁工法は、壁厚がわずか25mmと非常に薄い止水壁の構築にワイヤーソーを採用した新工法で、セメントなどの使用材料、廃棄土砂量の削減を可能とする親環境型止水壁工法である。廃棄物処分場の漏出防止壁、河川の漏水防止壁、地下ダムの遮水壁、掘削工事における止水壁の構築に最適である。

2．工法の概要

　ワイヤーソーを用いて地盤に、壁厚25mm幅の溝を掘削し、遮水シートを挿入し止水壁を構築する。最大施工深度は30m程度である。

3．遮水性能

　遮水シート部分：1×10^{-12}cm/sec以下（継ぎ手部は、1×10^{-6}cm/sec以下）

4．施工方法

①ボーリングマシーンによって、先行ボーリング孔を掘削する。
②2本のガイドコラムにセットした掘削機械の間に、走行するワイヤーソーを地上から地盤中に押し込むかたちで溝を掘削する。
③ガイドコラムに沿って上下するユニットにシートの端部を取り付け、溝に挿入する。

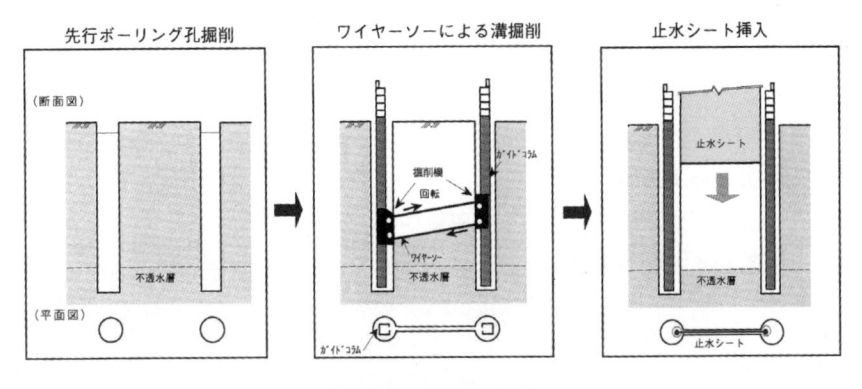

図 5-4-8　施工順序図

写真 5-4-1　施工状況写真

5．施工条件
①地形・地盤条件

砂層・粘性土層から軟岩層まで施工できる。

平坦地・傾斜地に適用される。

地下水条件は、特になし。

②シート材料

塩化ビニール(ポリエステル繊維補強　t＝1mm)

ポリエチレン等も可能。

③特徴

狭い場所での施工が可能である。

環境を損なうおそれの少ない工法であり、掘削に伴う振動・騒音は極めて小さい。

6．経済性

概略単価　一般地盤　2.5～4.0万円/m^2　　　軟岩地盤　4.0～5.0万円/m^2

7．遮水壁としての施工実績

2例　　A市：既設最終処分場適正閉鎖事業（2000年）

B市：一般廃棄物最終処分場止水工事（1996年）

アスファルト・ベントナイト吹付遮水工法

大成建設株式会社

1. はじめに

　アスファルト・ベントナイト吹付遮水工法は急な斜面に施工できる土質材料を用いた最終処分場用の吹付遮水層の構築工法である。急勾配法面に遮水層を造成できるため、最終処分場法面を急勾配で計画することが可能となり、限られた用地を有効に活用できる。

　アスファルト・ベントナイト吹付遮水工法は遮水シートと組み合わせることで最終処分場の構造基準に適合した複合遮水構造物を構築する工法である。

2. 概　要

　最終処分場に用いられる表面遮水工には環境省の構造基準（基準省令平成10年施行）が定められており、一般廃棄物の最終処分場や産業廃棄物の管理型最終処分場ではこの基準に準拠した表面遮水工を設ける必要がある。

　アスファルト・ベントナイト遮水層の透水係数は1×10^{-7}cm/秒以下のアスファルト混合物に相当し、5cm以上の厚さで施工した後に遮水シートと組み合わせることで構造基準に準拠した遮水構造物となる。

　アスファルト・ベントナイト遮水層は水分を調整した砂を混ぜたベントナイトをエア搬送し、さらに吹付ノズル内でアスファルト乳剤と混合し、法面に吹付施工する。

3. 特　徴

・1:2以上の急勾配法面に対して異種材料を用いた複合構造の遮水工を構築することができる。
・雨水による浸食がなく、遮水シート施工時までの表面養生が不要である。
・常温で施工できるため、施工効率がよく、施工費用が安い。
・電気的漏水検知システムと併用することで遮水シートの破損位置の検知ができる。
・環境ホルモンに該当する材料を使用していない。
　（アスファルト乳剤は高級エーテルを主原料とした乳化剤を用いたノニオン系の乳剤で、いわゆる環境ホルモンに該当する材料は使っていない。また、この乳化剤のLD50値は5,000mg/kg以上であり、「実際上毒性なし」に分類される安全な材料である。）

4．アスファルト・ベントナイト遮水材の配合(出来上がり1m³当たり)

配合材料	砂	ベントナイト	アスファルト乳剤	水
重量(kg)	1,500～2,000	150～250	200～250	100～150

(使用する砂質により配合割合を調整する)

5．施工手順

法面から湧出する地下水を対策後、低品位モルタル等の下地を吹付け、その上にアスファルト・ベントナイト遮水材を吹付ける。さらにその表面に厚さ2mm程度のマスチック材料を吹き付けることで、アスファルト・ベントナイト遮水層表面を保護し、層内部の水分が急激に蒸散することを防ぐ。

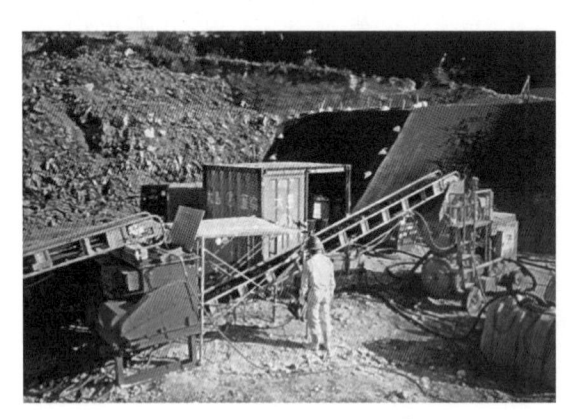

図 5-4-10 遮水材吹付装置

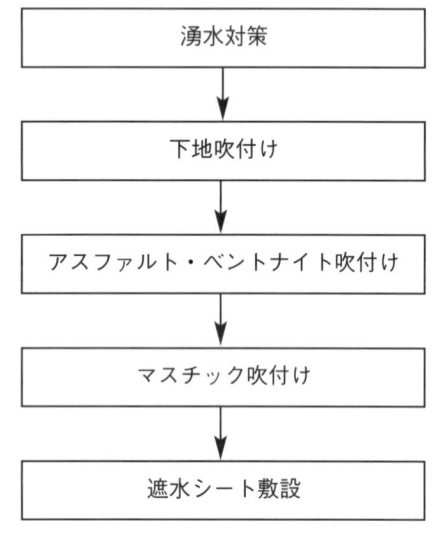

図 5-4-9 遮水工構築フロー

湧水対策 → 下地吹付け → アスファルト・ベントナイト吹付け → マスチック吹付け → 遮水シート敷設

図 5-4-11 吹付後のアスファルト・ベントナイト遮水層

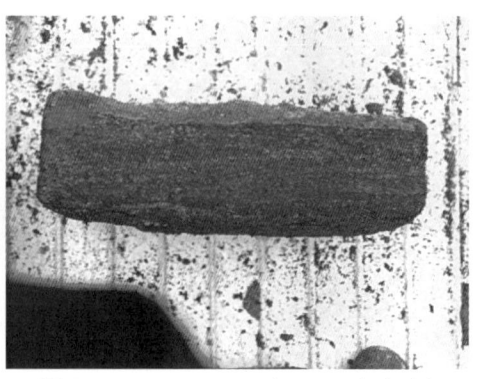

図 5-4-12 アスファルト・ベントナイト遮水層断面

地下水循環浄化技術の紹介

東和科学株式会社

1. はじめに

　埋立地再生を行う場合、掘削作業によって、一時的に埋立地内の保有水水質が悪化し、既設浸出水処理施設ではその処理能力を越える可能性がある。

　この場合に、応急的対策として、浸出水への汚濁負荷低減に有効な技術として、保有水循環浄化技術を紹介する。

　この技術は、地下水汚染のVOCや油汚染浄化技術として開発されたものであるが、硝酸性窒素の脱窒浄化にも有効であり、好気性手法と嫌気性手法を切り替え可能なことから、埋立地の保有水の浄化促進にも有効な技術となっている。

　また、物質の有害性について、簡易分析法が確立されつつあり、簡易分析とのタイアップにおいて、さらなる費用対効果が実現する。

2. 原位置分解技術(サイクリック・バイオレメディエーション)

(1) 概要

　サイクリック・バイオレメディエーション(以下本技術)は、土壌/廃棄物層、および地下水/保有水の汚染を原位置で分解する技術であり、埋立完了後の処分場の安定化対策として適用可能である。本技術を用いた場合のメリットを以下に整理する。

- 地下水/保有水を循環させることにより、土壌/廃棄物層内の間隙に吸着している汚染物質を効率よく分解浄化できる。
- 騒音・振動がほとんど発生せず、消費エネルギー(電力)も少ない。
- 循環水量は少なく、沈下や乾燥が発生しない。
- 排水、廃土がほとんど発生しない。
- 設備は小規模で柔軟性のある設計が可能であり、現場の状況にあわせたレイアウトが可能。また、設備の占有面積も最小限ですむ。

(2) プロセス

　本技術は、対象区域を小ブロックに区分し、ブロックの下流側から揚水し、上流側に注水することにより地下水(埋立処分場の場合は保有水)を循環させる。微生物の分解方法は、循環の過程で栄養剤や酸素補給剤を添加し、対象地に原生する微生物を活性化して汚染物質を分解するバイオスティミュレーションと、循環の過程で栄養剤および分解力の高い分解菌を新たに添加するバイオオーギュメンテーションがある。

　使用する栄養剤等は、好気性分解と嫌気性分解の違いで使い分ける。本技術の概念図を図5-4-13に示す。

本技術では同一設備で容易に好気性分解と嫌気性分解の切替えが可能であり、複合汚染対策にも対応が可能である。

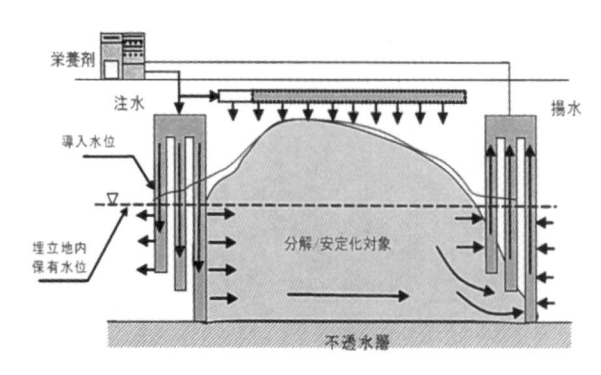

図 5-4-13　施工概念図

（3）設計

設備配置や循環水量、栄養剤等の添加量などは、汚染物質の物性・濃度、汚染範囲、対象地の水理・地質構造などをもとに決定する。施工中は汚染物質の分解や地下水の状況及び微生物相の状況をモニタリングすることで、情報化施工が可能である。循環システムは、各井戸の揚水／注入の切替えが容易であり、現場の状況に応じ柔軟な対応が可能である。基本的に地上設備での処理は必要ない（必要に応じて油水分離や曝気などを併用）。施工状況を図5－4－14に示す。また、地上設備の一例を図5－4－15に示す。

図 5-4-14　施工状況
（地上の循環用配管・観測井戸）

図 5-4-15　地上設備の一例（制御室）

3．原位置不溶化技術（嫌気性微生物による重金属類の固定）

嫌気性微生物による重金属類の固定は、嫌気条件下で硫酸還元菌により生産される硫化物が、水溶液中の金属イオンと結合して硫化物金属として固定・沈殿する性質を利用した方法であり、対象となる物質は、水溶液中の鉄、亜鉛、銅、クロム、ヒ素などである。廃棄物からの浸出水の処理や、廃棄物の周辺での地下水による汚染の拡散防止に適用できる。硫化物の生成および重金属類の固定は原位置でおこなわれるため、大規模な水処理設備、大量の揚水、処理、

排水は必要ない。

一般的な施工デザインは、前述のサイクリック・バイオレメディエーション設備を汚染区域の地下水の流向に対し直角に設置する。添加した栄養剤は地下水の移流・拡散により水平方向・垂直方向に広がり汚染区域をカバーする。

施工中は、対象区域の上・下流の観測用井戸での水質、対象区間土壌の重金属の挙動についてモニタリングを行なう。施工概念を図5-4-16、管理ユニットの事例を図5-4-17に示す。

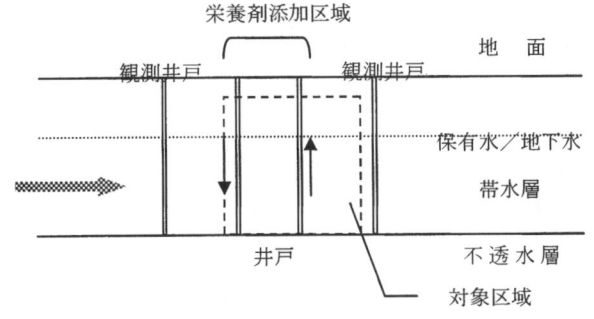

図5-4-16 施工概念図

図5-4-17 管理ユニットの事例(地下式)

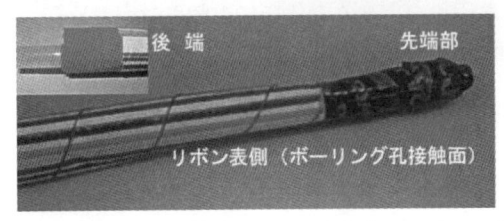

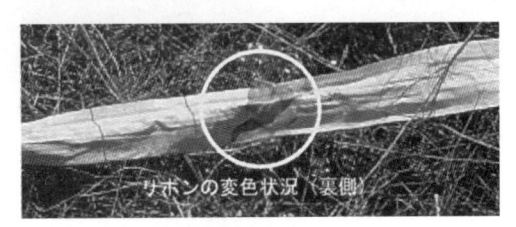

図5-4-18 NAPLウォッチャーの使用前(左)および使用後(右)の状態

4．まとめ

埋立地内の浸出水を循環させることで、浸出水の浄化が促進されることはよく知られている。

これを効率よく、しかも循環による目詰まりなどを防止しながら行うことが重要であり、事前の浄化のためのトリータビリティー試験や実証テスト施工などにより適切なシステム設計を行うことが大切である。

埋立地土壌汚染修復技術について

日立建機株式会社

1．はじめに

埋立地の再生を行う課題の一つとして、埋立地の土壌汚染対応がある。特に不適正処分場では汚染の拡散が憂慮され、早急な対応が必要である。

こうした観点から、埋立地の土壌汚染修復についての要件を考察し、弊社の土壌汚染修復技術を紹介する。

2．埋立地土壌汚染修復技術の要件

（1）土壌選別について

処分場の土壌は廃棄物と混じりあっている。また、雨水や浸出水により湿潤状態にある。比較的含水比の高い状態での土壌を廃棄物と選別する必要がある。

（2）現場内処理の必要性

施工現場での環境対策（粉じん飛散防止、騒音・振動低減など）は周辺住民との合意形成のうえで重要である。また、施工の対象が汚染土壌のため、汚染拡散のリスクが少ない現場内処理が必要となる。

（3）処理能力

コスト低減などから工期短縮を図ると同時に、確実な修復が要求される。

作業能力、浄化・修復の信頼性が高いシステムが必要となる。

（4）汚染状態への対応

環境省で規制する汚染（VOC、重金属）や油による汚染など様々な汚染に柔軟に対応できるシステムが必要になる。処理方法は経済性、周辺環境への影響を考慮した方法を採用する。

3．埋立地土壌汚染修復技術の紹介

以上の要件を満たす修復技術として弊社の土壌汚染対応技術「スピードリセット工法」と前処理技術（混合廃棄物の選別）を組合せた技術を紹介する。

（1）システム構成・フロー

本システムは図5-4-19に示すように、汚染土修復の前処理工程（掘削・選別）と汚染土修復工程で構成する。システムに使用する各機械は、現場状況に応じたレイアウトの変更などが容易な自走式機械で構成する。

選別作業は湿潤状態での廃棄物混合土の選別に有効な本章第3節で紹介した「自走式フィンガースクリーナーFS165T」を使用する。

汚染土修復は「スピードリセット工法」を適用し、自走式土質改良機（SR-P1200、600）を中

心に、固化材サイロ、積込みおよび移送機械で構成する。

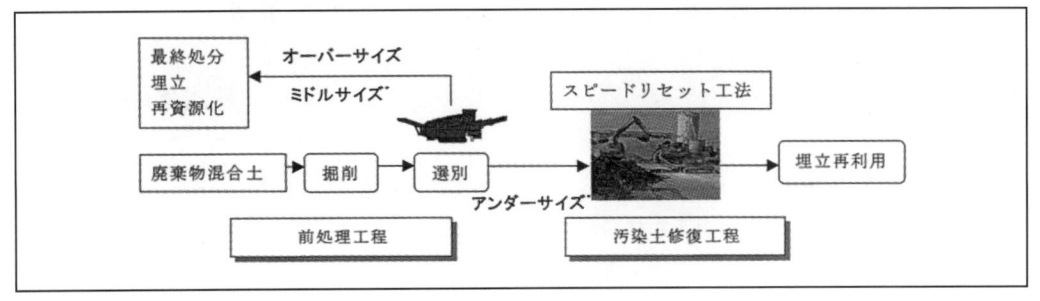

図 5-4-19　システム構成・フロー

(2) スピードリセット工法と適用事例

スピードリセット工法には汚染物質に応じた以下の3種類の工法で構成される。

1) オイルリセット工法(油汚染対応)

添加剤により油分の不溶化を行い、油臭・油膜を解決する。不溶化された油分は時間経過により減少が確認されている。状況に応じてバイオと併用する。

図5-4-20はオイルリセット工法概念図。

2) ヒートリセット工法(VOC対応)

添加剤の水和反応熱により、有害物質を気化し浄化する。気化した有害物質は回収する。

図5-4-21はVOCで汚染された土壌をテント内で処理した事例。有害物質の周辺環境への飛散防止に極めて有効である。

3) ガードリセット工法(重金属対応)

有害物質を不溶化・安定化処理により土粒子内に封じこめ、溶出を防止する。

図 5-4-20

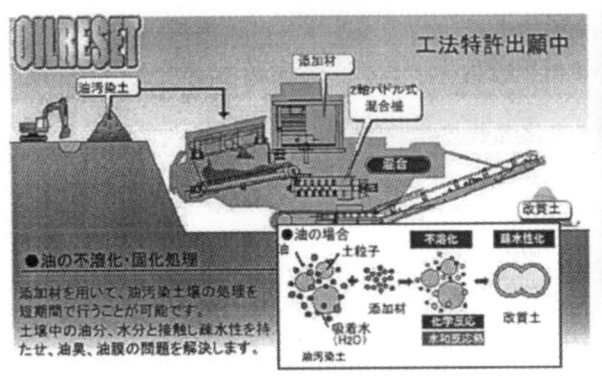

図 5-4-21

処分場の再生における臭気・粉じん対策工法

株式会社福田組

1．はじめに

　最終処分場の再生および不適正な処分場に対しての処置を実施する場合、埋立物をいったん掘り起こしする必要がでてくる。この際、問題となるのが掘削面からの臭気・粉じんの発生による作業環境の悪化と周辺環境への悪影響である。

　福田組ではこのような処分場再生時に発生する臭気・粉じんを長期間にわたって抑制する工法としてS・クリーンを開発した。以下に臭気・粉じん対策工法であるS・クリーンについて紹介する。

2．S・クリーンの概要と特徴

　本技術は泥状化したゼオライト混合物を廃棄物に薄く(2cm程度)吹付けることにより粘性を持った薄層のゼオライト吸着層を形成する工法である。このように形成された吸着層に臭気の原因物質が吸着されることにより、廃棄物からの臭気を根本的に抑制することが可能である。

　また、粘性を持った吸着層に粉じんが付着するため、粉じんの発生も抑制されることとなる。特に臭気に関しては、吸着効果によって抑制されるため、長期間にわたって消臭効果が持続可能である。また、形成されたゼオライト吸着層は安定剤によって結合しているため、降雨時でも安定した形状が維持可能(効果の持続)である。S・クリーンの特徴は以下に示したとおりである。

（1）持続性のある消臭効果

　主材として使用しているゼオライトの優れた消臭効果および持続性により、ほかの消臭剤のような頻繁な散布を必要としない(1回の施工で長期間の消臭効果)。実際に実験装置を作成し、その消臭効果を約1ヶ月にわたり測定した。その結果は図5-4-22、5-4-23に示したとおりである。未処理の場合と比較してS・クリーンの実施により、長期間にわたって臭気が抑制されることが解った。

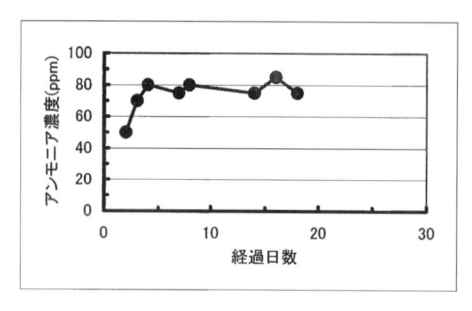

図5-4-22　臭気測定結果(未処理) 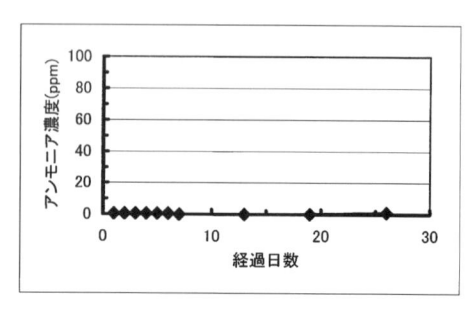　　図5-4-23　臭気測定結果(S・クリーン実施)

（2）簡易な施工方法

泥状のゼオライト混合物を廃棄物に吹付けるだけの簡易な施工方法なので、掘削後、すぐに施工でき、速やかな消臭効果が得られる。

（3）安定した吸着層の形成

ゼオライト吸着層は粘性のある安定剤によって結合しているため、凹凸のある廃棄物や傾斜地等に施工することができるとともに、風による飛散、降雨による流出の心配がない。

3．S・クリーン実施事例

実際にS・クリーンを施工した事例について以下に紹介する。

工事概要

N川の築堤部分は浚渫汚泥をセメント固化処理した土壌を用いたため、施工時に臭気（アンモニア臭）が発生し、周辺住民より苦情が寄せられた。その後、臭気の発生は収まったが、新しく排水溝を敷設するにあたり臭気発生が懸念された。そこで、施工時に消臭のため、S・クリーンを施工することとなった。

　　施工面積：550m^2

　　工事内容：築堤掘削時の臭気抑制

　　工　　期：3日間

　　施工結果：掘削によりアンモニア臭（最高で5.5 ppm）がしたが、S・クリーンの施工により臭気が抑制された（施工後の測定では0 ppmであった）。

写真 5-4-2　ハイドロシーダ（吹付け機械）

写真 5-4-3　吹付け状況

写真 5-4-4　吹付け完了状況

写真 5-4-5　吹付け後表層状況

最終処分場再整備技術

前田建設工業株式会社

1．はじめに

　最終処分場再整備の目的は、既設最終処分場の延命化と不適正処分場の再生です。前者について、埋立物を掘り起こし減容する場合、掘削時の汚染拡散の防止が課題となります。また、減容化の方法が廃棄物の性状により異なるため、掘削後、選別・分級したものの一時保管が必要となる場合もあります。

　これらの課題の解決を解決するため、前田建設は、鉛直遮水壁を利用した鋼板遮水型のクローズドシステムの適用を提案します。また、事例として鋼板遮水システムを適用した最終処分場の概要と埋立廃棄物の掘削事例について紹介します。

2．最終処分場再整備への鋼板遮水及びクローズドシステムの適用

　再整備時の汚染拡散防止対策のため、クローズドシステムと鋼板遮水システムは以下の特徴を有しています。

```
クローズドシステムの特徴
  ◆ 作業時の汚染拡散防止が可能
  ◆ 降雨・浸出水管理が容易
```

```
鋼板遮水システムの特徴
  ◆ 鉛直壁構造で処分場の拡幅
  ◆ 隔壁の設置が容易
  ◆ 重機作業・鋭利なものによる耐性大
  ◆ 地震に強く、耐久年数の設定が可能
```

　また、鋼板遮水は、隔壁の設置が容易なので、掘削時だけでなく将来の埋立管理計画により廃棄物を品目別に分けて処分することが可能となります。

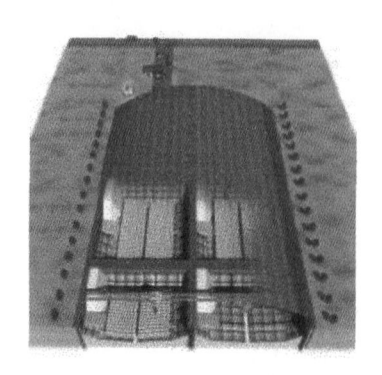

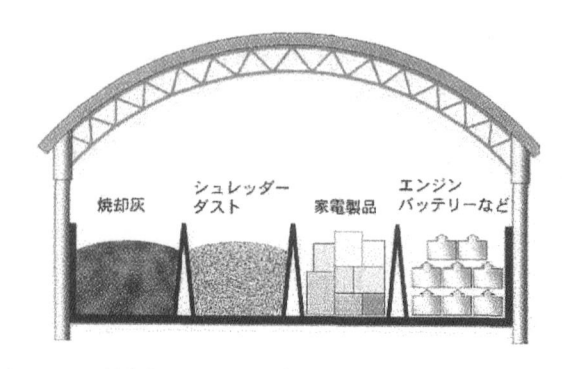

（出典：鋼板遮水システム研究会パンフレット）

図 5-4-24　鋼板遮水システムの応用例

鋼板遮水を用いた最終処分場再整備の一例を示します。

STEP① 土留工
　鉛直遮水壁を構築

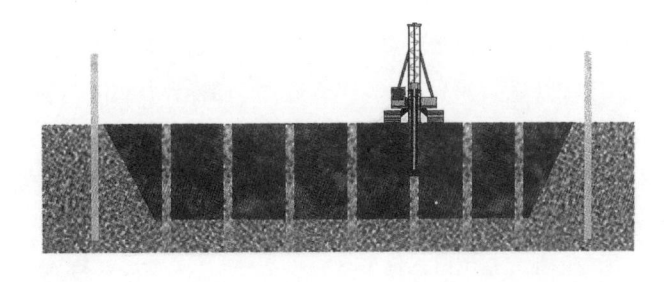

STEP② 屋根設置・掘削
　雨水・汚染拡散防止のための屋根設置、バックホウ、グラブバケットによる掘削

STEP③ 鋼板遮水工
　掘削後、鋼板遮水工を構築

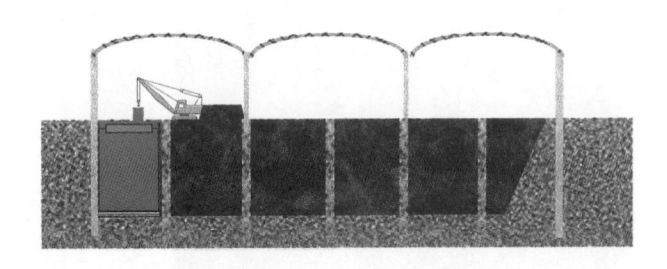

STEP④ 溶融・埋戻し
　掘削した廃棄物の溶融等による減容化・埋戻し

STEP⑤ 覆土、跡地利用
　屋根を利用した公共施設や公園として利用

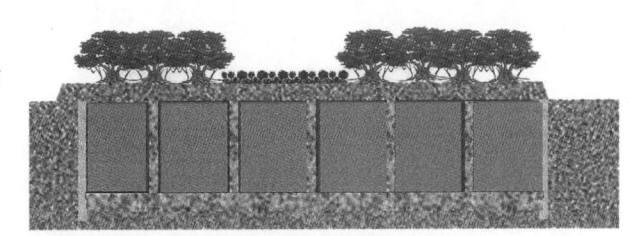

図 5-4-25　鋼板遮水を用いた処分場再整備フロー

3．鋼板遮水及びクローズドシステム最終処分場の事例

鋼板遮水システムを採用した第1号の処分場が平成15年3月、福岡県古賀市に完成しました。埋立対象物は、溶融飛灰を処理した脱塩残さで処分場全体を屋根で覆うクローズドシステムも採用されました。鋼板遮水システムとの組み合わせにより信頼性の高い遮水システムを構築しています。

（1）処分場概要

　　名　　称：古賀清掃工場最終処分場
　　所 在 地：福岡県古賀市
　　敷地面積：7.8 ha
　　埋立面積：15m×118m＝1,770m^2
　　埋立容量：11,505 m^3

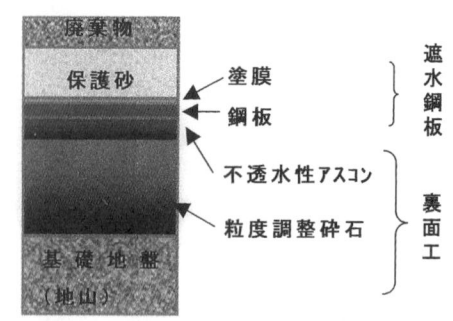

図5-4-26　遮水工断面図

水密性アスファルト施工 　　　　鋼板施工

保護砂 　　　　全景

写真5-4-6　古賀清掃工場最終処分場施工状況

4．残置廃棄物の撤去無害化処理の事例

　工事区域で異臭を発見し土壌調査を実施したところ、シアンおよび有機塩素系の有害化合物が基準値を超えて含有されている事が判明しました。さらに、試掘の結果、汚染土壌部一帯について、廃木材・廃プラスチック・ドラム缶・繊維くず・焼却灰等の混入が確認されました。

　そこで、残置物と汚染土壌の対策工事を行い、対策工を実施しました。

　廃棄物と土壌は油圧ショベルやトロンメルで分別処理し、分別した汚染土壌は重金属ダイオキシン汚染土と有機塩素系汚染土の2系統で処理を行いました。

```
       ┌──────────┐
       │   掘  削  │
       └─────┬────┘
             ▼
     ┌──────────────────┐   ……  大きながれき、ドラム缶など大型
     │1次分級（油圧ショベル）│        廃棄物の排除
     └─────┬────────────┘
             ▼
 ┌────────────────────────────┐  ……  がれきの選別（廃棄物と汚染土壌）
 │2次分級（トロンメル・スケルトンバケット）│
 └─────┬──────────────────────┘
             ▼
       ┌──────────┐
       │ 汚染土壌処理 │
       └──────────┘
```

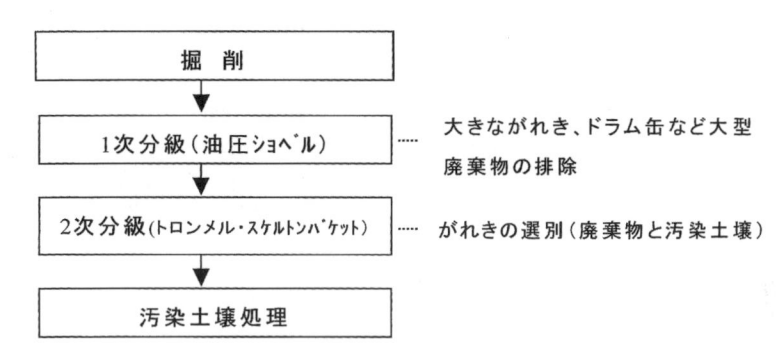

図 5-4-27　廃棄物と汚染土壌の分別フロー

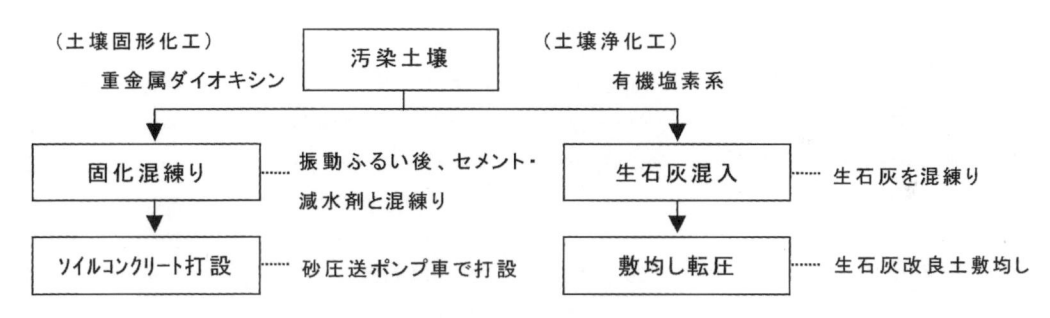

```
  （土壌固形化工）      ┌──────┐    （土壌浄化工）
   重金属ダイオキシン    │汚染土壌│     有機塩素系
                       └──┬───┘
         ┌────────────────┴────────────────┐
         ▼                                   ▼
    ┌─────────┐  …… 振動ふるい後、      ┌─────────┐  …… 生石灰を混練り
    │ 固化混練り│      セメント・          │ 生石灰混入│
    └────┬────┘      減水剤と混練り      └────┬────┘
         ▼                                   ▼
 ┌────────────────┐ …… 砂圧送ポンプ車    ┌──────────┐ …… 生石灰改良土
 │ソイルコンクリート打設│      で打設          │ 敷均し転圧│      敷均し
 └────────────────┘                      └──────────┘
```

図 5-4-28　汚染土壌処理フロー

写真 5-4-7　施工状況

索　引

【あ】
アースカット工法 …………………… 104, 315
アスファルト・ベントナイト ………… 317, 318

【い】
諫早市 ……………………………135, 138, 139
1m深地温調査 ……………………… 244, 245
移動式選別装置 ………136, 223, 224, 225, 261
移動式テント ………………………… 299, 300

【う】
埋立処分場再生事業の目的 ………………… 10
埋立スペースの確保 ……………………… 18
埋立地再生事業評価手法 ………………… 43
埋立地再生総合技術システムの全体
　　イメージ ………… 20, 21, 22, 26, 27, 29
埋立地再生のメリット ………………………1, 27
埋立地地盤改善事業 ………………… 136, 212
埋立地適正化対策技術 …………………96, 102
埋立地適性閉鎖事業 ………………………228
埋立地履歴調査 ……… 45, 62, 63, 66, 67, 68
埋立物・地下水等調査 …………………… 69

【え】
エコバーナー式溶融システム ………… 295, 296

【お】
汚染修復システム ………………………… 13

【か】
各事業段階における課題 ………………… 38
ガス化溶融技術 ……………………………18, 117
加熱脱塩素化技術 …………………………129
可搬式ダイオキシン無害化装置 …………276
簡易な2次元比抵抗探査 ………………… 74
環境汚染防止技術 …………………………6

【き】
喜界町 ……………………………136, 234, 263
揮発脱離分解技術 ……………… 129, 130, 266
キルン式熱分解方式 ………………………273

【キ】
キルン炉 ……………………… 112, 113, 127, 128
キレート …125, 133, 158, 161, 217, 254, 278

【く】
空中電磁探査法 ……………………28, 75, 76, 241
掘削インターバル ……………………………4
掘削機械 …28, 39, 84, 95, 98, 299, 311, 315

【け】
経済性評価 ……………………………… 33, 36, 40

【こ】
高温フリーボード型直接溶融炉 ……… 157, 158,
　　　　　　　　　　　　　　　　　　　 161, 287
鋼板遮水 ……………………………326, 327, 328
高密度電気探査法 …………… 28, 75, 241, 243
国分地区衛生管理組合 ……………136, 193, 200

【さ】
サイクリック・バイオ
　　レメディエーション ……………… 319, 321
最終処分場再生利用技術指針（案）………15, 16
最終処分場のあり方 ……………………1, 20, 22
最終処分場の課題 ……………………………9
再生塩 ………………………………………308
再生事業評価プロセス ……………………… 48
再生ニーズ ………………………………… 43
作業安全対策 ……………………………… 96
3次元探査 …………………………………240
酸素バーナ ………………………………114

【し】
ジオメルト工法 ………136, 201, 202, 203, 205,
　　　　　　　　　　　　208
資源化・無害化処理 …………………… 91, 92
磁選技術 …………………………………108
事前調査の考え方 ………………………… 60
自走式フィンガースクリーナ ………… 297, 322
下津町 …………………………… 136, 216
社会施設 ……………………………………3

遮水工の保護 …………………………………… 96
シャフト炉式ガス化溶融炉 ……… 117, 120, 152,
　　　　　　　　　　　　　　　 290, 291
焼却技術 …………………………… 30, 112, 275
焼却残さ溶融処理 …………………… 135, 138
焼成技術 …………………………………… 127
処分場再生率 ……………………………… 265
【す】
水冷火格子 ……………………………… 246, 250
ストーカ炉 …………… 112, 141, 153, 171, 250
ストーカ炉＋灰溶融炉 ……………… 135, 141
スピードリセット工法 …………… 298, 322, 323
【せ】
ゼオライト ……………………………… 324, 325
セメント原料 … 1, 5, 31, 92, 131, 132, 295,
　　　　　　　　　　　　　　 296, 307
洗浄技術 …………………………………… 131
浅層反射法 ………………………………… 28, 71
【そ】
測量 … 53, 62, 64, 68, 69, 70, 234, 235, 241
空冷火格子
【た】
ダイオキシン類排出規制強化 ……………… 18
高砂市美化センター ……………… 163, 165, 170
【ち】
地下水汚染 ……… 18, 23, 43, 64, 70, 90, 228,
　　　　　　　　　　　　　　 313, 314, 319
地表踏査 ……………………………… 69, 80, 83
中濃地域広域行政事務組合 ………… 136, 171
調査判断フロー ……………………………… 53, 55
直接溶融・資源化システム ……… 135, 152, 156,
　　　　　　　　　　　　　 289, 290, 291, 292
直接溶融型ロータリーキルン ………… 268, 269
直流比抵抗法 ………………………………… 75

【つ】
2 way Up Down Plan ……………………… 293
【て】
低温熱処理 ………………………………… 303, 304
豊島 … 93, 136, 208, 209, 210, 211, 240, 254
テストピット調査 ……………… 28, 70, 82, 83
電磁探査法 …………………………………… 28
【と】
銅電極方式 ………………………………… 253
【に】
2次元比抵抗探査 ………… 28, 71, 73, 74, 75
【ね】
熱的処理技術 ……………………………… 112
【の】
法面部の掘削 ……………………………… 30, 36
【は】
バイオプスター工法 ………… 96, 97, 309, 310
破砕技術 ……………………………… 106, 109
橋本市 ……………… 136, 201, 202, 208, 284
判断基準 ………………………… 38, 43, 53, 56, 58
判断チェックリスト ……………………… 57
【ひ】
比重選別 ……………………… 205, 263, 285, 286
比抵抗 …… 71, 73, 74, 75, 76, 77, 81, 210,
　　　　　　　　　 239, 240, 241, 242, 243
非熱処理技術 ……………………………… 131
表層ガス調査 …………………… 69, 77, 83, 210
微量有害化学物質 ………………………… 6
【ふ】
ＶＯＣ ……………… 76, 278, 319, 322, 323
風力振動併用選別 ………………………… 263
覆土代替材（テラマック） ……………… 308
物理探査 …… 28, 33, 64, 69, 70, 71, 77, 80,
　　　　　　　　　 90, 210, 239, 240, 241
負の遺産回避 ………………………………… 1

不法投棄廃棄物……………………………284
分級装置……………………………………106
【ほ】
法的課題 ………………………… 21, 39, 47
ボーリング調査 ……… 14, 28, 69, 82, 83, 64,
　　　　　　　　　　　141, 142, 144, 151, 243
保管施設……………………………………2
堀り起こし選別事例………………………280
【ま】
巻町外三ヶ町村衛生組合…………152, 156, 291
摩砕洗浄方式………………………………258

【み】
水洗浄システム……………………………254
【む】
無人化施工…………………………………311
【や】
薬剤処理技術 ………………………… 131, 133
【り】
リニューアル ……………… 1, 23, 233, 234, 293
流動床炉 ……………… 93, 112, 113, 118, 188
流動床式ガス化溶融処理 … 135, 136, 176, 185

埋立地再生総合技術研究会編集部会
内田　康文（応用地質株式会社）
岡島　重伸（川崎重工業株式会社）
長田　守弘（新日本製鐵株式会社）
押方　利郎（大成建設株式会社）
北村　幸夫（三菱重工業株式会社）
小嶋　平三（株式会社竹中土木）
小松　健一（株式会社川崎技研）
坂田　和昭（株式会社神鋼環境ソリューション）
笹井　裕（東和科学株式会社）
静間　誠（株式会社荏原製作所）
高橋　賢次（株式会社タクマ）
藤　健児（日立建機株式会社）
中尾　毅（ユニチカ株式会社）
中越　武美（財団法人日本環境衛生センター）
羽染　久（財団法人日本環境衛生センター）
樋口壮太郎（福岡大学）
藤吉　秀昭（財団法人日本環境衛生センター）
細田　和夫（ミヨシ油脂株式会社）
三村　正文（石川島播磨重工業株式会社）

（五十音順）

廃棄物埋立地再生技術ハンドブック

2005年1月15日　発行Ⓒ

監修者　樋口壮太郎

編著者　埋立地再生総合技術研究会
　　　　財団法人　日本環境衛生センター

発行者　鹿島光一

発行所　鹿島出版会
　　　　〒100-6006　東京都千代田区霞が関3-2-5　霞が関ビル
　　　　Tel. 03（5510）5400　振替 00160-2-180883

無断転載を禁じます。
落丁・乱丁本はお取り替えいたします。

印刷・製本：創栄図書印刷
ISBN4-306-08504-X　C3052　　Printed in Japan

本書の内容に関するご意見・ご感想は下記までお寄せください。
URL：http://www.kajima-publishing.co.jp
E-meil：info@kajima-publishing.co.jp